나합격
승강기기능사
필기 X 실기 X 무료특강

나만의 합격비법 나합격은 다르다!

나합격 독자만을 위한
무료 동영상강의

공부가 어려우신가요?
합격을 위한 모든 동영상 강의를 무료로 시청할 수 있습니다.
지금 바로 나합격 쌤을 만나보세요.

오리엔테이션 > 이론 특강 > 기출 특강

신규 무료특강은 교재 출간 후 순차적으로 촬영 및 편집되어 업로드 됩니다.

모든 시험정보가 한곳에!
나합격 수험생지원센터

이제 혼자서 공부하지 마세요.
합격후기, 시험정보, Q&A 등 나합격 독자분들을 위한
다양한 서비스를 네이버 카페를 통해 지원받을 수 있습니다.

시험자료 > 질의응답 > 합격후기

 본서의 정오사항은 상시 업데이트 해드리고 있습니다.
정오표 확인 및 오류문의는 네이버 카페를 이용해 주세요.

나합격 오픈카톡방 운영!

자격증 시험정보 및 진로정보 공유

나합격 교재인증 & 무료 동영상 수강방법

나합격 카페 가입하기
공부하는 자격증에 해당하는 카페에 가입합니다.

바로가기

https://cafe.naver.com/napass1　search

교재인증페이지에 닉네임 작성
교재 맨 뒤페이지의 교재인증페이지에
가입하신 카페 닉네임을 지워지지 않는 펜으로 작성합니다.

교재인증페이지 촬영하기
교재인증페이지 전체가 나오게 촬영합니다.
중고도서 및 보정의 여지가 보일 경우 등업이 불가합니다.

나합격 카페에 게시물 작성하기
등업게시판에 촬영한 이미지를 업로드합니다.
카페 관리자가 확인 후 등업이 진행됩니다.

무료 동영상 시청하기
카페 등업이 완료된 후 해당 카페에서 무료 동영상 시청이 가능합니다.

NOTICE

교재인증 및 무료 강의 수강 방법에 대한 자세한 설명을
QR코드를 찍어 영상으로 확인해보세요!

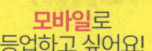
모바일로 등업하고 싶어요!

PC로 등업하고 싶어요!

시험접수부터 자격증발급까지 응시절차

01
시험일정 & 응시자격조건 확인

- 큐넷 **시험일정 안내**에서 응시 종목의 접수기간과 시험일을 확인합니다.
- 큐넷 **자격정보**에서 응시 종목의 자격조건을 확인합니다(기능사 제외).

04
필기시험 합격자 발표

- 인터넷, ARS 또는 접수한 지사에서 공고됩니다.
- CBT의 경우 큐넷 **합격자 발표 조회**에서 바로 확인이 가능합니다.

www.Q-net.or.kr   큐넷은 한국산업인력공단에서 운영하는 국가 자격증 포털 사이트입니다.

02 필기시험 원서접수

- 큐넷 **www.Q-net.or.kr**에 로그인합니다.
  (회원가입 시 반명함판 사진 등록 필수)
- 큐넷 **원서접수**에서 신청 순서에 따라 접수하면 됩니다.
- 시험일자 및 장소는 **현재접수 가능인원**을 반드시 확인 후 선택해야 합니다.
- **결제하기**에서 검정수수료 확인 후 결제를 진행합니다.

03 필기시험 응시 및 유의사항

- **신분증은 반드시 지참**해야 하며, 기타 준비물은 큐넷 **수험자 준비물**에서 확인하시면 됩니다.
- 시험시간 20분 전부터 입실이 가능합니다.
  (시험시간 미준수 시 시험 응시 불가)

05 실기시험 원서접수

- 인터넷 접수 **www.Q-net.or.kr**만 가능하며, 필기시험 합격자에 한하여 실기접수기간에 접수합니다.
- 최종합격여부는 큐넷 홈페이지를 통해 확인 가능합니다.

06 자격증 신청 및 수령

- 큐넷 **자격증 발급 신청**에서 상장형, 수첩형 자격증 선택
- 상장형 무료 / 수첩형 수수료 6,400원

콕!집어~ 꼭!필요한 승강기기능사 오리엔테이션

승강기기능사 시험정보

[검정방법]
- 필기: 전과목 혼합, 객관식 60문항(60분)
- 실기: 작업형(3시간 30분 정도)

[합격기준]
- 필기·실기: 100점 만점으로 60점 이상 득점자

필기시험 예상 출제비율

- Part 1 승강기 개론 — 60%
- Part 2 승강기 안전관리 — 15%
- Part 4 승강기 전기이론 — 15%
- Part 3 승강기 기계이론 — 10%

필기시험에서 꼭 필요한 숙지사항은?

01 승강기 용어 이해하기
02 기계 및 전기 이론을 문제 중심으로 공부하기
03 기출문제 풀면서 내용정리하기
04 최소 5개년도 기출문제 완벽히 정리하기

필기시험은 다른 자격증 공부하는 방법과 동일하며 기출문제를 중심으로 5개년도 내용을 정리하면서 보게 되면 자연스럽게 전체적인 내용과 흐름을 이해할 수 있다.

실기시험에서 꼭 필요한 숙지사항은?

01 도면이해하기
02 도면에 번호붙이기
03 제작과정 이해하기
04 검사 및 확인하기
05 로프작업 연습하기

실기시험은 로프작업을 먼저하고 감독관에게 제출한 다음 전기제어반 작업에 들어간다.
전기제어반작업은 도면에 번호붙이기를 충분히 연습하여 번호를 잘못 붙인 경우는 아무리 작업을 잘해도 불합격하므로 주의하도록 한다. 전기선으로 직접 연습할 때는 주회로를 먼저하고 주회로 작업이 끝나면 보조회로 작업을 하도록 한다. 순서대로 진행하면 큰 실수없이 충분히 합격할 수 있다.

중요내용을 빠르게 파악하는 **핵심이론 구성**

NEW DESIGN

나합격만의 아이덴티티를 강조한
새로운 디자인과 함께 최신 출제경향을
완벽히 반영한 최신 개정판입니다.

본문의 이론을 유기적인 보충설명을 통해
지루하지 않고 탄탄하게 흡수하도록 구성했습니다.

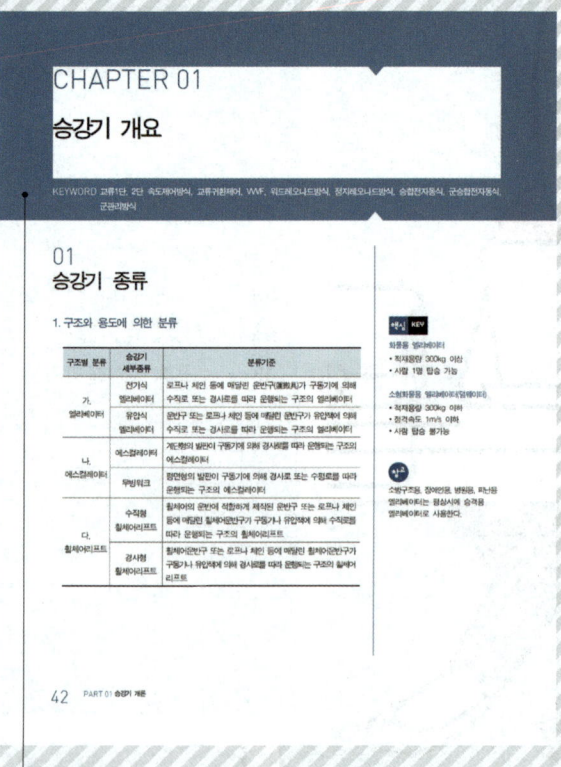

NEW DESIGN

KEYWORD

빅데이터 키워드를 통해
시험에 중요한 키워드를
확인하세요.

본문 날개 구성

독창적인 날개 구성을 통해
이론학습에 도움을 주는
다양한 콘텐츠를 제공합니다.

핵심 KEY

용어정리부터 핵심KEY까지
다양한 보충 설명과 정보로
학습에 도움을 드립니다.

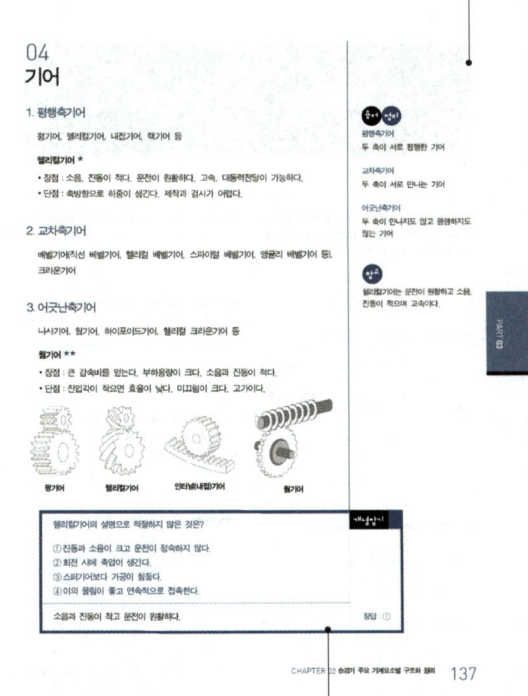

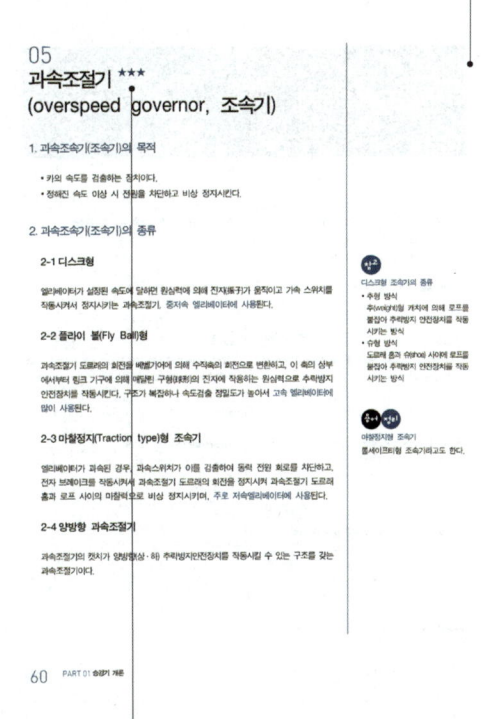

개념잡기

지루한 본문의 흐름을 피하고
문제의 개념잡기를 위해 바로바로
예제를 배치했습니다.

★★★

출제되는 정도에 따라
중요도를 별표로
표기하였습니다.

CBT 최신 복원문제 구성
더 빠른 출제 경향 파악!

CBT 복원문제
[2017년 ~ 2025년]

최신기출 복원문제
[2025년]

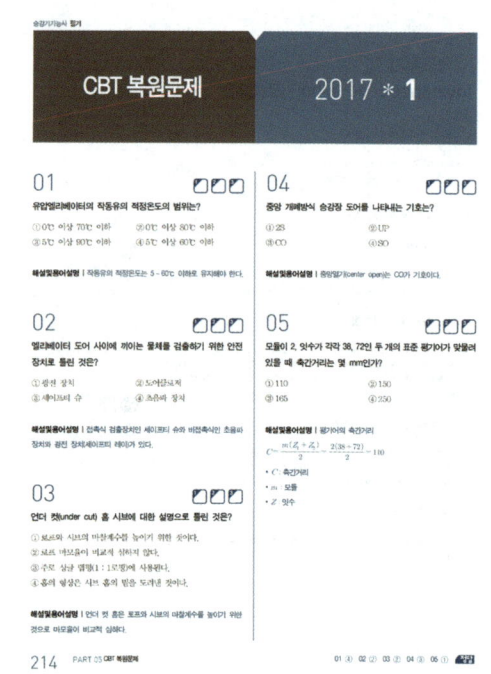

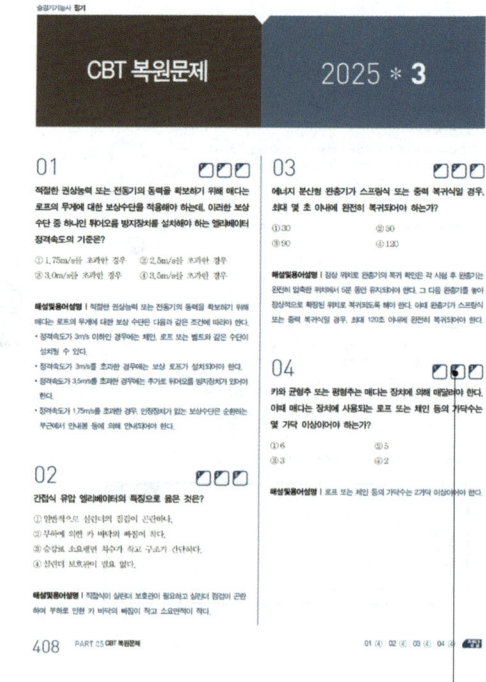

CBT[컴퓨터 방식 문제풀이]
2016년 5회부터 CBT 방식이 전면 시행됨에 따라 복원을 토대로 문제를 구성하였습니다.
최신 문제를 풀어보고 최신 경향을 파악해 보세요.

인강 시청 횟수 또는 문제 회독 횟수를 체크하고
문제만 보고 풀었다면 O, 해설을 봐야 풀린다면 △,
전혀 모르겠다면 X를 표기하세요.

핵심을 빠르게 공략하는 실기 작업형 구성

합격족보는 핵심이론 요약집으로,
기출문제를 풀거나 시험장을 가기 전까지도
유용한 합격도우미입니다.

작업형 시험에 필요한 공구선정부터
회로연습, 와이어로프 작업까지 합격에
필요한 모든 과정을 담았습니다.

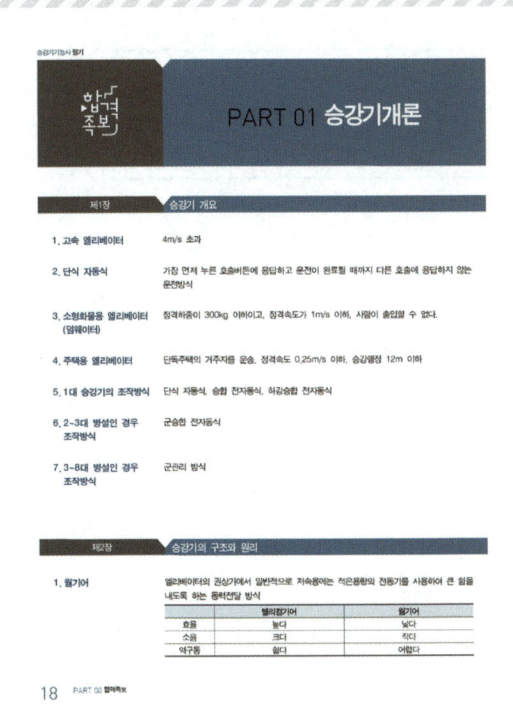

핵심이론 수록
가장 중요한 핵심이론을 파트별로 정리하여 수록하였으며,
가장 앞에 배치하여 필요할 때 바로 찾아볼 수 있도록 독자의
편의를 도왔습니다.

승강기기능사 실기
전선의 색상과 실제 수공구 및 재료 등을
실사로 담아 이해하기 더 쉽게 구성했습니다.
실제 시험장에서 유용한 '저자팁'을 꼭 확인해 보세요.

SELF-STUDY PLANNER

시험 당일까지 공부일정 및 계획을 짜는 것은 매우 중요합니다.
셀프스터디 합격플래너를 통해 스스로의 합격을 만들어 보세요.

나의 목표		시험일
		/

				Study Day	Check
PART 00 합격족보	01	승강기개론	18	/	
	02	승강기 안전관리	27	/	
	03	승강기 기계이론	31	/	
	04	승강기 전기이론	34	/	

			Study Day	Check
01	승강기 개요	42	/	
02	승강기의 구조와 원리	51	/	
03	승강기의 도어 시스템	67	/	
04	승강로와 기계실	72	/	
05	승강기의 제어	75	/	
06	승강기의 부속장치	78	/	
07	유압식 엘리베이터	84	/	
08	에스컬레이터	91	/	
09	특수승강기	100	/	

PART 01 승강기 개론

			Study Day	Check
01	승강기 안전기준 및 취급	108	/	
02	이상 시의 제현상과 재해방지	112	/	
03	안전점검 제도	117	/	
04	기계기구와 그 설비의 안전	120	/	

PART 02 승강기 안전관리

			Study Day	Check
PART 03 승강기 기계이론	01	승강기 재료의 역학적 성질에 관한 기초	128	/
	02	승강기 주요 기계요소별 구조와 원리	134	/
	03	승강기 요소측정 및 시험	144	/

			Study Day	Check
PART 04 승강기 전기이론	01	승강기 동력원의 기초전기	152	/
	02	승강기 구동기계 기구 작동 및 원리	178	/
	03	승강기 제어 및 제어시스템의 원리 및 구성	195	/

			Study Day	Check
PART 05 CBT 복원문제	2017년 1회 CBT 복원문제		214	/
	2017년 3회 CBT 복원문제		225	/
	2018년 1회 CBT 복원문제		237	/
	2018년 3회 CBT 복원문제		248	/
	2019년 1회 CBT 복원문제		259	/
	2019년 3회 CBT 복원문제		271	/

			Study Day	Check
PART 05 **CBT 복원문제**	2020년 1회 CBT 복원문제	283	/	
	2020년 3회 CBT 복원문제	294	/	
	2021년 1회 CBT 복원문제	306	/	
	2021년 3회 CBT 복원문제	317	/	
	2022년 1회 CBT 복원문제	329	/	
	2022년 3회 CBT 복원문제	340	/	
	2023년 1회 CBT 복원문제	352	/	
	2023년 3회 CBT 복원문제	363	/	
	2024년 1회 CBT 복원문제	374	/	
	2024년 3회 CBT 복원문제	385	/	
	2025년 1회 CBT 복원문제	396	/	
	2025년 3회 CBT 복원문제	408	/	

* 2016년 5회부터 CBT 방식으로 전면 시행됨에 따라 기출문제가 공개되지 않습니다.
  저자가 매회 복원한 최신 복원문제를 풀어보고 최신 경향을 파악해보세요.

				Study Day	Check
PART 06 **승강기기능사 실기**	01	공구선정 및 회로의 이해	422	/	
	02	시험에 나오는 세 가지 회로의 이해	461	/	
	03	공개도면 완전정복	481	/	
	04	와이어로프 작업	525	/	

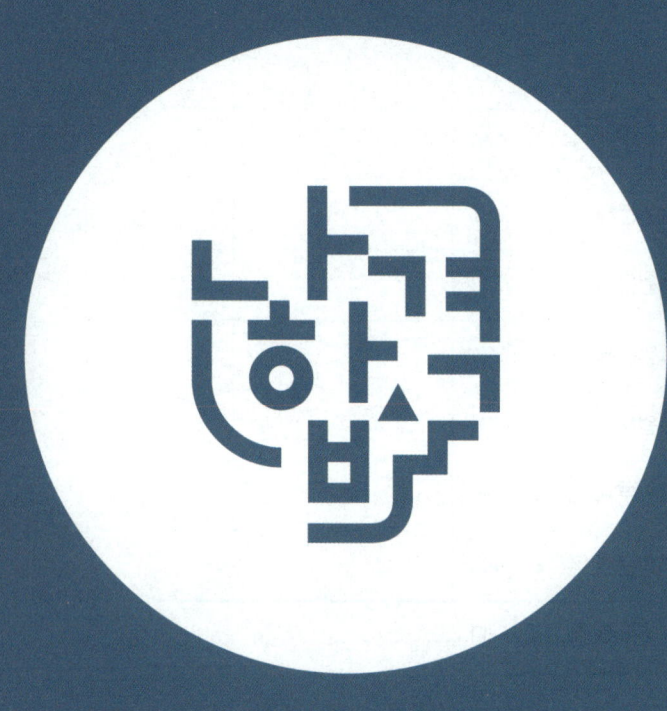

PART 00

합격족보

01 승강기 개론
02 승강기 안전관리
03 승강기 기계이론
04 승강기 전기이론

PART 01 승강기개론

제1장 승강기 개요

1. 고속 엘리베이터   4m/s 초과

2. 단식 자동식   가장 먼저 누른 호출버튼에 응답하고 운전이 완료될 때까지 다른 호출에 응답하지 않는 운전방식

3. 소형화물용 엘리베이터 (덤웨이터)   정격하중이 300kg 이하이고, 정격속도가 1m/s 이하, 사람이 출입할 수 없다.

4. 주택용 엘리베이터   단독주택의 거주자를 운송. 정격속도 0.25m/s 이하, 승강행정 12m 이하

5. 1대 승강기의 조작방식   단식 자동식, 승합 전자동식, 하강승합 전자동식

6. 2~3대 병설인 경우 조작방식   군승합 전자동식

7. 3~8대 병설인 경우 조작방식   군관리 방식

제2장 승강기의 구조와 원리

1. 웜기어   엘리베이터의 권상기에서 일반적으로 저속용에는 적은용량의 전동기를 사용하여 큰 힘을 내도록 하는 동력전달 방식

	헬리컬기어	웜기어
효율	높다	낮다
소음	크다	작다
역구동	쉽다	어렵다

2. 와이어 로프의 구성	심강, 스트랜드, 소선	
3. 매다는 장치(현수) 로프의 안전율	12 이상 (3가닥 이상 8mm 이상인 경우)	
4. 매다는 장치(현수) 로프의 공칭직경	8mm 이상	
5. 매다는 장치(현수) 로프 또는 체인 등의 가닥수	2가닥 이상	
6. 보통꼬임	스트랜드의 꼬임 방향과 로프의 꼬임방향이 반대	
7. 랭꼬임	스트랜드의 꼬임 방향과 로프의 꼬임방향이 같음	
8. 2 : 1로핑	1 : 1로핑의 하중의 1/2, 로프속도도 1/2, 로프길이는 2배	
9. 도르래 홈의 마찰력이 큰 순서(= 로프마모율이 큰 순서)	V홈 > 언더컷홈 > U홈	
10. 가이드레일의 결정요소	• 비상정지장치가 작동했을 때 좌굴하중 • 지진발생 시 수평진동력 • 불균형한 큰 하중적재 시 걸리는 회전모멘트	
11. 브레이크	자체적으로 카가 정격속도로 정격하중의 125%를 싣고 하강방향으로 운행될 때 구동기를 정지시킬 수 있어야 한다.	
12. 승강기의 속도	v(m/min) $= \pi D N i$ • D : 도르래직경(m) • N : 전동기회전수(rpm) • i : 감속비	
13. 가이드레일의 호칭	마무리 가공 전 소재의 1m당 중량으로 한다. 8K, 13K, 18K, 24K, 37K, 50K	

14. 가이드레일의 표준 길이	5m	

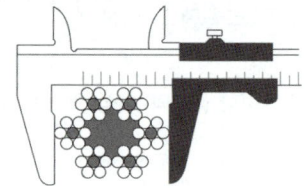
와이어로프의 직경측정

15. 플렉시블 가이드 클램프형(F.G.C)	레일을 죄는 힘이 동작에서 정지까지 일정하다. 구조간단. 복귀쉬움
16. 플렉시블 웨지클램프형 (F.W.C)	레일을 죄는 힘이 동작초기에는 약하나 점점 강해진 후 일정하다.
17. 과속조절기(조속기)의 종류	디스크형, 플라이 볼형, 마찰정지형, 양방향형
18. 추락방지안전장치 (비상정지장치)의 작동을 위한 과속조절기(조속기)의 속도	정격속도의 115% 이상
19. 과속조절기(조속기) 로프	안전율은 8 이상
20. 과속조절기(조속기)의 도르래 피치 직경과 과속조절기 로프의 공칭 직경 사이의 비	30 이상
21. 에너지축적형(스프링) 완충기	정격속도 1m/s 이하 승강기에 사용, 평균감속도는 $1g_n$ 이하
22. 에너지분산형(유입) 완충기	모든 속도에서 사용, 평균감속도는 $1g_n$ 이하
23. 카 내부의 유효높이와 카 출입구의 유효높이	2m 이상
24. 카의 천장구출구의 크기	0.35×0.5m 이상

25. 균형추의 하중	카 하중 + 정격 하중 × 오버밸런스율	
26. 균형체인	정격속도 3m/s 이하의 승강기의 무게 보상	
27. 균형로프	속도에 관계없고 3.5m/s를 초과할 경우 추가로 튀어오름 방지장치가 설치되어야 한다.	

제3장 승강기의 도어 시스템

1. 작동방식별 기호	가로열기(사이드오픈, SO), 중앙열기(센터오픈, CO)
2. 정지중 도어개방에 필요한 힘	300N 이상
3. 카 내부에 있는 사람에 의한 카문의 개방을 제한하기 위하여 카가 운행중일 때, 카문의 개방에 필요한 힘	50N 이상
4. 도어머신의 요구조건	동작원활하고 정숙할 것, 소형이며 경량일 것, 동작횟수가 많아 내구성이 좋을 것, 보수가 용이하고 저렴할 것
5. 도어 인터록의 구성	도어록 + 도어스위치, 카가 정지하고 있지 않은 층의 문이 열리지 않도록 하고, 각층의 문이 닫혀있지 않으면 운전을 불가능하게 한다.
6. 도어 인터록의 작동순서	도어록이 걸린 후 도어스위치가 들어가고, 도어스위치가 끊어진 후 도어록이 열림
7. 도어클로저	출입문이 자동으로 닫히게 하는 장치
8. 도어의 보호장치	세이프티 슈, 세이프티 레인(광전장치), 초음파 장치

제4장	승강로와 기계실
1. 승강로 내측과 카 문턱, 카 문틀 또는 카문의 닫히는 모서리 사이의 수평거리	0.15m 이하 (19.4.4개정)
2. 기계실 작업구역의 유효 높이	2.1m 이상 (19.4.4개정)
3. 기계실의 밝기	200lx(룩스) 이상
4. 기계실의 계단이나 발판이 있어야 되는 단차의 높이	0.5m 이상
5. 기계실에서 보호되지 않은 회전부품 위로 유효 수직 거리	0.3m 이상
6. 기계실 출입문의 크기	1.8m × 0.7m 이상
7. 기계실의 타입	정상부형 타입(오버헤드머신방식, 승강로 상부), 사이드머신 타입(승강로 중간), 베이스먼트 타입(승강로 하부)

제5장	승강기의 제어
1. 직류제어방식	워드레오나드방식, 정지레오나드방식
2. 교류제어방식	교류1단제어방식, 교류2단제어방식, 교류궤환제어방식, VVVF제어방식
3. 사이리스터로 제어하는 방식	직류의 정지레오나드방식과 교류의 궤환제어방식이 있다.
4. 교류1단제어	단속도 전동기에 전원을 공급하는 것으로 기동과 정속운전을 하고 정지는 전원을 차단한 후 제동기에 의해 기계적으로 브레이크를 거는 제어방식
5. 교류2단제어방식	고속권선 - 기동과 주행, 저속권선 - 감속과 착상

6. 교류2단제어의 감속비	4 : 1	
7. 실속도와 지령속도를 비교하여 속도를 제어하는 방식	교류궤환제어	
8. VVVF제어	전압과 주파수를 동시에 변화시켜 직류전동기와 동등한 제어성능을 가짐	

제6장 승강기의 부속장치

1. 리미트 스위치	카가 최상층, 최하층을 지나치지 않도록 감속제어하여 카를 정지시키는 장치
2. 파이널 리미트 스위치	리미트 스위치가 동작하지 않을 경우를 대비하여 리미트 스위치 이후에 카가 현저히 지나치는 것을 방지하는 스위치로 작동시 카는 정지해야만 한다.
3. 록다운 비상정지장치 (튀어오름 방지장치)	카의 추락방지장치(비상정지장치) 작동시 관성으로 인한 균형추와 로프 등의 상승을 방지하는 장치
4. 과부하감지장치	과부하를 감지하여 경보를 울리며 운행을 중지시킴, 정격하중의 10% 초과 전에 과부하를 검출해야 한다.
5. 피트 정지 스위치	유지보수 및 점검을 위해 카를 정지시키는 장치
6. 파킹스위치	엘리베이터의 운행을 정지하고 카는 기준층에 대기시키게 하는 장치
7. 각층 강제 정지운전 스위치	야간에 방범 목적으로 각 층마다 정지하도록 하는 장치
8. 인터폰	비상상황 시 카 내부에서 외부와의 상호 연락을 하기 위한 장치이상
9. 비상용(소방구조용) 엘리베이터의 속도	1m/s
10. 비상용(소방구조용) 엘리베이터의 비상전원	주전원차단 시 60초 이내 공급되어 2시간 이상 운행가능

11. 정전 시 비상등	5룩스 밝기로 즉시 점등하여 1시간 유지(19.4.4 개정)	
12. BGM 장치	카 내부에 음악이나 안내방송을 위한 장치	
13. 홀랜턴	카의 위치를 숫자로 표시하지 않고 상승과 하강을 램프로 표시	

제7장 유압식 엘리베이터

1. 유압식 엘리베이터의 종류	직접식, 간접식, 팬더그래프식	
2. 직접식 엘리베이터의 특징	• 비상정지장치가 필요없다. • 구조가 간단하고 면적을 적게 차지한다. • 부하에 의한 바닥 침하가 작다.	
3. 간접식 엘리베이터의 특징	비상정지장치가 필요하다. 점검과 보수가 용이하다. 부하로 인한 바닥침하가 크다.	

미터인 회로	• 유량제어밸브가 주회로에 부착 • 정확한 속도제어가 가능 • 효율이 나쁘다.
블리드 오프 회로	• 유량제어밸브가 주회로에서 분기된 바이패스회로에 부착 • 정확한 속도제어가 어려움 • 효율이 높다.

4. 속도 제어방식	인버터제어방식, 유량밸브제어방식
5. 안전 릴리프 밸브	압력조정밸브로 압력이 140%를 초과하지 않도록 한다.
6. 스크류펌프	압력맥동이 적고 소음이 적어서 주로 사용함
7. 파스칼의 원리	유압식 엘리베이터의 플런저를 구동시키는 원리
8. 펌프의 출력	압력과 토출량에 비례
9. 체크 밸브	역저지밸브로 오일이 한쪽으로만 흐르도록 하는 밸브로 오일이 역류하여 카가 낙하하는 것을 막아주므로 전자브레이크와 유사한 기능을 한다.

10. 하강용 유량제어밸브	하강 시의 오일이 탱크로 되돌아오는 양을 제어하며 정전 시 수동하강밸브를 열어 카를 안전하게 하강시킬 수 있다.	
11. 스톱밸브	보수, 점검, 수리 시 사용하며 게이트밸브라고도 한다.	
12. 럽처밸브	압력배관 파손 시 자동적으로 밸브를 닫아 카의 급격한 하강을 방지한다.	
13. 사일렌서	진동 및 소음을 감소시키기 위한 장치이다.	
14. 스트레이너	실린더 내에 이물질이 들어가는 것을 방지하는 필터로 펌프의 흡입측에 부착한다.	

제8장 에스컬레이터

1. 난간 폭에 의한 분류	800형 수송능력 6,000명/h 1,200형 수송능력 9,000명/h
2. 에스컬레이터의 경사도	30° 이하(단, 높이 6m 이하에 공칭속도 0.5m/s 이하인 경우 35°까지 가능)
3. 무부하 에스컬레이터 또는 무빙워크의 공칭 속도	공칭주파수 및 공칭전압에서 ±5% 초과하지 않아야 한다.
4. 핸드레일의 속도	스탭과 동일방향으로 동일속도(0~2%의 공차 이내)
5. 구동체인 안전장치	체인이 늘어나거나 절단되었을 때 승객의 하중으로 하강하게 될 때 즉시 동력을 차단하고 기계적으로 브레이크를 동작시켜 사고를 방지하는 장치
6. 스탭체인 안전장치	스탭 체인이 너무 늘어나거나 절단되었을 때 전원을 차단하고 기계적인 브레이크를 작동시켜 사고를 방지하는 장치
7. 비상정지장치	승강장의 위, 아래쪽에 설치된 빨간색 버튼으로 비상시 누르면 에스컬레이터를 정지시킬 수 있다. 간격은 30m 이하(무빙워크는 40m 이하)
8. 스커트가드 안전스위치	스탭측면과 스커트가드 사이에 이물질 등이 끼일 경우 에스컬레이터를 정지시킨다.

9. 스커트 디플렉터	스탭측면과 스커트가드 사이에 이물질 등이 끼일 경우 에스컬레이터를 정지시킨다.	
10. 인레트 스위치	핸드레일의 난스탭과 스커트 사이에 끼임을 방지하기 위해 설치하는 안전브러쉬간 아래로 들어가는 인입구에 이물질 등이 빨려 들어갈 경우 에스컬레이터를 정지시킨다.	
11. 콤 이물질 검출장치	입출구 쪽에 빗모양으로 생겨 스텝과 콤 사이에 이물질이 끼었을 때 에스컬레이터를 정지시킨다.	
12. 삼각부 안내판	에스컬레이터 상승시 난간부와 건축물의 천장 등과의 사이에 사람이 끼이는 사고를 방지하기 위해 설치하는 안내판	
13. 데마케이션 라인	스탭에 노란색으로 표시된 부분	

제9장 특수승강기

1. 입체 주차설비	2단식 주차, 다단식 주차, 승강기식 주차, 수직 순환식 주차, 수평 순환식 주차, 승강기슬라이드식 주차, 평면 왕복식 주차
2. 기계식 주차장치의 자동차 중량의 전륜과 후륜의 배분비	6 : 4
3. 무빙워크의 경사각	12° 이하
4. 에스컬레이터와 무빙워크의 공칭속도	0.75m/s 이하

PART 02 승강기 안전관리

제1장 승강기 안전기준 및 취급

1. 승강기 검사의 종류 설치검사(완성검사), 정기검사, 수시검사, 정밀안전검사

2. 관리주체의 의무
- 승강기를 안전하게 관리할 책임과 권한
- 승강기 안전검사를 받아야 함

3. 안전관리자의 직무
- 승강기 운행 및 관리에 관한 규정 작성
- 비상연락망의 작성 및 관리
- 중대사고, 중대고장의 통보
- 이용자 구출을 위한 승강기조작
- 피난용 엘리베이터 운행
- 비상열쇠의 관리
- 고장수리일지 기록 및 관리

제2장 이상 시 제현상과 재해방지

1. 직접원인 인적 원인(불안전한 행동), 물적 원인(불안전한 상태)

2. 간접원인 신체적 원인, 교육적 원인, 정신적 원인, 관리적 원인, 기술적 원인

3. 재해누발자의 분류 미숙성 누발자, 상황성 누발자, 습관성 누발자, 소질성 누발자

4. 재해의 발생 형태

추락
높은 곳에서 떨어지는 것

전도
미끄러지거나 넘어지는 것

낙하
떨어지는 물체에 맞는 것

협착
물건 사이에 끼이거나 말려든 것

감전
전기에 접촉되거나 방전에 의해 충격을 받는 것

충돌
부딪히는 것

5. 재해 원인의 분석방법

개별적 원인분석
개별의 재해를 상세히 분석, 특수재해나 중대재해 및 건수가 작은 사업장에 적용

통계적 원인분석
여러 재해별로 관계파악 등 통계학적인 분석, 재해의 발생유형과 경향을 파악

6. 통계적 재해분류

중상해, 경상해, 무상해(경미상해)로 구분한다.

7. 산업재해 예방의 4원칙 (하인리히의 재해예방 4원칙)

손실우연의 법칙
손실(상해)의 형태와 크기는 우연적이다.

원인계기의 원칙
여러 가지 원인이 연쇄적으로 일어난다.

예방가능의 원칙
재해는 예방이 가능하다.

대책선정의 원칙
안전대책이 선정되고 적용되어야 한다.

8. 사고방지 5단계

- 1단계 : 안전관리조직
- 2단계 : 사실의 발견
- 3단계 : 원인분석과 평가
- 4단계 : 대책 선정
- 5단계 : 대책 적용, 3E(교육, 기술, 단속)

제3장 안전점검 제도

1. 안전점검의 종류	정기점검, 수시점검, 특별점검, 임시점검
2. 안전점검 방법	육안, 기능, 정밀, 자체
3. 안전점검 시의 유의사항	• 여러 가지 점검방법의 병용 • 불량 발견 시 다른 설비도 점검 실시 • 불량 발견 시 원인조사, 대책강구 • 과거 재해발생 부분은 재해요인 배제 확인 • 점검자 능력에 맞는 점검실시
4. 안전점검 및 진단 순서	실태파악 → 결함발견 → 대책결정 → 대책실시
5. 안전점검 중에서 5S 안전활동 생활화	정리, 정돈, 청소, 청결, 습관화

제4장 기계기구와 그 설비의 안전

1. 기계설비 운전시의 기본 안전수칙	• 담당자 외 취급금지 • 가동 시 자리이탈금지 • 가동 시 청소, 정비금지 • 작업범위 이외의 기계사용금지 • 기계고장 시 수리보수 등의 조치를 취할 것 • 안전방호장치의 이상여부확인
2. 전기재해의 종류	감전, 폭발, 화재
3. 감전사고 방지대책	• 필히 접지할 것 • 누전차단기 설치할 것 • 스위치조작은 아무나 함부로 하지 말 것 • 젖은 손으로 만지지 말 것 • 전기기기의 충전부는 노출금지 • 정격퓨즈를 사용하고 동선/철선 등은 사용금지 • 작업 시 보호구를 착용할 것
4. 심실세동전류	심장의 맥동에 영향을 주어 심장마비를 일으켜 사망에 이르게 하는 전류

5. 감전사고 시 응급처치	• 전기공급을 차단하거나 사고자를 전원과 분리(직접 만지지 말 것) • 인공호흡 실시 • 심폐소생술 실시 • 병원으로 후송 • 의식불명 시 입술에 물만 적실 것
6. 추락방지 대책	• 2m 이상의 높이는 작업발판이나 안전대 착용 • 안전대 교육, 점검 필요 • 악천후 시 즉시 작업중지 • 안전모, 안전화, 안전대는 규정된 제품을 사용하고 이상 시 즉시 교체 • 카 상부 작업 시 로프를 잡지 말 것 • 2중안전대 1종(U걸이전용), 2종(1개걸이전용), 3종(U걸이와 1개걸이), 4종(안전블록)
7. 사다리 작업의 안전수칙	• 균열이 있거나 변형된 사다리 사용금지 • 규정 이상의 무거운 물건을 사다리로 옮기지 말 것 • 사다리 주위에 통행이 많을 경우 충돌을 회피하거나 방호막 등을 설치할 것 • 감전위험이 있는 경우 도체재질의 사다리를 피할 것 • 고정식 사다리는 상부지점에서 60cm 이상 연장될 것
8. 보호구의 종류	안전모, 안전대, 보안면, 안전화, 안전장갑, 방진·방독마스크, 방열복
9. 안전표지판 부착	작업환경을 표준화하기 위해서
10. 비상구를 표시하는 색상	녹색
11. 안전표시	• 적색 : 정지, 금지 • 황색 : 주의, 경고 • 녹색 : 안전, 구호 • 청색 : 지시
12. 안전보호구의 점검과 관리	• 언제든 사용가능하게 손질 및 정기적으로 점검 실시 • 1달에 1번 이상은 책임있는 감독자가 점검 • 청결하고 습기가 없고 통풍이 잘 되는 장소에 보관 • 변질 우려가 있는 유기용제 등과 혼합보관하지 말 것 • 보호구는 깨끗이 유지하고 세척 후 완전히 건조시켜 보관

PART 03 승강기 기계이론

제1장 승강기 재료의 역학적 성질에 관한 기초

1. **하중의 작용상태에 따른 분류**   인장하중, 압축하중, 전단하중, 굽힘하중, 비틀림하중

2. **하중의 시간적으로 변화하는 값에 따른 분류**   정하중, 동하중

3. **하중의 분포 상태로 분류**   집중하중, 분포하중

4. **응력의 종류**   인장응력, 압축응력, 전단응력, 굽힘응력, 비틀림응력

5. **응력**   단위면적당 하중 = $\dfrac{하중}{단면적}$ (kg/cm^2)

    • 변형율 = $\dfrac{변형된\ 길이}{원래의\ 길이}$

6. **변형율의 종류**   가로변형율, 세로변형율, 전단변형율, 체적변형율

7. **탄성**   하중에 의해 변형된 물체가 하중을 제거하면 원래대로 되돌아가는 성질

8. **훅(후크)의 법칙**   어느 한도 이내에서는 응력과 변형율은 비례한다.

9. **허용응력**   안전상 허용되는 응력의 최대값

제2장 승강기 주요 기계요소별 구조와 원리

1. 링크기구 프레임(고정부), 크랭크(회전부), 슬라이더(미끄럼부), 레버(요동부)

2. 캠 회전운동을 직선운동, 반복운동, 진동 등으로 변환시켜주는 기구

3. 단활차
- 정활차는 힘의 방향만 바꾼다.
- 동활차는 하중을 위로 올리는 경우 1/2의 힘으로 올릴 수 있다.

4. 기어의 특징

	헬리컬기어	웜기어
효율	높다	낮다
소음	크다	작다
역구동	쉽다	어렵다

5. 미끄럼 베어링 구조간단, 소음↓, 속도↓, 큰 하중과 충격에 강함, 윤활유 공급이 많이 필요

6. 구름 베어링 마찰↓, 소형, 속도↑, 소음↑, 충격에 약함

7. M10 미터보통나사로써 호칭지름이 10mm

8. 나사의 용도

삼각나사
일반체결용

사각나사
힘의 전달용

톱니나사
한쪽방향으로만 큰 힘을 전달

사다리꼴나사
운동전달용

9. 키 축에 기어, 풀리 등의 회전체를 고정시켜 회전력을 전달하는 기계요소

제3장 승강기 요소측정 및 시험

1. 버니어캘리퍼스	깊이측정, 안지름측정, 바깥지름측정, 0.05(1/20)mm까지 측정 가능
2. 마이크로미터	정밀한 판의 두께 측정, 0.01(1/100)mm까지 측정가능
3. 하이트게이지	높이측정, 금긋기
4. 다이얼게이지	평면의 요철, 회전체의 흔들림측정, 원통의 진원도측정
5. 전압계	전압측정, 회로에 병렬로 연결
6. 전류계	전류측정, 회로에 직렬로 연결
7. 배율기	전압계 측정범위를 높일 때 사용, 전압계와 직렬로 연결
8. 분류기	전류계 측정범위를 높일 때 사용, 전류계와 병렬로 연결
9. 절연저항 측정	메거
10. 2중너트의 풀림방지 대책	분할핀

PART 04 승강기 전기이론

제1장 승강기 동력원의 기초전기

1. 전하
전기를 띤 가장 작은 입자
Q (C, 쿨롱)

2. 전기력선의 수
$\dfrac{Q}{\varepsilon}$ 개, 진공이나 공기인 경우는 $\dfrac{Q}{\varepsilon_0}$ 개

3. 유전율
$\varepsilon = \varepsilon_0 \cdot \varepsilon_s$ (F/m)
- ε_0 : 진공의 유전율
- ε_s : 비유전율

4. 쿨롱의 힘
두 전하사이에 작용하는 힘
$$F = \dfrac{Q_1 Q_2}{4\pi r^2 \varepsilon} = 9 \times 10^9 \dfrac{Q_1 Q_2}{r^2} \text{(N)}$$

5. 전속밀도
$D = \dfrac{Q}{A} = \varepsilon E$ (C/m²)

6. 평행판 콘덴서의 용량
C (F, 패럿)
- $Q = CV$
- $C = \dfrac{\varepsilon A}{d}$

7. 콘덴서의 축적되는 에너지
$W = \dfrac{1}{2} CV^2$ (J)

8. 전류
I (A, 암페어) $= \dfrac{Q}{t}$ (C/s)

9. 전압(=전위차)
V (V, 볼트) $= \dfrac{W}{Q}$ (J/C)

10. 저항 R(Ω, 옴)

- 옴의 법칙 $V = IR$

$R = \rho \dfrac{\ell}{A}$ (ρ : 고유저항, ℓ : 길이(m), A : 단면적(m²))

11. 단위

- 밀리(m) = 10^{-3}
- 마이크로(μ) = 10^{-6}
- 나노(n) = 10^{-9}
- 피코(p) = 10^{-12}

12. 키르히호프의 법칙

제1법칙 : 전류의 법칙
"회로망의 임의의 접속점에서 흘러 들어오고 흘러나가는 전류의 대수합은 0이다." 또는 "유입전류량과 유출전류량은 같다."

제2법칙 : 전압의 법칙
"기전력의 합은 전압강하의 합과 같다."

13. 전지 연결 시

- n개 직렬연결 : 용량불변, 전압 n배 증가
- n개 병렬연결 : 전압불변, 용량 n배 증가

14. 전력

$$P(\text{W, 와트}) = \dfrac{W}{t} = VI = I^2 R = \dfrac{V^2}{R}$$

15. 최대전력조건

$r = R$

이때 최대전력 $P_{\max} = \dfrac{1}{4} \times \dfrac{V^2}{r}$

16. 순시값

정현파 교류에서 시간의 변화에 따라 시시각각 다르게 나타나는 값

17. 정현파 교류의 실효값

최대값 ÷ $\sqrt{2}$

18. 정현파 교류의 평균값

최대값 × $\dfrac{2}{\pi}$

19. 유도성 리액턴스

$X_L = \omega L = 2\pi f L (\Omega)$

20. 용량성 리액턴스

$X_L = \omega L = 2\pi f L (\Omega) \quad X_C = \dfrac{1}{\omega C} = \dfrac{1}{2\pi f C} (\Omega)$

21. RL 직렬회로의 임피던스

$Z = R + jX_L = \sqrt{R^2 + X_L^2} \, (\Omega)$

역률

$$\cos\theta = \frac{R}{Z} = \frac{R}{\sqrt{R^2 + X_L^2}}$$

22. 교류전력
- 피상전력 = VI(VA)
- 유효전력 = $VI\cos\theta$(W)
- 무효전력 = $VI\sin\theta$(Var)

23. 3상유효전력

$\sqrt{3}\,VI\cos\theta$(W)

24. 자기력선의 수

$\frac{m}{\mu}$ 개, 진공이나 공기면 $\frac{m}{\mu_0}$ 개

25. 투자율

$\mu = \mu_0 \cdot \mu_s$(H/m)
- μ_0 : 진공의 투자율
- μ_s : 비투자율

26. 쿨롱의 힘

두 자극사이에 작용하는 힘

$$F = \frac{m_1 m_2}{4\pi r^2 \mu} = 6.33 \times 10^4 \frac{m_1 m_2}{r^2}\text{(N)}$$

27. 자기장의 세기

직선도선 주의의 자기장

$$H = \frac{I}{2\pi r}\text{(AT/m)}$$

원형코일 중심의 자기장

$$H = \frac{NI}{2r}\text{(AT/m)}$$

무한장 직선 솔레노이드 내부의 자기장

$$H = \frac{NI}{\ell}\text{(AT/m)}$$

환상솔레노이드 내부의 자기장

$$H = \frac{NI}{2\pi r}\text{(AT/m)}$$

28. 코일에 축적되는 에너지

$W = \frac{1}{2}LI^2$(J)

29. 앙페르의 오른나사의 법칙

전류가 흐르면 전선 주위에 생기는 자기장의 방향을 정하는 법칙

30. 플레밍의 왼손법칙

$F = BI\ell \sin\theta$(N)

- 평등자장 내 전류가 흐를 때 전선에 작용하는 힘, 전동기법칙

31. 플레밍의 오른손법칙

$e = Bv\ell \sin\theta$(V)

- 평등자장 내 운동도체에 발생하는 기전력, 발전기법칙

32. 패러데이의 전자유도법칙

자장의 변화로 도선에 발생하는 기전력

- $e = -N\dfrac{\Delta \phi}{\Delta t}$ (V)

렌츠의 법칙
자속의 변화에 의한 유도기전력의 방향을 정하는 법칙, 기전력의 방향은 자속의 증감을 방해하는 방향

제2장 승강기 구동기계 기구 작동 및 원리

1. 직류기의 3대 구성요소
계자, 전기자, 정류자

2. 직류기의 기전력
$E = k\phi N$(V)
- ϕ(Wb) : 자속
- N(rpm) : 분당회전수

3. 파권
고전압 저전류, 병렬회로수 $a = 2$

4. 중권
저전압 대전류, 병렬회로수 $a = p$(극수)

5. 전기자반작용
- 원인 : 전기자전류
- 대책 : 보상권선, 보극, 브러시 이동

6. 정류불량의 대책
- 저항정류 : 탄소브러시(접촉저항이 크다)
- 전압정류 : 보극

7. 직류전동기의 종류

직권 전동기
토크가 가장 큼. 전기철도, 크레인 등에 사용

분권전동기
정속도 전동기, 계자에 퓨즈나 개폐기 설치금지(퓨즈가 끊어지면 위험속도)

| 8. 직류전동기 속도제어 | 계자제어, 전압제어, 저항제어 |

| 9. 직류전동기 제동법 | 발전제동, 회생제동, 역전제동 |

| 10. 직류전동기 역회전법 | 계자 또는 전기자 중 하나만 접속을 반대로 할 것 |

11. 단절권
- 장점 : 고조파제거, 파형개선
- 단점 : 기전력감소

12. 분포권
- 장점 : 고조파감소, 파형개선, 리액턴스감소
- 단점 : 기전력감소

| 13. 유도전동기 종류 | 농형, 권선형 |

14. 동기속도

$$N_s = \frac{120f}{p} \text{(rpm)}$$

- f(Hz) : 주파수
- p : 극수

15. 슬립

$$s = \frac{N_s - N}{N_s}$$

- $S = 0$: 동기속도 회전 시, 무부하 시
- $S = 1$: 정지 시, 기동 시

| 16. 유도전동기 속도제어 | 극수제어, 주파수제어, 2차저항법, 2차여자법 |

17. 농형유도전동기 기동법
- 전전압기동(직입기동)
- Y-△기동
- 기동보상기법
- 리액터기동

| 18. 권선형유도전동기 기동법 | 2차저항법 |

| 19. 유도전동기 역회전 | 3상 중 임의의 2선을 서로 바꿈 |

| 20. 단상유도전동기 종류 | 반발기동형, 반발유도형, 콘덴서기동형(가장 역률이 좋다, 가정용제품에 많이 사용), 분상기동형, 세이딩코일형 |

| 21. 삐뚤어진 홈(사슬롯) | 크라우닝 현상에 의한 소음감소, 파형개선, 기동개선 등이 목적 |

제3장 승강기 제어 및 제어시스템의 원리 및 구성

1. 제어량	제어된 제어 대상의 양, 시스템의 출력
2. 목표값	제어계의 입력, 외부에서 주어진 값
3. 조작량	제어장치가 제어대상에 가해지는 양
4. 제어량의 성질에 의한 분류	**프로세서제어** 온도, 유량, 압력 등 **서보기구** 물체의 위치, 방위, 자세 등 기계적 변위 **자동조정** 전압, 전류, 주파수, 회전속도 등
5. 시간적 변화에 의한 분류	**정치제어** 목표값이 시간에 따라 변화하지 않는다. **추치제어** 목표값이 시간에 따라 변화한다. • 프로그램제어 : 일정한 순서대로 미리 정해진 시간적 변화를 한다. • 추종제어 : 목표값에 추종하는 임의의 시간적 변화를 한다. • 비율제어 : 목표값과 일정한 비율관계의 시간적 변화를 한다.
6. AND 연산(논리곱)	직렬회로이고 입력값이 둘 다 1일 때만 1인 연산
7. OR 연산(논리합)	병렬회로이고 입력값이 둘 다 0일 때만 0인 연산
8. NOT 연산(부정)	b접점회로이고 입력이 0이면 출력은 1, 입력이 1이면 출력은 0
9. 다이오드	PN접합으로 교류를 직류로 바꾸는 정류작용을 한다.
10. 다이리스터 최대출력인 점호각	0°

PART 01

승강기 개론

01 승강기 개요
02 승강기의 구조와 원리
03 승강기의 도어 시스템
04 승강로와 기계실
05 승강기의 제어
06 승강기의 부속장치
07 유압식 엘리베이터
08 에스컬레이터
09 특수승강기

CHAPTER 01
승강기 개요

KEYWORD 교류1단, 2단 속도제어방식, 교류귀환제어, VVVF, 워드레오나드방식, 정지레오나드방식, 승합전자동식, 군승합전자동식, 군관리방식

01 승강기 종류

1. 구조와 용도에 의한 분류

구조별 분류	승강기 세부종류	분류기준
가. 엘리베이터	전기식 엘리베이터	로프나 체인 등에 매달린 운반구(運搬具)가 구동기에 의해 수직로 또는 경사로를 따라 운행되는 구조의 엘리베이터
	유압식 엘리베이터	운반구 또는 로프나 체인 등에 매달린 운반구가 유압잭에 의해 수직로 또는 경사로를 따라 운행되는 구조의 엘리베이터
나. 에스컬레이터	에스컬레이터	계단형의 발판이 구동기에 의해 경사로를 따라 운행되는 구조의 에스컬레이터
	무빙워크	평면형의 발판이 구동기에 의해 경사로 또는 수평로를 따라 운행되는 구조의 에스컬레이터
다. 휠체어리프트	수직형 휠체어리프트	휠체어의 운반에 적합하게 제작된 운반구 또는 로프나 체인 등에 매달린 휠체어운반구가 구동기나 유압잭에 의해 수직로를 따라 운행되는 구조의 휠체어리프트
	경사형 휠체어리프트	휠체어운반구 또는 로프나 체인 등에 매달린 휠체어운반구가 구동기나 유압잭에 의해 경사로를 따라 운행되는 구조의 휠체어리프트

핵심 KEY

화물용 엘리베이터
- 적재용량 300kg 이상
- 사람 1명 탑승 가능

소형화물용 엘리베이터(덤웨이터)
- 적재용량 300kg 이하
- 정격속도 1m/s 이하
- 사람 탑승 불가능

소방구조용, 장애인용, 병원용, 피난용 엘리베이터는 평상시에 승객용 엘리베이터로 사용한다.

엘리베이터

승강기 세부종류	분류기준
승객용 엘리베이터	사람의 운송에 적합하게 제조·설치된 엘리베이터
전망용 엘리베이터	승객용 엘리베이터 중 엘리베이터 내부에서 외부를 전망하기에 적합하게 제조·설치된 엘리베이터
병원용 엘리베이터	병원의 병상 운반에 적합하게 제조·설치된 엘리베이터로서 평상시에는 승객용 엘리베이터로 사용하는 엘리베이터
장애인용 엘리베이터	「장애인·노인·임산부 등의 편의증진 보장에 관한 법률」에 따른 장애인 등의 운송에 적합하게 제조·설치된 엘리베이터로서 평상시에는 승객용 엘리베이터로 사용하는 엘리베이터
소방구조용 엘리베이터	화재 등 비상시 소방관의 소화활동이나 구조활동에 적합하게 제조·설치된 엘리베이터로서 평상시에는 승객용 엘리베이터로 사용하는 엘리베이터
피난용 엘리베이터	화재 등 재난 발생 시 거주자의 피난활동에 적합하게 제조·설치된 엘리베이터로서 평상시에는 승객용으로 사용하는 엘리베이터
주택용 엘리베이터	「건축법 시행령」에 따른 단독주택 거주자의 운송에 적합하게 제조·설치된 엘리베이터로서 편도 운행거리가 12미터 이하인 엘리베이터
승객화물용 엘리베이터	사람의 운송과 화물 운반을 겸용하기에 적합하게 제조·설치된 엘리베이터
화물용 엘리베이터	화물의 운반에 적합하게 제조·설치된 엘리베이터로서 조작자 또는 화물취급자가 탑승할 수 있는 엘리베이터(적재용량이 300킬로그램 미만인 것은 제외한다)
자동차용 엘리베이터	운전자가 탑승한 자동차의 운반에 적합하게 제조·설치된 엘리베이터
소형화물용 엘리베이터 (Dumbwaiter)	음식물이나 서적 등 소형 화물의 운반에 적합하게 제조·설치된 엘리베이터로서 사람의 탑승을 금지하는 엘리베이터(바닥면적이 0.5제곱미터 이하이고, 높이가 0.6미터 이하인 것은 제외한다)

에스컬레이터

승강기 세부종류	분류기준
승객용 에스컬레이터	사람의 운송에 적합하게 제조·설치된 에스컬레이터
장애인용 에스컬레이터	장애인등의 운송에 적합하게 제조·설치된 에스컬레이터로서 평상시에는 승객용 에스컬레이터로 사용하는 에스컬레이터
승객화물용 에스컬레이터	사람의 운송과 화물 운반을 겸용하기에 적합하게 제조·설치된 에스컬레이터
승객용 무빙워크	사람의 운송에 적합하게 제조·설치된 에스컬레이터
승객화물용 무빙워크	사람의 운송과 화물의 운반을 겸용하기에 적합하게 제조·설치된 에스컬레이터

휠체어리프트

승강기 세부종류	분류기준
장애인용 수직형 휠체어리프트	운반구가 수직로를 따라 운행되는 것으로서 장애인등의 운송에 적합하게 제조·설치된 수직형 휠체어리프트
장애인용 경사형 휠체어리프트	운반구가 경사로를 따라 운행되는 것으로서 장애인등의 운송에 적합하게 제조·설치된 경사형 휠체어리프트

2. 구동방식에 의한 분류 ★★

2-1 로프식(전기식)

권상 구동식 엘리베이터(traction drive lift)
현수로프가 구동기의 권상 도르래 홈 등에서 마찰에 의해 구동되는 엘리베이터

포지티브 구동 엘리베이터(positive drive lift)
권상 구동식 이외의 방식으로 체인 또는 로프에 의해 현수되는 엘리베이터

> **핵심 KEY**
> 권상 구동식과 다른 방식과의 구분에서 균형추가 있는 경우가 권상 구동식이고 균형추가 없는 경우가 나머지 방식에 해당된다.

2-2 유압식

직접식
플런저에 연결된 카를 실린더로 직접 움직이는 방식

간접식
플런저에 연결된 도르래로 카를 움직이는 방식

팬더 그래프식
실린더가 비스듬히 설치되어 있으며, 플런저가 도르래와 로프를 통해 카를 움직이는 방식

2-3 랙-피니언식

레일에 랙 톱니를 설치하여 카에 피니언을 만들어 카를 움직이게 하는 방식

2-4 리니어 모터식

균형추 측에 리니어 모터를 설치하여 카를 움직이는 방식

2-5 스크류식

나사의 홈 기둥을 따라 카를 이동시키는 방식

> **참고**
> **코드번호 부여방법**
> KC ○○ ○○ - ○○ : ○○○○
>   대분류 중분류 소분류 제개정년도
>
> **승강기번호의 부여방법**
> ○   ○   ○○ - ○○○
> 지역코드 승강기구분 일련번호

3. 속도에 의한 분류 ★★

저속 엘리베이터
0.75m/s 이하

중속 엘리베이터
1 ~ 4m/s 사이

고속 엘리베이터
4 ~ 6m/s 사이

초고속 엘리베이터
6m/s 이상

> **핵심 KEY**
> 고속 엘리베이터의 속도
> 4m/s 초과

4. 제어 방식에 의한 분류 ★★★

4-1 교류 엘리베이터

교류 1단 속도제어 방식
가장 간단한 방식으로 전동기로 기동과 운전을 하고 정지 시 전원을 차단한 후 기계적으로 브레이크를 거는 방식, 착상이 불량하며 착상오차가 크다.

교류 2단 속도제어 방식
기동과 주행은 고속권선으로 하고 감속 시 저속권선으로 감속하는 방식으로 교류 1단 제어보다 착상이 우수하다. 감속비는 착상오차, 감속도, 감속 시의 잭(감속도의 변화비율), 크리프(cleep)시간(저속으로 주행하는 시간) 등을 고려하여 4 : 1 이 가장 많이 사용되고 있다.

교류 귀환제어 방식
실속도와 지령속도를 비교하여 사이리스터의 점호각을 바꿔 유도전동기의 속도를 제어하는 방식이다. 감속 시 전동기에 직류를 인가하여 제동토크를 발생시킨다.

VVVF(Variable Voltage Variable Friquency)
가변전압 가변주파수제어로 유도전동기에 인가되는 전압과 주파수를 변화시켜 속도와 토크를 제어한다. 직류 전동기와 거의 유사한 성능을 낸다.

> **핵심 KEY**
> 교류 엘리베이터와 직류 엘리베이터의 차이점은 전동기가 교류 유도전동기인가 직류 전동기인가로 구분된다.

4-2 직류 엘리베이터

워드 레오나드 방식

직류 발전기의 출력단을 직류 전동기 입력단에 연결하여 발전기의 전압을 조정하여 속도를 변환시키는 방식. 승차감이 좋고 착상시간도 짧다.

정지 레오나드 방식

사이리스터를 이용하여 교류를 직류로 변환하여 직류 전동기의 속도를 조정한다.

개념잡기

교류 엘리베이터의 제어방식이 아닌 것은?

① 교류 1단 속도 제어방식
② 교류귀환 전압 제어방식
③ 가변전압 가변주파수(VVVF) 제어방식
④ 교류상환 속도 제어방식

교류 제어방식에는 교류 1단제어, 교류 2단제어, 교류 귀환제어, VVVF(가변전압 가변주파수)방식이 있다.

정답 : ④

개념잡기

가변전압 가변주파수(VVVF) 제어방식에 관한 설명 중 틀린 것은?

① 고속의 승강기까지 적용 가능하다.
② 저속의 승강기에만 적용하여야 한다.
③ 직류 전동기와 동등한 제어 특성을 낼 수 있다.
④ 유도 전동기의 전압과 주파수를 변환시킨다.

VVVF 제어방식은 저속도에서 고속도까지 모두 사용이 가능하다.

정답 : ②

개념잡기

기동과 주행은 고속권선으로 하고 감속 시엔 저속권선으로 감속하는 방식으로 교류 1단 제어보다 착상이 우수한 방식은?

① 정지 레오나드 방식
② 교류 귀환제어 방식
③ 워드 레오나드 방식
④ 교류 2단제어 방식

기동과 주행은 고속권선으로 하고 감속 시엔 저속권선으로 감속하는 방식은 교류 2단 제어 방식이다.

정답 : ④

5. 기종·용도를 표시하는 엘리베이터의 기호 분류

- P : 전기식(로프식) 일반 승객용
- R : 전기식(로프식) 주택용
- RT : 로프식 주택용 트렁크 부착
- B : 전기식(로프식) 침대용
- E : 전기식(로프식) 비상용
- F : 화물용
- HP : 유압식 일반 승용
- HR : 유압식 주택용

승강기 표시방법
- P20-CO150-10S
- P20 : 20인승용
- P(승용)
- B(침대용)
- E(비상용)
- CO(센터오픈식)
- 150(속도)
- 10S(정지층수)

02
승강기의 원리

1. 전기식 엘리베이터의 원리

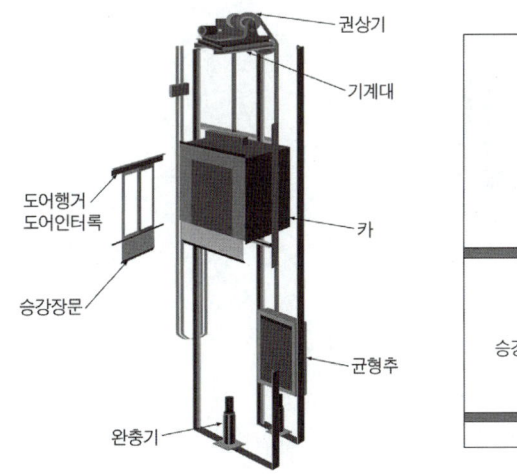
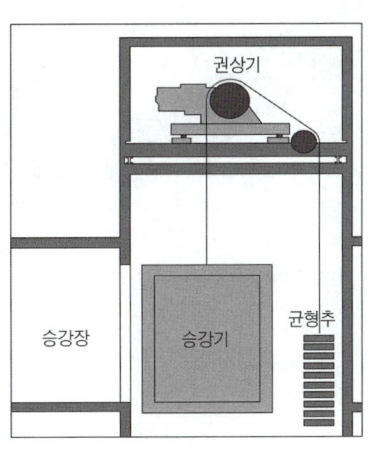

권상기에 로프를 걸어 카와 균형추를 걸어 카를 오르내리게 한다.

2. 유압식 엘리베이터의 원리

펌프에서 토출된 작동유로 플런저(Plunger)를 작동시켜 카를 이동시킨다.

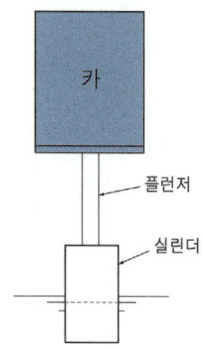

유압에 의해 작동하는 방식으로 실린더와 램의 조합체를 잭(jack)이라고 한다.

3. 에스컬레이터의 원리

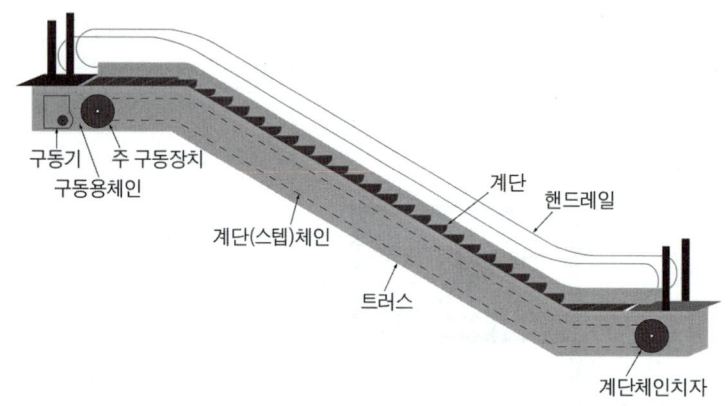

구동기에 의해 체인에 연결된 계단과 핸드레일이 이동하여 승객을 이동시킨다.

에스컬레이터는 대기시간이 없이 연속적으로 이동이 가능한 운송장치이다.

03 승강기의 조작방식 ★★★

1. 운전원 방식(반자동식)

1-1 카 스위치 방식

기동 및 정지를 운전원이 조작한다.

1-2 신호방식

도어의 개폐는 운전자의 조작으로 작동하고 기타 기동은 카 내의 버튼이나 승강장의 버튼에 의해 조작된다.

2. 무운전원 방식(전자동식)

2-1 단식 자동 방식

- 가장 먼저 눌러진 호출에만 응답하고 운행 중 다른 호출에는 응답하지 않는다.
- 승객 자신이 자동적으로 시동, 정지를 이루는 조작방식으로 자동차용 및 화물용에 적합하다.

2-2 승합 전자동식

승강장의 버튼이 상승, 하강의 2개 버튼으로 되어 있어 승객 자신이 운전하는 전자동 엘리베이터로 목적 층의 단추나 승강장으로부터의 호출 신호로 시동, 정지를 이루는 조작 방식이다.

2-3 하강 승합 자동식

- 아파트와 같이 중간층에서 상승하는 승객이 적은 경우에 적용되며 2층 이상의 승강장에는 하강버튼 밖에 없다.
- 중간층에서 위로 올라갈 때는 1층까지 내려온 후 올라가는 방식으로 사생활 침해 및 방범 목적으로 사용된다.

핵심 KEY

승강기의 조작방식에 의한 분류
- 반자동식
  - 카 스위치식
  - 신호방식
- 전자동식
  - 단식 자동식
  - 승합 전자동식
  - 군 승합 전자동식
  - 군 관리 방식

2-4 군 승합 전자동식

- 엘리베이터 2~3대가 병설되었을 때 사용하는 조작방식이다.
- 1개의 승강장 호출에 1대의 카만 응답하고 나머지는 응답하지 않는 효율적 이용방식이다.

2-5 군 관리 방식

- 엘리베이터 3~8대가 병설될 때 카의 불필요한 동작 없이 합리적으로 운영하는 조작방식이다.
- 출·퇴근 시 피크수요나 점심시간 등 수요의 변화에 따라 카의 운전내용을 변화시켜 즉각 대응하여 전체 효율에 중점을 둔다. 인건비가 절약되고 엘리베이터 수명이 길어지며 대기시간이 항상 비슷하게 유지가 가능하여 대기시간을 단축시킬 수 있다.

승강기 조작방식
- 1대인 경우
  단식 자동 방식, 승합 전자동식, 하강 승합 자동식
- 2~3대 병설인 경우
  군 승합 전자동식
- 3~8대 병설인 경우
  군 관리 방식

개념잡기

가장 먼저 누른 호출버튼에 응답하고 운전이 완료될 때까지 다른 호출에 응답하지 않는 운전방식은?

① 승합 전자동식 ② 단식 자동방식
③ 카 스위치방식 ④ 하강 승합 전자동식

단식 자동(Single Automatic)방식
운전 중에 일단 호출을 받으면 다른 호출을 받지 않는 운전방식이다.

정답 : ②

CHAPTER 02
승강기의 구조와 원리

KEYWORD 권상기의 특징, 제동기, 로핑과 래핑, 가이드레일호칭과 길이, FGC, FWC, 조속기종류, 완충기, 카와 카틀, 오버밸런스율, 트랙션비, 균형로프와 균형체인

01 권상기 ★★★

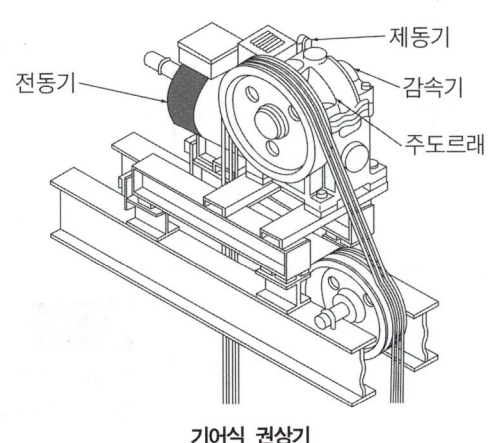

기어식 권상기

1. 권상기의 개념

- 와이어로프를 사용하여 카의 상승과 하강에 전동기를 이용한 동력장치, 전동기, 감속기, 브레이크, 기계대 등으로 구성이다.
- 주로프 등으로 카를 수직으로 이동시키기 위해 전동기, 제동기, 도르래(풀리), 기계대 등으로 구성된 동력장치이다.
- 고층빌딩에는 전동기에 시브와 직결된 기어리스가 많이 사용되며 저속인 경우에는 감속기를 채용한 기어드 방식이 많이 사용된다.

행정이란 승강기가 움직이는 길이를 말한다.

2. 권상기의 형식

2-1 기어드(geard) 방식

전동기의 감속을 위해 기어를 부착시킨다. 웜기어와 헬리컬기어를 사용한다.

	헬리컬기어	웜기어
효율	높다	낮다
소음	크다	작다
역구동	쉽다	어렵다
최대적용속도	100m/min 이하	120m/min 이하

> **참고**
>
> 권상기의 종류
> 기어드 방식
> • 기어레스 방식

헬리컬기어　　　**웜기어**

2-2 기어레스(gearless) 방식

기어를 사용하지 않고, 회전축에 시브(sheave, 도르래)를 부착

3. 도르래 홈의 종류별 특징 ★

3-1 도르래 홈의 재질이 같은 경우 마찰력의 크기

U홈 < 언더컷 홈 < V홈

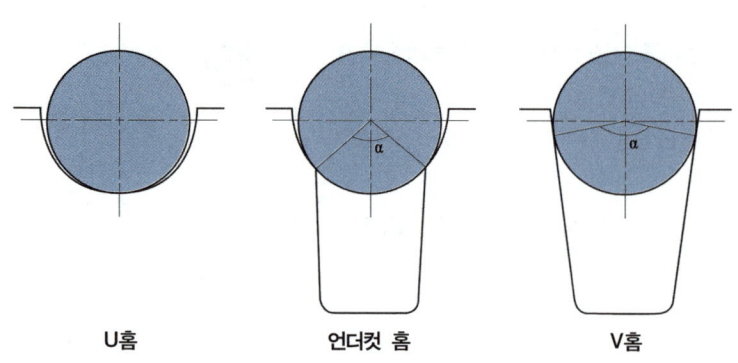

U홈　　　**언더컷 홈**　　　**V홈**

> **핵심 KEY**
>
> 권부각은 시브(도르래)에 로프가 감기는 각으로 도르래 홈 그림에서 $\alpha°$를 의미한다. 따라서 권부각이 클수록 마찰력이 증가한다.

3-2 로프의 미끄러짐이 쉽게 발생하는 경우 ★

- 권부각(로프가 감기는 각도)이 작을수록
- 카의 가속도와 감속도가 클수록
- 카와 균형추 측의 로프에 작용되는 장력비가 클수록
- 로프와 도르래간의 마찰계수가 작을수록

4. 권상기용 전동기의 구비요건 ★★

- 기동전류가 작을 것
- 기동빈도가 많아(시간당 180 ~ 300회) 발열을 고려할 것
- 제동력을 가질 것(전동기 회전력 +100 ~ -70% 이상)
- 승강기 정격속도에 맞는 회전특성을 가질 것(회전속도 오차 +5 ~ -10% 이내)
- 소음이 작고, 저진동일 것
- 회전부분의 관성모멘트는 작을 것

5. 제동기 ★★★

- 브레이크라고 하며 전동기의 회전을 정지시키는 역할을 하며 이상 발생 시 전원이 끊기는 동시에 작동한다.
- 강력한 제동력의 스프링에 의해 작동한다. 전원이 흐르는 동안에는 전자코일에 의해 개방된 상태가 된다.
- 엘리베이터에서는 125%의 부하로 전속하강 중 위험 없이 감속, 정지할 수 있어야 한다.
- 브레이크 슈와 브레이크 드럼, 라이닝, 스프링, 전자코일로 구성되어 있다.

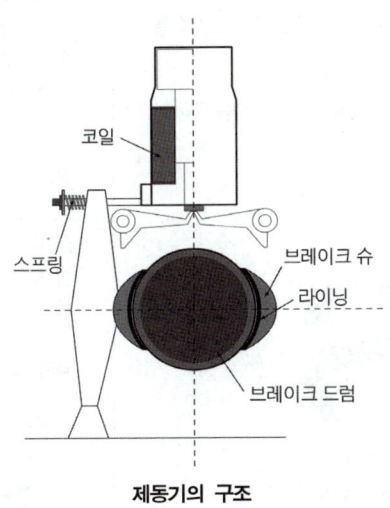

제동기의 구조

참고

미끄러짐을 줄이려면
- 권부각을 크게
- 가속도와 감속도를 작게
- 균형체인과 균형로프 사용
- 마찰계수를 크게

공식 정리

권상기용 전동기의 소요동력

$$P = \frac{MVS}{6,120\eta} \text{(kW)}$$

- M : 정격 적재량(kg)
- V : 정격속도(m/min)
- S : 1-F(F : 오버밸런스율%)
- η : 종합효율

핵심 KEY

라이닝은 브레이크 슈가 브레이크 드럼을 죌 때 마찰력을 일으키는 부분으로 내열성 및 내마모성이 우수하고 고온에서 마찰계수가 변화가 적어야 한다.

> 엘리베이터에서 와이어로프를 사용하여 카의 상승과 하강에 전동기를 이용한 동력장치는?
>
> ① 권상기　　② 조속기　　③ 완충기　　④ 제어반
>
> **권상기**
> 와이어로프를 사용하여 카의 상승과 하강에 전동기를 이용한 동력장치
>
> 정답 : ①

02 로프 ★★★★

1. 로프의 구조 및 종류별 특징

- 구조는 심(core. 코어)강, 스트랜드(strand. 가닥), 소선(wire. 와이어)으로 구성된다.
- 로프 또는 체인 등의 가닥수는 2가닥 이상이어야 한다.
- 로프의 공칭 직경이 8mm 이상이어야 한다(단, 정격속도가 1.75m/s 이하인 경우 등에 한정하여 6mm의 로프 가능).
- 매다는 장치(현수)의 로프 공칭직경은 8mm 이상, 3가닥 기준으로 안전율은 12 이상 이어야 한다.
- 로프의 교체시기 판정은 단선, 마모, 사용년수, 부식정도 등에 의한다.
- **로프의 보통 꼬임은 스트랜드(다수의 소선을 꼬아 합친 것)의 꼬임방향과 로프의 꼬임 방향이 반대로 된 것이고, 랭꼬임은 그 방향이 같다.**
- Z꼬임 : 스트랜드의 꼬임방향이 Z자와 일치하는 꼬임
- S꼬임 : 스트랜드의 꼬임방향이 S자와 일치하는 꼬임
- 코어(심강)는 마닐라삼 등 천연섬유나 합성섬유를 꼬아 로프 모양으로 만들어 구리스를 함유시켜 만든다.
- 엘리베이터에는 특별한 요구가 없는 경우 보통 Z꼬임(오른쪽보통꼬임)이 사용되어야 한다.
- 로프의 구성에 따라 실형, 워링톤형, 필라형으로 구분한다.

보통 Z꼬임　　보통 S꼬임　　랭 Z꼬임　　랭 S꼬임

핵심 KEY

로프의 구조

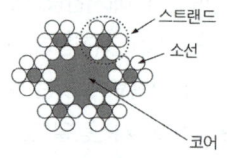

- 소선 : 로프를 구성하는 각각의 와이어 선을 말한다.
- 코어 : 로프의 형태를 유지하기 위해 섬유재질로 된 제일 안쪽의 로프를 말한다.
- 스트랜드 : 여러 소선들이 모여 하나로 합쳐진 것을 말한다.

참고

실형(S)
스트랜드의 외측소선이 내측소선보다 굵어 내마모성이 크다.
실형19개선8꼬임 = 8 × S(19)

워링톤형(W)
스트랜드의 외측소선에 2종류 굵기의 소선을 상호이웃하게 배열한 것으로 현재 거의 사용하지 않는다.
워링톤형19개선8꼬임 = 8 × W(19)

필라형(Fi)
스트랜드의 외측과 내측소선을 동일 굵기로 하며 외층과 내층간에 간격을 좁히기 위해 가는 소선을 넣는다.
필라형25개선8꼬임 = 8 × Fi(25)

와이어로프의 직경측정

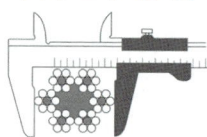

2. 로프의 로핑(걸기)방법 및 래핑(감기)방법 ★

2-1 로핑방식

1 : 1 로핑
주로 승객용 엘리베이터

2 : 1 로핑
주로 화물용 엘리베이터(0.5m/s 미만)

3 : 1, 4 : 1, 6 : 1 로핑
대용량의 저속화물용 엘리베이터(0.5m/s 미만), 단점으로는 로프의 길이가 매우 길어지며, 로프의 수명이 짧아지고, 종합 효율이 저하된다.

> **핵심 KEY**
> 2 : 1 로핑은 1 : 1 로핑에 비해 로프의 장력은 1/2로 줄어들고 속도 역시 1/2로 줄어든다. 대신 로프길이가 2배로 증가한다.

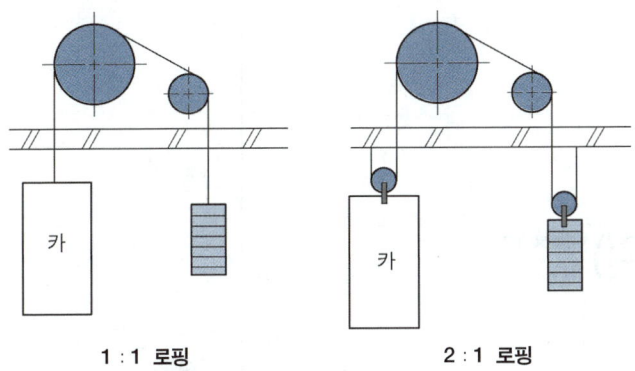

1 : 1 로핑   2 : 1 로핑

2-2 도르래(시브)에 로프를 감는 방법

싱글랩 방식
중저속 엘리베이터

더블랩 방식
고속 엘리베이터, 더블랩 방식은 로프의 수명을 늘리기 위해 마찰력이 작은 U홈을 사용

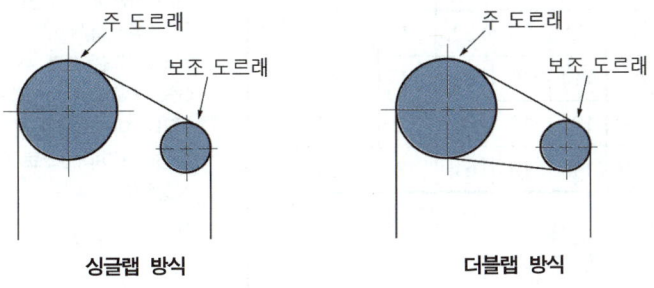

싱글랩 방식   더블랩 방식

3. 승강기의 정격속도

$$v = \frac{\pi DN}{1,000} i \text{(m/min)} \quad \begin{bmatrix} D : 권상도르래\ 직경\text{(mm)} \\ N : 전동기\ 회전수\text{(rpm)} \\ i\ : 감속비 \end{bmatrix}$$

개념잡기

와이어로프의 구성요소가 아닌 것은?

① 소선　　　　　② 심강
③ 킹크　　　　　④ 스트랜드

로프의 구성요소는 심강, 스트랜드, 소선으로 되어 있다.　　　정답 : ③

---

03 주행안내레일 (Guide rails, 가이드레일) ★★★

1. 가이드레일의 규격 및 사용목적

- 레일 호칭은 **마무리 가공 전 소재의 1m당 중량**으로 한다.
- 보통 T형 레일을 사용하는데 공칭은 **8K, 13K, 18K, 24K** 등이 사용된다. 대용량에서는 37K, 50K 등이 사용된다(K는 Kg을 의미).
- 레일의 **표준길이는 5m**이다(표준길이 초과 시 제조나 운반상의 어려움이 있다).

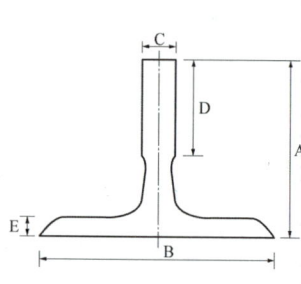

[mm] 공칭	A	B	C	D	E	계산중량 (kgf/m)
8K	56	78	10	26	6	8.55
13K	62	89	16	32	7	13.1
18K	89	114	16	38	8	17.5
24K	89	127	16	50	12	23.7
30K	108	140	19	51	13	29.7

- 가이드 레일의 허용응력은 2,400(kg/cm²)이다.

참고

소선의 인장강도에 따라
E종 < G종 < A종 < B종으로 구분된다.

- A종 : 165kgf/mm² 강도, 파단강도가 높으므로 초고층용 엘리베이터나 로프본수를 적게 하고 싶을 경우 사용한다.
- B종 : 180kgf/mm² 강도, 경도가 A종보다 높아 엘리베이터에서는 거의 사용하지 않는다.
- E종 : 135kgf/mm² 강도, 엘리베이터용으로 사용한다.
- G종 : 150kgf/mm² 강도, 소선의 표면에 아연도금을 실시하여 녹이 발생하기 어려우므로 습한 장소에 적합하다.

- 가이드레일의 사용목적
  - 카와 균형추의 승강로 내 위치를 규제
  - 카의 기울어짐을 방지
  - 비상정지장치 작동 시 수직하중을 유지

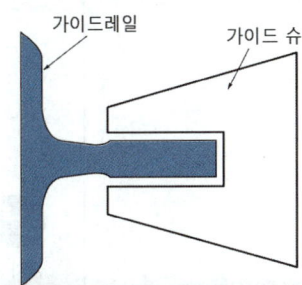
가이드레일 / 가이드 슈

> **참고**
>
> 카나 균형추에 부착되어 카와 균형추를 가이드레일에 지지하며 저속용은 슬라이딩 가이드 슈가 사용되며 고속용은 롤러 가이드 슈가 사용된다.
>
> **가이드 슈의 역할**
>
> 가이드 슈는 승강로 내에서 카를 상하로 주행 안내하고 주행 중 카에 전달되는 진동을 감소시키는 역할을 한다.

2. 가이드레일의 결정요소

- 비상정지장치가 작동했을 때 좌굴하지 않는지 점검
- 지진 발생 시 레일의 비틀림이 한도를 넘거나, 레일의 응력이 탄성한계를 넘으면 카 또는 균형추가 레일에서 이탈하지 않는지 점검
- 카 내 불균형한 큰 하중 적재에 의한 카에 큰 회전 모멘트가 걸리는 데, 레일이 지탱할 수 있는지 점검

> **핵심 KEY**
>
> **가이드레일의 결정**
> - 비상정지 시 레일의 좌굴하중
> - 지진발생 시 건물의 수평진동력
> - 불균일한 큰 하중 적재 시 카에 발생하는 회전모멘트

개념잡기

가이드레일의 규격(호칭)에 해당되지 않는 것은?

① 8K ② 13K
③ 15K ④ 18K

보통 T형 레일 공칭은 8K, 13K, 18K, 24K(대용량 엘리베이터에서는 37K, 50K)

정답 : ③

04 추락방지안전장치
(Safety gear, 비상정지장치)

1. 비상정지장치의 종류 및 작동원리 ★★

1-1 점차 작동형 비상정지장치

FGC(flexible guide clamp, 플랙시블 가이드 클램프)형

레일을 죄는 힘이 동작에서 정지까지 일정하다. 구조가 간단하고 복구가 쉬워 널리 사용되고 있다. 정격속도 1m/s(60m/min) 초과인 중·고속엘리베이터에 사용한다.

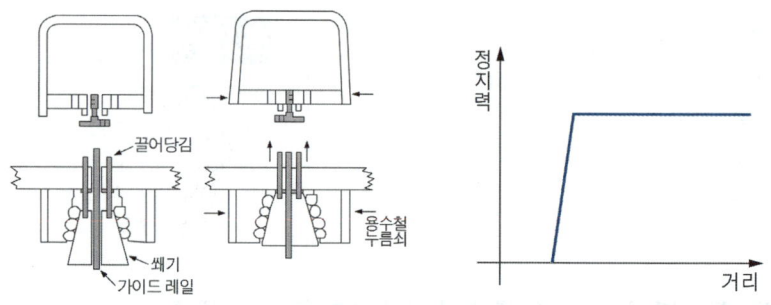

FWC(flexible wedge clamp, 플랙시블 웨지 클램프)형

레일을 죄는 힘이 동작 초기에는 약하나 점점 강해진 후 일정하다. 구조가 복잡하여 거의 사용하지 않는다.

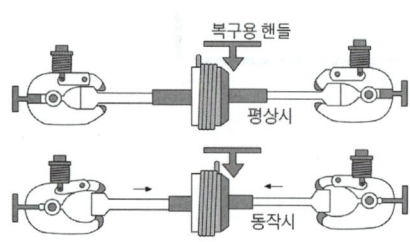
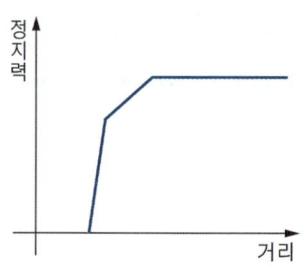

참고

점차 작동형 비상정지장치의 종류
- FGC(플랙시블 가이드 클램프형)
- FWC(플랙시블 웨지 클램프형)

1-2 즉시(순간식) 작동형 비상정지장치

- 작동 시 정지력이 급격히 작용하고 카 또는 균형추를 거의 순식간에 정지시킨다.
- 저속도 엘리베이터 속도가 0.63m/s 이하에서 사용한다(1m/s를 초과하지 않는 경우는 완충효과가 있는 즉시 작동형이다).
- 슬랙로프 세이프티 : 순간식 비상정지장치의 일종으로 조속기를 사용하지 않고 로프에 걸리는 장력이 없어지는 것을 센서가 검출하여 작동한다.

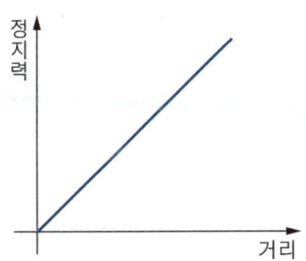

핵심 KEY
즉시 작동형 비상정치장치의 작동원리
롤러방식의 경우 비상정지 프레임의 테이퍼 부분에 인상로드에 연결된 롤러가 조속기의 작동에 따라 당겨 올라가 레일과의 협각부에 끼어 들어가 강력한 정지력을 발생시킨다. 또는 로프에 걸리는 장력이 없어져 로프의 처짐이 생기면 운전회로를 열고 작동된다.

g_n
중력가속도(9.81m/s²)

2. 비상정지장치의 용도 ★

- 엘리베이터의 속도가 규정속도 이상으로 하강하는 경우 설치하여 카, 균형추, 평형추를 정지시키는 작용을 한다.
- 승강로 피트 하부가 사무실이나 통로로 사용되어 사람이 출입하는 장소일 경우에는 균형추 측에도 설치해야 한다.
- 점차 작동형 비상정지장치의 경우 정격하중의 카가 자유 낙하할 때 작동하는 평균 감속도는 $0.2g_n$과 $1g_n$ 사이에 있어야 한다.
- 카에 여러 개가 설치된 경우 모두 점차 작동식이어야 한다.

직접식 유압엘리베이터의 경우 비상정지장치를 설치하지 않을 수 있다

핵심 KEY
비상정지장치의 작동 후 카의 상태
비상정지장치의 작동 후 카의 상태는 바닥면의 수평도가 5%를 초과하여 기울어지지 않아야 한다.

개념잡기

비상정지장치의 작동으로 카가 정지할 때까지 레일이 죄는 힘이 처음에는 약하게 그리고 하강함에 따라 강해지다가 얼마 후 일정한 값으로 도달하는 방식은?

① 슬랙로프 세이프티 ② 순간식 비상정지장치
③ 플렉시블 가이드 방식 ④ 플랙시블 웨지 클램프 방식

F·W·C(flexible wedge clamp)형
레일을 죄는 힘이 동작 시점에는 약하나 하강함에 따라 점점 강해진 후 일정해진다.

정답 : ④

05 과속조절기 ★★★
(overspeed governor, 조속기)

1. 과속조속기(조속기)의 목적

- 카의 속도를 검출하는 장치이다.
- 정해진 속도 이상 시 전원을 차단하고 비상 정지시킨다.

2. 과속조속기(조속기)의 종류

2-1 디스크형

엘리베이터가 설정된 속도에 달하면 원심력에 의해 진자(振子)가 움직이고 가속 스위치를 작동시켜서 정지시키는 과속조절기, **중저속 엘리베이터에 사용**된다.

2-2 플라이 볼(Fly Ball)형

과속조절기 도르래의 회전을 베벨기어에 의해 수직축의 회전으로 변환하고, 이 축의 상부에서부터 링크 기구에 의해 매달린 구형(球形)의 진자에 작용하는 원심력으로 추락방지 안전장치를 작동시킨다. 구조가 복잡하나 속도검출 정밀도가 높아서 **고속 엘리베이터에 많이 사용**된다.

2-3 마찰정지(Traction type)형 조속기

엘리베이터가 과속된 경우, 과속스위치가 이를 검출하여 동력 전원 회로를 차단하고, 전자 브레이크를 작동시켜서 과속조절기 도르래의 회전을 정지시켜 과속조절기 도르래 홈과 로프 사이의 마찰력으로 비상 정지시키며, **주로 저속엘리베이터에 사용**된다.

2-4 양방향 과속조절기

과속조절기의 캣치가 양방향(상·하) 추락방지안전장치를 작동시킬 수 있는 구조를 갖는 과속조절기이다.

디스크형 조속기의 종류

- 추형 방식
  추(weight)형 캐치에 의해 로프를 붙잡아 추락방지 안전장치를 작동시키는 방식
- 슈형 방식
  도르래 홈과 슈(shoe) 사이에 로프를 붙잡아 추락방지 안전장치를 작동시키는 방식

마찰정지형 조속기
롤세이프티형 조속기라고도 한다.

3. 과속조속기(조속기)의 구성요소

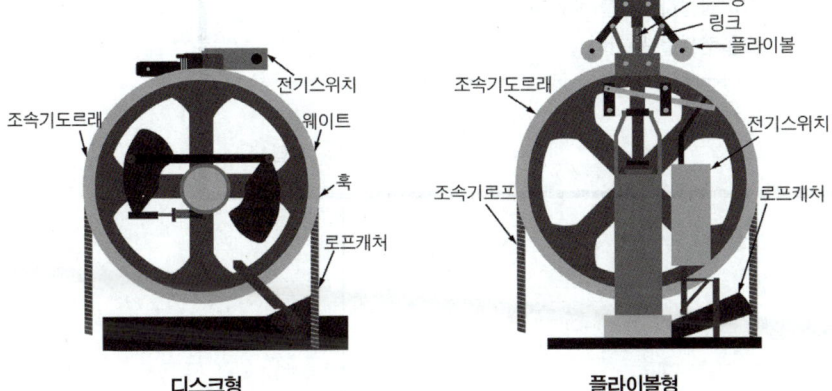

디스크형　　　　　플라이볼형

- 과속조절기 로프의 최소 파단하중은 8 이상의 안전율을 확보해야 한다. 마찰정지형 과속조절기의 경우, 마찰계수 μmax가 0.2와 같은 것으로 고려하여 과속조절기에 발생될 수 있는 인장력을 계산한다.
- 과속조절기 로프 인장 풀리의 피치 직경과 과속조절기 로프의 공칭 지름의 비는 30 이상이어야 한다.

4. 조속기의 작동속도

- 전기안전장치에 의해 상승 또는 하강하는 카의 속도가 조속기의 작동속도에 도달하기 전에 구동기의 정지를 시작하여야 한다. 다만, 정격속도가 1m/s 이하인 경우 이 장치는 늦어도 조속기 작동속도에 도달하는 순간에 작동될 수 있다.
- 추락방지안전장치 등의 작동을 위한 과속조절기는 정격속도의 115% 이상의 속도 그리고 다음과 같은 속도 이하에서 작동되어야 한다.

> - 즉시 작동형 추락방지 안전장치(롤러로 잡는 타입 제외) : 0.8m/s
> - 추락방지 안전장치(롤러로 잡는 타입) : 1m/s
> - 점차 작동형 추락방지 안전장치(정격속도 1m/s 이하) : 1.5m/s
> - 점차 작동형 추락방지 안전장치(정격속도 1m/s 초과) : $1.25v + \dfrac{0.25}{v}$ m/s

저자 어드바이스

카 비상정지장치를 작동시키기 위한 조속기는 정격속도의 115% 이상이다. 자주 출제되므로 반드시 알아둡시다.

> **개념잡기**
>
> **승강기의 조속기란?**
>
> ① 카의 속도를 검출하는 장치이다. ② 비상정지장치를 뜻한다.
> ③ 균형추의 속도를 검출한다. ④ 플런져를 뜻한다.
>
> **조속기**
> 카의 속도를 검출하는 장치
>
> 정답 : ①

06 완충기 ★★★

카가 어떤 원인으로 최하층을 통과하여 피트에 도달했을 때 카에 충격을 완화시켜 주는 장치로 카 및 균형추의 주행로 하부 끝에 완충기가 설치되어야 한다. 또한 포지티브 구동식 엘리베이터는 주행로 상부 끝단에서 작용하도록 카 상부에 완충기가 설치되어야 한다.

1. 완충기의 종류

1-1 비선형 특성을 갖는 완충기(우레탄식 완충기)

- 1m/s 이하의 저속엘리베이터에 사용되며 정격속도의 115%의 속도로 카 완충기에 충돌할 때 평균 감속도는 $1g_n$ 이하이어야 한다. 또한 $2.5g_n$를 초과하는 감속도는 0.04초 보다 길지 않아야 한다. 최대 피크 감속도는 $6g_n$ 이하이어야 한다.
- 카 또는 균형추의 복귀속도는 1m/s 이하이어야 하며 작동 후에는 영구적인 변형이 없어야 한다.

1-2 선형 특성을 갖는 완충기(스프링완충기)

- 1m/s 이하의 저속엘리베이터에 사용되며 총 행정은 정격속도의 115%에 상응하는 중력 정지거리의 2배[$0.135v^2$(m)] 이상이어야 한다. 다만, 행정은 65mm 이상이어야 한다.
- 완충기는 카 자중과 정격하중(또는 균형추의 무게)을 더한 값의 2.5배와 4배 사이의 정하중으로 위에 규정된 행정이 적용되도록 설계되어야 한다.

참고

스프링완충기는 (선형특성의) 에너지 축적형이고 유입완충기는 에너지분산형이다. 그리고 우레탄식 완충기는 비선형 특성을 갖는 에너지축적형이다.

참고

유입완충기의 원리

카가 유입완충기에 충돌했을 때 플런저가 하강하고 이에 따라 실린더 내의 기름이 좁은 오리피스틈새를 통과하면서 생기는 유체저항에 의해 완충 작용을 하게 된다.

참고

완충된 복귀 운동(buffered return movement)을 갖는 에너지 축적형 완충기는 승강기 정격속도가 1.6m/s를 초과하지 않는 곳에서 사용한다.

1-3 에너지 분산형 완충기(유입완충기)

- 모든 속도에 사용이 가능하다.
- 완충기의 가능한 총 행정은 정격속도 115%에 상응하는 중력 정지거리[$0.0674v^2$(m)] 이상이어야 한다.
- 카에 정격하중을 싣고 정격속도의 115%의 속도로 자유 낙하하여 완충기에 충돌할 때, 평균 감속도는 $1g_n$ 이하이어야 하며 $2.5g_n$를 초과하는 감속도는 0.04초보다 길지 않아야 한다.
- 작동 후에는 영구적인 변형이 없어야 한다.
- 완충기 작동 후 완충기가 정상 위치에 복귀되어야만 엘리베이터가 정상적으로 운행될 수 있다.
- 유압완충기는 유체의 수위가 (쉽게) 확인될 수 있는 구조이어야 한다.

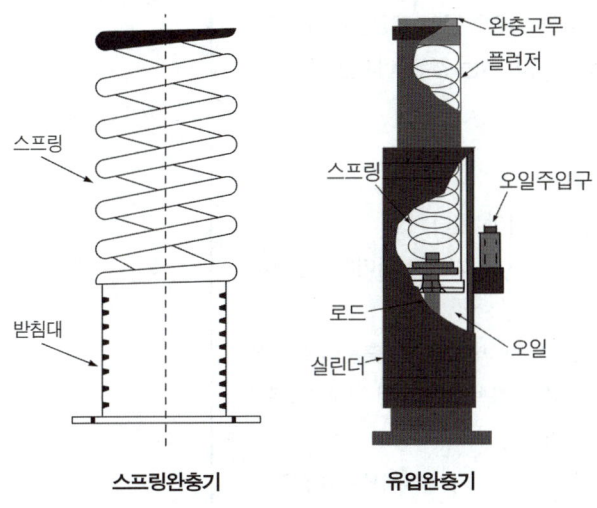

스프링완충기   **유입완충기**

완충기 각 부의 명칭

개념잡기

카가 어떤 원인으로 최하층을 통과하여 피트에 도달했을 때 카에 충격을 완화시켜 주는 장치는?

① 완충기   ② 비상정지장치
③ 조속기   ④ 리미트 스위치

완충기
카가 어떤 원인으로 최하층을 통과하여 피트에 도달했을 때 카에 충격을 완화시켜 주는 장치, 스프링완충기와 유입완충기가 있다.

정답 : ①

07 카(케이지)와 카틀(케이지틀)

1. 카(Elevator Car)

- 카 내부의 유효 높이와 승강장문 및 카문의 출입구 유효 높이는 2m 이상이어야 한다(다만, 주택용 엘리베이터의 경우에는 1.8m 이상으로 할 수 있으며, 자동차용 엘리베이터의 경우에는 제외한다).
- 카 바닥, 카틀, 카 벽, 천장 및 도어 등으로 구성되어 있다.
- 천정에는 조명, 환기, 비상구시설 등을 설치한다.
- 카 벽에는 카 도어, 명판, 층 버튼, 카 내 위치표시, 운전 조작반, 인터폰 등을 설치한다.
- 카에 정상적으로 출입할 수 있는 승강로 개구부에는 승강장문이 제공되어야 하고, 카에 출입은 카문을 통해야 한다. 다만, 2개 이상의 카문이 있는 경우, 어떠한 경우라도 2개의 문이 동시에 열리지 않아야 한다.

비상구출문
- 주로 천장에 설치되며 카 내부 방향으로 열리지 않아야 한다.
- 천장에 있는 경우 유효 개구부의 크기는 0.4m×0.5m 이상이어야 한다(단, 공간이 허용된다면 0.5×0.7m가 바람직하다).
- 하나의 승강로에 2대 이상의 엘리베이터가 있는 경우, 카 벽에 비상구출문을 설치할 수 있다. 다만, 카 간의 수평거리는 1m를 초과할 수 없다. 카 벽에 설치된 비상구출문의 크기는 폭 0.4m 이상, 높이 1.8m 이상이어야 한다.
- 카 천장의 비상구출문은 카 외부에서 열쇠 없이 열려야 하고, 카 내부에서는 비상잠금 해제 삼각열쇠로 열려야 한다. 엘리베이터의 운행 재개는 잠금장치가 다시 잠긴 후에만 가능해야 한다.
- 비상구출문은 손으로 조작 가능한 잠금장치가 있어야 한다.
- 층간정지 시 승객구출이 목적이다.

2. 카 틀(Car Frame)

- 상단에는 로프가 하단에는 비상정지장치가 설치되어 있으며 레일을 따라 위아래로 움직이는 구조물
- 카 프레임은 상부체대(로프를 매단다), 하부체대(틀을 지지), 측부, 카주로 구성
- 카주는 가이드 슈(guide shoe), 카 바닥, 브레이스 로드(brace rod)로 구성

핵심 KEY

카에는 위·아랫부분에 환기 구멍이 있어야 하며 카 유효면적의 1% 이상이어야 한다.

 참고

카(케이지)는 승객이 직접 탑승하는 부분이다.

핵심 KEY

브레이스 로드는 카의 바닥과 카주를 연결하는 부분으로 하중을 분산시키는 역할을 한다.

3. 브레이스 로드의 역할 ★

카 바닥면의 분산된 하중을 균등하게 측부 틀에 전달, 전하중의 3/8을 브레이스로드에서 분담

> **개념잡기**
>
> 승강기의 카 내에 설치되어 있는 것의 조합으로 옳은 것은?
>
> ① 조작반, 이동 케이블, 급유기, 조속기
> ② 비상조명, 카 조작반, 인터폰, 카 위치표시기
> ③ 카 위치표시기, 수전반, 호출버튼, 비상정지장치
> ④ 수전반, 승강장 위치표시기, 비상스위치, 리미트 스위치
>
> 카 내에는 층 버튼, 카 도어, 카 내 위치표시, 명판, 운전 조작반, 외부연락장치 등 설치되고 천정에는 조명, 환기, 비상구시설 등 설치된다.
>
> 정답 : ②

08 균형추 ★★

1. 균형추의 역할

균형추(counter weight)는 카의 무게를 일정 비율로 보상하기 위하여 카 자중에 적재용량의 약 40 ~ 50%를 더한 중량을 카와 연결된 권상로프의 반대편에 연결한 중량물

균형추의 역할

소요동력의 절감, 로프의 수명연장, 제동력의 절약 등

2. 오버밸런스율(over balance)의 계산

오버밸런스율은 카 자중에 정격 적재하중을 더한 값으로 35% ~ 55%를 적용한다. 보통 승용은 45%, 화물용은 50%를 적용한다. 이는 마찰비(traction ratio)를 개선하여 로프가 도르래에서 미끄러지지 않게 한다.

균형추의 중량

카 자중 + L×F(0.35 ~ 0.55)
- L : 정격 적재량(kg)
- F : 오버밸런스(0.35 ~ 0.55)율

3. 트랙션비의 계산

- 1보다 크며 작을수록 좋다
- 로프 수명과 소비전력에 영향을 준다.

트랙션비[traction ratio(마찰비, 견인비)]

카측 로프에 매달려 있는 중량과 균형추 측 로프에 매달려 있는 중량의 비를 의미한다.

전부하 최하층에서 상승할 때의 트랙션비

- 카 측 중량 = 카 자중 + 적재하중 + 로프하중
- 균형추 측 중량 = 균형추 중량(카 자체하중 + L×F)
- 전부하 비 = $\dfrac{\text{카측 중량}}{\text{균형추 측 중량}}$

무부하 최상층에서 하강할 때의 트랙션비

- 카 측 중량 = 카 자중
- 균형추 측 중량 = 균형추 중량 + 로프하중 = (카 자중 + L×F) + 로프하중
- 무부하 시 트랙션비 = $\dfrac{\text{균형추 측 중량}}{\text{카측 중량}}$

> **핵심 KEY**
> 승강행정이 길면 트랙션비가 커지고 1.35를 넘으면 로프가 미끄러지기 쉬워진다. 이것을 보상하기 위해 균형체인이나 균형로프가 사용된다.

개념잡기

균형추의 중량을 결정하는 계산식은? (단, 여기서 L : 정격하중, F : 오버밸런스율)

① 균형추의 중량 = 카 자체하중 + (L×F)   ② 균형추의 중량 = 카 자체하중 × (L×F)
③ 균형추의 중량 = 카 자체하중 + (L + F)   ④ 균형추의 중량 = 카 자체하중 + (L − F)

균형추의 중량 = 카 자체하중 + L×F

정답 : ①

09 보상수단 ★★

1. 보상체인(균형체인)

- 높은 승강로에서 카의 위치변화에 따른 **로프 및 이동케이블 등의 무게 보상이 목적이다** (보상의 효과는 약 90%).
- 균형체인은 정격속도가 3.0m/s 이하의 중·저속 엘리베이터에 사용된다.

2. 보상로프(균형로프)

- 카의 위치변화에 따른 로프가 서로 엉키는 것을 방지하고 주로프 무게에 의한 권상비를 보상하기 위해서 인장시브를 설치(보상의 효과는 100%)한다.
- 균형로프는 모든 속도에서 사용가능하며 정격속도가 3.5m/s를 초과하는 경우에는 추가로 튀어오름 방지장치(록다운 장치)가 설치되어야 한다.

> **핵심 KEY**
> 고속인 경우에 균형체인은 소음발생의 원인이 되므로 균형로프를 사용한다. 균형로프는 엉킴방지를 위해 인장시브(인장도르래)를 추가한다.
>
>
> 인장시브

CHAPTER 03
승강기의 도어 시스템

KEYWORD 도어 시스템 종류, 도어 인터록, 도어 보호장치

01 도어 시스템(Door system)의 종류 및 원리

1. 도어 시스템 종류 ★★★

1-1 작동방식별

가로 열기식(사이드(side)오픈방식)
측면개폐로 1SO, 2SO(숫자는 문짝 수) 등으로 표시한다.

중앙 열기식(센터(center)오픈방식)
중앙개폐로 2CO, 4CO 등으로 표시한다.

상하 열기식(버티컬(vertical)오픈방식)
상승개폐로 1UP, 2UP 등과 상하개폐로 2UD, 4UD(덤 웨이터) 등으로 표시한다.

스윙(swing)식 문
여닫이 도어, 경첩이 달려있는 문이다.

> **저자 어드바이스**
> 주로 시험에 나오는건 가로 열기(S), 중앙 열기(CO)이다.

1-2 용도별

승객용

중앙 열기식

침대용

가로 열기식

자동차용과 대형화물용

상하 열기식

2. 도어 시스템의 원리

- 도어 시스템은 구동장치, 전달장치, 도어판넬로 구성
- 도어 구동용 전동기는 직류전동기나 인버터를 이용한 교류전동기가 사용
- 정지 중에 도어를 개방시키는 데 필요한 힘은 300N 이하
- 카가 운행 중일 때, 카문의 개방은 50N 이상

핵심 KEY

문 닫힘을 저지하는 데 필요한 힘은 150N 이하

개념잡기

중앙 개폐방식의 승강장 도어를 나타내는 기호는?

① 2S ② CO
③ UP ④ SO

중앙 개폐(센터오픈방식 CO)

정답 : ②

개념잡기

엘리베이터의 도어시스템을 분류할 때 1S, 2S, 3S 등으로 분류하였다. 여기에서 S가 의미하는 것은?

① 가로열기 ② 상하열기
③ 외짝문   ④ 2짝문

- 가로 열기식 문 : 승객용, 침대용 또는 화물용으로 사용(1SO, 2SO),
- 중앙 열기식 문 : 승객용 또는 침대용으로 사용(2CO, 4CO)
- 상승 열기식 문 : 대형 화물 또는 자동차용으로 사용(1UP, 2UP)
- 상하 열기식 문 : 주로 덤 웨이터 사용(2UD, 4UD)

정답 : ①

02 도어 머신(Door machine) 장치 ★

전동기의 회전을 감소시키고 암이나 로프 등을 구동시켜 승강기 문을 개폐시키는 장치

1. 도어 머신의 요구 조건 ★★

- 동작이 원활하며, 조용할 것
- 소형, 경량일 것
- 동작횟수가 많아 내구성이 좋을 것
- 보수가 쉽고, 가격이 저렴할 것

참고

도어 머신

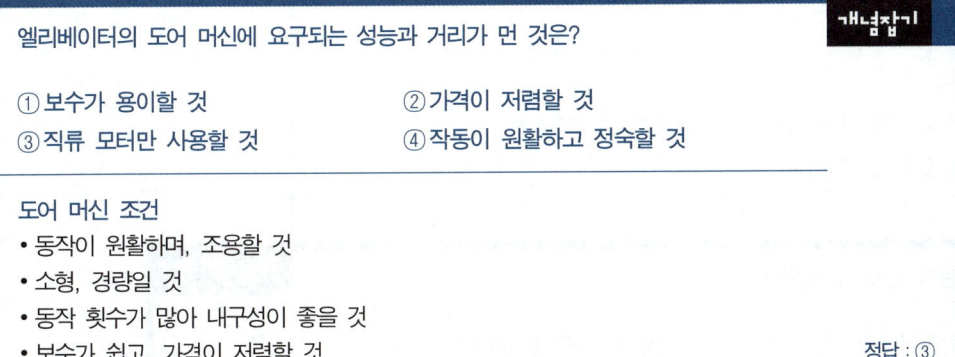

개념잡기

엘리베이터의 도어 머신에 요구되는 성능과 거리가 먼 것은?

① 보수가 용이할 것
② 가격이 저렴할 것
③ 직류 모터만 사용할 것
④ 작동이 원활하고 정숙할 것

도어 머신 조건
- 동작이 원활하며, 조용할 것
- 소형, 경량일 것
- 동작 횟수가 많아 내구성이 좋을 것
- 보수가 쉽고, 가격이 저렴할 것

정답 : ③

개념잡기

도어머신(door machine) 장치가 갖추어야 할 요구조건이 아닌 것은?

① 소형, 경량이고 가격이 저렴하여야 한다.
② 대형이고 무거워야 한다.
③ 동작이 원활하고 소음이 적어야 한다.
④ 고빈도의 작동에 대한 내구성이 강해야 한다.

도어머신은 소형, 경량이어야 하므로 대형이고 무거우면 안 된다.

정답 : ②

03 도어 인터록(Door interlock) 및 클로저(Closer)

1. 도어 인터록 ★★★

- 도어 록(door lock)과 도어 스위치(door switch)로 구성
- 도어 록이 걸린 후 도어 스위치가 들어가고, 도어 스위치가 끊어진 후 도어 록이 열리는 구조
  - 도어 록 : 카가 정지하지 않는 층의 도어는 전용의 열쇠로만 열리도록 한 것
  - 도어 스위치 : 문이 닫혀 있지 않으면 운전이 불가능하도록 한 것

2. 도어 클로저 ★

- 승강기 출입문이 열려있을 경우 자동으로 닫히게 하는 안전장치
- 스프링 방식 또는 중력 방식이 있다.

> **참고**
> 승강장문 및 카문이 닫혀있을 때 문짝 간 틈새나 문짝과 문틀(측면) 또는 문턱 사이의 틈새는 6mm 이하이어야 한다. 다만, 마모될 경우에는 10mm까지 허용될 수 있다. 유리로 만든 문은 제외한다. 이 틈새는 움푹 들어간 부분이 있다면 그 부분의 안쪽을 측정한다. 수직 개폐식 승강장문 및 카문의 경우에는 상기 틈새의 규정을 10mm까지(마모된 경우에는 14mm) 완화하여 적용할 수 있다.

> **핵심 KEY**
> 도어의 열림 시는 도어 스위치 → 도어 록이고 도어의 닫힘 시는 도어 록 → 도어 스위치이다.

개념잡기

도어 인터록에 관한 설명으로 옳은 것은?

① 도어 닫힘 시 도어 록이 걸린 후, 도어 스위치가 들어가야 한다.
② 카가 정지하지 않는 층은 도어 록이 없어도 된다.
③ 도어 록은 비상시 열기 쉽도록 일반공구로 사용 가능해야 한다.
④ 도어 개방 시 도어 록이 열리고, 도어 스위치가 끊어지는 구조이어야 한다.

도어 인터록
도어 록이 걸린 후에야 도어 스위치가 들어가고, 도어 스위치가 끊어진 후에야 도어 록이 열리는 구조

정답 : ①

04 도어의 보호장치 ★★★

1. 세이프티 슈(safety shoe)

문의 선단에 이물질 검출장치를 설치하여 사람이나 물체가 접촉이 되면 도어가 열리게 한다.

2. 세이프티 레이(safety ray, 광전장치)

투광기와 수광기로 구성되어 광선이 차단될 때 도어의 닫힘을 중지하고 열린다.

3. 초음파 장치

초음파로 물체를 검출하여 도어가 열리게 한다.

> **참고**
> 세이프티 슈는 접촉식이고 세이프티 레이와 초음파 장치는 비접촉식이다.

개념잡기

엘리베이터 도어 사이에 끼이는 물체를 검출하기 위한 안전장치로 틀린 것은?

① 광전 장치 ② 도어클로저
③ 세이프티 슈 ④ 초음파 장치

접촉식 검출장치인 세이프티 슈와 비접촉식인 초음파장치와 광전 장치가 있다.

정답 : ②

CHAPTER 04
승강로와 기계실

KEYWORD 피트와 오버헤드, 기계실 구조, 기계실 설비

01 승강로의 구조와 피트깊이

1. 승강로의 구조

- 카, 균형추 또는 평형추가 주행하는 공간(일반적으로 승강로 벽, 바닥 및 천장으로 구획된다)
- 피트와 상부공간을 포함한다.
- 카, 주행안내레일(가이드레일), 레일브래킷, 균형추, 와이어로프, 승강장도어, 완충기, 과속조절기(조속기), 인장도르래, 안전스위치 등이 설치된다.
- 승강로 내측과 카 문턱, 카 문틀 또는 카문의 닫히는 모서리 사이의 수평거리는 승강로 전체 높이에 걸쳐 0.15m 이하이어야 한다.
- 카문의 문턱과 승강장문의 문턱 사이의 수평 거리는 35mm 이하이어야 한다.
- 승강장문과 카문 전체가 정상 작동하는 동안, 카문의 앞 부분과 승강장문 사이의 수평 거리는 0.12m 이하이어야 한다.
- 승강로에는 1대 이상의 엘리베이터 카가 있을 수 있다.
- 균형추 또는 평형추는 카와 동일한 승강로에 있어야 한다. 또한 유압식 엘리베이터의 잭은 카와 동일한 승강로 내에 있어야 하며, 지면 또는 다른 장소로 연장될 수 있다.
- 승강로는 불연재료 또는 내화구조의 벽, 바닥 및 천장으로 주위와 구분되어야 한다.

승강로 상부공간(head room)
카가 최상층에 있을 때 카와 승강로 천장 사이의 공간

피트(pit)
카가 운행되는 최하층 승강장 하부에 있는 승강로의 부분

조명의 밝기
- 카 지붕에서 수직 위로 1m 떨어진 곳 : 50lx
- 피트(사람이 서 있을 수 있는 공간, 작업구역 및 작업구역 간 이동 공간) 바닥에서 수직 위로 1m 떨어진 곳 : 50lx
- 위에 따른 장소 이외의 장소(카 또는 부품에 의한 그림자 제외) : 20lx

> **개념잡기**
>
> 카 문턱과 승강장문 문턱 사이의 수평거리는 몇 mm 이하이어야 하는가?
>
> ① 12
> ② 15
> ③ 35
> ④ 125
>
> 카 문턱과 승강장문 문턱 사이의 수평거리는 35mm 이하
>
> 정답 : ③

02 기계실의 제설비 ★★★

1. 기계실의 구조 및 환경상태

- 기계실은 설비의 작업이 쉽고 안전하도록 다음과 같이 충분한 크기여야 한다. 특히, 작업구역의 유효 높이는 2.1m 이상이어야 한다.
- 권상기, 과속조절기(조속기), 제어반 등이 시설된다.
- 움직이는 부품의 점검 및 유지관리 업무 수행이 필요한 곳에 0.5m×0.6m 이상의 작업구역이 있어야 한다.
- 기계실의 조도는 작업공간의 바닥 면 200lx, 작업공간 간 이동 공간의 바닥면 50lx 이상의 영구적으로 조명시설을 해야 한다.

핵심 KEY

기계실

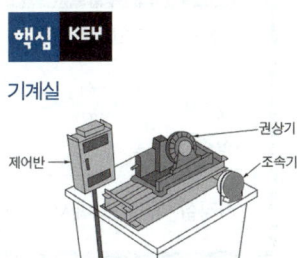

2. 기계실의 출입문 등 제설비

- 작업구역 간 이동통로의 유효 높이(바닥에서 천장의 가장 낮은 충돌점 사이)는 1.8m 이상이어야 한다.
- 출입문 : 높이 1.8m 이상, 폭 0.7m 이상
  다만, 주택용 엘리베이터의 경우 기계실 출입문은 폭 0.6m 이상, 높이 0.6m 이상으로 할 수 있다.
- 기계실 바닥에 0.5m를 초과하는 단차가 있는 경우, 고정된 사다리 또는 보호난간이 있는 계단이나 발판이 있어야 한다.
- 보호되지 않은 회전부품 위로 0.3m 이상의 유효 수직거리가 있어야 한다.
- 작업구역 간 이동통로의 유효 폭은 0.5m 이상이어야 한다.

3. 기계실의 타입 ★

Over head machine type(정상부형 타입)
승강로의 최상부

Side machine type(사이드머신 타입)
승강로 중간

Basement machine type(베이스먼트 타입)
승강로 최하부

MRL(Machine room less)
기계실 없는 타입

개념잡기

기계실의 작업구역에서 유효 높이는 몇 m 이상으로 하여야 하는가?

① 1.8 ② 2.1
③ 2.5 ④ 3

기계실 작업구역에서 유효높이는 2.1m 이상이어야 한다.

정답 : ②

개념잡기

기계실을 승강로의 아래쪽에 설치하는 방식은?

① 정상부형 방식 ② 횡인 구동 방식
③ 베이스먼트 방식 ④ 사이드머신 방식

• 정상부형 타입(over head machine type) : 승강로의 최상부
• 사이드머신 타입(side machine type) : 승강로 중간
• 베이스먼트 타입(basement machine type) : 승강로 최하부

정답 : ③

CHAPTER 05
승강기의 제어

KEYWORD 직류전동기제어, 워드 레오나드, 정지 레오나드, 교류1,2단제어, 교류궤환제어, VVVF

01 직류 승강기의 제어시스템 ★

1. 워드-레오나드(ward-leonard)방식

- 교류 전원으로 직류 발전기와 직류 전동기를 조합한 방식이다.
- 직류 엘리베이터 속도제어에 많이 적용된다.
- 연속적이고 광범위한 속도 조절이 가능하다.
- 교류 이단 속도제어에 비하여 승차감과 착상이 우수하다.
- 설치비와 유지보수가 어렵다.

2. 정지 레오나드(static leonard)방식

- 사이리스터 소자를 사용하여 교류를 직류로 변환하여 전동기에 공급된다.
- 사이리스터 점호각을 조절하여 직류전압을 가변시켜 전동기의 속도를 제어하는 방식이다.
- 워드 레오나드에 비해 손실이 낮고, 유지보수가 용이하며, 고속엘리베이터에 적용된다.

직류제어방식
- 워드-레오나드방식
- 정지 레오나드방식

워드-레오나드 회로

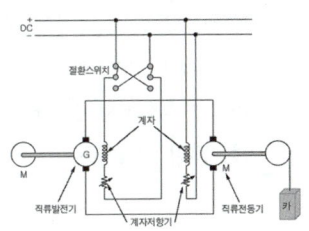

사이리스터로 제어하는 방식은 직류의 정지 레오나드방식과 교류의 궤환제어 방식이 있다.

> **개념잡기**
>
> 정지 레오나드방식 엘리베이터의 내용으로 틀린 것은?
>
> ① 워드 레오나드방식에 비하여 손실이 적다.
> ② 워드 레오나드방식에 비하여 유지보수가 어렵다.
> ③ 사이리스터를 사용하여 교류를 직류로 변환한다.
> ④ 모터의 속도는 사이리스터의 점호각을 바꾸어 제어한다.
>
> 워드 레오나드 보다 유지보수가 용이하다.   정답 : ②

02 교류 승강기의 제어시스템

1. 교류 1단 제어방식

- 가장 간단한 제어방식으로 30m/min의 저속용 엘리베이터에 적용된다.
- 유도전동기에 전원 공급으로 기동과 정속운전을 한다.
- 유도전동기 정지는 전원공급 차단 후 제동기에 의한 기계적 브레이크 방식이다.

2. 교류 2단 제어방식

- 주로 화물용의 30 ~ 60m/min 중속 엘리베이터에 적용된다.
- 고속권선으로 기동과 주행, 저속권선으로 감속과 착상하는 방식으로 교류 1단 제어방식 보다 착상이 우수하다.
- 속도비는 착상오차, 감속도, 감속도의 변화비율, 크리프(cleep)시간 등을 고려하여 4 : 1이 가장 많이 사용된다.

3. 교류 궤환 제어방식

- 45 ~ 105m/min 승객용 엘리베이터에 적용된다.
- 케이지(카)의 실속도와 지령속도를 비교하여 사이리스터의 점호각을 바꿔 유도 전동기의 속도를 제어한다.
- 지령속도에 맞는 제어방식으로 승차감 또는 착상정도가 향상된다.
- 감속 시 유도전동기에 직류를 흐르게 하여 제동 토크를 발생시켜 제동한다.

교류제어방식
- 교류 1단 제어방식
- 교류 2단 제어방식
- 교류 궤환 제어방식
- VVVF 제어방식

궤환제어 = 피드백제어 = 되먹임제어

4. VVVF(Variable Voltage Variable Friquency : 가변전압 가변주파수) 제어방식

- 적용 속도는 저속에서 고속 범위까지 가능하다.
- 유도 전동기에 공급되는 전압과 주파수를 동시에 변환시켜 직류 전동기와 동등한 제어성능을 가질 수 있다.
- 중·저속 엘리베이터의 승차감, 성능 향상과 저속영역의 손실저감 등을 통해 소비전력을 절감시킨다.
- 복잡한 제어방식으로 고성능 마이크로프로세서가 적용된다.
- 컨버터, 인버터를 사용하며 PAM방식과 PWM방식이 있다.

VVVF제어는 인버터를 이용한 제어방식으로 3상유도전동기의 토크는 2차 기전력의 제곱에 비례하고 속도는 주파수에 비례하므로 전압과 주파수를 바꾸면 회전력(토크)과 속도를 모두 변화시킬 수 있다.

개념잡기

교류 2단 속도제어에서 가장 많이 사용되는 속도비는?

① 2 : 1 ② 4 : 1
③ 6 : 1 ④ 8 : 1

교류 2단 속도제어는 속도비로 4 : 1이 가장 많이 사용   정답 : ②

개념잡기

교류 2단 속도제어에 관한 설명으로 틀린 것은?

① 기동 시 저속권선 사용   ② 주행 시 고속권선 사용
③ 감속 시 저속권선 사용   ④ 착상 시 저속권선 사용

고속권선으로 기동과 주행, 저속권선으로 감속과 착상하는 방식   정답 : ①

CHAPTER 06
승강기의 부속장치

KEYWORD 리미트 스위치, 파이널 리미트 스위치, 과부하감지장치, 파킹스위치, 강제 각 층 정지 운전 스위치

01 안전장치

1. 리미트 스위치(limit switch) ★

- 카가 충돌하는 것을 방지할 목적으로 사용된다.
- 종단층(최상층 또는 최하층)의 감속, 정지할 수 있는 거리에 설치한다.
- 카의 동작으로 조작된다.
- 기계식, 자기식, 광학식 등이 사용된다.

2. 파이널 리미트 스위치(final limit switch) ★

- 리미트 스위치가 동작하지 않을 경우를 대비하는 안전장치이다.
- 종단층(최상층 또는 최하층)을 현저하게 지나치지 않기 위해 설치된다.
- 기계적으로 조작되며 파이널 리미트 스위치가 동작하면 카는 정지해야 한다.
- 작동 후 자동으로 복귀되지 않아야 한다.
- 권상 및 포지티브 구동식 엘리베이터의 경우, 주행로의 최상부 및 최하부에서 작동하도록 설치되어야 한다. 유압식 엘리베이터의 경우, 주행로의 최상부에서만 작동하도록 설치되어야 한다.
- 파이널 리미트 스위치와 일반 종단정지장치는 독립적으로 작동되어야 한다.
- 파이널 리미트 스위치는 카(또는 균형추)가 완충기 또는 램이 완충장치에 충돌하기 전에 작동되어야 하며 파이널 리미트 스위치의 작동은 완충기가 압축되어 있거나, 램이 완충장치에 접촉되어 있는 동안 지속적으로 유지되어야 한다.

참고

리미트(= 리밋) 스위치는 기계적으로 작동한다.

리미트 스위치

> **개념잡기**
>
> 카가 최상층 및 최하층을 지나쳐 주행하는 것을 방지하는 것은?
>
> ① 균형추 ② 정지 스위치
> ③ 인터록 장치 ④ 리미트 스위치
>
> ---
>
> 리미트 스위치
> 카가 종단층(최상층, 최하층)을 넘지 않도록 하는 장치
>
> 정답 : ④

> **개념잡기**
>
> 승강기가 최하층을 통과했을 때 주전원을 차단시켜 승강기를 정지시키는 것은?
>
> ① 완충기 ② 조속기
> ③ 비상정지장치 ④ 파이널 리미트 스위치
>
> ---
>
> 파이널 리미트 스위치
> 리미트 스위치가 동작하지 않을 경우에 대비하여 카가 종단층(최상층 또는 최하층)을 현저하게 지나치지 않도록 하기 위해 설치
>
> 정답 : ④

3. 슬로다운 스위치(slow down switch)

- 리미트 스위치 전에 설치한다.
- 카가 종단층(최상층 또는 최하층)에서 어떤 원인으로 정지하지 못할 경우 이를 검출하여 강제적으로 감속, 정지시키는 장치이다.

4. 종단층 강제감속장치

카가 종단층에 접근 시 일반적인 착상장치나 종단층 감속정지장치 등이 실패했을 때 즉시 브레이크를 작동시켜 카를 정지시키는 장치이다.

5. 튀어오름 방지장치(록다운 비상정지 장치)

- 카의 비상정지장치가 작동 시 로크다운(lock down) 장치를 작동시켜 균형추와 로프 등이 관성으로 상승하는 것을 방지한다.
- 이 장치는 속도 3.5m/s 이상의 엘리베이터에서 사용된다.

6. 과부하 감지장치 ★★

- 정격 적재하중을 초과 시 경보가 울리고 도어가 열린다. 해소될 때까지 문 열고 대기상태가 된다.
- 과부하는 정격하중의 10%(최소 75kg)를 초과하기 전에 검출되어야 한다.
- 엘리베이터 주행 중에는 오동작을 방지하기 위해 과부하 방지장치는 무효화되어야 한다.

7. 피트 정지 스위치(pit stop switch) ★

- 유지보수 점검 및 안전검사를 위하여 피트 내부에 들어가기 전 정지위치로 스위치를 선택한다. 작업 중 카 동작 방지를 목적으로 한다.
- 수동 조작 스위치로 작동되면 전동기와 브레이크에 전력이 차단된다.

개념잡기

피트 정지 스위치의 설명으로 틀린 것은?

① 이 스위치가 작동하면 문이 반전하여 열리도록 하는 기능을 한다.
② 점검자나 검사자의 안전을 확보하기 위해서는 작업 중 카의 움직임을 방지하여야 한다.
③ 수동으로 조작되고 스위치가 열리면 전동기 및 브레이크에 전원 공급이 차단되어야 한다.
④ 보수 점검 및 검사를 위해 피트 내부로 "정지" 위치로 두어야 한다.

①번은 세이프티 슈에 대한 설명이다.

정답 : ①

---

8. 역결상 검출장치

전동기 공급전원의 상이 바뀜과 결상인 경우를 감지하여 전동기의 전원을 차단하는 장치이다.

9. 파킹 스위치(parking switch) ★

엘리베이터를 사용하지 않을 경우 기준층에 파크 스위치를 작동시켜 기준층에 대기시키는 장치이다.

10. 각층 강제 정지운전 스위치 ★

공동주택에서 방범 목적으로 야간에 사용되며, 각 층마다 정지 후 운행된다.

> **참고**
> 각층 강제 정지운전 스위치는 범죄 예방을 위해서 야간이나 휴일 등 일정 시간대에는 각 층마다 무조건 정지하게 함으로써 범인의 도주를 지연시키는 작용을 한다.

개념잡기

아파트 등에서 주로 야간에 카 내의 범죄활동 방지를 위해 설치하는 것은?

① 파킹스위치
② 슬로다운 스위치
③ 록다운 비상정지 장치
④ 각층 강제 정지운전 스위치

각층 강제 정지운전
공동주택에서 방범 목적으로 야간에 사용되며, 각 층마다 정지 후 운행

정답 : ④

02 신호장치 ★★

1. 위치표시기(indicator)

- 승강장이나 카 내에서 현재 카의 위치를 알려주는 장치
- 군 관리 방식은 위치표시기 대신 홀랜턴(hall lantern, 상승과 하강을 표시하는 방향등)을 사용

> **참고**
> 홀랜턴은 카의 상승과 하강을 표시하는 방향등이다.

2. 통신장치

- 비상사태가 발생 시 카 내부와 외부와의 연락을 위한 장치
- 인터폰, 비상전화, 비상벨 등
- 전원은 상시전원과 비상전원을 사용하여 정전 시에도 작동

3. 과부하 경보장치

- 정원 초과 시나 정격하중 초과 시 카 바닥의 풋 스위치(foot switch)가 동작한다.
- 경보부저가 울리고, 경보등이 점등되며, 승강기 작동이 정지된다.

> **핵심 KEY**
> 과부하는 정격하중의 10%(최소 75kg)를 초과하기 전에 검출되어야 한다.

03 기타 부속설비

1. 소방구조용(비상용) 엘리베이터 ★★★

- 높이가 31m 이상, 각 층 바닥면적 중 최대 바닥면적이 1,500m² 이하인 건축물 : 1대 이상
- 높이가 31m 이상, 각 층 바닥면적 중 최대 바닥면적이 1,500m² 초과 건축물 : 3,000m² 이내마다 1대씩 더한 대수 이상
- 평상시 승객용 및 화물용으로 사용, 비상시(화재상황 등)에 소화 및 인명구출작업으로 쓰인다.
- 소방활동으로 전환시키는 1차 소방스위치와 카와 승강로의 모든 출입문을 닫지 않아도 카를 승강시킬 수 있는 2차 소방스위치가 설치되어야 한다.
- 소방관이 조작하여 엘리베이터 문이 닫힌 이후부터 **60초 이내**에 가장 먼 층에 도착하여야 한다. 운행속도는 **1m/s(= 60m/min) 이상**이어야 한다.
- 정전 시에는 보조 전원공급장치에 의하여 **60초** 이내에 엘리베이터 운행에 필요한 전력용량을 자동으로 발생시키도록 하되 수동으로 전원을 작동시킬 수 있어야 하며 **2시간 이상** 운행시킬 수 있어야 한다.

2. 정전 시 구출 운전장치

정전 시 카가 층 중간에 멈출 경우 비상전원 배터리로 안전한 층까지 저속으로 운전되는 장치이다.

3. 정전 비상등 ★★

정전 시 즉시 점등하여 카 내부 및 카 지붕에 있는 비상통화장치의 작동 버튼, 카 바닥 위 1m 지점의 카 중심부, 카 지붕 바닥 위 1m 지점의 카 지붕 중심부에서 밝기가 **5lx 이상**의 조도로 **1시간** 동안 전원이 공급되는 비상등이 있어야 한다.

4. B.G.M(Back Ground Music) 장치 ★★

카 내부에 음악이나 방송을 하기 위한 장치이다.

비상용 승강기에 대한 설명 중 틀린 것은?

① 예비전원을 설치하여야 한다.
② 외부와 연락할 수 있는 전화를 설치하여야 한다.
③ 정전 시에는 예비전원으로 작동할 수 있어야 한다.
④ 승강기의 운행속도는 90m/min 이상으로 해야 한다.

비상용 엘리베이터는 평상시 승객용 또는 승객·화물용으로 사용, 화재 시 인명구조 및 소방 활동으로 사용하는데 운행속도는 60m/min 이상이어야 한다.

정답 : ④

비상용 엘리베이터의 정전 시 예비전원의 기능에 대한 설명으로 옳은 것은?

① 30초 이내에 엘리베이터 운행에 필요한 전력용량을 자동적으로 발생하여 1시간 이상 작동하여야 한다.
② 40초 이내에 엘리베이터 운행에 필요한 전력용량을 자동적으로 발생하여 1시간 이상 작동하여야 한다.
③ 60초 이내에 엘리베이터 운행에 필요한 전력용량을 자동적으로 발생하여 2시간 이상 작동하여야 한다.
④ 90초 이내에 엘리베이터 운행에 필요한 전력용량을 자동적으로 발생하여 2시간 이상 작동하여야 한다.

비상용 엘리베이터는 60초 이내 전원이 연결되어 2시간 이상 작동하여야 한다.

정답 : ③

CHAPTER 07
유압식 엘리베이터

KEYWORD 유압식의 종류와 특징, 릴리프밸브, 체크밸브

01 유압식 엘리베이터의 구조와 원리

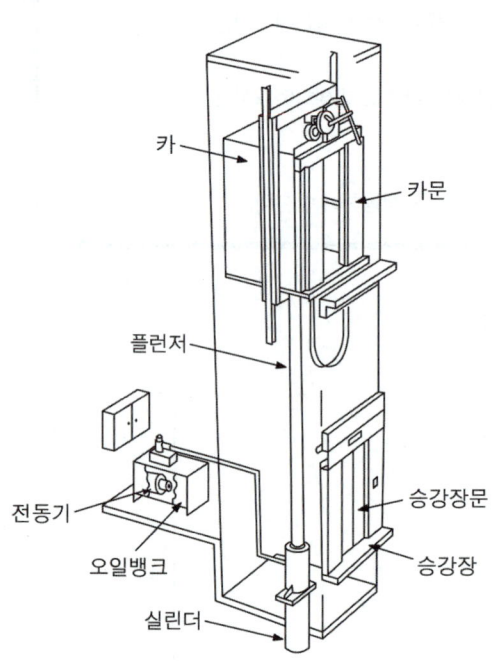

1. 유압식 엘리베이터의 원리 ★

- 펌프에서 작동유를 압력을 이용하여 실린더로 보내거나 빼내어 플런저를 작동시켜 카를 올리고 내리는 방식이다.
- 오일의 온도는 5 ~ 60℃ 이하로 유지해야 한다.

작동유의 온도
5 ~ 60℃

2. 유압식 엘리베이터의 장점

- 기계실 배치가 다른 방식에 비해 자유롭다.
- 하부에 기계실이 있어 건물 최상층에 하중이 걸리지 않는다.
- 승강로의 상부여유 거리가 짧아도 된다.

3. 유압식 엘리베이터의 단점 ★

- 균형추가 없기 때문에 전력소비가 크다.
- 실린더와 플런저에 의해 움직이므로 속도와 행정거리에 제한이 있다.
- 공회전 방지장치가 필요하다.

참고

유입완충기의 원리

카가 유입완충기에 충돌했을 때 플런저가 하강하고 이에 따라 실린더 내의 기름이 좁은 오리피스 틈새를 통과하면서 생기는 유체저항에 의해 완충작용을 하게 된다.

개념잡기

유압식 엘리베이터의 특징으로 틀린 것은?

① 기계실을 승강로와 떨어져 설치할 수 있다.
② 플런저에 스톱퍼가 설치되어 있기 때문에 오버헤드가 작다.
③ 적재량이 크고 승강행정이 짧은 경우에 유압식이 적당하다.
④ 소비전력이 비교적 작다.

균형추가 없기 때문에 전력소비가 크다.   정답 : ④

개념잡기

유압식 엘리베이터에 있어서 정상적인 작동을 위하여 유지하여야 할 오일의 온도 범위는?

① 5 ~ 60℃   ② 20 ~ 70℃
③ 30 ~ 80℃   ④ 40 ~ 90℃

오일의 온도는 5 ~ 60℃ 이하로 유지   정답 : ①

02 유압식 엘리베이터의 종류 ★★★

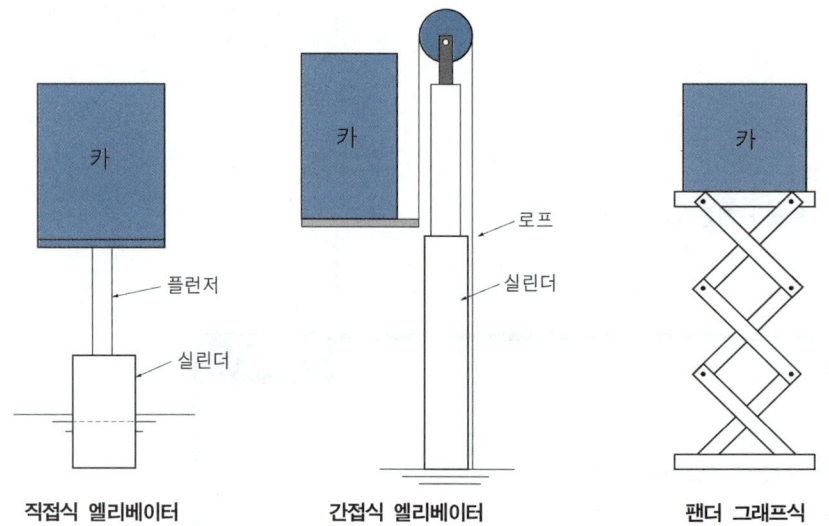

직접식 엘리베이터   간접식 엘리베이터   팬더 그래프식

핵심 KEY

유압식 엘리베이터의 종류
- 직접식
- 간접식
- 팬더 그래프식

1. 직접식 엘리베이터

- 비상정지장치를 설치하지 않아도 된다.
- 실린더를 설치하기 위하여 보호관을 땅속에 묻어야 하므로 설치가 어렵다.
- 승강로의 구조가 매우 간단하며, 면적이 작아도 된다.
- 실린더는 행정길이와 거의 같다.

2. 간접식 엘리베이터

- 비상정지장치를 설치해야 된다.
- 실린더를 매설하지 않으므로 보호관이 불필요하고 점검이 용이하다.
- 부하로 인한 바닥 침하가 크다.

간접식 엘리베이터는 로핑 방식에 따라 1 : 2, 1 : 4, 2 : 4 방식이 있다.

3. 팬더 그래프식 엘리베이터

- 피스톤을 이용하여 팬더 그래프를 승강시키는 방식이다.
- 비상정지장치가 필요하지 않다.

> **개념잡기**
>
> 간접식 유압 엘리베이터의 특징으로 틀린 것은?
>
> ① 실린더의 점검이 용이하다.
> ② 비상정지장치가 필요하지 않다.
> ③ 실린더를 설치하기 위한 보호관이 필요하지 않다.
> ④ 승강로는 실린더를 수용할 부분만큼 더 커지게 된다.
>
> 비상정지장치가 필요하지 않은 것은 직접식 엘리베이터다.
>
> 정답 : ②

03 유압회로

1. 유량제어밸브에 의한 속도제어 ★

1-1 미터 인(meter-in) 회로

- 유량제어밸브를 주 회로에 부착하여, 유량을 직접 제어하는 방식이다.
- 정확한 제어가 가능하지만 여분의 오일이 안전밸브를 통하여 탱크에 되돌려 보내져 효율이 나쁘다.

1-2 블리드 오프(bleed-off) 회로

- 유량제어밸브를 주 회로에서 분기된 바이패스 회로에 삽입하여 효율은 높지만 정확한 제어가 어렵다.
- 실린더로 공급되는 유량의 일부를 유량제어밸브를 통하여 탱크로 되돌려 보낸다.

2. 속도 제어법 ★

2-1 인버터(VVVF) 제어

펌프 회전수를 카의 상승 속도에 상당하는 회전수로 가변제어하여 펌프에서 가압되어 토출되는 작동유를 제어

미터 인 회로는 정확한 제어가 가능하지만 효율이 나쁘고 블리드 오프 회로는 효율이 높지만 정확한 제어가 어렵다.

2-2 유량밸브 제어

전동기 회전수는 일정하게 하고 펌프에서 압력을 가진 작동유의 양을 유량제어밸브로 제어

유압식 엘리베이터의 제어방식에서 펌프의 회전수를 소정의 상승속도에 상당하는 회전수로 제어하는 방식은?

① 가변전압 가변주파수 제어 ② 미터 인 회로 제어
③ 블리드 오프 회로 제어 ④ 유량밸브 제어

인버터(VVVF) 제어
회전수를 카의 소정의 상승 속도에 상당하는 회전수로 제어

정답 : ①

---

3. 펌프와 밸브 ★★

- 원심식, 강제송류식 등이 있다.
- 오일의 맥동에 따른 소음과 진동이 적은 스크류 펌프가 많이 사용된다.

스크류 펌프
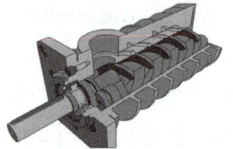

릴리프밸브(pressure relief valve, 안전밸브) ★★★
- 일종의 압력조정밸브로 125% 이상으로 높아지면 바이패스 회로를 열어서 압력상승을 방지한다.
- 압력은 전부하 압력의 140%까지 제한하도록 맞추어 조절되어야 한다.
- 안전밸브의 개방은 압력 초과의 증가량에 비례한다.
- 펌프와 체크밸브 사이의 회로에 연결되어야 한다.
- 배출된 오일은 오일탱크로 돌려보내 압력이 과도하게 상승하는 것을 방지한다.

릴리프밸브

유압펌프에 관한 설명 중 틀린 것은?

① 압력맥동이 커야 한다.
② 진동과 소음이 작아야 한다.
③ 일반적으로 스크류 펌프가 사용된다.
④ 펌프의 토출량이 크면 속도도 커진다.

맥동이 적어야 진동과 소음이 작아진다.

정답 : ①

체크밸브(check valve) ★

- 역저지 밸브로 한쪽 방향으로만 오일이 흐르게 하는 밸브이다.
- 펌프와 차단밸브 사이의 회로에 설치되어야 한다.
- 체크밸브는 로프식 승강기의 전자 브레이크와 유사한 기능을 한다.

참고
체크밸브

개념잡기

체크밸브(non-return valve)에 관한 설명 중 옳은 것은?

① 하강 시 유량을 제어하는 밸브이다.
② 오일의 압력을 일정하게 유지하는 밸브이다.
③ 오일의 방향이 한쪽 방향으로만 흐르도록 하는 밸브이다.
④ 오일의 방향이 양방향으로 흐르는 것을 제어하는 밸브이다.

체크밸브
역저지 밸브로 한쪽 방향으로만 오일이 흐르게 하는 밸브이다.

정답 : ③

하강용 유량제어밸브 ★

- 하강 시 실린더에서 오일탱크로 돌아오는 오일을 제어하는 밸브이다.
- 정전 등으로 층 사이에서 운행이 멈추었을 때 수동식 하강밸브를 열면 카 자중으로 서서히 내려와 안전하게 하강할 수 있다.

개념잡기

정전으로 인하여 카가 층 중간에 정지될 경우 카를 안전하게 하강시키기 위하여 점검자가 주로 사용하는 밸브는?

① 체크밸브   ② 스톱밸브
③ 릴리프밸브   ④ 하강용 유량제어밸브

하강용 유량제어밸브
정전으로 층 사이에 운행을 멈추었을 때 수동식 하강밸브가 부착되어 있어 밸브를 열어 카 자중으로 서서히 내려와 안전하게 하강할 수 있음

정답 : ④

스톱밸브(stop valve) ★★★

- 유압파워 유니트에서 실린더 사이에 설치하는 수동조작밸브이다.
- 이 밸브를 닫으면 실린더에서 오일탱크로 오일이 역류하는 것을 방지한다.
- 게이트(gate) 밸브라고도 한다.
- 유압장치의 보수, 점검, 수리 시 사용한다.

용어정리
바닥맞춤 보정장치
착상 정확도는 ±10mm 이내이어야 한다(예를 들어 승객이 출입하거나 하역하는 동안 착상정확도가 ±20mm를 초과할 경우에는 ±10mm 이내로 보정되어야 한다). 착상속도는 0.8m/s 이하이어야 한다. 재-착상 속도는 0.3m/s 이하이어야 한다.

럽처밸브(rupture valve)

- 실린더로 오일이 들어가는 곳에 설치한다.
- 럽처밸브는 하강속도가 정격속도에 0.3m/s를 더한 속도에 도달하기 전에 작동되어야 한다.
- 압력배관이 파손되면 자동적으로 밸브를 닫아 카의 급격한 하강을 방지한다.

필터(filter)

- 유압 장치에 모래, 마모분 등 이물질 혼입을 막기 위해 설치한다.
- 펌프의 흡입구와 배관중간에 설치한다.

사일렌서(silencer) ★

자동차의 머플러와 같이 작동유의 압력맥동을 흡수하여 진동, 소음을 감소시키는 역할을 한다.

참고
럽처밸브

사일렌서

개념잡기

작동유의 압력맥동을 흡수하여 진동, 소음을 감소시키는 것은?

① 펌프 ② 필터
③ 사이렌서 ④ 역류제지 밸브

사이렌서(silencer)
일명 소음기로 유압엘리베이터의 소음 및 진동을 흡수하기 위한 장치이다.

정답 : ③

스트레이너(strainer) ★

- 실린더에 이물질이 들어가는 것을 방지하는 필터이다.
- **펌프의 흡입 측에 부착**하는 것을 스트레이너라 하며, 배관 중간에 부착하는 것을 라인 필터라고 한다.

4. 실린더(cylinder)

- 원통형 관 안에 유압을 가하여 플런저를 동작시키는 장치이다.
- 행정거리가 긴 경우 파손에 대비하여 보호관 안에 넣어 시설한다.

5. 플런저(plunger)

- 피스톤과 같이 실린더와의 조합으로 유체의 압력을 전달한다.
- 유체의 누설을 막기 위해 패킹을 끼워야 한다.

참고

참고
유압에 의해 작동하는 방식으로 실린더와 램의 조합체를 잭(jack)이라고 한다.

CHAPTER 08
에스컬레이터

KEYORD　에스켈레이터의 경사도와 속도, 핸드레일, 구동체인, 스커트가드

01
에스컬레이터의 구조 및 분류

철골구조의 트러스를 상하층 바닥에 설치하고 내부에는 스텝체인에 일정한 간격의 스텝을 설치하여 체인의 구동에 의해 스텝(계단)이 이동하면서 사람을 운반하는 운송장치

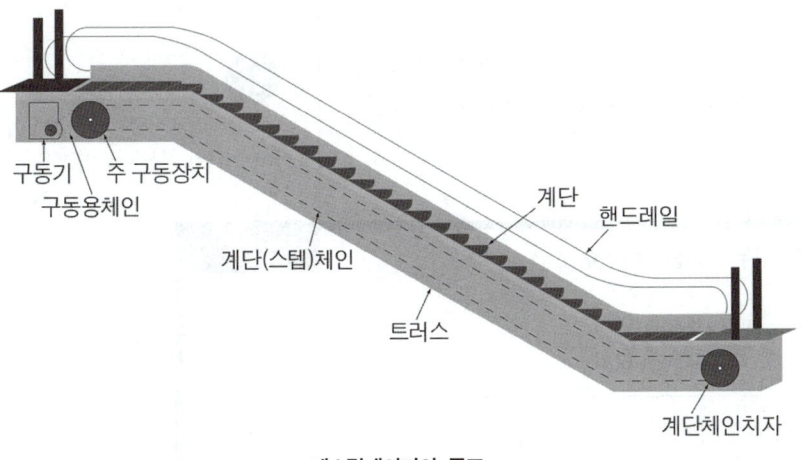

에스컬레이터의 구조

에스컬레이터는 엘리베이터의 로프 대신 체인을, 도르래(시브) 대신 톱니바퀴(스프로킷)를 사용하여 승객을 연속적으로 운송하는 장치이다.

1. 에스컬레이터의 분류방식

1-1 난간폭에 의한 분류 ★

800형

시간당 수송능력 6,000명

1,200형

시간당 수송능력 9,000명

개념잡기

다음 중 에스컬레이터의 종류를 수송 능력별로 구분한 형태로 옳은 것은?

① 1,200형과 900형 ② 1,200형과 800형
③ 900형과 800형   ④ 800형과 600형

난간폭에 의한 분류는 800형과 1,200형이 있다

정답 : ②

---

2. 경사도와 속도 ★★

경사도 30° 초과하지 않아야 하며, 0.75m/s(= 45m/min) 이하이어야 한다(다만, 높이 6m 이하이고 공칭 속도가 0.5m/s(= 30m/min) 이하인 경우 경사도 35°까지 증가시킬 수 있다).

참고
에스컬레이터의 경사도는 30° 이하, 무빙워크의 경사도는 12° 이하

개념잡기

에스컬레이터의 경사도가 30° 이하일 경우에 공칭 속도는?

① 0.75m/s 이하 ② 0.80m/s 이하
③ 0.85m/s 이하 ④ 0.90m/s 이하

경사도 30° 이하에서는 0.75m/s(45m/min) 이하

정답 : ①

3. 에스컬레이터 배열의 종류

3-1 단열 승계형

- 상층으로 고객을 유도하기가 용이하다.
- 바닥에서 바닥으로 연속적으로 이동한다.
- 설치면적이 크다.

3-2 단열 겹침형

- 설치면적이 작다.
- 승객의 시야가 넓어진다.
- 바닥에서 바닥으로 불연속적인 이동을 한다.
- 한 방향으로만 이동하므로 승강장이 혼잡하다.

3-3 복열 승계형

- 전 매장이 보여 승객의 시야가 넓고 오름과 내림의 교통도 분할할 수 있다.
- 바닥에서 바닥으로 연속적으로 이동한다.
- 설치면적이 크다.

3-4 교차 승계형

- 오르내림의 교통이 떨어져 있어 승강구에서 혼잡이 적다.
- 바닥에서 바닥으로 연속적으로 이동한다.
- 승객의 시야가 좁고 전망이 나쁘며 위치표시가 어렵다.
- 설치면적이 작다.

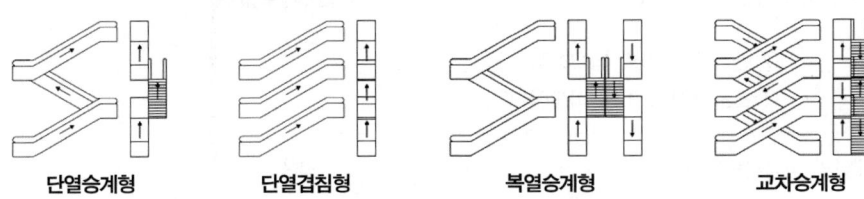

단열승계형 **단열겹침형** **복열승계형** **교차승계형**

02 에스컬레이터의 주요 구성요소

1. 구동기 ★

- 스텝(계단)을 구동시키는 주 구동장치와 핸드레일을 구동시키는 핸드레일구동장치가 있으며, 서로 연동되어 같은 속도로 이동하여야 한다.
- 승강구 상부와 하부에는 정지 스위치가 잘 보이도록 설치한다.
- 에스컬레이터의 구동기는 도래 대신 톱니바퀴를 사용하고 로프 대신 체인을 사용한다.
- 감속하기 위하여 감속기가 사용되고, 역회전방지를 위해 웜 기어 또는 헬리컬 기어를 사용한다.
- 구동장치는 2대 이상의 에스컬레이터나 무빙워크를 운전하지 말아야 한다.
- 공칭속도는 공칭주파수 및 공칭전압에서 ±5%를 초과하지 말아야 한다.

2. 손잡이(핸드레일) 시스템 ★

- 디딤판(스텝)의 속도와 -0%에서 +2%의 허용오차로 같은 방향과 속도로 움직이는 손잡이가 설치되어야 한다.
- 손잡이(핸드레일)는 정상운행 중 운행방향의 반대편에서 450N의 힘으로 당겨도 정지되지 않아야 한다.
- 손잡이 속도 감시 장치가 설치되어야 하고, 5초 ~ 15초 내에 디딤판에 대해 ±15% 이상의 손잡이 속도 편차가 발생하는 경우 에스컬레이터 또는 무빙워크의 정지를 시작해야 한다.

전동기용량

에스컬레이터 전동기 용량을 구하는 산정식은 엘리베이터랑 조금 다르다.

구동식 구성 요소인 전동기 용량을 구하는 식은 출제비중이 매우 낮으며, 산업기사나 기사에 많이 출제된다.

$$P = \frac{G \cdot V \cdot \sin\theta}{6120 \cdot \eta} \times \beta$$

- P : 전동기용량(kW)
- G : 적재하중(kg)
- V : 속도(m/min)
- θ : 경사각(°)
- η : 효율
- β : 승객승입률

핵심 KEY

스텝과 핸드레일은 거의 같은 속도로 움직여야 한다.

개념잡기

에스컬레이터의 스텝구동장치에 대한 점검사항이 아닌 것은?

① 링크 및 핀의 마모상태 ② 핸드레일 가드 마모상태
③ 구동체인의 늘어짐 상태 ④ 스프로켓의 이의 마모상태

핸드레일 가드 마모상태는 핸드레일의 점검사항이다.   정답 : ②

3. 스텝(step, 계단)

- 스텝은 에스컬레이터에 있어서 사람이나 물건을 싣고 이동하는 구성품을 말하며, 스텝 트레드, 스텝 라이저, 스텝 롤러 등으로 이루어져 있다.
- 계단 디딤판은 수평이어야 하며 디딤판 좌·우와 전방에 황색의 주의선(demarcation line, 데마케이션 라인)을 표시한다.

스텝
- 높이 : 0.24m 이하
- 깊이 : 0.38m 이상
- 스텝간의 틈새 : 6mm 이하

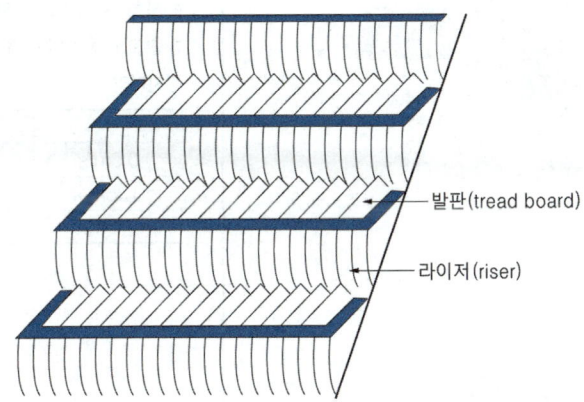

발판(tread board)
라이저(riser)

4. 스텝체인(step chain)

- 에스컬레이터의 폭이 넓을수록, 양정(운행길이)이 길수록 높은 강도의 체인이 필요하다.
- 스텝체인의 링크간격을 일정하게 유지하도록 설치한다.

5. 난간

- 스텝(계단) 좌우에 승객이 떨어지지 않도록 설치된 양쪽의 벽을 난간이라고 한다.
- 경사진 부분에서 스텝 앞부분(step nose)이나 팔레트 표면 또는 벨트 표면에서 손잡이 꼭대기까지 수직 높이는 0.9m 이상 1.1m 이하이어야 한다.
- 난간에는 사람이 정상적으로 서 있을 수 있는 부분이 없어야 한다.

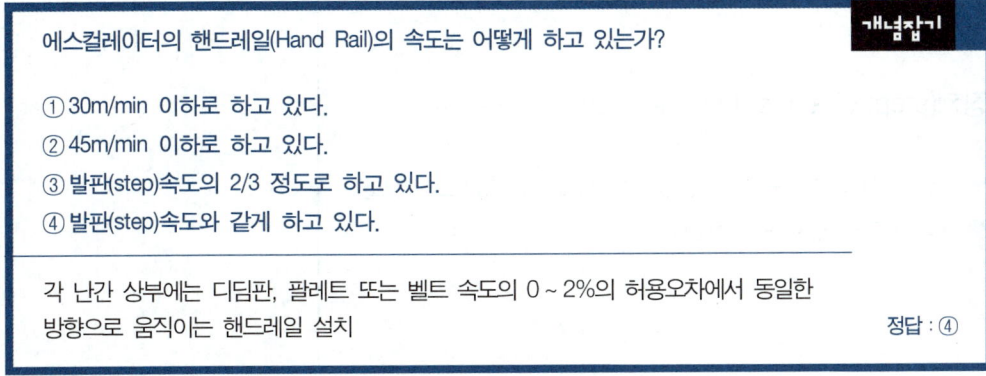

에스컬레이터의 핸드레일(Hand Rail)의 속도는 어떻게 하고 있는가?

① 30m/min 이하로 하고 있다.
② 45m/min 이하로 하고 있다.
③ 발판(step)속도의 2/3 정도로 하고 있다.
④ 발판(step)속도와 같게 하고 있다.

각 난간 상부에는 디딤판, 팔레트 또는 벨트 속도의 0~2%의 허용오차에서 동일한 방향으로 움직이는 핸드레일 설치

정답 : ④

03 에스컬레이터 안전장치 ★

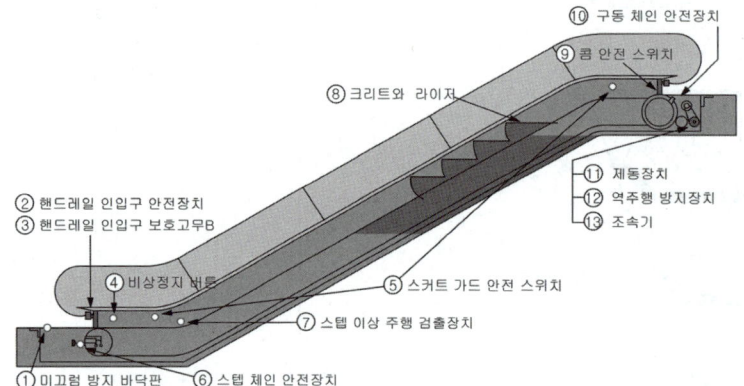

핵심 KEY

무부하 시의 에스컬레이터와 하강 방향으로 움직이는 제동부하에 대한 정지거리

공칭 속도	정지거리
0.5m/s	0.2 ~ 1m 사이
0.65m/s	0.3 ~ 1.3m 사이
0.75m/s	0.4 ~ 1.5m 사이

1. 구동체인 안전장치(driving chain safety device) ★★

- 체인이 늘어나거나 또는 절단되었을 경우 승객의 하중에 의해 하강하므로 즉시 동력을 차단하고 역회전을 막기 위해 기계적으로 하강방향으로 브레이크를 동작시켜 사고를 방지한다.
- 모든 구동부품의 안전율은 정적계산으로 5 이상이어야 한다.

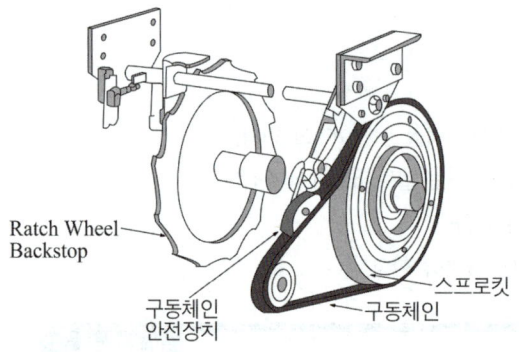

2. 스텝체인 안전장치(step chain safety device)

스텝체인이 절단되거나 너무 늘어날 경우 구동기의 전원을 차단하고 기계적인 브레이크를 작동시켜 운행정지를 시켜 사고를 방지하는 장치이다.

3. 비상정지 스위치

- 비상정지 스위치는 비상시 에스컬레이터를 정지시키기 위해 설치되며 승강장 또는 승강장 근처에 눈에 띄기 쉽게 접근할 수 있는 위치에 있어야 한다. 비상정지 스위치 사이의 간격은 30m 이하이어야 한다.
- 주로 비상시 쉽게 작동할 수 있는 상하 승강장의 입구에 설치한다.

비상정지 스위치 사이의 간격은 에스컬레이터는 30m 이하, 무빙워크는 40m 이하이어야 한다.

4. 스커트가드 안전스위치(skirt guard safety device) ★★★

- 이 물질이나 어린이 신발 등이 디딤판 측면과 스커트가드와의 사이에 강하게 끼이는 경우 전원을 차단하여 에스컬레이터를 정지시킨다.
- 스커트가드와 디딤판과의 틈새는 승강로의 총길이에 걸쳐서 한쪽이 4mm 이하이어야 한다(양쪽 합쳐서 7mm 이하).

5. 스커트 디플렉터(안전 브러쉬) ★

스텝과 스커트 사이에 끼임의 위험을 최소화하기 위한 장치이다.

6. 과속조절기(조속기)

승객수가 많거나 전원부족으로 전동기 회전력이 부족할 때 상승 중 하강하는 경우나 하강 시 속도가 상승하는 경우가 발생 시 전원을 차단하고 머신 브레이크를 작동시킨다.

7. 인레트 스위치(inlet switch)

핸드 레일이 난간 아래로 들어가는 인입구에 설치하여 어린이 손가락이나 이물질이 빨려 들어갈 때 에스컬레이터의 운행을 정지시킨다.

8. 콤(comb) 이물질 검출장치

입·출구 쪽에 빗 모양으로 생겨 스텝과 콤 사이에 이물질이 끼었을 때, 에스컬레이터를 정지시킨다.

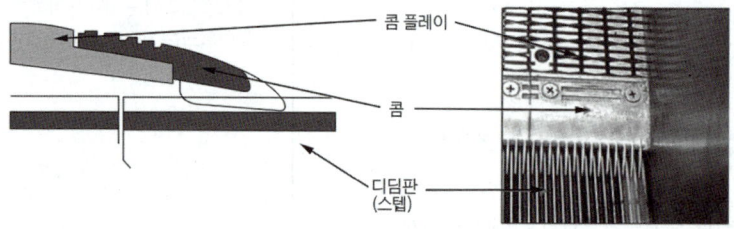

9. 삼각부 안내판

에스컬레이터 상승 시 난간부와 건축물의 교차하는 위치에서 건물의 천장 또는 측면부 등과의 사이에 사람의 머리나 손이 끼이는 사고를 방지하기 위하여 설치하는 삼각부 가드를 설치한다.

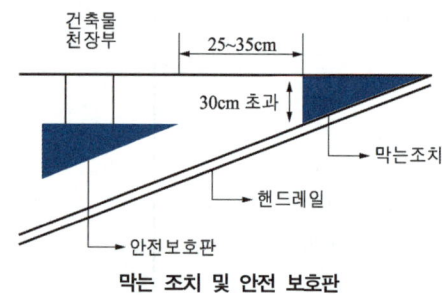

막는 조치 및 안전 보호판

틈새의 수직거리가 300mm 되는 곳까지 막는 등의 조치는 건축물 천장부 또는 측면부가 손잡이 외측 끝단에서 400mm 이상 떨어져 있는 경우에는 적용할 필요는 없다.

10. 데마케이션(demarcation) ★

- 디딤판의 좌우와 전방에 황색으로 표시된 부분
- 신체의 일부나 물건이 끼이는 것을 막기 위해서 경계부분에 표시

데마케이션

11. 출입구 근처의 안전 표시

주의표시를 위한 표시판 또는 표지는 견고한 재질로 만들어야 하며, 승강장에서 잘 보이는 곳에 확실히 부착되어야 한다. 주의표시는 80mm×100mm 이상의 크기로 아래 그림과 같이 표시되어야 한다.

개념잡기

에스컬레이터의 안전장치에 해당되지 않는 것은?

① 스프링(spring) 완충기
② 인레트 스위치(inlet switch)
③ 스커트가드(skirt guard) 안전 스위치
④ 스텝체인 안전 스위치(step chain safety switch)

에스컬레이터 안전장치에는 스커트가드 안전 스위치, 인레트 스위치, 스텝체인 안전 스위치 등이 있으며 스프링 완충기는 엘리베이터 안전장치이다.

정답 : ①

CHAPTER 09
특수승강기

KEYWORD 주차승강기, 무빙워크, 덤웨이터

01 입체 주차설비

1. 2단식 주차장치

- 주차구획이 2층으로 배치되어 있고 출입구가 있는 층의 모든 주차구획을 주차장치 출입구로 사용할 수 있는 구조로서 그 주차구획을 아래·위 또는 수평으로 이동하여 자동차를 주차하도록 설계한 주차장치이다.
- 주차기 형태에 따라 단순승강식, 경사승강식, 경사승강스윙식, 경사피트식, 승강피트식, 승강횡행식, 승강횡행피트식이 있다.

특징
비용이 저렴하고 입출고 시간이 짧다.

2. 다단식 주차장치 ★

- 주차구획이 3층 이상으로 배치되어 있고 출입구가 있는 층의 모든 주차구획을 주차장치 출입구로 사용할 수 있는 구조로서 그 주차구획을 아래·위 또는 수평으로 이동하여 자동차를 주차하도록 설계한 주차장치이다.
- 주차기 형태에 따라 승강피트식, 승강횡행식, 승강횡행피트식으로 구분된다.

2단식 주차
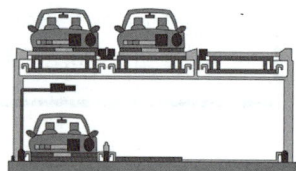

다단식 주차
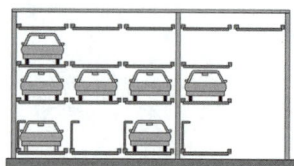

3. 승강기식 주차장치 ★

여러층으로 배치되어 있는 고정된 주차구획에 아래·위로 이동할 수 있는 운반기에 의하여 자동차를 자동으로 운반·이동하여 주차하도록 설계한 주차장치이다.

특징
수직순환식에 비해 소음, 진동이 작고 전력소비도 적다. 하지만 지하피트부가 필요하며 공간효율이 떨어진다.

수직 순환식 주차(하부승입)
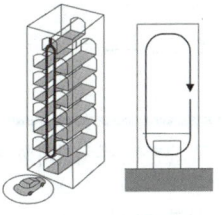

4. 수직 순환식 주차장치 ★

- 주차구획에 자동차를 들어가도록 한 후 그 주차구획을 수직으로 순환이동하여 자동차를 주차하도록 설계한 주차장치이다.
- 자동차를 입·출고시키는 출입구의 위치에 따라서 하부승입식, 중간승입식, 상부승입식으로 분류된다.

수평 순환식 주차(직접승입)

승강기식 주차

5. 수평 순환식 주차장치

- 주차구획에 자동차를 들어가도록 한 후 그 주차구획을 수평으로 순환이동하여 자동차를 주차하도록 설계한 주차장치이다.
- 입·출고시키는 출입구의 위치에 따라서 승강장치 승입식, 직접 승입식이 있다.

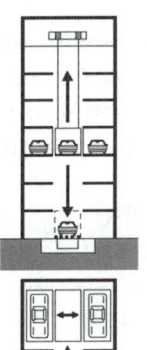

6. 승강기 슬라이드식 주차장치

여러층으로 배치되어 있는 고정된 주차구획에 아래·위 및 옆으로 이동할 수 있는 운반기에 의하여 자동차를 자동으로 운반·이동하여 주차하도록 설계한 주차장치이다.

슬라이드식과 승강기식 주차장치의 차이점
슬라이드식 주차장치는 승강기식과 유사하지만 승강장치 전체가 종행 또는 횡행으로 이동(슬라이드)할 수 있는 기능이 추가되어 있다.

7. 평면 왕복식 주차장치 ★

- 평면으로 배치되어 있는 고정된 주차구획에 운반기에 의하여 자동차를 운반·이동하여 주차하도록 설계한 주차장치이다.
- 자동차 입·출고 위치에 따라 하부승입식, 중간승입식, 상부승입식으로 분류된다.

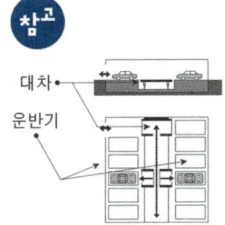

8. 다층순환식 주차장치

주차구획에 자동차를 들어가도록 한 후 그 주차구획을 여러 층으로 된 공간에 아래·위 또는 수평으로 순환이동하여 자동차를 주차하도록 설계한 주차장치이다.

개념잡기

수직 순환식 주차장치를 승입방식에 따라 분류할 때 해당되지 않는 것은?

① 하부승입식 ② 중간승입식
③ 상부승입식 ④ 원형승입식

자동차를 입출고시키는 출입구의 위치에 따라서 하부승입식, 중간승입식, 상부승입식으로 분류된다.

정답 : ④

개념잡기

주차구획이 3층 이상으로 배치되어 있고 출입구가 있는 층의 모든 주차구획을 주차장치 출입구로 사용할 수 있는 구조로서 그 주차 구획을 아래·위 또는 수평으로 이동하여 자동차를 주차하도록 설계한 주차장치는?

① 수평순환식 ② 다층순환식
③ 다단식 주차장치 ④ 승강기 슬라이드식

다단식 주차장치
주차구획이 3층 이상으로 배치, 주차구획을 위·아래 또는 수평으로 이동하여 자동차를 주차

정답 : ③

02 무빙워크(수평보행기) ★★

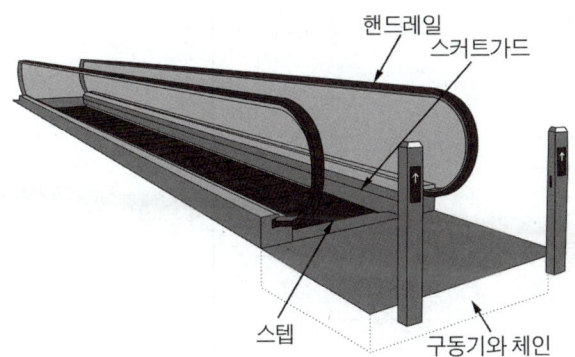

경사각이 6° 이하인 경우에는 무빙워크의 폭은 1.65m까지 허용된다.

무빙워크의 제동부하 결정

공칭 폭	0.4m 길이당 제동부하
0.6m 이하	50kg
0.6m 초과 0.8m 이하	75kg
0.8m 초과 1.10m 이하	100kg
1.10m 초과 1.40m 이하	125kg
1.40m 초과 1.65m 이하	150kg

1. 무빙워크의 구조

- 스텝이 평면모양이며, 주로 수평방향으로 승객을 운송하는 장치이다.
- 스텝의 종류에 따라 팔레트식과 고무벨트식이 있다.
- **경사각은 12° 이하이다.**
- 무빙워크의 공칭속도는 **0.75m/s(45m/min)** 이하로 한다.

개념잡기

에스컬레이터와 무빙워크의 일반적인 경사도는 각각 몇 도 이하인가?

① 20°, 5°   ② 30°, 8°
③ 30°, 12° ④ 45°, 20°

에스컬레이터의 경사도는 30°를 초과하지 않아야 한다(다만, 높이가 6m 이하이고 공칭속도가 0.5m/s 이하인 경우, 경사도를 35°까지 증가, 무빙워크의 경사도는 12° 이하이어야 한다).

정답 : ③

---

2. 안전장치

- 팔레트체인 안전스위치 : 팔레트를 연결하는 체인이 끊어졌을 때 운전을 정지
- 인레트 스위치
- 비상정지 스위치

팔레트 또는 벨트의 폭이 1.1m 이하이고, 승강장에서 팔레트 또는 벨트가 콤에 들어가기 전 1.6m 이상의 수평 주행구간이 있는 경우 공칭속도는 0.9m/s까지 허용된다. 다만, 가속구간이 있거나 무빙워크를 다른 속도로 직접 전환시키는 시스템이 있는 무빙워크에는 적용되지 않는다.

03 고가의 유희시설 ★

오락을 목적으로 한 탑승물로서 동력장치를 사용하여 주행, 회전, 요동 등 여러 가지 형태의 동작을 하는 장치

1. 회전운동을 하는 유희시설

관람차, 비행탑, 회전목마, 오토퍼스, 해적선 문로켓트 등

2. 회전운동을 하지 않는 유희시설

모노레인, 워터슈트, (롤러)코스터 등

04 소형화물용 엘리베이터(덤웨이터) ★★★★

1. 덤웨이터 종류

1-1 테이블 타입

출입문이 승강장 바닥보다 75cm 정도 높다.

1-2 플로어 타입

카 바닥과 승강장 바닥의 높이가 같다.

2. 덤웨이터 특징 ★

- 승강기 구동방식과 같은 트랙션 또는 권상식이 일반적으로 많이 쓰인다.
- 승강로에 모든 출입구의 문이 닫혀야 카를 승강할 수 있는 안전장치이다.

핵심 KEY

덤웨이터의 특징
- 소형화물 운반전용
- 정격하중 300kg 이하
- 정격속도 : 1m/s 이하
- 바닥면적 : $1m^2$ 이하
- 카 높이 : 1.2m 이하
- 카 깊이 : 1m 이하

덤웨이터는 사람이 접근이 가능한 크기가 되면 안된다.

05 휠체어 리프트

- 장애인의 이동을 위한 특수 엘리베이터이다.
- 수직형과 경사형이 있다.

> **개념잡기**
>
> 전동 덤웨이터의 안전장치에 대한 설명 중 옳은 것은?
>
> ① 도어 인터록 장치는 설치하지 않아도 된다.
> ② 승강로의 모든 출입구 문이 닫혀야만 카를 승강시킬 수 있다.
> ③ 출입구 문에 사람의 탑승금지 등의 주의사항은 부착하지 않아도 된다.
> ④ 로프는 일반 승강기와 같이 와이어로프 소켓을 이용한 체결을 하여야만 한다.
>
> 승강로의 모든 출입구 문이 닫혀야만 카를 승강시킬 수 있다.　　　　정답 : ②

PART 02

승강기 안전관리

01 승강기 안전기준 및 취급
02 이상 시의 제현상과 재해방지
03 안전점검 제도
04 기계기구와 그 설비의 안전

CHAPTER 01
승강기 안전기준 및 취급

KEYWORD 관리주체, 준수사항, 자체검사, 안전조치

01 승강기 안전기준

1. 승강기 안전관리법의 목적 ★

승강기 안전관리법은 승강기의 제조·수입 및 설치에 관한 사항과 승강기의 안전인증 및 안전관리에 관한 사항 등을 규정함으로써 승강기의 안전성을 확보하고, 승강기 이용자 등의 생명·신체 및 재산을 보호함을 목적으로 한다.

02 승강기 안전수칙

1. 관리주체의 준수사항 ★

- 승강기 관리주체는 승강기 소유자나 승강기 관리자 또는 계약에 따라 승강기를 안전하게 관리할 책임과 권한을 부여받은 자로써 승강기의 기능 및 안전성이 지속적으로 유지되도록 법에서 정하는 바에 따라 승강기를 안전하게 관리하여야 한다.
- 관리주체는 승강기 운행에 대한 지식이 풍부한 사람을 승강기 안전관리자로 선임하여 승강기를 관리하게 하여야 한다. 다만, 관리주체가 직접 승강기를 관리하는 경우에는 그러하지 아니하다.
- 관리주체는 자체점검을 스스로 할 수 없다고 판단하는 경우에는 승강기의 유지관리를 업으로 하기 위하여 등록을 한 자로 하여금 이를 대행하게 할 수 있다.

관리주체가 안전관리자를 선임한다.

승강기 관리주체는 자체점검 결과 승강기의 결함이 있다는 사실을 알았을 경우에는 즉시 보수하여야 하며, 보수가 끝날 때까지 운행을 중지하여야 한다.

- 관리주체는 승강기에 대하여 행정안전부장관이 실시하는 안전검사(정기검사, 수시검사, 정밀안전검사)를 받아야 한다.
- 관리주체 중대한 사고 또는 중대한 고장이 발생한 경우에는 행정안전부령으로 정하는 바에 따라 한국승강기안전공단에 통보하여야 한다.

2. 안전관리자의 직무

- 승강기 운행 및 관리에 관한 규정 작성
- 승강기 사고 또는 고장 발생에 대비한 비상연락망의 작성 및 관리
- 유지관리업자로 하여금 자체점검을 대행하게 한 경우 유지관리업자에 대한 관리·감독
- 중대한 사고, 중대한 고장의 통보
- 승강기 내에 갇힌 이용자의 신속한 구출을 위한 승강기 조작(승강기관리교육을 받은 경우만 해당)
- 피난용 엘리베이터의 운행(승강기관리교육을 받은 경우만 해당)
- 승강기 안전관리자는 비상열쇠를 다른 사람으로 하여금 사용하게 하거나 관리하게 해서는 안 된다. 다만, 승강기의 유지관리 및 안전검사 등에 필요하다고 인정되는 경우에는 안전관리기술자 또는 119구조대원으로 하여금 사용하게 할 수 있다.
- 승강기 안전관리자는 승강기의 고장수리 및 승강기부품의 교체 내용 등을 고장·수리일지에 기록하고, 그 기록을 관리해야 한다.

03 승강기 사용 및 취급

1. 유지보수 및 법정검사 ★

1-1 설치검사(완성검사)

승강기를 설치한 후에 받는 검사

1-2 정기검사

설치검사 후 정기적으로 하는 검사

법정검사의 종류
설치검사, 정기검사, 수시검사, 정밀안전검사

정기검사의 검사주기는 1년으로 한다. 정밀안전검사 중 설치검사를 받은 날부터 15년이 지난 경우는 검사 후 정기적으로 3년마다 정밀안전검사를 받아야 한다.

1-3 수시검사

승강기의 종류, 제어방식, 정격(기기의 사용조건 및 선능의 범위를 말한다)속도, 정격용량 또는 왕복운행거리를 변경한 경우나 제어반(制御盤) 또는 구동기(驅動機)를 교체한 경우 또는 사고가 발생하여 수리한 경우와 관리주체가 요구한 경우에 실시하는 검사

1-4 정밀안전검사

정기검사나 수시검사 결과 결함의 원인이 불명확한 경우나 중대한 사고 또는 중대한 고장이 발생한 경우, 그리고 설치검사를 받은 날부터 15년이 지난 경우, 그 밖에 승강기 성능의 저하로 승강기 이용자의 안전을 위협할 우려가 있어 행정안전부장관이 정밀안전검사가 필요하다고 인정한 경우에 실시하는 검사

2. 자체점검

- 월 1회 이상 실시하고, 그 결과를 승강기안전종합정보망에 입력하여야 한다.
- 자체점검 결과 승강기에 결함이 있다는 사실을 알았을 경우에는 즉시 보수하여야 하며, 보수가 끝날 때까지 해당 승강기의 운행을 중지하여야 한다.
- 관리주체는 자체점검을 스스로 할 수 없다고 판단하는 경우에는 승강기의 유지관리 업체로 하여금 이를 대행하게 할 수 있다.

자체점검의 주체는 관리주체이다.

3. 자체검사 주기 ★★★

3-1 1개월에 1회 이상

수동 비상운전수단, 자동구출운전, 승강로 비상통화장치, 감속기, 도르래 마모 및 노후상태, 베어링, 카 내와 카 상부의 기계장치/점검문, 카 상부 비상등, 피트내 기계장치, 피트 출입문, 피트내 점검운전 조작반, 피트내 정지장치, 완충기, 승강로내 출입문과 비상문과 점검문, 카문과 승강장문의 부품과 틈새/어린이 손끼임방지수단/문닫힘안전장치/잠금장치, 승강장 층 표시상태, 승강장 호출버튼, 카내 비상통화장치/비상등/과부하감지장치/버튼/층표시장치, 권상도르래 마모상태, 브레이크, 파이널 리미트 스위치, 강제감속장치, 전기안전장치, 추락방지안전장치, 과속조절기(조속기), 멈춤쇠 장치, 전기적 크리핑 방지시스템, 상승과속방지장치, 개문출발방지장치, 착상정확도, 유압시스템 관련 밸브/유압유온도감지장치, 책 및 관련부품, 전동기 및 조명의 절연저항, 장애인용 엘리베이터의 호출버튼/조작반/통화장치/신호장치/표시장치/문열림대기시간

3-2 3개월에 1회 이상

주개폐기, 감속기 윤활유와 소음진동, 도르래홈의 마모상태, 베어링 소음진동, 기계실과 풀리실의 출입문과 조명/콘센트, 양중용 지지대 및 고리의 허용하중 표시, 플랫폼 최대허용하중표시, 기계실 환기상태, 풀리실 바닥 개구부 낙하방지수단, 피트 점검운전스위치, 튀어오름 방지장치, 균형추(평형추)칸막이, 승강로 환기상태, 주행안내레일(가이드레일), 균형추, 카 내부 표기상태, 카내 조명, 에이프런, 카 상부 보호난간, 카 문턱과 승강장문턱의 거리, 매다는 장치의 로프(벨트, 체인), 보상로프(체인), 추락방지안전장치 작동 시 카의 수평도, 과속조절기 로프 마모 및 파단상태, 카의 주행속도, 전동기 과열보호장치, 전기배선(이동케이블 등), 카문과 승강장문의 바이패스기능, 장애인용 엘리베이터의 승강장 문턱과 카문턱 사이 거리/점자표시/거울/손잡이/조명, 소방구조용 엘리베이터

3-3 6개월에 1회 이상

기계류 공간 등의 안전표시, 오일쿨러, 승강로 작업공간확보, 승강로 외부 기계류 환기상태, 기계실 바닥 개구부 낙하방지수단, 승강로 상하부공간과 피난공간, 풀리의 로프고정장치, 편향 도르래 등의 추락방지안전장치, 유압탱크 설치상태 및 유량상태

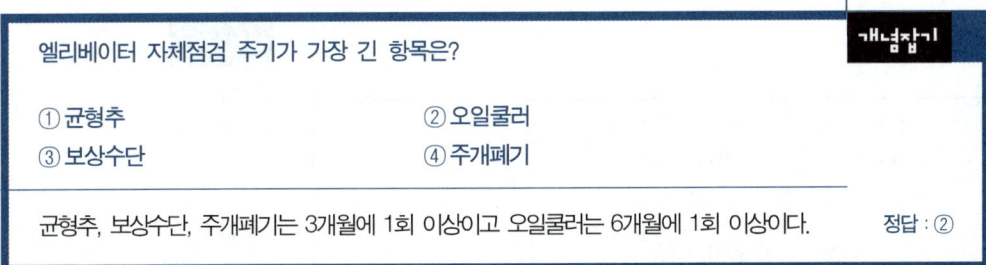

개념잡기

엘리베이터 자체점검 주기가 가장 긴 항목은?

① 균형추 ② 오일쿨러
③ 보상수단 ④ 주개폐기

균형추, 보상수단, 주개폐기는 3개월에 1회 이상이고 오일쿨러는 6개월에 1회 이상이다. 정답 : ②

CHAPTER 02
이상 시의 제현상과 재해방지

KEYWORD 재해발생형태와 원인, 재해조사

01 이상상태의 제현상

1. 안전사고의 발생원인 및 재해원인의 분류 ★★★

1-1 직접원인

인적 원인 (불안전한 행동)	• 잘못된 방법으로 장치를 운전한다. • 개인 보호구를 착용하지 않는다. • 장치를 가동 중에 정비를 한다.
물적 원인 (불안전한 상태)	• 공구나 장치 등에 결함이 있다. • 화재나 폭발에 위험이 있다. • 충분하지 못한 경보시스템이나 방호 및 지지가 있는 경우이다.

1-2 간접원인

사고발생 단계

간접원인 → 직접원인 → 사고 → 재해

신체적 원인	작업자의 신체적인 피로나 질병 등에 의한 원인
교육적 원인	작업자 안전에 대한 미숙, 경시, 미경험 등에 의한 원인
정신적 원인	작업자의 정신적인 결함이나 착각, 태도불량 등에 의한 원인
관리적 원인	조직적, 관리적 결함에 의한 원인
기술적 원인	기계장치나 건축 설비 등 기술적 결함에 의한 원인

핵심 KEY

직접원인
• 인적 원인
• 물적 원인

간접원인
• 신체적 원인
• 교육적 원인
• 정신적 원인
• 관리적 원인
• 기술적 원인

핵심 KEY

재해 발생 순서 5단계
사회적 환경과 유전적 요소 → 인적 결함 → 불안전한 행동과 상태 → 사고 → 재해

재해의 발생 순서
이상상태 → 불안전 행동 및 상태 → 사고 → 재해

> **개념잡기**
>
> 재해의 간접원인 중 관리적 원인에 속하지 않는 것은?
>
> ① 인원배치 부적당 ② 생산 방법 부적당
> ③ 작업지시 부적당 ④ 안전관리 조직 결함
>
> ---
> 관리적 원인
> 책임감 결여, 부적절한 인원배치, 작업관리의 부재, 작업기준의 불명확 등
>
> 정답 : ②

2. 기인물과 가해물

> 참고
> 기인물과 가해물은 같을 때도 있고 다를 때도 있다.

2-1 기인물

해의 원인이 되는 물적 원인

2-2 가해물

해를 직접 일으킨 물적 원인

3. 재해 누발자의 분류 ★

3-1 미숙성 누발자

환경에 익숙해지지 않거나, 기능이 미숙한 자

3-2 상황성 누발자

어려운 작업상황이나 심신의 혼란과 근심 등에 처한 자

3-3 습관성 누발자

재해의 경험에 의한 신경과민이나 슬럼프 등에 처한 자

3-4 소질성 누발자

지능이나 성격 등 타고난 소질에 의해 재해를 일으키는 자

> **개념잡기**
>
> 재해 누발자의 유형이 아닌 것은?
>
> ① 미숙성 누발자 　　② 상황성 누발자
> ③ 습관성 누발자 　　④ 자발성 누발자
>
> **재해 누발자의 분류**
> 미숙성 누발자, 상황성 누발자, 습관성 누발자, 소질성 누발자
>
> 정답 : ④

02 이상 시 발견조치

1. 재해(사고)의 발생 형태 ★★

추락	사람이 건축물, 사다리, 계단 등에서 떨어지는 것
충돌	사람이 물체에 부딪히는 것
전도	사람이 미끄러지거나 넘어지는 것
낙하	사람이 떨어지는 물체에 맞는 것
협착	물체에 끼이거나 말려든 것
감전	전기에 접촉되거나 방전에 의해 충격을 받는 것

> **핵심 KEY**
>
> 재해의 발생 형태
> • 추락
> • 충돌
> • 전도
> • 낙하
> • 협착
> • 감전

> **개념잡기**
>
> 승강기 보수 작업 시 승강기의 카와 건물의 벽 사이에 작업자가 끼인 재해의 발생 형태에 의한 분류는?
>
> ① 협착 　　② 전도
> ③ 방심 　　④ 접촉
>
> **협착**
> 물체에 끼이거나 말려든 것
>
> 정답 : ①

03 재해 원인의 분석방법 ★

1. 개별적 원인 분석

- 재해를 상세하게 분석한다. 분석 중에 결함을 발견할 가능성이 있다.
- 특수재해, 중대재해와 건수가 적은 사업장에 적용한다.

2. 통계적 원인 분석

- 재해별 상호관계 등을 통계학적으로 분석한다.
- 재해의 발생유형과 경향을 파악, 예방활동과 방지대책에 활용한다.

파레토도	재해의 분류를 큰 순으로 나열하여 비교분석
클로즈도	2개 이상의 재해 발생빈도를 분석
관리도	시간의 경과에 따른 변화추이를 분석

3. 산업재해 예방의 4원칙(하인리히의 재해예방 4원칙)

손실우연의 법칙
손실(상해)의 형태와 크기는 우연적이다.

원인계기의 원칙
여러 가지 원인이 연쇄적으로 일어난다.

예방가능의 원칙
재해는 예방이 가능하다.

대책선정의 원칙
안전대책이 선정되고 적용되어야 한다.

재해 원인의 분석
- 개별적 원인 분석
- 통계적 원인 분석

통계적 재해분류
- 사망
- 중상해
- 경상해
- 무상해(경미상해)

하인리히의 법칙 1 : 29 : 3000이란
"1번의 대형사고, 29번의 작은 사고, 300번의 사소한 징후"

4. 사고방지 5단계 ★

1단계

안전관리조직(경영자의 안전목표 설정, 안전관리자의 선임, 안전라인 및 참모조직, 안전활동방침 및 계획의 수립, 조직을 통한 안전활동 전개)

2단계

사실의 발견(사고 및 활동기록의 검토, 작업분석, 점검 및 검사, 사고조사, 각종 안전회의 및 토의, 근로자의 제안 및 여론조사)

3단계

원인분석과 평가(사고원인 및 경향성 분석, 사고기록 및 관계자료 분석, 인적 물적 환경조건 분석, 작업공정 분석, 교육훈련 및 적정배치 분석, 안전수칙 및 보호장비의 적부)

4단계

대책 선정(기술적 개선, 배치조정, 교육훈련의 개선, 안전행정의 개선, 규칙 및 수칙 등 제도의 개선, 안전운동의 전개)

5단계

대책 적용, 3E(교육, 기술, 단속)

개념잡기

사고예방의 기본 4원칙이 아닌 것은?

① 원인계기의 원칙　　② 대책선정의 원칙
③ 예방가능의 원칙　　④ 개별분석의 원칙

산업재해 예방의 4원칙(하인리히의 재해예방 4원칙)
손실우연의 법칙, 원인계기의 원칙, 예방가능의 원칙, 대책선정의 원칙

정답 : ④

CHAPTER 03
안전점검 제도

KEYWORD 안전점검, 안전진단

01 안전점검 방법 및 제도

1. 안전점검의 목적 ★

- 장비, 시설, 기계 등의 물리적, 기능적 결함이나 위험요인 제거
- 신속, 적절한 보수·조치로 본래 성능을 유지
- 안전에 관한 제반사항을 점검하여 합리적인 생산관리에 기여

2. 안전점검의 종류 ★

정기점검	매주, 매월, 매분기 등, 일정기간마다 정기적으로 실시
수시점검(일상점검)	매일 작업 전, 작업 중, 작업 후 일상적으로 실시
특별점검	신설, 변경, 고장 후 수리 등, 비정기적인 점검
임시점검	이상 발견 시 임시로 실시하거나 비정기적으로 실시하는 점검

3. 안전점검의 방법 ★

- 육안점검 및 기능점검
- 정밀점검 및 자체점검

핵심 KEY

안전점검의 종류
- 정기점검
- 수시점검
- 특별점검
- 임시점검

안전점검 및 진단 순서
실태파악 → 결함발견 → 대책결정 → 대책실시

4. 안전점검 시의 유의사항 ★

- 여러 가지 점검방법을 병용할 것
- 불량 부분을 발견하면 다른 동종설비들도 점검 실시할 것
- 발견된 불량 부분에 대해선 원인을 조사한 후 필요한 대책 강구할 것
- 과거의 재해발생 부분은 이전 재해요인이 배제되었는지 확인할 것
- 점검자 능력에 맞는 점검을 실시할 것

> **참고**
> 안전점검 중에서 5S 안전활동 생활화
> - 정리
> - 정돈
> - 청소
> - 청결
> - 습관화

개념잡기

안전점검 시의 유의사항으로 틀린 것은?

① 여러 가지의 점검방법을 병용하여 점검한다.
② 과거의 재해발생 부분은 고려할 필요 없이 점검한다.
③ 불량 부분이 발견되면 다른 동종의 설비도 점검한다.
④ 발견된 불량 부분은 원인을 조사하고 필요한 대책을 강구한다.

안전점검 시 유의사항
- 여러 가지 점검방법을 병용
- 불량 부분 발견 시 동종설비 점검 실시
- 불량 부분 발견 시 원인조사 후 필요한 대책 강구
- 과거의 재해발생 부분은 이전 재해요인이 배제되었는지 확인
- 점검자 능력에 맞는 점검을 실시

정답 : ②

개념잡기

승강기 안전점검에서 신설·변경 또는 고장수리 등 작업을 한 후에 실시하는 것은?

① 사전점검　　　　② 특별점검
③ 수시점검　　　　④ 정기점검

특별점검
신설, 변경, 고장 후 수리 등, 비정기적인 점검

정답 : ②

02 안전진단

1. 안전점검 및 진단 순서

실태파악 → 결함발견 → 대책결정 → 대책실시

2. 안전진단 항목 작성 시 유의사항

- 각 사업장에 맞는 독자적인 내용이어야 한다.
- 정기적으로 검토하여 재해예방에 효과 있는 내용이어야 한다.
- 일정한 양식에 따라서 점검 항목을 작성해야 한다.
- 위험성이 매우 높으며, 긴급을 요하는 순으로 작성해야 한다.
- 이해가 쉽고 구체화된 항목으로 작성해야 한다.

개념잡기

안전점검 체크 리스트 작성 시의 유의사항으로 가장 타당한 것은?

① 일정한 양식으로 작성할 필요가 없다.
② 사업장에 공통적인 내용으로 작성한다.
③ 중점도가 낮은 것부터 순서대로 작성한다.
④ 점검표의 내용은 이해하기 쉽도록 표현하고 구체적이어야 한다.

안전진단 항목 작성 시 유의사항
- 각 사업장에 맞는 독자적인 내용
- 정기적으로 검토하여 재해예방에 효과 있는 내용
- 일정한 양식에 따라서 점검 항목 작성
- 위험성이 매우 높으며, 긴급을 요하는 순으로 작성
- 이해가 쉽고 구체화된 항목으로 작성

정답 : ④

CHAPTER 04
기계기구와 그 설비의 안전

KEYWORD 안전수칙, 감전사고, 추락사고, 보호구

01 기계설비의 위험방지

1. 기계설비 운전 시의 기본 안전수칙 ★

- 모든 기계는 담당자 이외의 취급을 금지
- 기계가동 시 자리를 비우지 말 것
- 기계가동 중 정비, 청소를 하지 말 것
- 작업범위 이외의 기계는 허가 없이 사용하지 말 것
- 기계의 조정이나 정지 시 막대기를 사용하지 말 것
- 기계운전 시 사전 안전점검을 할 것
- 기계고장 시 적합한 수리보수 등의 조치를 취하고 작업에 임할 것
- 안전방호장치는 이상이 없는지 확인할 것

> **개념잡기**
>
> 기계운전 시 기본안전수칙이 아닌 것은?
>
> ① 작업범위 이외의 기계는 허가 없이 사용한다.
> ② 방호장치는 유효 적절히 사용하며, 허가 없이 무단으로 떼어놓지 않는다.
> ③ 기계가 고장이 났을 때에는 정지, 고장표시를 반드시 기계에 부착한다.
> ④ 공동 작업을 할 경우 시동할 때에는 남에게 위험이 없도록 확실한 신호를 보내고 스위치를 넣는다.
>
> 정답 : ①

02 전기에 의한 위험방지

1. 감전사고 방지대책 ★★

- 전기기기 사용 시에는 필히 접지를 시켜야 한다.
- 누전차단기를 설치하여 감전사고 시 재해를 방지한다.
- 전기기기의 스위치 조작은 아무나 함부로 하지 않도록 한다.
- 젖은 손으로 전기기기를 만지지 않는다.
- 전기기기 및 배선 등의 모든 충전부는 노출시키지 않는다.
- 개폐기에는 반드시 정격 퓨즈를 사용하고, 동선/철선 등을 사용하지 않는다.
- 불량하거나 고장 난 전기제품은 사용하지 않도록 한다.
- 배선용 전선은 중간에 연결한 접속 부분이 있는 것을 사용하지 않는다.

전기재해
- 감전 : 대전체나 방전에 의한 전격을 받아 쇼크나 추락 등의 피해를 받는 경우
- 폭발 : 스파크, 아크 등으로 주위의 가연성 가스가 폭발하거나 전기설비 자체가 폭발하는 경우
- 화재 : 누전, 정전기, 아크 등으로 발생하는 화재가 발생한 경우

접지
땅속에 도체를 매설하여 대지와 같은 전위를 만들어 주는 것

개념잡기

전기기기의 외함 등이 절연이 나빠져서 전류가 누설되어도 감전사고의 위험이 적도록 하기 위하여 어떤 조치를 하여야 하는가?

① 접지를 한다. ② 도금을 한다.
③ 퓨즈를 설치한다. ④ 영상변류기를 설치한다.

접지나 누전차단기를 설치한다.　　　　　　　　　　　　　　　　　　정답 : ①

---

2. 접지시스템의 구분 및 종류

- 접지시스템은 계통접지, 보호접지, 피뢰시스템 접지 등으로 구분한다.
- 접지시스템의 시설 종류에는 단독접지, 공통접지, 통합접지가 있다.

3. 전압의 종류

3-1 저압

교류 1kV(= 1,000V) 이하, 직류 1.5kV(= 1,500V) 이하

저압전로의 보호도체 및 중성선의 접속 방식에 따른 접지계통의 분류
- TN 계통
- TT 계통
- IT 계통

3-2 고압

교류는 1kV 초과 7kV 이하, 직류는 1.5kV 초과 7kV 이하

3-3 특고압

7kV(= 7,000V) 초과

4. 감전전류

4-1 최소감지전류

상용주파수의 교류에서 2mA 이하

4-2 고통한계전류

고통을 참을 수 있는 한계전류로써 성인의 경우 7 ~ 8mA

4-3 마비한계전류

근육경련이 심해져 자유로이 움직일 수 없는 한계전류로써 10 ~ 15mA

4-4 심실세동전류 ★

심장의 맥동에 영향을 주어 심장마비를 일으켜 사망에 이르게 하는 전류로써 100mA

용어정리

누전
절연물을 뚫고 나오는 전류로 주로 전선의 피복이 손상되어 전선외부로 새어 나오는 전류를 말한다.

단락
흔히 합선이라고도 하며 두 단자가 서로 접촉하여 과도한 전류가 흐르는 경우를 말한다.

과전류
정격전류를 초과하여 큰 전류가 흘러서 제품의 손상이 생기는 현상을 말한다.

개념잡기

인체에 통전되는 전류가 더욱 증가되면 전류의 일부가 심장부분을 흐르게 된다. 이때 심장이 정상적인 맥동을 못하며 불규칙적으로 세동을 하게 되어 결국 혈액이 순환에 큰 장애를 일으키게 되는 현상을 무엇이라 하는가?

① 심실세동전류　　　② 고통한계전류
③ 가수전류　　　　　④ 불수전류

심실세동전류
심장의 맥동에 영향을 주어 심장마비를 일으켜 사망에 이르게 하는 전류로써 100mA

정답 : ①

5. 인체의 전기저항 ★

- 성별, 개인별로 동일하지는 않음
- 보통 피부저항은 2,500Ω
- 땀에 젖었을 경우 1/20로 감소
- 물에 젖었을 경우 1/25로 감소
- 발과 신발 사이 1,500Ω
- 신발과 대지 사이 700Ω

인체가 땀에 젖었을 경우 전기저항은 1/12 ~ 1/20로 감소

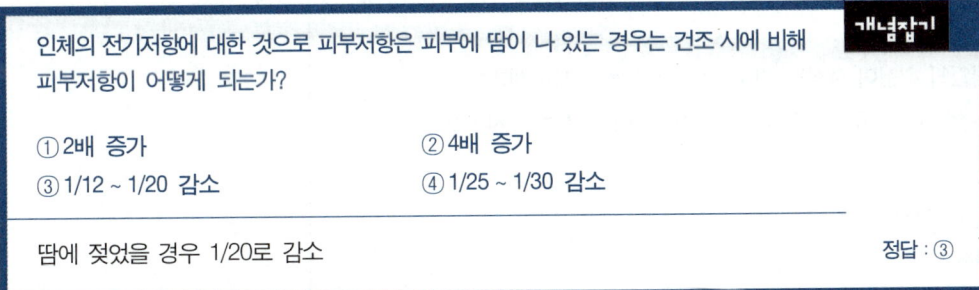

인체의 전기저항에 대한 것으로 피부저항은 피부에 땀이 나 있는 경우는 건조 시에 비해 피부저항이 어떻게 되는가?

① 2배 증가　　② 4배 증가
③ 1/12 ~ 1/20 감소　　④ 1/25 ~ 1/30 감소

땀에 젖었을 경우 1/20로 감소　　정답 : ③

6. 감전에 영향을 주는 요소 ★

6-1 1차적 감전요소

통전전류의 크기, 통전시간, 전원의 종류, 통전경로 등

6-2 2차적 감전요소

인체의 조건(저항), 전압, 계절

인체의 조건은 2차적 감전요소이다.

7. 감전사고 시 응급처치 ★★

- 전기 공급을 차단하거나 사고자를 전원과 분리할 것(직접 만지는 것은 금지)
- 호흡 상태를 확인하여 인공호흡을 실시할 것
- 심폐소생술을 실시할 것
- 신속히 병원으로 후송할 것

03 추락 등에 의한 위험방지

1. 추락사고 방지 대책 ★

- 2m 이상의 작업높이에서는 작업발판을 설치하거나 안전대를 착용한다.
- 안전대 착용 전에 교육과 점검이 필요하며 안전대를 부착할 설비 등을 점검한다.
- 떨어지는 낙하물에 의해 추락위험이 있는 장소에 대해 안전망 설치 등 안전대책을 강구한다.
- 악천후로 인해 작업의 위험이 예상될 경우 즉시 작업을 중지시킨다.
- 안전모와 안전화, 안전대는 규정된 제품을 사용하고 이상 있는 즉시 교체한다.

추락사고 대책이 필요한 높이는 2m 이상

2. 사다리 작업의 안전수칙 ★

- 균열이 있거나 변형된 사다리는 사용을 금지할 것
- 규정 중량 이상의 무거운 물체를 사다리로 옮기지 말 것
- 사다리 주위에 통행이 많아 충돌 위험이 있는 경우는 피하거나 방호막 설치나 감시자를 배치할 것
- 감전위험이 있는 경우 부도체 재질의 사다리를 사용할 것
- 고정식 사다리는 평면에서 90° 이하로 설치하고 상부지점에서 60cm 이상 연장되어야 할 것

사다리 상간은 상부지점의 작업장으로부터 60cm 이상 올라가야 한다.

개념잡기

높은 곳에서 전기작업을 위한 사다리 작업을 할 때 안전을 위하여 절대 사용해서는 안 되는 사다리는?

① 니스(도료)를 칠한 사다리 ② 셸락(shellac)을 칠한 사다리
③ 도전성 있는 금속제 사다리 ④ 미끄럼 방지장치가 있는 사다리

감전위험이 있는 경우 부도체 재질의 사다리를 사용할 것

정답 : ③

04 방호조치

1. 보호구의 종류 ★★★

- 안전모
- 안전대
- 보안면
- 안전화
- 안전장갑
- 방진·방독 마스크
- 방열복

참고

안전대의 세부사항
- 추락을 방지하기 위해 사용
  - 1종(U걸이 전용)
  - 2종(1개걸이 전용)
  - 3종(1개걸이와 U자걸이 공용)
  - 4종(안전블록)
  - 5종(추락방지대)
- 벨트식(B식)
- 안전그네식(H식)

개념잡기

감전과 전기화상을 입을 위험이 있는 작업에서 구비해야 하는 것은?

① 보호구   ② 구명구
③ 운동화   ④ 구급용구

감전 등 재해방지를 위해 보호구를 구비해야 한다. 보호구에는 안전모, 안전장갑 등이 있다.

정답 : ①

2. 안전표시

- 적색 : 정지, 금지
- 황색(노랑) : 주의, 경고
- 황적색 : 위험
- 녹색 : 안전, 진행, 구호
- 청색 : 지시
- 적자색 : 방사능

핵심 KEY

안전보호구의 점검과 관리
- 청결하고 습기가 없는 장소에 보관한다.
- 항상 세척하고 완전건조한다.
- 한 달에 1번 이상 책임감독자가 점검한다.
- 변질가능성이 있는 유기용제 등과 혼합보관하지 않는다.
- 사용 후 재사용이 가능하도록 손질하고 정기적으로 점검을 실시한다.

PART 03

승강기 기계이론

01 승강기 재료의 역학적 성질에 관한 기초
02 승강기 주요 기계요소별 구조와 원리
03 승강기 요소측정 및 시험

CHAPTER 01
승강기 재료의 역학적 성질에 관한 기초

KEYWORD 하중의 종류, 응력의 종류, 변형률, 안전율, 후크의 법칙

01 하중 ★★

1. 하중의 작용 상태에 따른 분류

인장 하중(tensile load)	늘어나게 하려는 하중
압축 하중(compressive load)	누르는 하중
전단 하중(shearing load)	어긋나게 하려는 하중
굽힘 하중(bending load)	구부리게 하려는 하중
비틀림 하중(twisting load)	비틀어지게 하려는 하중

2. 하중의 시간적으로 변화하는 값에 따른 분류

정하중(static load)	시간적으로 변화하지 않아 일정한 값을 가지는 하중
동하중(dynamic load)	• 충격하중 • 반복하중 • 교번하중 • 이동하중

3. 하중의 분포 상태로 분류

집중하중	한 점에 작용하는 하중
분포하중	일정 범위에 일정량이 작용하는 하중

02 응력 ★★★

1. 응력

외력에 대해 반대로 작용하는 저항하는 내력

2. 응력의 종류

인장응력	인장하중에 대한 응력
압축응력	압축하중에 대한 응력
전단응력	전단하중에 대한 응력
굽힘응력	굽힘하중에 대한 응력
비틀림응력	비틀림하중에 대한 응력

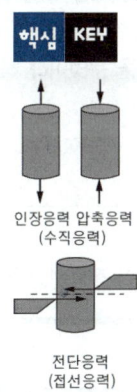

인장응력 압축응력
(수직응력)

전단응력
(접선응력)

3. 응력(σ)

$$\text{단위면적당 내력} = \frac{\text{하중}}{\text{단면적}} (\text{kg/cm}^2)$$

4. 수직응력(σ)

단면에 수직으로 작용하는 응력

5. 전단응력(τ)

단면에 수평으로 작용하는 응력

응력(stress)의 단위는?

① kcal/h ② %
③ kg/cm² ④ kg · cm

응력
물체에 하중이 작용하였을 때, 그 하중에 저항하여 단위면적당 발생한 저항력

정답 : ③

물체에 하중을 작용시키면 물체 내부에 저항력이 생긴다. 이때 생긴 단위면적에 대한 내부 저항력을 무엇이라 하는가?

① 보   ② 하중
③ 응력 ④ 안전율

응력
물체에 하중이 작용하였을 때, 그 하중에 저항하여 단위면적당 발생한 저항력

정답 : ③

다음 중 응력을 가장 크게 받는 것은? (단, 다음 그림은 기둥의 단면 모양이며, 가해지는 하중 및 힘의 방향은 같다)

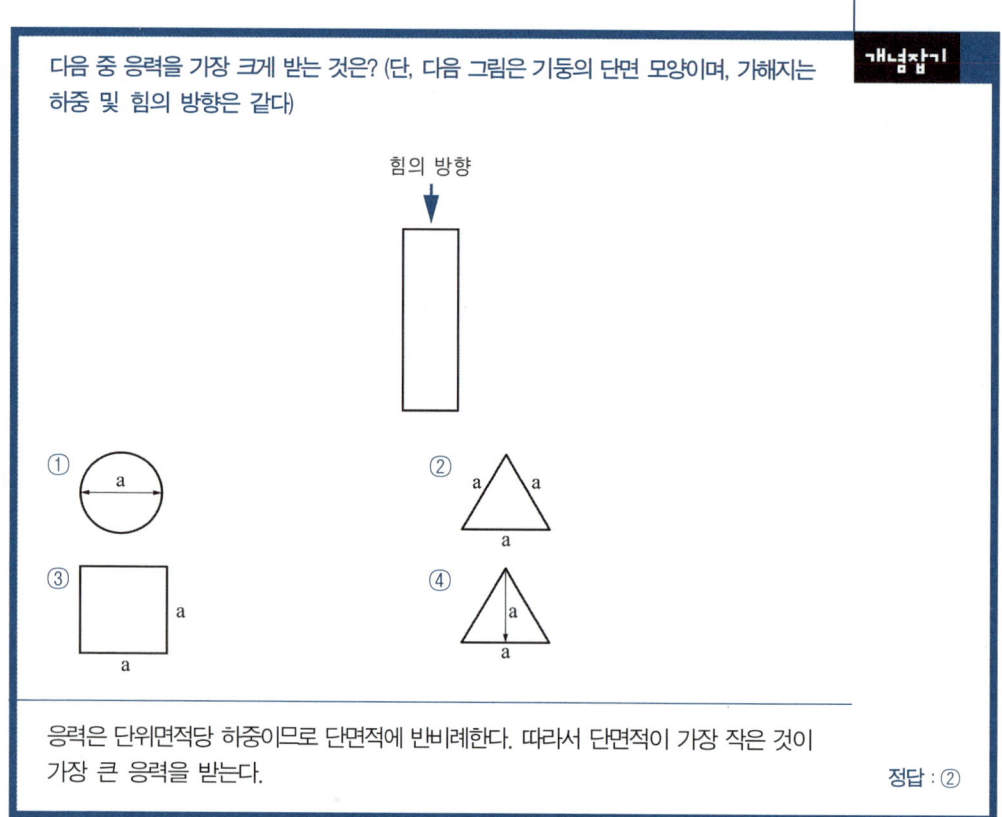

응력은 단위면적당 하중이므로 단면적에 반비례한다. 따라서 단면적이 가장 작은 것이 가장 큰 응력을 받는다.

정답 : ②

03 변형율 ★★

하중에 의해 원래길이에 대해 변형된 길이의 비

$$변형율(\varepsilon) = \frac{변형된\ 길이}{원래의\ 길이}$$

- 가로 변형율, 세로 변형율, 전단 변형율, 체적 변형율이 있다.

핵심 KEY

변형율의 종류
- 가로 변형율
- 세로 변형율
- 전단 변형율
- 체적 변형율

개념잡기

변형량과 원래 치수와의 비를 변형율이라 하는데 다음 중 변형율의 종류가 아닌 것은?

① 가로 변형율　　　　　② 세로 변형율
③ 전단 변형율　　　　　④ 전체 변형율

정답 : ④

개념잡기

높이 50mm의 둥근 봉이 압축하중을 받아 0.004의 변형율이 생겼다고 하면, 이 봉의 높이는 몇 mm인가?

① 49.80　　　　　　　② 49.90
③ 49.98　　　　　　　④ 48.99

$변형율(\varepsilon) = \dfrac{변형된\ 길이}{원래의\ 길이}$ 에서 변형된 길이 = 변형율 × 원래의 길이 = 0.004 × 50 = 0.2mm

따라서 압축하중이므로 줄어들었으니 49.8mm

정답 : ①

04 탄성계수

1. 탄성

하중에 의해 변형된 물체가 하중을 제거하면 원래대로 되돌아가는 성질, 반대로 하중을 제거해도 원래대로 되돌아가지 않는 것을 소성이라고 한다.

2. 훅(Hook)의 법칙 ★★

어느 한도(비례한도) 이내에서는 응력과 이로 인해 생기는 변형율은 비례한다.

$$응력(\sigma) = 탄성계수(E) \times 변형율(\varepsilon)$$

훅(후크)의 법칙

$$탄성계수 = \frac{응력}{변형율}$$

3. 포아송의 비 ★

수직변형력이 가해지면 그 방향의 세로변형과 직각인 가로변형의 비가 포아송의 비이다.

$$포아송의\ 비(\mu) = \frac{가로변형}{세로변형}$$

개념잡기

후크의 법칙을 옳게 설명한 것은?

① 응력과 변형률은 반비례 관계이다.
② 응력과 탄성계수는 반비례 관계이다.
③ 응력과 변형률은 비례 관계이다.
④ 응력과 탄성계수는 비례 관계이다.

후크의 법칙은 비례한도 이내에서 응력과 변형률은 비례한다는 법칙이다.

정답 : ③

05 안전율 ★★

1. 허용응력(allowable stress)

안전상 허용할 수 있는 응력의 최대값

2. 사용응력(working stress)

실제로 발생하는 응력

3. 극한응력(ultimate stress)

재료에 가해진 최대응력

4. 항복응력(yield stress)

재료의 항복점에 이르는 응력

5. 안전율은 재료의 파단강도와 허용응력의 비

$$S(\text{안전율}) = \frac{\text{파단(극한)강도}}{\text{허용응력}}$$

개념잡기

와이어 로프의 사용 하중이 5,000kgf이고, 파괴하중이 25,000kgf일 때 안전율은?

① 2.5 ② 5.0
③ 0.2 ④ 0.5

$$S(\text{안전율}) = \frac{\sigma_s(\text{파단강도})}{\sigma_a(\text{허용응력})} = \frac{25,000}{5,000} = 5$$

정답 : ②

CHAPTER 02
승강기 주요 기계요소별 구조와 원리

KEYWORD 링크기구, 웜기어, 미끄럼베어링, 구름베어링

01 링크기구 ★

1. 링크(Link)기구

- 막대를 핀으로 연결하여 회전할 수 있도록 만든 기구이다.
- 프레임(고정링크), 크랭크(회전운동), 슬라이더(미끄럼운동), 레버(요동운동), 커넥팅로드(크랭크와 원판을 연결) 부분으로 구성된다.

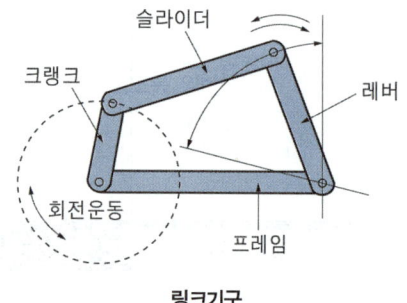

링크기구

2. 특징

- 운동의 마찰손실이 적다.
- 구조가 간단하다.
- 복잡한 운동을 얻을 수 있다.
- 전달하는 힘에 비하여 구조가 경쾌하다.

> **개념잡기**
>
> 다음 설명 중 링크의 특징이 아닌 것은?
>
> ① 경쾌한 운동과 동력의 마찰손실이 크다.
> ② 제작이 용이하다.
> ③ 전동이 매우 확실하다.
> ④ 복잡한 운동을 간단한 장치로 할 수 있다.
>
> 마찰손실은 작다.   정답 : ①

> **개념잡기**
>
> 운동을 전달하는 장치로 옳은 것은?
>
> ① 절이 왕복하는 것을 레버라 한다.
> ② 절이 요동하는 것을 슬라이더라 한다.
> ③ 절이 회전하는 것을 크랭크라 한다.
> ④ 절이 진동하는 것을 캠이라 한다.
>
> 링크기구에 대한 설명
> 링크기구는 프레임(고정링크), 크랭크(회전운동), 슬라이더(미끄럼운동), 레버(요동운동), 커넥팅로드(크랭크와 원판을 연결) 부분으로 구성   정답 : ③

02 캠 ★

1. 캠(cam)

회전운동을 직선운동, 왕복운동, 진동 등으로 변환하는 장치

1-1 평면 캠

판캠, 홈캠, 확동캠, 직동캠 등

1-2 입체 캠

단면캠, 원통캠, 경사판캠, 구면캠, 원뿔캠 등

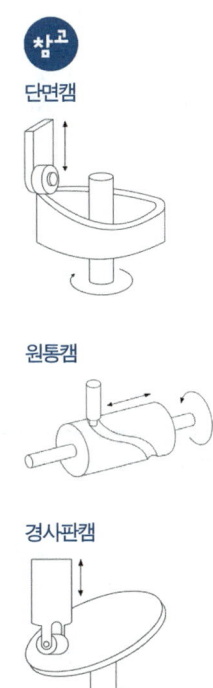

참고
단면캠
원통캠
경사판캠

03 도르래(활차)장치 ★★

1. 단활차 : 도르래 한 개를 사용

1-1 정활차

힘의 방향만 바꾸어 준다.

1-2 동활차

하중을 위로 올리는 경우 1/2의 힘으로 올릴 수 있다.

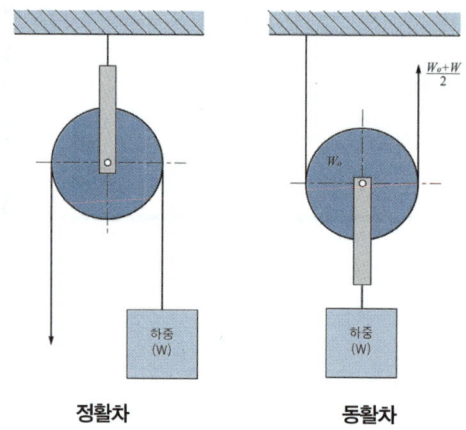

정활차   동활차

1-3 복활차

정활차와 동활차를 조합하여 사용, 작은 힘으로 큰 하중을 들어 올릴 수 있다.

하중(W) = 들어 올리는 힘(P) $\times 2^n$ [n : 동활차의 개수]

핵심 KEY

정활차
고정 도르래

동활차
이동 도르래

개념잡기

복활차에서 하중 W인 물체를 올리기 위해 필요한 힘(P)은? (단, n은 동활차의 수이다)

① $P = W + 2^n$ ② $P = W - 2^n$ ③ $P = W \times 2^n$ ④ $P = \dfrac{W}{2^n}$

하중(W) = 들어 올리는 힘(P)$\times 2^n$ [n : 동활차 개수]이므로 $P = \dfrac{W}{2^n}$

정답 : ④

04 기어

1. 평행축기어

평기어, 헬리컬기어, 내접기어, 랙기어 등

헬리컬기어 ★
- 장점 : 소음, 진동이 적다. 운전이 원활하다. 고속, 대동력전달이 가능하다.
- 단점 : 축방향으로 하중이 생긴다. 제작과 검사가 어렵다.

2. 교차축기어

베벨기어(직선 베벨기어, 헬리컬 베벨기어, 스파이럴 베벨기어, 앵귤러 베벨기어 등), 크라운기어

3. 어긋난축기어

나사기어, 웜기어, 하이포이드기어, 헬리컬 크라운기어 등

웜기어 ★★
- 장점 : 큰 감속비를 얻는다. 부하용량이 크다. 소음과 진동이 적다.
- 단점 : 진입각이 작으면 효율이 낮다. 미끄럼이 크다. 고가이다.

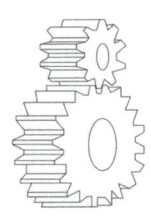  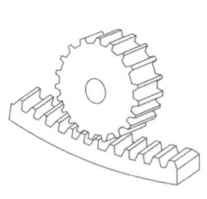 

평기어   헬리컬기어   인터널(내접)기어   웜기어

용어정리

평행축기어
두 축이 서로 평행한 기어

교차축기어
두 축이 서로 만나는 기어

어긋난축기어
두 축이 만나지도 않고 평행하지도 않는 기어

참고
헬리컬기어는 운전이 원활하고 소음, 진동이 적으며 고속이다.

개념잡기

헬리컬기어의 설명으로 적절하지 않은 것은?

① 진동과 소음이 크고 운전이 정숙하지 않다.
② 회전 시에 축압이 생긴다.
③ 스퍼기어보다 가공이 힘들다.
④ 이의 물림이 좋고 연속적으로 접촉한다.

소음과 진동이 작고 운전이 원활하다.

정답 : ①

> **개념잡기**
>
> 웜(Worm)기어의 특징이 아닌 것은?
>
> ① 효율이 좋다. ② 부하용량이 크다.
> ③ 소음과 진동이 적다. ④ 큰 감속비를 얻을 수 있다.
>
> 효율이 낮다. 정답 : ①

4. 기어 각 부분의 명칭

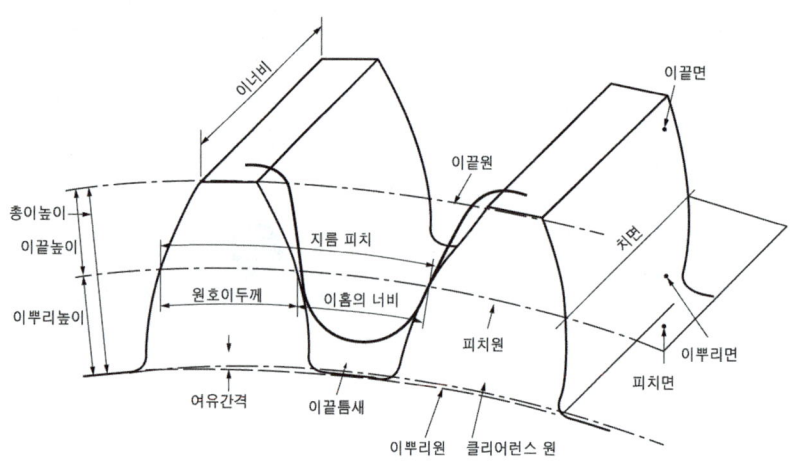

핵심 KEY

기어의 속도비

$$i = \frac{N_1}{N_2} = \frac{Z_2}{Z_1}$$

- N_1 : 입력축 회전속도
- N_2 : 출력축 회전속도
- Z_1 : 입력축 잇 수
- Z_2 : 출력축 잇 수

기어의 중심거리

$$a = \frac{D_1 + D_2}{2} = \frac{mZ_1 + mZ_2}{2}$$
$$= \frac{m(Z_1 + Z_2)}{2}$$

4-1 원주 피치

피치원의 둘레를 잇 수로 나눈 값

$$P = \frac{\pi D}{Z} (\text{mm}) \qquad \begin{bmatrix} D : \text{피치원의 지름} \\ Z : \text{잇 수} \end{bmatrix}$$

4-2 모듈

피치원의 지름을 잇 수로 나눈 값(이끝 높이, 이뿌리 높이 등을 결정)

$$m = \frac{D}{Z} = \frac{P}{\pi} (\text{mm}) \qquad \begin{bmatrix} D : \text{피치원의 지름} \\ Z : \text{잇 수} \end{bmatrix}$$

4-3 지름 피치

잇 수를 피치원의 지름으로 나눈 값(모듈의 역수)

$$P_d = \frac{Z}{D} (\text{mm}) \qquad \begin{bmatrix} D : \text{피치원의 지름} \\ Z : \text{잇 수} \end{bmatrix}$$

05 베어링 ★

1. 축과 베어링의 접촉에 따른 베어링 분류

1-1 미끄럼 베어링(sliding bearing)

특징

구조가 간단하고 가격이 저렴하며 소음이 적고 저속이며 큰 하중과 충격에 강하다. 마찰이 크며 윤활유 공급이 많이 필요하다.

1-2 구름 베어링(rolling bearing)

특징

마찰이 적고 소형, 경량화가 가능하며 고속이고 보수, 점검이 용이하다. 가격은 비싸고 소음이 크며 충격에 약하다.

2. 작용하중의 방향에 따른 베어링 분류

- 레이디얼 베어링(radial bearing)
- 스러스트 베어링(thrust bearing)
- 테이퍼 베어링(taper bearing)

미끄럼 베어링
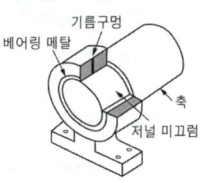

구름 베어링

레이디얼 베어링
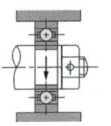

스러스트 베어링
- 피봇 베어링
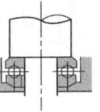

테이퍼 베어링
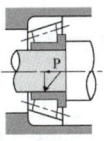

회전하는 축을 지지하고 원활한 회전을 유지하도록 하며, 축에 작용하는 하중 및 축의 자중에 의한 마찰저항을 가능한 적게 하도록 하는 기계요소는?

① 클러치   ② 베어링
③ 커플링   ④ 스프링

베어링은 회전하는 축과의 마찰을 줄이기 위한 것으로 구름 베어링과 미끄럼 베어링이 있다.   정답 : ②

> **구름 베어링의 특징에 관한 설명으로 틀린 것은?**
>
> ① 고속회전이 가능하다. ② 마찰저항이 작다.
> ③ 설치가 까다롭다. ④ 충격에 강하다.
>
> 충격에 강한 것은 미끄럼 베어링이다.   정답 : ④

06 결합용 기계요소

1. 나사(screw)

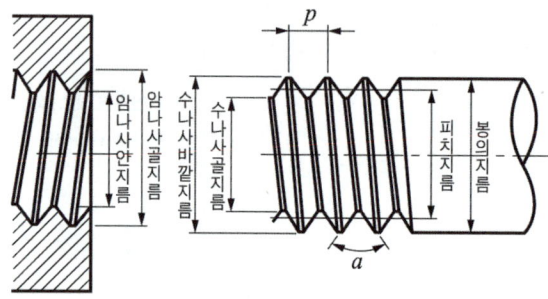

나사의 명칭

1-1 줄수에 따른 분류

한줄 나사	한줄의 나사산으로 구성, 체결시간이 걸리나 확실한 고정이 가능하다.
다줄 나사	두줄 이상의 나사산으로 구성, 2줄나사, 3줄나사 등, 체결이 용이하나 풀리기 쉽다.

1-2 감긴 방향에 따른 분류

오른나사	시계방향으로 돌려 앞으로 나가게 하는 나사로 일반용 나사이다.
왼나사	반시계방향으로 돌려 앞으로 나가게 하는 나사로 회전축이나 턴버클 등 특별한 용도용 나사이다.

1-3 나사산의 위치에 따른 분류

암나사	원통의 안쪽에 나사산을 만듦, 너트(nut)라고도 한다.
수나사	원통의 바깥쪽에 나사산을 만듦, 볼트(bolt)라고도 한다.

1-4 용도에 따른 분류

삼각나사	나사산의 단면이 삼각형에 가까운 나사로 일반 체결용 나사이다.
사각나사	나사산의 단면이 사각형에 가까운 나사로 힘의 전달용으로 나사 잭이나 나사 프레스 등에 사용된다.
사다리꼴나사	나사산의 단면이 사다리꼴에 가까운 나사로 운동 전달용으로 공작기계의 이송나사 등에 사용된다.
톱니나사	삼각나사와 사각나사의 장점을 혼용한 나사로, 한쪽 방향으로만 큰 힘을 전달, 바이스, 프레스 등에 사용된다.
둥근나사	먼지나 이물질이 들어가기 쉬운 전구의 나사로 사용된다.

나사의 종류

삼각나사 / 사각나사 / 사다리꼴나사 / 톱니나사 / 둥근나사

개념잡기

기계요소 설계 시 일반 체결용에 주로 사용되는 나사는?

① 삼각나사　　　　② 사각나사
③ 톱니나사　　　　④ 사다리꼴나사

- 삼각나사 : 일반 체결용
- 사각나사 : 힘의 전달용
- 톱니나사 : 한 쪽 방향으로만 큰 힘을 전달
- 사다리꼴나사 : 운동 전달용

정답 : ①

---

2. 와셔

- 나사나 너트의 풀림을 방지하는 용도로 사용된다.
- 진동이 심한 곳에서 사용하는 스프링와셔도 있다.
- 둥근와셔, 사각와셔, 스프링와셔, 클로와셔, 혀붙이와셔, 로크와셔 등이 있다.

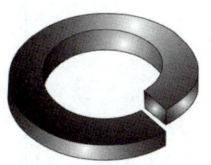

스프링와셔

3. 키 ★

축에 기어, 풀리, 커플링 등의 회전체를 고정시켜 축과 회전체를 일체로 하여 회전을 전달하는 요소이다.

3-1 키의 종류

안장 키	보스에만 키 홈을 가공, 마찰력으로 회전전달, 큰 힘의 전달에는 곤란하다.
평키	안장 키보다 힘 전달이 가능, 주로 작은 힘 전달에 사용된다.
묻힘 키	축과 보스에 모두 키 홈을 가공, 가장 널리 사용, 평행 키와 때려 박음 키가 있다.
반달 키	홈이 깊게 파여 축이 약해지는 단점이 있으나 축과 보스 연결 시 자동적으로 자리를 잡는다.
접선 키	2개의 키를 한 쌍으로 한다. 큰 토크의 회전이나 급격한 속도변화에 적합하다.
라운드 키	핀 키라고도 하며 회전력의 전달과 동시에 보스를 축 방향으로 이동시킬 필요가 있을 때 사용된다.
스플라인	축의 둘레에 4~20개의 키를 붙인 것으로 큰 힘의 전달 및 내구력이 좋다.

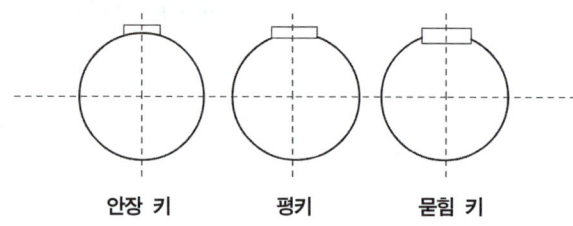

안장 키   평키   묻힘 키

개념잡기

기어, 풀리, 플라이휠을 고정시켜 회전력을 전달시키는 기계요소는?

① 키   ② 와셔
③ 베어링   ④ 클러치

키(Key)는 축에 기어, 풀리, 커플링 등의 회전체를 고정시켜 축과 회전체를 일체로 하여 회전을 전달하는 결합용 기계요소이다.

정답 : ①

4. 핀

핀은 2개 이상의 부품의 결합, 나사의 풀림방지, 분해조립부품의 위치결정 등에 사용된다.

4-1 핀의 종류

평행 핀	2개의 부품의 위치를 일정하게 할 때 사용된다.
테이퍼 핀	원추모양으로 회전용보다는 하중이 적은 핸들 등을 고정시킬 때 사용된다.
분할 핀	두 갈래로 갈라지며 너트의 풀림방지 등에 사용된다.
스프링 핀	속이 빈 핀이 축 방향으로 갈라져 있어 구멍 크기가 일정치 않아도 해머로 때려 박아서 탄성을 이용하여 고정시키는 편이다.

평행 핀　　　　**테이퍼 핀**　　　　**분할 핀**

CHAPTER 03
승강기 요소측정 및 시험

KEYWORD 버니어캘리퍼스, 마이크로미터, 전압계와 전류계, 배율기와 분류기, 메거

01 버니어캘리퍼스 ★

1. 용도

깊이, 내경, 외경

2. 측정범위

0.05mm(1/20mm)까지 측정가능

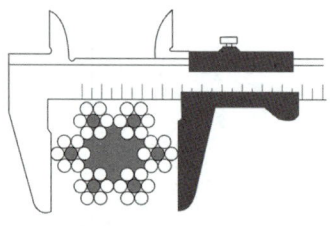

와이어 로프의 직경측정

핵심 KEY

버니어캘리퍼스의 종류
- M1형 : 슬라이더가 홈형으로 내, 외측용 턱 및 주동이가 있다.
- M2형 : M1형에 슬라이더 미동이송 장치가 부착되어 있다.
- CM형 : 슬라이더가 홈형으로, 턱의 선단으로 내측 측정도 가능하고 미동장치에 의해 치수조정이 가능하다.
- CB형 : 브라운샤프트형이라고도 하며, 슬라이더가 상형으로 이송바퀴에 의해 슬라이더를 이송시킬 수 있다.
- C형 : CM형에서 미동장치를 뺀 것이다.

개념잡기

버니어캘리퍼스를 사용하여 와이어 로프의 직경 측정방법으로 알맞은 것은?

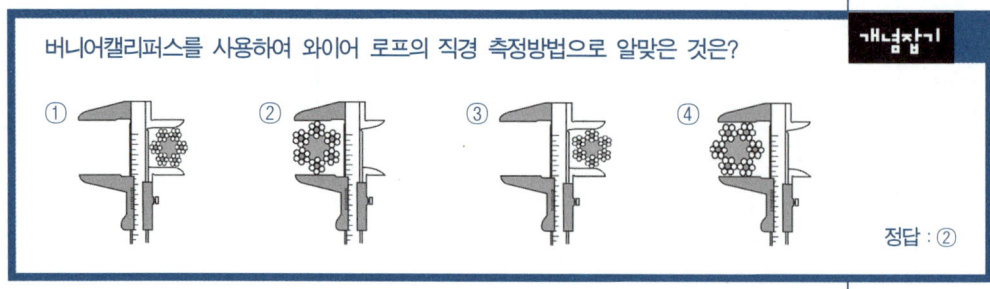

정답 : ②

02 마이크로미터 ★

1. 용도

깊이, 내경, 외경

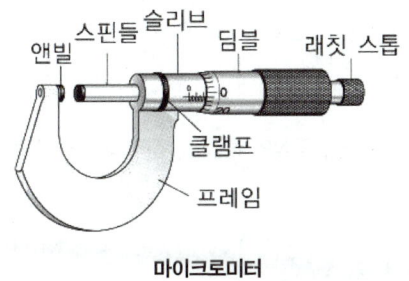
마이크로미터

2. 측정범위

0.01mm(1/100mm)까지 측정가능

03 하이트게이지

1. 용도

높이, 금긋기

2. 특징

버니어캘리퍼스를 세로로 사용하여 높이를 측정

하이트게이지

> **참고**
> 공작물에 금긋기
> 하이트게이지, 서피스게이지

3. 측정범위

어미자의 최소눈금은 0.5mm이고 읽을 수 있는 최소눈금은 0.02mm

04 다이얼게이지(다이얼인디케이터) ★

1. 용도

직접 길이를 측정하지 않고 비교측정, 평면의 요철, 중심의 흔들림, 직각의 흔들림 등을 검사

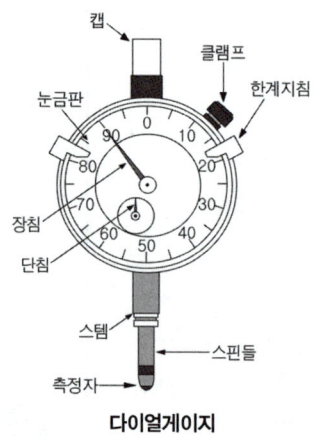

다이얼게이지

개념잡기

일감의 평행도, 원통의 진원도, 회전체의 흔들림 정도 등을 측정할 때 사용하는 측정기기는?

① 버니어캘리퍼스 ② 하이트게이지
③ 마이크로미터 ④ 다이얼게이지

다이얼게이지
직접 길이를 측정하지 않고 비교측정, 평면의 요철, 중심의 흔들림, 직각의 흔들림 등을 검사

정답 : ④

05 전기요소 계측 및 원리

1. 전압계 ★★

- 전압을 측정하는 계측기
- 회로에 병렬로 연결하여 측정

핵심 KEY
- 전압계(병렬) - 배율기(직렬)
- 전류계(직렬) - 분류기(병렬)

2. 전류계

- 전류를 측정하는 계측기
- 회로에 직렬로 연결하여 측정

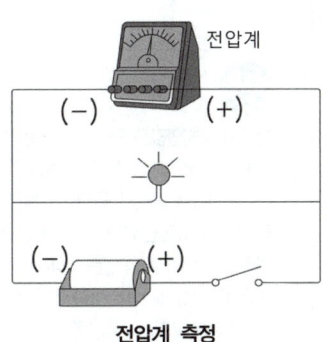
전압계 측정

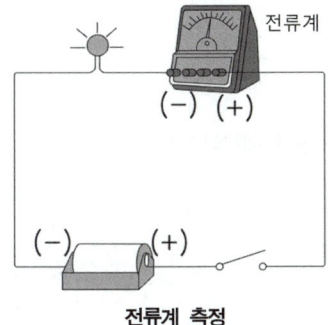
전류계 측정

개념잡기

다음 중 전압계에 대한 설명으로 옳은 것은?

① 부하와 병렬로 연결한다.   ② 부하와 직렬로 연결한다.
③ 전압계는 극성이 없다.   ④ 교류 전압계에는 극성이 있다.

전압계는 부하와 병렬로, 전류계는 부하와 직렬로 연결한다.   정답 : ①

3. 배율기 ★

전압계에 직렬로 접속되어 전압의 측정범위를 확대한다.

배율기의 배율

$$1 + \frac{R}{R_0} \qquad \begin{bmatrix} R : \text{배율기의 저항} \\ R_0 : \text{전압계 내부저항} \end{bmatrix}$$

배율기의 저항값은 구하고자 하는 배수에서 1을 뺀 배수만큼 전압계 내부저항값에 곱해서 구한다. 예를 들면 전압계의 측정범위보다 10배를 측정하려면 배율기 저항값은 10배-1 =9배이므로 전압계 내부저항값의 9배 저항을 배율기로 사용한다.

전압계의 측정범위를 7배로 하려 할 때 배율기의 저항은 전압계 내부저항의 몇 배로 하여야 하는가?

① 7   ② 6
③ 5   ④ 4

정답 : ②

4. 분류기

전류계에 병렬로 접속되어 전류의 측정범위를 확대한다.

분류기의 배율

$$1 + \frac{R_0}{R} \qquad \begin{bmatrix} R : \text{분류기의 저항} \\ R_0 : \text{전류계 내부저항} \end{bmatrix}$$

분류기의 저항값은 구하고자 하는 배수에서 1을 뺀 배수의 역수만큼 전류계 내부저항값을 곱해서 구한다. 예를 들면 전류계의 측정범위보다 10배를 측정하려면 분류기 저항값은 10배-1 = 9배이므로 전류계 내부저항값의 1/9배 저항을 분류기로 사용한다.

5. 절연저항계(메거) ★★

고저항 측정기로 누전 등의 사고를 미리 예방하기 위해 절연정도를 확인, 기기의 충전부와 외함, 전로와 대지, 전로와 전로 간의 절연저항을 측정한다.

공칭 회로 전압(V)	시험 전압/직류(V)	절연저항(MΩ)
SELV[1] 및 PELV[2] > 100VA	250	≥ 0.5
≤ 500 FELV[3] 포함	500	≥ 1.0
> 500	1,000	≥ 1.0

1) SELV : 안전 초저압(Safety Extra Low Voltage)
2) PELV : 보호 초저압(Protective Extra Low Voltage)
3) FELV : 기능 초저압(Functional Extra Low Voltage)

고저항 측정 = 절연저항 측정

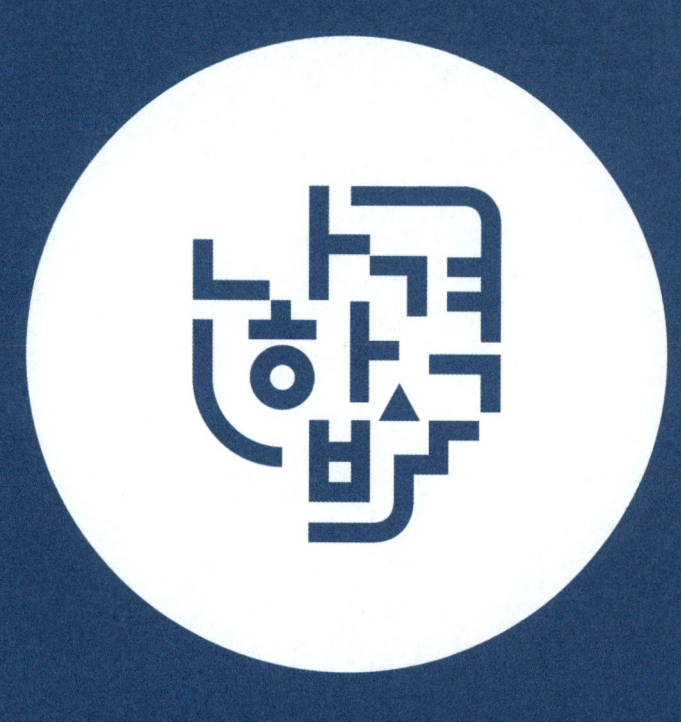

PART 04

승강기 전기이론

01 승강기 동력원의 기초전기
02 승강기 구동기계 기구 작동 및 원리
03 승강기 제어 및 제어시스템의 원리 및 구성

CHAPTER 01
승강기 동력원의 기초전기

KEYWORD 전하, 전기력선, 콘덴서, 옴의 법칙, 전력, 최대전력조건과 최대전력, 임피던스, 자기장의 세기, 축적되는 에너지, 플레밍의 왼손법칙, 플레밍의 오른손법칙, 패러데이의 전자유도법칙

01 정전기와 콘덴서

1. 대전

두 종류의 물체를 마찰시키면 한쪽에는 (+)전기, 다른 한쪽에는 (-)전기가 생기는 현상으로 두 물체가 서로 당기는 힘이 생긴다. 예를 들면 옷에 책받침을 비비면 옷과 책받침이 대전되어 정전기가 발생하는 현상이다.

2. 정전유도

대전이 되지 않은 비대전체에 대전된 대전체를 가까이 접근시키면 비대전체가 대전되어 대전체가 되는 현상이다. 예를 들면 대전된 책받침을 머리에 대면 머리카락이 달라붙는 현상이다.

휴대폰 배터리 용량
3,000mAh = 3A × 1h
= 3A × 3,600s
= 10,800As
= 10,800C으로
전하량 Q의 값이 된다.

3. 전하 ★

- 전기를 가진 가장 작은 입자이다.
- 전하량의 기호는 Q이고 단위는 C에 "쿨롱"이라고 한다.
- $Q = I \times t$ 로 전류(I)×시간(t)으로 표시된다.

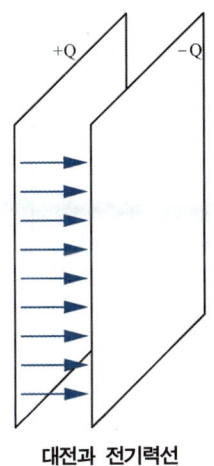

대전과 전기력선

4. 전기력선의 성질 ★

- 전기력선은 양(+)전하에서 나와 음(-)전하에서 끝난다.
- 전기력선의 접선방향이 전장의 방향이다.
- 전기력선은 도중에 만나거나 끊어지지 않는다.
- 전기력선은 서로 간에 교차하지 않는다.
- 전기력선은 표면과 등전위면에 수직이다. 따라서 표면이 곧 등전위면이 된다.
- 전기력선의 밀도는 전기장의 크기를 나타낸다.
- 대전 도체의 내부의 전기력선은 0이다(전기장도 0이 된다).
- 전기력선은 불연속이다.

전기력선은 가상의 선이다.

전기력선의 밀도 = 전기장의 크기
$\int E dS = \dfrac{Q}{\varepsilon}$

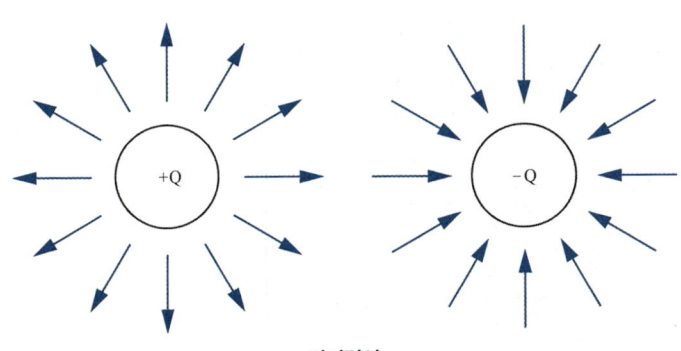

전기력선

5. 가우스의 정리 ★

- 임의의 폐곡면 내의 전체 전하량 Q C가 있을 때 이 폐곡면을 통해서 나오는 전기력선의 총수는 $\dfrac{Q}{\varepsilon}$ 개이다.

- 진공이나 공기중이면 $=\dfrac{Q}{\varepsilon_0}$ 개

ε_0
진공의 유전율

6. 유전율

$$\varepsilon = \varepsilon_0 \times \varepsilon_s$$

- $\varepsilon_0 = 8.855 \times 10^{-12}$ (F/m)
- ε_s : 비유전율, 즉, 진공보다 몇 배인지를 나타낸다.
- 유전율이 큰 순서 : 산화티탄 > 물 > 운모 > 유리 > 고무
- 유전체는 대부분 절연체에 해당된다.

7. 쿨롱의 법칙

① 두 전하 사이의 작용하는 힘의 크기는 두 전하의 곱에 비례하고 두 전하 사이의 거리의 제곱에 반비례한다.

$$F = \dfrac{Q_1 Q_2}{4\pi r^2 \varepsilon} = 9 \times 10^9 \times \dfrac{Q_1 Q_2}{r^2} \text{ (N)}$$

② 전기장의 세기

$$E = \dfrac{Q}{4\pi r^2 \varepsilon_0} = 9 \times 10^9 \times \dfrac{Q}{r^2} \text{ (V/m)}$$

③ 전위

$$V = \dfrac{Q}{4\pi r \varepsilon_0} = 9 \times 10^9 \times \dfrac{Q}{r} \text{ (V)}$$

④ 위의 ①과 ②에 의해서

$$F = Q \times E$$

⑤ 위의 ②와 ③에 의해서

$$V = E \times r$$

쿨롱의 힘에서 Q_2를 1로 바꾸면 전기장의 세기와 같은 식이 된다. 따라서 전기장의 세기를 "단위정전하에 작용하는 힘과 같다"고 표현할 수 있다.

8. 전속밀도

$$D = \frac{Q}{A} = \varepsilon E (\text{C/m}^2)$$

핵심 KEY

전속밀도는 단위면적당 전속의 양으로 전속 QC을 면적 $A\text{m}^2$으로 나눈 것

개념잡기

Q(C)의 전하에서 나오는 전기력선의 총수는?

① Q
② $\varepsilon \cdot Q$
③ $\frac{\varepsilon}{Q}$
④ $\frac{Q}{\varepsilon}$

임의의 폐곡면 내의 전체 전하량 Q(C)가 있을 때 이 폐곡면을 통해서 나오는 전기력선의 총수는 $\frac{Q}{\varepsilon}$ 개다.

정답 : ④

02 콘덴서 ★★

1. 콘덴서

- 두 장의 평판 사이에 절연체를 끼워 넣고 양쪽에 전압을 가하면 양 극판 사이에 전하가 축적되는 전기소자, 콘덴서, 캐패시터
- 콘덴서에 모이는 전기량은 $Q = CV$

정전용량 $C = \frac{Q}{V} = \frac{\varepsilon A}{d}$ (F)

$\begin{bmatrix} A : 단면적 \\ d : 극판 사이 거리 \\ \varepsilon : 유전율 \end{bmatrix}$

- 정전용량 C(F, 패럿) : 전기를 얼마나 모을 수 있는지를 나타내는 상수, 클수록 전기를 많이 모을 수 있다. 캐패시턴스(Capacitance)라고도 한다.

2. 콘덴서 종류

전해콘덴서

극성이 있다. 전기분해로 금속의 표면에 산화피막을 만들어 이것을 유전체로 사용, 극성 때문에 보통 직류에 사용된다.

마이카콘덴서

표준콘덴서, 운모를 유전체로 사용된다.

마일러콘덴서

얇은 폴리에스테르 필름을 유전체로 사용된다.

세라믹콘덴서

비유전율이 큰 산화티탄 등을 유전체로 사용한 것으로 극성이 없으며 가격에 비해 성능이 우수하여 널리 사용된다.

바리콘

가변콘덴서, 정전용량을 조절할 수 있다.

전해콘덴서

마일러콘덴서

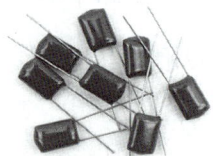

가변콘덴서

평행판 콘덴서에 있어서 판의 면적을 동일하게 하고 정전용량은 반으로 줄이려면 판 사이의 거리는 어떻게 하여야 하는가?

① 1/4로 줄인다. ② 반으로 줄인다.
③ 2배로 늘린다. ④ 4배로 늘린다.

평행판 콘덴서의 정전용량

$C = \dfrac{Q}{V} = \dfrac{\varepsilon A}{d}$ (F)에서 정전용량은 거리에 반비례하므로 2배로 하면 된다.

- $A(m^2)$: 단면적
- $d(m)$: 극판 사이의 거리
- $\varepsilon(F/m)$: 유전율

정답 : ③

3. 콘덴서의 직렬접속 시 합성 정전용량

콘덴서의 직렬 = 저항의 병렬 접속과 계산법이 유사하다.

$$\frac{1}{C} = \frac{1}{C_1} + \frac{1}{C_2} + \cdots$$

$$C = \frac{C_1 \times C_2}{C_1 + C_2}$$

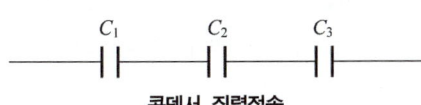
콘덴서 직렬접속

같은 수 n개면 $C = \frac{C_1}{n}$

직렬이므로 Q 일정, V 변화

한 개의 C_1콘덴서에 걸리는 전압을 V_1이라 하면 $V_1 = \frac{C_2}{C_1 + C_2} V$(더해서 남의 것)

핵심 KEY

저항의 병렬

$$\frac{1}{R} = \frac{1}{R_1} + \frac{1}{R_2} + \cdots$$
$$= \frac{1}{\frac{1}{R_1} + \frac{1}{R_2} + \cdots}$$

같은 저항 R_1이 n개이면 $R = \frac{R_1}{n}$

만약 2개의 저항이 있으면

$$R = \frac{R_1 \times R_2}{R_1 + R_2}$$

저항의 직렬

$R = R_1 + R_2 + \cdots$

같은 저항 R_1이 n개이면 $R = nR_1$

4. 콘덴서의 병렬접속 시 합성 정전용량

콘덴서의 병렬 = 저항의 직렬 접속과 계산법이 유사하다.

$C = C_1 + C_2 + C_3 + \cdots$

같은 수 n개면 $C = nC_1$

병렬이므로 V 일정, Q 변화

한 개의 C_1콘덴서에 걸리는 전하량을

Q_1이라 하면 $Q_1 = \frac{C_1}{C_1 + C_2} Q$(더해서 자기 것)

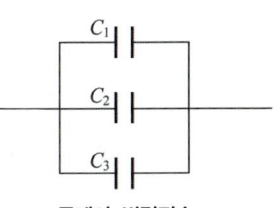
콘덴서 병렬접속

개념잡기

정전용량이 같은 두 개의 콘덴서를 병렬로 접속하였을 때의 합성용량은 직렬로 접속하였을 때의 몇 배인가?

① 2　　　　　　　　② 4
③ 1/2　　　　　　　④ 1/4

저항과 콘덴서의 직렬과 병렬의 용량차이는 항상 n^2배이다(n : 개수). 따라서 2개이므로 $2^2 = 4$가 되며 저항은 직렬이 크지만 콘덴서는 병렬이 크므로 병렬이 4배 크다.

정답 : ②

03 콘덴서에 축적되는 에너지

콘덴서는 전하를 저장하고 방출하는 과정에서 에너지를 저장하게 된다. 특히, 교류회로와 직류회로에서 콘덴서는 전압 안정화, 파형조절, 그리고 신호 필터링과 같은 다양한 응용에 활용된다.

$$W(J) = \frac{1}{2}CV^2 = \frac{1}{2}QV = \frac{1}{2}\frac{Q^2}{C}$$

04 직류회로 및 교류회로

1. 전자의 전하량 ★

전자 1개의 전하량

$e = 1.602 \times 10^{-19}$C

전자 1개의 질량

$m = 9.109 \times 10^{-31}$kg

자유전자

자유로이 이동할 수 있는 전자

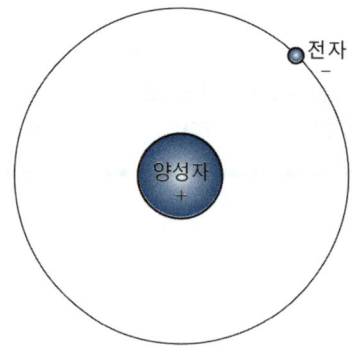

2. 전류

- 자유전자의 이동으로 +극에서 -극으로 흘러가는 것을 전류라 하고 전류 $I(A)=\dfrac{Q}{t}$이다. 단, 전자는 -극에서 +극으로 이동한다.
- 단위시간에 1C의 전하가 이동하면 1(A, 암페어)가 된다.

핵심 KEY

전류

$I=\dfrac{Q}{t}$를 $Q=I \cdot t(A \cdot s)$로 외워도 된다.

3. 전압

- 전위차라고도 하며 전압 $V(V)=\dfrac{W}{Q}$(J/C)로 단위전하가 이동하면서 1J의 일을 하였다면 1(V, 볼트)가 된다.
- 지속적으로 전위차를 일으키는 힘을 기전력이라고 하며 주로 발전기와 전지에 사용된다.

핵심 KEY

전압

$V=\dfrac{W}{Q}$를 $W=QV$로 외워도 된다.

4. 저항 ★★

저항 R(Ω, 옴)
전류를 흐름을 방해하는 것으로 전류에 반비례한다.

옴의 법칙

$$I=\dfrac{V}{R}, \quad V=IR$$

$$R=\rho\dfrac{\ell}{A}=\rho\dfrac{\ell}{\pi r^2}=\rho\dfrac{\ell}{\pi\dfrac{D^2}{4}}$$

$\begin{bmatrix} A : 단면적 \\ r : 반지름 \\ D : 지름 \\ \ell : 길이 \\ \rho : 고유저항 \end{bmatrix}$

참고

옴의 법칙

전류는 전압에 비례하고 저항에는 반비례한다.

개념잡기

전선의 길이를 고르게 2배로 늘리면 단면적은 1/2로 된다. 이때의 저항은 처음의 몇 배가 되는가?

① 4배　　　　　　② 3배
③ 2배　　　　　　④ 1.5배

$R=\rho\dfrac{\ell}{A} \rightarrow \rho\dfrac{2\ell}{\dfrac{1}{2}A}=4\times\rho\dfrac{\ell}{A}(\Omega)$

정답 : ①

5. 컨덕턴스

- 저항의 역수이며 주로 병렬에서 저항대신 계산에 사용된다. $G = \dfrac{1}{R}$

- 컨덕턴스 G(1/Ω)(℧, 모(mho))(S, 지멘스) $= \dfrac{1}{R}$

6. 키르히호프의 법칙 ★

6-1 제1법칙

전류의 법칙, 어느 한 점 P를 기준으로 흘러들어오는 전류와 흘러나가는 전류를 비교하여 총유입 전류량과 총유출 전류량이 같다는 법칙. 열린회로(개회로)로 구성되어 있다.

6-2 제2법칙

전압(강하)의 법칙, 여러 저항이 있는 회로에서 전류의 흐름에 따른 기전력과 전압강하의 비교 시 기전력의 총합은 전체 전압강하의 총합과 같다는 법칙. 닫힌회로(폐회로)로 구성되어 있다.

컨덕턴스
저항의 역수

도전율
고유저항의 역수

개회로
열린회로

폐회로
닫힌회로

제1법칙
P점을 기준으로 하면

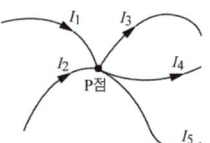

$I_1 + I_2 = I_3 + I_4 + I_5$
유입전류량 = 유출전류량

"회로망에서 임의의 접속점에 흘러 들어오고 흘러 나가는 전류의 대수합은 0이다."라는 법칙은?

① 키르히호프의 법칙   ② 가우스의 법칙
③ 줄의 법칙   ④ 쿨롱의 법칙

키르히호프의 제1법칙(전류 법칙)
회로 내에서 어느 한 접속점에서 유입되는 전류와 유출되는 전류의 대수합은 '0'이다.
= 유입전류량과 유출전류량은 같다.

정답 : ①

7. 전지 n개 직렬연결 시의 합성값

전체 기전력

$$E = ne$$

전체저항

$$R = nr + R_0$$

전류

$$I = \dfrac{ne}{nr + R_0}$$

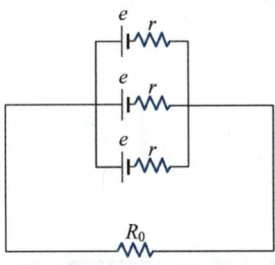

전지 직렬접속

만일 R_0이 없는 단락상태라면 $\dfrac{ne}{nr} = \dfrac{e}{r}$ (전지 1개의 전류=용량불변)

8. 전지 n개 병렬연결 시의 합성값

전체 기전력

$$E = e$$

전체저항

$$R = \dfrac{r}{n} + R_0$$

전류

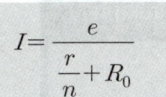

$$I = \dfrac{e}{\dfrac{r}{n} + R_0}$$

전지 병렬접속

만일 R_0이 없는 단락상태라면 $\dfrac{e}{\frac{r}{n}} = n\dfrac{e}{r}$ (전지 1개의 n배 전류 = 용량 n배)

- e : 전지 1개의 기전력(V)
- r : 전지 1개의 내부저항(Ω)

직렬로 접속 시
전압 n배, 용량불변

병렬로 접속 시
전압불변, 용량 n배

> 동일 규격의 축전지 2개를 병렬로 접속하면 전압과 용량의 관계는 어떻게 되는가? **개념잡기**
>
> ① 전압과 용량이 모두 반으로 줄어든다.
> ② 전압과 용량이 모두 2배가 된다.
> ③ 전압은 반으로 줄고 용량은 2배가 된다.
> ④ 전압은 변하지 않고 용량은 2배가 된다.
>
> 병렬은 전압이 일정하고 전류가 변하므로 전압은 변하지 않고 용량이 개수만큼 증가한다. 반면 직렬은 전류가 일정하고 전압이 변하므로 직렬로 연결하면 용량은 변하지 않고 전압이 개수만큼 증가한다.
>
> 정답 : ④

9. 직류전력, 최대전력조건 ★★

전력

$$P = \frac{W}{t} = VI = I^2 R = \frac{V^2}{R} \text{ (W, 와트)}$$

최대전력조건

$$r = R \text{ (내부저항=외부저항)}$$

최대전력

$$P_{\max} = \frac{1}{4} \frac{V^2}{r}$$

참고

- 전력 $P(W) = \dfrac{W}{t}$ (J/s)로 단위시간 당의 에너지이다.
- 에너지 $W = Pt$ (Ws) 전력에 시간을 곱하면 에너지가 된다. 따라서 전기고지서를 보면 1kWh = 3,600,000Ws = 3,600,000J이 된다.

> 100V를 인가하여 전기량 30C을 이동시키는데 5초 걸렸다. 이때의 전력(kW)은? **개념잡기**
>
> ① 0.3   ② 0.6
> ③ 1.5   ④ 3
>
> $W = V \cdot Q = 100 \times 30 = 3{,}000 \text{J}, \quad P = \dfrac{W}{t} = \dfrac{3{,}000}{5} = 600\text{W} = 0.6\text{kW}$
>
> 정답 : ②

10. 주기와 주파수

주기 T(sec)

1 싸이클의 시간

주파수 f(Hz)

1초 동안의 사이클 수

$$T = \frac{1}{f}, \quad f = \frac{1}{T}$$

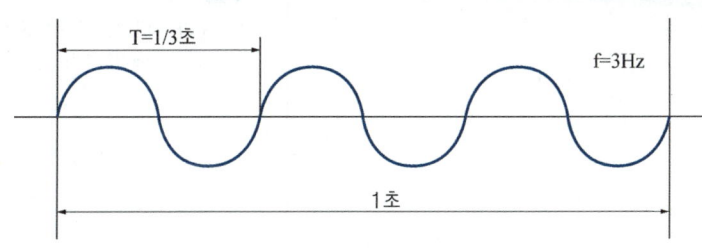

주기와 주파수

주파수는 주로 교류에만 존재하고 직류에는 없다.

11. 각속도 ω(rad/sec)

- $\omega = \dfrac{\theta}{t} \to$ 1바퀴 돌리면 $\to \dfrac{2\pi}{T} = 2\pi f$
- $\omega = 2\pi f$

핵심 KEY

각속도 $\omega = \dfrac{\theta}{t}$ 에서 $\omega t = \theta$ 이므로 $\sin\theta = \sin\omega t = \sin 2\pi f t$ 가 된다.

12. 속도 v(m/s)

$$v = \frac{\ell}{t} = \frac{\ell}{t}\frac{r}{r} = \frac{\ell}{rt}r = \frac{\theta}{t}r = \omega r$$
$$= 2\pi f r = \pi D f = \pi D n = \pi D \frac{N}{60}$$

$\begin{bmatrix} D : \text{원지름} \\ n : \text{초당회전수(rps)} \\ N : \text{분당회전수(rpm)} \end{bmatrix}$

13. 순시값과 위상

13-1 순시값

교류의 순간순간의 값을 정현파 그래프로 나타낸 값이다.

$$v = V_m\sin(\omega t) = V_m\sin(377t), \quad i = I_m\sin(\omega t) = I_m\sin(377t)$$

13-2 위상

앞서는 경우

$$v = V_m\sin(\omega t + \theta) = V_m\sin(377t + \theta)$$

뒤지는 경우

$$v = V_m\sin(\omega t - \theta) = V_m\sin(377t - \theta)$$

순시값

$v = V_m\sin\omega t$ 에서 V_m은 전압의 최대값을 말한다. 마찬가지로 I_m은 전류의 최대값을 말한다.

주파수가 60Hz인 경우 순시값은 $\sin 120\pi t = \sin 377t$가 된다.

14. 최대값, 평균값, 실효값

평균값

순시값 파형을 적분하여 면적을 구한 값

실효값

파형	정현파	삼각파	구형파
실효값	$\dfrac{V_m}{\sqrt{2}}$	$\dfrac{V_m}{\sqrt{3}}$	V_m
평균값	$\dfrac{2}{\pi}V_m$	$\dfrac{V_m}{2}$	V_m

- 파형률 = $\dfrac{\text{실효값}}{\text{평균값}}$
- 파고율 = $\dfrac{\text{최대값}}{\text{실효값}}$

15. 임피던스 Z(Ω) ★★★

15-1 코일에서 발생하는 저항성분 유도성 리액턴스

$X_L = \omega L = 2\pi f L$ → 위상은 지상이 된다.

15-2 콘덴서에서 발생하는 저항성분 용량성 리액턴스

$X_C = \dfrac{1}{\omega C} = \dfrac{1}{2\pi f C}$ → 위상은 진상이 된다.

15-3 저항과 리액턴스의 합성 임피던스

$Z = R + jX$

15-4 직렬

- 임피던스
  $Z = R + jX = \sqrt{R^2 + X^2} = \sqrt{(R_1 + R_2 + R_3 + \cdots)^2 + (X_1 + X_2 + X_3 + \cdots)^2}$
- $I = \dfrac{V}{Z}$
- 전구와 전열기는 순저항 부하, R만의 회로는 동상
- $X_L > X_C$ 면 지상
- $X_L < X_C$ 면 진상
- 역률 $\cos\theta = \dfrac{R}{Z}$

지상(lag)
뒤진전류로 전압위상보다 늦은 전류 위상을 말한다.

진상(lead)
앞선전류로 전압위상보다 앞선 전류 위상을 말한다.

동상(동위상)
전압과 전류의 위상이 동일한 것을 말한다.

임피던스는 교류의 저항과 리액턴스의 합성저항이고 단위는 Ω이다.

그림과 같은 회로의 역률은 약 얼마인가?

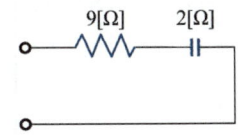

① 0.74　　　　② 0.80
③ 0.86　　　　④ 0.98

RC직렬회로 $Z = \sqrt{R^2 + X_C^2} = \sqrt{R^2 + (\dfrac{1}{\omega C})^2} = \sqrt{R^2 + (\dfrac{1}{2\pi f C})^2}\ \Omega$

역률 $\cos\theta = \dfrac{R}{Z} = \dfrac{R}{\sqrt{R^2 + X_C^2}} = \dfrac{9}{\sqrt{9^2 + 2^2}} = \dfrac{9}{\sqrt{85}} = \dfrac{9}{9.22} ≒ 0.98$

정답 : ④

개념잡기

교류 회로에서 전압과 전류의 위상이 동상인 회로는?

① 저항만의 조합회로 ② 저항과 콘덴서의 조합회로
③ 저항과 코일의 조합회로 ④ 콘덴서와 콘덴서만의 조합회로

① 동상인 회로
② 진상인 회로
③ 지상은 회로
④ 90°진상인 회로

정답 : ①

개념잡기

$50\mu F$의 콘덴서에 200V, 60Hz의 교류 전압을 인가했을 때, 흐르는 전류(A)는?

① 약 2.56 ② 약 3.77
③ 약 4.56 ④ 약 5.28

용량성 리액턴스 $X_c = \dfrac{1}{\omega C} = \dfrac{1}{2\pi f C}$ 이고

전류 $I = \dfrac{V}{X_c} = \dfrac{V}{\dfrac{1}{2\pi f C}} = 2\pi f C V = 2 \times 3.14 \times 60 \times 50 \times 10^{-6} \times 200$

$= 3.768 \fallingdotseq 3.77 A$

정답 : ②

15-5 병렬

임피던스

$$\dfrac{1}{Z} = \dfrac{1}{R} + \dfrac{1}{jX}$$

$$Z = \dfrac{1}{\dfrac{1}{R} + \dfrac{1}{jX}} = \dfrac{1}{\sqrt{\dfrac{1}{R^2} + \dfrac{1}{X^2}}} = \dfrac{R \times X}{\sqrt{R^2 + X^2}}$$

어드미턴스

$Y = \dfrac{1}{Z} = G + jB$ (G : 컨덕턴스, B : 서셉턴스)

$V = IZ, \quad I = \dfrac{V}{Z}$

참고

어드미턴스는 임피던스의 역수이다.

15-6 역률

$$\cos\theta = \frac{G}{Y}$$

개념잡기

인덕턴스가 5mH인 코일에 50Hz의 교류를 사용할 때 유도 리액턴스는 약 몇 Ω인가?

① 1.57   ② 2.50
③ 2.53   ④ 3.14

유도성 리액턴스
$X_L = \omega L = 2\pi f L = 2 \times 3.14 \times 50 \times 0.005 = 1.57\,\Omega$

정답 : ①

16. 복소수

복소수는 벡터를 2차원으로 표현하기 위한 데카르트 좌표계로 위상과 크기를 가진 교류를 표현하는 방법으로 널리 사용된다.

16-1 벡터의 합과 차

$\dot{A}_1 = a_1 + jb_1,\ \dot{A}_2 = a_2 + jb_2$인 경우

$\dot{A}_1 + \dot{A}_2 = (a_1 + a_2) + j(b_1 + b_2)$

$\dot{A}_1 - \dot{A}_2 = (a_1 - a_2) + j(b_1 - b_2)$

16-2 벡터의 곱과 나눗셈

$\dot{A}_1 = A_1 \angle \theta_1,\ \dot{A}_2 = A_2 \angle \theta_2$인 경우

$\dot{A}_1 \times \dot{A}_2 = A_1 A_2 \angle \theta_1 + \theta_2$

$\dfrac{\dot{A}_1}{\dot{A}_2} = \dfrac{A_1}{A_2} \angle \theta_1 - \theta_2$

 **공식 정리**

$j = \sqrt{-1}$
$j^2 = -1$
$j^3 = j^2 j = -j$
$j^4 = (j^2)^2 = (-1)^2 = 1$

 참고

복소수는 "실수부 + j허수부"로 이루어진다.

17. 교류전력 ★

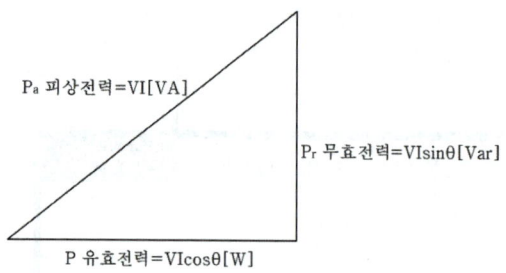

교류전력의 단위
- 피상전력(VA, 브이에이)
  전동기에 공급된 전체 전력량
- 유효전력(W, 와트)
  유효하게 사용된 전력량
- 무효전력(Var, 바르)
  무효하게 사용된 전력량

17-1 피상전력

$$P_a = VI \,(\text{VA})$$

공급받은 전력으로 겉보기전력이라고도 함

17-2 유효전력

$$P = VI\cos\theta \,(\text{W})$$

부하에서 유효하게 사용된 전력

17-3 무효전력

$$P_r = VI\sin\theta \,(\text{Var})$$

부하에서 무효하게 사용된 전력

18. 3상교류

18-1 Y결선

- 선간전압 $V_L = \sqrt{3}\, V_P$
- 선간전류 $I_L = I_P$
- 선간전압 V_L이 상전압 V_P보다 30° 앞선다.

Y결선

18-2 △결선

- 선간전압 $V_L = V_P$
- 선간전류 $I_L = \sqrt{3}\, I_P$
- 선간전류 I_L이 상전류 I_P보다 30° 뒤진다.
- $Z = \dfrac{V_P}{I_P}$

18-3 V결선

- 목적 : △결선 3대 중 1대 고장 시 → 남은 2대로 3상 출력을 함으로써 고장에 대처하며, 부하증가가 예상될 때 사용한다.
- V결선의 출력 = $\sqrt{3}\, P_1$
- V결선의 이용률 = $\dfrac{\sqrt{3}}{2}$ = 0.866
- V결선과 고장 전의 △결선의 비교 시 = $\dfrac{\sqrt{3}}{3}$ = 0.577

19. 3상전력

19-1 3상 피상전력

$P_a = \sqrt{3}\, V_L I_L = 3 V_P I_P \text{(VA)}$

19-2 3상 유효전력

$P = \sqrt{3}\, V_L I_L \cos\theta = 3 V_P I_P \cos\theta \text{(W)}$

개념잡기

전압 220V, 전류 20A, 역률 0.6인 3상 회로의 전력은 약 몇 kW인가?

① 4.6　　　　　　② 4.8
③ 5.0　　　　　　④ 5.2

유효전력 $P(\text{W}) = VI\cos\theta$(단상) = $\sqrt{3}\, VI\cos\theta$(3상)
　　　　　　　= $\sqrt{3} \times 220 \times 20 \times 0.6$ = 4,573W ≒ 4.6kW

정답 : ①

05 자기회로

1. 자기력선의 성질

- 자석의 N극에서 시작하여 S극에서 끝난다.
- 자기장의 방향은 그 점을 통과하는 자기력선의 방향으로 표시한다.
- 자기력선은 상호간에 교차하지 않는다.
- 자기장의 크기는 그 점에 있어서의 자기력선의 밀도를 나타낸다.
- N극과 S극은 분리가 불가능하다.
- 자기력선수는 $\frac{m}{\mu}$ 개(진공이면 $\frac{m}{\mu_0}$ 개) ★

자기력선은 전기력선과 마찬가지로 가상의 선이다.

자극 m(Wb, 웨버)

진공 중에서 m(Wb)의 자극으로부터 나오는 총 자력선의 수는 어떻게 표현되는가?

① $\frac{m}{4\pi\mu_0}$ ② $\frac{m}{\mu_0}$

③ $\mu_0 m$ ④ $\mu_0 m^2$

자기력선수는 $\frac{m}{\mu}$ 개(진공이면 $\frac{m}{\mu_0}$ 개)

정답 : ②

---

2. 투자율

$$\mu = \mu_0 \times \mu_s$$

- 진공의 투자율 $\mu_0 = 4\pi \times 10^{-7}$ H/m
- μ_s : 비투자율, 즉, 진공보다 몇 배인지를 나타낸다.

전기장의 유전율과 상대적인 개념이 자기장의 투자율이다.

3. 쿨롱의 법칙

- 두 자하 사이의 작용하는 힘의 크기는 두 자하의 곱에 비례하고 두 자하 사이의 거리의 제곱에 반비례한다.

$$F = \frac{m_1 m_2}{4\pi r^2 \mu} = 6.33 \times 10^4 \times \frac{m_1 m_2}{r^2} \text{ (N)}$$

- 자기장의 세기

$$H = \frac{m}{4\pi r^2 \mu_0} = 6.33 \times 10^4 \times \frac{m}{r^2} \text{ (AT/m)(A/m)}$$

- 위의 두 식에 의해서

$$F = m \times H$$

4. 자기장의 세기 ★

4-1 직선도선 주위의 자기장

$$H = \frac{I}{2\pi r} \text{ (A/m)}$$

4-2 원형코일 중심의 자기장

$$H = \frac{NI}{2r} \text{ (AT/m)}$$

4-3 무한장 직선 솔레노이드 내부의 자기장

$$H = \frac{NI}{\ell} \text{ (AT/m)}$$

4-4 환상솔레노이드의 자기장

$$H = \frac{NI}{2\pi r} = \frac{NI}{\ell} \text{ (AT/m)}$$

직선도선 주위의 자기장
(반지름 r(m))

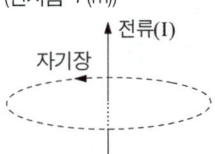

원형코일 중심의 자기장
(반지름 r(m))

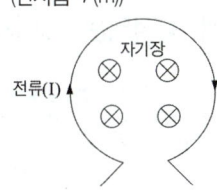

무한장 직선 솔레노이드 내부의 자기장
(솔레노이드의 길이 ℓ(m))

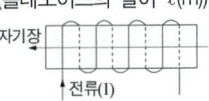

환상솔레노이드의 자기장
(솔레노이드의 길이 ℓ(m), 반지름 r(m))

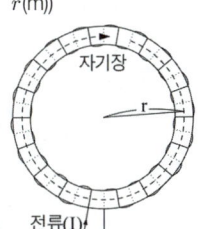

> 반지름 r(m), 권수 N의 원형 코일에 I(A)의 전류가 흐를 때 원형코일 중심점의 자기장의 세기(AT/m)는?
>
> ① $\dfrac{NI}{r}$ ② $\dfrac{NI}{2r}$ ③ $\dfrac{NI}{2\pi r}$ ④ $\dfrac{NI}{4\pi r}$
>
> 원형코일 중심의 자기장의 세기
> $H = \dfrac{NI}{2r}$ (AT/m)
>
> 정답 : ②

5. 기자력과 자기저항

5-1 기자력

NI (AT)

기자력
전기의 기전력와 대응되는 관계

5-2 자기저항

$$R_m = \dfrac{NI}{\phi} = \dfrac{\ell}{\mu A}$$

6. 코일에 축적되는 에너지 ★

$$W = \dfrac{1}{2} L I^2 \text{(J)}$$

핵심 KEY

코일에 축적(저장)되는 에너지
$W = \dfrac{1}{2} L I^2$

콘덴서에 축적(저장)되는 에너지
$W = \dfrac{1}{2} C V^2$

7. 앙페르의 오른나사의 법칙

전류가 흐르면 전선주위에 발생하는 자기장의 방향을 정하는 법칙

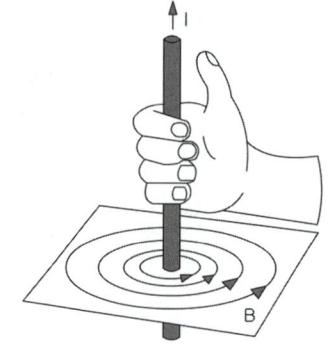

앙페르의 오른나사의 법칙

8. 비오-사바르의 법칙

- 전류가 흐르면 전선 주위에 발생하는 자기장의 크기를 정하는 법칙
- 전류가 흐르고 있는 도체의 미소부분 $\Delta \ell$의 전류에 의해 이 부분이 r(m) 떨어진 점 P의 미소자기장의 크기는 $\triangle H = \dfrac{I\Delta \ell \sin\theta}{4\pi r^2}$(A/m)

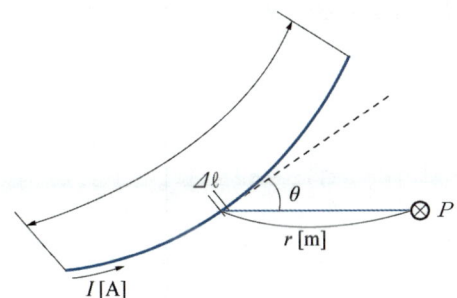

비오-사바르의 법칙

전류가 흐르면 자기장이 생기는데 이 자기장의 방향을 정하는 법칙이 앙페르의 오른나사의 법칙이고 이 자기장의 크기를 정하는 법칙이 비오-사바르의 법칙이다.

9. 플레밍의 법칙 ★

F	B	I
엄지	검지	중지
힘	자속밀도	전류
운동도체	자속밀도	기전력

플레밍의 왼손법칙
전동기 법칙

플레밍의 오른손법칙
발전기 법칙

9-1 왼손법칙

평등자기장 속에서 전선에 전류가 흐르면 전선에 작용하는 힘(전자력)이 생긴다(전동기법칙).

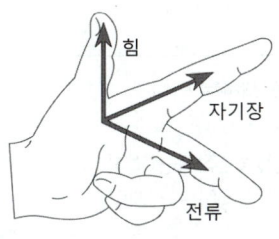

플레밍의 왼손법칙

9-2 오른손법칙

평등자기장속에서 운동하는 전선에는 기전력이 발생한다(발전기법칙).

$$e = Bv\ell\sin\theta$$

- B : 자속밀도
- v : 속도
- ℓ : 도선길이
- θ : 자속과 도선과의 각

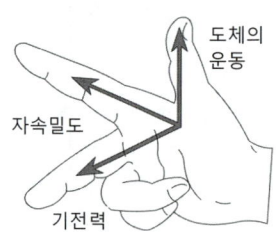

플레밍의 오른손법칙

개념잡기

그림과 같이 자기장 안에서 도선에 전류가 흐를 때, 도선에 작용하는 힘의 방향은?
(단, 전선 가운데 점 표시는 전류의 방향을 나타낸다)

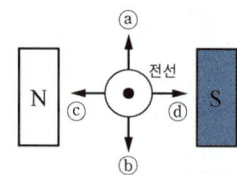

① ⓐ방향　　　　　　② ⓑ방향
③ ⓒ방향　　　　　　④ ⓓ방향

플레밍의 왼손법칙이므로 위로 힘이 작용한다.

정답 : ①

개념잡기

전자력 $F = BI\ell$(N)과 관계되는 법칙은?

① 패러데이의 법칙　　　　② 플레밍의 오른손법칙
③ 오른나사법칙　　　　　④ 플레밍의 왼손법칙

- 패러데이의 법칙 : 자속의 변화를 방해하는 방향으로 기전력이 발생하는 법칙
- 플레밍의 오른손법칙 : 자기장 내에 운동도체 발생하는 기전력 $e = Bv\ell$
- 앙페르의 오른나사의 법칙 : 전류가 흐르면 발생하는 자기장의 방향을 정하는 법칙
- 플레밍의 왼손법칙 : 자기장 내에 도체에 전류가 흐를 때 도체에 작용하는 전자력 $F = BI\ell$(N)

정답 : ④

10. 패러데이의 전자유도법칙 ★

도선주위에 자기장의 변화가 생기면 도선에 기전력이 발생하는 현상

$$e = -N\frac{\Delta\phi}{\Delta t}(V)$$

- $\frac{\Delta\phi}{\Delta t}$: 시간변화에 따른 자속의 변화
- N : 감은 권선수

> **참고**
> 패러데이의 전자유도법칙은 변압기의 원리이다.

10-1 렌츠의 법칙

자속의 변화에 의한 유도기전력의 방향을 정하는 법칙, 이 기전력의 방향은 자속의 증감을 방해하는 방향으로 발생

10-2 노이만의 법칙

$$e = -L\frac{\Delta i}{\Delta t}(V)$$

- $\frac{\Delta i}{\Delta t}$: 시간변화에 따른 전류의 변화
- L : 인덕턴스

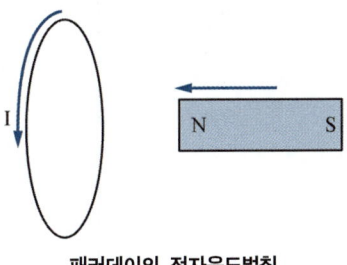

패러데이의 전자유도법칙

개념잡기

유도기전력의 크기는 코일의 권수와 코일을 관통하는 자속의 시간적인 변화율과의 곱에 비례한다는 법칙은 무엇인가?

① 패러데이의 전자유도법칙   ② 앙페르의 주회 적분의 법칙
③ 전자력에 관한 플레밍의 법칙   ④ 유도기전력에 관한 렌츠의 법칙

패러데이의 전자유도법칙
도선주위에 자기장의 변화가 생기면 도선에 기전력이 발생하는 현상

$e = -N\frac{\Delta\phi}{\Delta t}$ (V)

- $\frac{\Delta\phi}{\Delta t}$: 시간변화에 따른 자속의 변화
- N : 감은 권선수

정답 : ①

> **개념잡기**
>
> 전자유도현상에 의한 유기기전력의 방향을 정하는 것은?
>
> ① 플레밍의 오른손법칙　　② 옴의 법칙
> ③ 플레밍의 왼손법칙　　　④렌츠의 법칙
>
> - 플레밍의 오른손법칙 : 운동도체가 자기장 내에서 기전력을 발생함
> - 옴의 법칙 : 전류는 전압에 비례하고 저항에 반비례함
> - 플레밍의 왼손법칙 : 자기장 내에 도체에 전류가 흐르면 도체에 전자력이 발생함
> - 렌츠의 법칙 : 자속의 변화로 도체에 기전력이 발생할 때 기전력의 방향은 자속의 변화를 방해하는 방향으로 발생함
>
> 정답 : ④

11. 히스테리시스곡선

자성체에 자력이 작용하면 자성체가 자석이 되어 자력을 가지게 되는데 그 성질을 나타내는 곡선

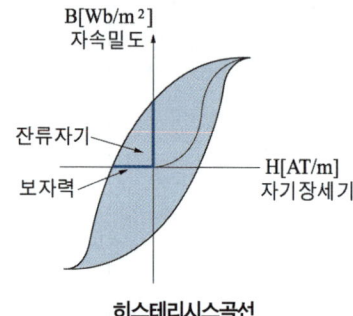

히스테리시스곡선

- 세로축(종축) = 자속밀도, 종축과 만남 = 잔류자기
- 가로축(횡축) = 자장의세기, 횡축과 만남 = 보자력
- $P_h = k_h \cdot f \cdot B_m^{1.6}$
- 대책 : 규소강판

>
> 참고
>
> 히스테리시스곡선의 f(주파수), B_m(최대자속밀도)

12. 와류(맴돌이전류)

- 자속의 변화로 철판에 폐회로전류가 발생하는 현상, 두께의 제곱에 비례
- $P_e = k_e \cdot (f \cdot t \cdot B_m)^2$
- 대책 : 성층철심

>
> 참고
>
> 와류손의 f(주파수), t(두께), B_m(최대자속밀도)

06 전기보호기기

1. 퓨즈(Fuse)

실 퓨즈
정격전류 5A 이하에서 사용

판 퓨즈
경금속제로 그 양끝이 고리 모양

통형 퓨즈
퓨즈가 통속에 포함

플러그 퓨즈
자동제어 배전반용으로 가장 많이 사용, 정격전류는 색상으로 구별

사용상 유의사항
정격 용량에 적합한 것을 사용, 개방형 설치 시 인장력을 받지 않도록 확실하게 고정할 것

퓨즈는 과전류 시 용단(녹아서 끊어짐)으로 차단되어 재사용이 불가능한 반면 배선용 차단기는 과전류 시 차단기가 작동하고 다시 재사용이 가능하다.

2. 배선용 차단기(MCCB : Molded case circuit breaker)

- 정격전류를 초과하여 과부하전류가 흐르거나 단락전류가 흐를 때 전류의 흐름을 차단하여 사고를 방지하는 장치
- NFB(No Fuse Breaker)라고도 하며 가정의 주차단기로 사용

3. 누전 차단기(ELB : Earth leakage breaker)

- 전기 시설에 누전으로 감전의 우려 시 자동 회로 차단
- 누전 차단기 작동여부는 시험용 버튼을 눌러 확인

누전 차단기의 버튼 색깔에 따라 기능 차이가 있다.
- 적색버튼 : 누전차단기 + 과전류 차단기
- 녹색버튼 : 누전차단기

CHAPTER 02
승강기 구동기계 기구 작동 및 원리

KEYWORD 직류기의 구성, 기전력, 전기자반작용, 직류기의 종류, 토크와 속도, 단절권과 분포권, 동기속도, 슬립, 역회전방법, 단상유도전동기

01 직류기

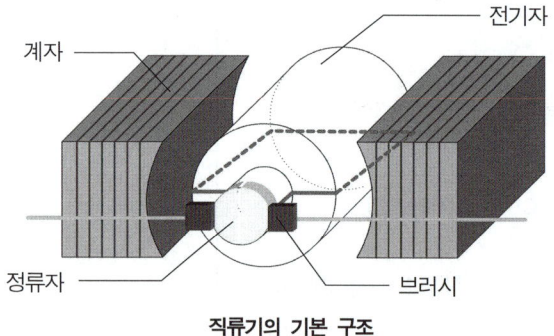

직류기의 기본 구조

직류기의 계자, 전기자, 정류자를 "3대 구성요소"라 한다.

1. 구성요소 ★

1-1 계자

자속을 만드는 부분으로 전자석과 같은 구조이다. 움직이지 않으며 고정자라고 한다.
- 여자 : 전류를 투입하면 전자석이 된다.
- 소자 : 전류를 차단하면 전자석이 소멸된다.
- 구성은 계자철심에 계자권선을 감아서 만든다.
- 전기요소는 계자전류(= 여자전류)와 계자저항이다.

보통은 계자가 고정자이고 전기자가 회전자이지만 소형 직류기에 많이 사용하는 BLDC 모터(브러시레스 직류 전동기)인 경우 영구자석으로 된 계자가 회전자가 되고 전기자가 고정자가 되어 브러시가 없는 경우도 있다.

1-2 전기자

기전력을 생성하는 부분으로 회전하는 원통에 전기자권선을 감아놓은 것이다. 회전하므로 회전자라고도 한다.
- 구성은 전기자철심에 전기자권선이다.
- 전기요소는 기전력, 전기자전류, 전기자저항이다.

1-3 정류자

- 교류를 직류로 변환한다.
- 구성은 정류자편이다.

1-4 브러시

전기자에서 발생한 전기를 외부로 연결하기 위해 정류자와 붙어 있는 부분이다.

1-5 공극

계자와 전기자 사이의 공기틈새, 자기저항이 가장 크다.

개념잡기

직류발전기의 주요 3요소는?

① 계자, 전기자, 정류자 ② 계자, 전기자, 브러시
③ 정류자, 계자, 브러시 ④ 보극, 보상권선, 전기자권선

직류기 3대 구성요소
계자, 전기자, 정류자

정답 : ①

---

2. 기전력의 크기 ★

$$E = PZ\phi \frac{N}{60 \cdot a} \text{ (V)}$$

- P : 극수
- Z : 총도체수
- ϕ : 자속
- N : 분당회전수
- a : 병렬회로수

- $E = k\phi N$으로 줄일 수 있다.
- $\phi \propto \dfrac{1}{N}$, $E \propto \phi$, $E \propto N$

핵심 KEY

기전력식에서 보통 발전기는 회전속도가 일정하므로 기전력과 자속이 비례하므로 $E \propto \phi$, 반면 전동기는 공급받는 전압이 일정하다면 자속과 속도가 반비례하므로 $\phi \propto N \rightarrow \phi \propto \dfrac{1}{N}$

참고

발전기의 경우는 기전력이라고 하지만 전동기의 경우는 역기전력이라고 부른다.

> **개념잡기**
>
> 직류전동기에서 자속이 감소하면 회전수는 어떻게 되는가?
>
> ① 정지 ② 감소
> ③ 불변 ④ 상승
>
> ─────
>
> $E \propto \phi N$에서 자속 ϕ와 회전수 N은 서로 반비례이므로 자속이 감소하면 회전수는 증가한다.
>
> 정답 : ④

3. 전기자권선법 ★

전기자에 권선을 감는 방법이며 직렬로 감는 파권과 병렬로 감는 중권이 있다.

파권	직렬권, 고전압저전류, 병렬회로수 a = 2
중권	병렬권, 대전류소전압, 병렬회로수 a = P(극수)

 참고

병렬회로수는 파권의 경우 직렬권이므로 2층권에 의해 2개의 권선만이 사용되므로 병렬회로수는 2개로 고정되는 반면 병렬권인 중권의 경우 병렬회수만큼 증가하게 되어 극수와 같이 비례하여 증가한다.

> **개념잡기**
>
> 직류기 권선법에서 전기자 내부 병렬회로수 a와 극수 P의 관계는? (단, 권선법은 중권이다)
>
> ① a = 2   ② a = (1/2)P
> ③ a = P   ④ a = 2P
>
> ─────
>
> 파권은 병렬회로수 a = 2, 중권은 극수와 같다.
>
> 정답 : ③

4. 전기자반작용 ★

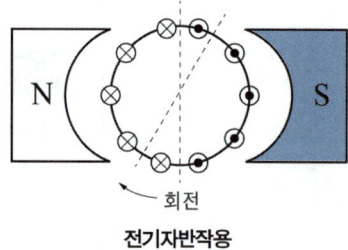

전기자반작용

4-1 원인

전기자권선의 전류에 의해 발생한 자속이 원래 주자극인 계자의 자속에 영향을 주는 것
• 무부하 시는 전기자반작용이 발생하지 않는다.

4-2 영향

- 전기자반작용의 영향으로 일부 전기자의 전류방향이 반대로 변하는 부분이 생겨 중성축이 옆으로 이동한 것 같은 현상이 생기며 이때 발전기는 회전방향으로, 전동기는 회전반대방향으로 이동한다. 이러한 현상을 편자작용이라고도 한다.
- 편자작용의 영향으로 평균자속의 크기가 감소하는데 이를 감자작용이라고 하며 자속에 비례관계가 있는 발전기의 기전력은 감소하고 자속과 반비례관계가 있던 전동기의 속도는 증가하는 현상이 생긴다.
- 각 전기자권선 간의 전압의 불균일 현상이 생기고 이것이 정류 시 브러시에서 불꽃을 일으키는 섬락현상이 생긴다. 이것으로 정류가 나빠진다.

> **참고**
> 중성축이동 방향이 발전기와 전동기가 다른 이유는 발전기는 플레밍의 오른손법칙을 적용하고 전동기는 플레밍의 왼손법칙을 적용하기 때문이다.

4-3 대책

보상권선
전기자반작용에 대한 가장 확실한 대책 방법이며, 전기자권선과 직렬로 연결하고, 전기자권선과 전류방향이 반대이다.

보극
중성축 쪽에 보조로 자극을 추가하여 전기자반작용을 상쇄시킨다. 그래서 전기자반작용을 줄여주고 정류를 개선하는 작용을 한다.

브러시 이동
중성축이 이동한 방향으로 브러시도 이동시키면 중성축이 이동하지 않은 모양이 되어 전기자반작용의 영향을 줄일 수 있다.

개념잡기

직류 전동기에서 전기자반작용의 원인이 되는 것은?

① 계자 전류
② 전기자 전류
③ 와류손 전류
④ 히스테리시스손의 전류

전기자반작용의 원인은 이름 그대로 전기자의 전류이다.   정답 : ②

5. 정류개선

5-1 정류불량의 원인

전기자반작용

전기자반작용으로 불균일한 전압이 생겨 브러시 회전 중에 정류자와 접촉하는 부분에서 큰 불꽃이 생겨 정류불량의 원인이 된다.

평균 리액턴스전압

전기자 내부는 교류회로이다 보니 리액턴스에 의한 전압이 생겨서 브러시와 정류자의 접촉부분에 불꽃을 유도하게 된다.

그 크기는 전자유도법칙에 의해 $e = -L\dfrac{di}{dt}$ 가 된다.

정류불량의 원인
- 전기자반작용
- 평균 리액턴스전압
$$e = -L\dfrac{di}{dt}$$

5-2 정류불량대책

- 저항정류 : 탄소재질의 재료로 브러시를 만들어 접촉저항을 높여 불꽃을 줄인다.
- 전압정류 : 전기자반작용의 대책인 보극은 보조 자극에 브러시와 연결된 코일에서 발생한 기전력이 평균 리액턴스전압을 줄이는 역할을 하게 된다.
- 그 외 평균 리액턴스전압을 줄이는 방법도 가능한데 평균 리액턴스전압의 비례요소인 인덕턴스(L)을 줄이거나 주기(T)를 늘리면 된다.
- 전기자반작용의 대책들도 전기자반작용을 줄여 정류불량을 감소시키게 된다. 따라서 보상권선과 브러시 이동도 대책에 포함된다.

정류불량대책
- 저항정류 : 탄소브러시(접촉저항↑)
- 전압정류 : 보극
- 리액턴스전압↓ - 주기↑, 인덕턴스↓
- 보상권선, 브러시이동

직류 분권전동기에서 보극의 역할은?

① 회전수를 일정하게 한다.　　② 기동토크를 증가시킨다.
③ 정류를 양호하게 한다.　　　④ 회전력을 증가시킨다.

보극은 전기자반작용을 줄이고 정류를 양호하게 한다.

정답 : ③

6. 직류전동기의 종류 ★★

6-1 타여자 전동기

- 정속도 특성을 지닌다. 타여자는 계자가 전기자와 연결되어 있지 않아서 부하전류에 의한 자속의 변화가 발생하지 않으므로 자속과 반비례관계가 있는 속도도 변하지 않게 된다.
- 광범위한 속도제어가 가능하다.

6-2 직권 전동기

- $T \propto I_a^2 \propto \dfrac{1}{N^2}$

토크가 부하전류의 제곱에 비례하므로 가장 토크가 크며 부하전류와 직렬로 연결된 계자의 자속도 크게 변화하므로 속도변동도 가장 크게 된다.
- 벨트로 전기자와 부하를 연결할 경우 벨트가 끊어지면 무부하상태가 되어 부하전류가 급격히 감소한다. 부하전류의 급격한 감소는 자속의 급격한 감소로 이어지고 자속과 반비례 관계에 있는 속도가 급격히 증가하여 위험속도가 된다. 따라서 벨트운전을 해서는 안 되며 기어 등을 사용해서 연결해야 한다.

6-3 분권 전동기

- 정속도 특성을 지닌다. 전기자와 계자가 병렬로 구성되어 있으므로 전기자의 전압의 변화가 없으면 계자 역시 전압의 변화가 적고 따라서 자속의 변화도 적어 자속과 반비례 관계인 속도도 변화가 거의 없다. 주로 공작기계 등과 같은 정속도가 요구되는 경우에 많이 사용된다.
- 만일 계자회로 쪽에 퓨즈나 개폐기를 설치한 경우 퓨즈나 개폐기가 끊어지면 계자전류가 급격히 감소하여 무여자상태가 되어 자속의 급격한 감소가 발생하고 자속과 반비례 관계인 속도 또한 급격히 상승하는 위험속도가 된다. 따라서 분권발전기에 사용된 퓨즈나 개폐기를 전동기로 사용 시에는 계자에 설치하지 않아야 한다.

6-4 가동복권전동기

크레인, 엘리베이터, 공작기계, 공기압축기 등의 운전에 가장 적합하다.

참고

- 타여자 전동기는 계자와 전기자가 별도로 분리되어 있다.
- 직권 전동기는 계자와 전기자가 직렬로 연결되어 있다.

핵심 KEY

- 분권 전동기는 계자와 전기자가 병렬로 연결되어 있다.
- 복권 전동기는 직권과 분권을 모두 가지고 있다. 연결되는 지점에 따라 외분권복권과 내분권복권으로 구별할 수 있다.

외분권복권
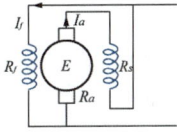

내분권복권
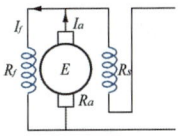

타여자전동기
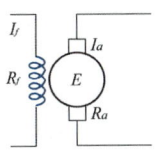

분권전동기
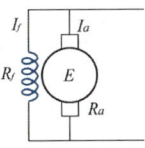

직권전동기
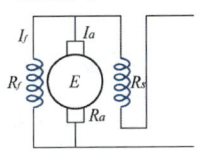

6-5 차동복권전동기

기동시 역회전할 우려가 있으며 거의 사용되지 않는다.

복권전동기

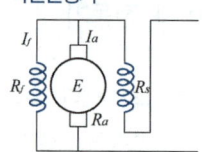

개념잡기

정속도 전동기에 속하는 것은?

① 직권전동기 ② 분권전동기
③ 타여자전동기 ④ 가동복권전동기

정속도 특성을 가진 전동기는 분권전동기이다.

정답 : ②

---

7. 토크(회전력)

7-1 단위

N·m 또는 kg·m

7-2 토크

$$T = \frac{P}{\omega}$$

T : 토크, 회전력(N·m)
P : 동력(W)
ω : 각속도
N : 분당회전수(rpm)

- $T(\text{kg·m}) = 0.975 \dfrac{P}{N}$

- $T(\text{N·m}) = \dfrac{P}{2\pi \dfrac{N}{60}} = 0.975 \dfrac{P}{N} \times 9.8$

공식정리

효율 $\eta = \dfrac{\text{출력(W)}}{\text{입력(W)}}$

- 입력(W) = 출력(W) + 손실(W)
- 입력(W) - 손실(W) = 출력(W)
- 발전기 효율 $\eta = \dfrac{\text{출력}}{\text{출력} + \text{손실}}$
- 전동기 효율 $\eta = \dfrac{\text{입력} - \text{손실}}{\text{입력}}$

직류전동기의 속도제어는 저항제어, 계자제어, 전압제어가 있다.

8. 속도제어 ★

직류전동기의 속도를 변경하기 위해서는 저항, 자속, 전압중 하나를 조정한다.

$E = k\phi N \Rightarrow N \propto \dfrac{V - I_a R_a}{\phi}$

8-1 저항제어

전기자에 직렬저항을 연결하여 속도제어를 하는 방식이나 저항에 의한 전압강하가 발생하여 손실이 증가하여 효율이 나빠서 많이 사용하지 않는다.

8-2 계자제어

- 계자전류를 가감하여 계자의 자속을 변화시켜 속도를 제어하는 방식이다.
- 계자저항을 조절하여 계자전류를 가감하므로 계자저항 증가 → 계자전류 감소 → 계자속(주자속) 감소 → 속도증가의 순을 따른다.
- 전기자전류에 영향을 주지않아서 정출력제어가 가능하다.
- 계자전류를 너무 줄이면 주자속이 약해져 전기자반작용이 커지므로 광범위한 속도제어는 어렵다.

8-3 전압제어

- 주로 타여자 전동기에 사용되며 전기자에 가해지는 전압을 변화시켜 속도를 조정한다.
- 계자에 변화가 없으므로 자속이 일정하고 자속에 비례하는 토크가 일정하여 정토크 제어가 되며 광범위한 제어가 가능하다.

종류
- 워드레오나드 방식
- 일그너 방식
- 직병렬제어 방식
- 초퍼 제어 방식

- 정출력제어 ⇒ 계자제어
- 정토크제어 ⇒ 전압제어

9. 제동법

9-1 발전제동

- 전원을 차단하면 발전기로 작용한다.
- 발생전력을 저항회로에 연결하여 열로 소비한다.

9-2 회생제동

- 발전기로 동작시켜 발생한 기전력을 전원전압보다 크게하여 전력을 전원측에 되돌려서 제동을 한다.
- 주로 전기철도에서 사용된다.

9-3 역전제동

- 역회전으로 급정지 시 사용된다.
- 역회전 : 계자(또는 자극)나 전기자(또는 전류)중 하나만 극성(접속)을 반대로 한다.
- 전원극성 변경 시 → 역회전을 하지 않는다.

02 동기전동기

1. 원리

3상회전자기장

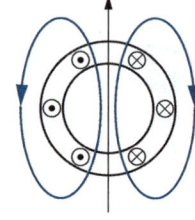 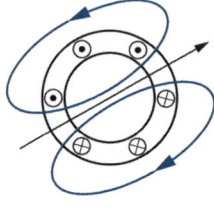 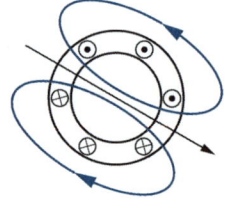

3상회전자기장

> 참고
> 동기전동기는 3상 교류를 사용하는 전동기이다.

2. 동기속도

회전자기장의 속도를 말하며 주파수에 비례하고 극수와 반비례한다.

$$N_s = \frac{120f}{p}$$

f : 주파수
p : 극수

개념잡기

6극, 50Hz의 3상 동기전동기의 동기속도(rpm)는?

① 500 ② 1,000
③ 1,200 ④ 1,800

동기속도 $N_s = \dfrac{120f}{P} = \dfrac{120 \times 50}{6} = 1,000\text{rpm}$

정답 : ②

3. 단절권

전절권에 비해 짧게 전선을 감은 것

장점

고조파제거, 파형개선, 재료절약

단점

기전력감소

4. 분포권 ★

집중권에 비해 전선을 나누어서 배치한 것

장점

고조파감소, 파형개선, 리액턴스감소, 과열감소

단점

기전력감소

5. 장점

- 역률 = 1(조정가능)
- 정속도(속도변동≒0)
- 유도기에 비해 효율이 높다.
- 저속도 대용량 부하에 주로 사용된다.
- 공극이 넓어 기계적으로 튼튼하다.

6. 단점

- 기동토크 = 0(기동장치가 필요하다)
- 직류여자기가 필요하다.
- 속도조정이 어렵다.
- 난조가 발생하기 쉽다.

단절권계수

$$K_p = \sin\frac{\beta}{2}\pi$$

분포권계수

$$K_d = \frac{\sin\dfrac{\pi}{2m}}{q\sin\dfrac{\pi}{2mq}}$$

- q : 매극매상의 슬롯수
- m : 상수

03 유도전동기

1. 원리

전자유도법칙, 3상회전자기장

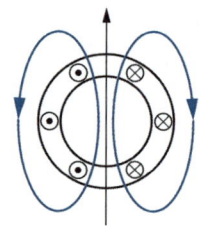 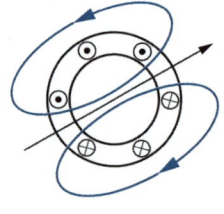 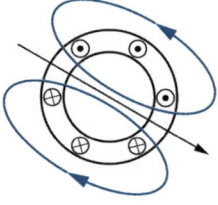

3상회전자기장

유도전동기도 동기전동기처럼 3상 교류를 사용하는 전동기이다.

2. 구조

2-1 농형

튼튼, 성능우수, 비용저렴, 기동 시 기동전류가 6배로 기동특성이 나쁘다.

2-1 권선형

기동특성이 좋다.

3. 동기속도 ★★★★

$$N_S = \frac{120f}{P}$$

> 유도 전동기에서 동기속도 N_S와 극수 P와의 관계로 옳은 것은?
>
> ① $N_S \propto P$ ② $N_S \propto \dfrac{1}{P}$
>
> ③ $N_S \propto P^2$ ④ $N_S \propto \dfrac{1}{P^2}$
>
> ---
>
> 동기속도 $N_S = \dfrac{120f}{P}$ (rpm)
> - P : 극수
> - f : 주파수
>
> 정답 : ②

4. 슬립(회전손실) ★★★★

$$s = \frac{N_s - N}{N_s}, \quad N = (1-s)N_s$$

- s < 0 : 발전기
- 0 < s < 1 : 전동기(정회전)
- 1 < s < 2 : 제동기(역회전)
- s = 0 : 동기속도회전 시, 무부하 시
- s = 1 : 정지 시, 기동 시
- 소형인 경우 : 5 ~ 10%, 중대형인 경우 2.5 ~ 5%

참고

슬립이란 동기속도가 100회전일 때 실제 속도가 90회전이라면 10%만큼의 회전손실을 말한다.

핵심 KEY

S=1(슬립이 1 = 100%)라면 모든 속도가 손실되어 움직이지 않는 상태이고 기동 시는 움직이기 이전 상태이므로 역시 정지상태이다.

> 유도전동기에서 슬립이 1이란 전동기의 어느 상태인가?
>
> ① 유도 제동기의 역할을 한다.
> ② 유도 전동기가 전부하 운전 상태이다.
> ③ 유도 전동기가 정지 상태이다.
> ④ 유도 전동기가 동기속도로 회전한다.
>
> ---
>
> 슬립이 0이면 동기속도로 회전 시, 무부하 시이고, 슬립이 1이면 정지 시, 기동 시이다.
>
> 정답 : ③

5. 등가회로와 출력비

유도전동기 등가회로는 변압기 등가회로를 이용하며 변압기 등가회로에서 2차측 손실은 주로 2차동손(2차구리손, 2차저항손)이므로 유도전동기도 2차동손(2차저항손, 회전자동손)이라고 한다.

- P_2 : 2차입력 = 동기와트
- P_{C2} : 2차손실 = 2차저항손
  = 회전자동손

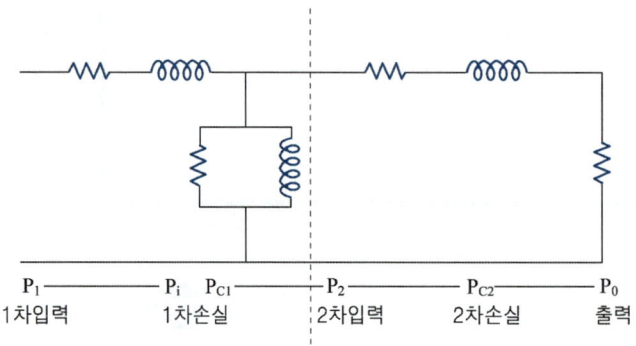

- $P_2 : P_{c2} : P = 1 : s : 1-s$
- $P_{c2} = sP_2$

  $sP = (1-s)P_{c2}$

  $P = (1-s)P_2$

- 2차효율 = $\dfrac{2차출력}{2차입력} = \dfrac{P}{P_2} = 1\text{-}s = \dfrac{N}{N_s}$

6. 토크

- $T(\text{kg}\cdot\text{m}) = 0.975\dfrac{P}{N} = 0.975\dfrac{P_2}{N_s}$
- $T(\text{N}\cdot\text{m}) = T(\text{kg}\cdot\text{m}) \times 9.8$
- 동기와트 : 토크를 2차입력(P_2)로 표시한 것
- $T \propto V^2$

출력비에서 $P=(1-s)P_2$ 이고
슬립식에서 $N=(1-s)N_s$ 이므로

토크 $T = 0.975\dfrac{P_2}{N_S}$

토크 $T \propto P$

$= I_2^2 R' \propto \left(\dfrac{sE_2}{\sqrt{r_2^2+(sX_2)^2}}\right)^2$

$\propto E_2^2$ 이므로

$T \propto E_2^2 \propto V^2$

7. 비례추이(2차저항법)

- 권선형에서만 사용하며 2차인 회전자에 슬립링으로 가변저항을 연결하여 저항값을 변화시켜 슬립을 변경하여 속도를 조정한다.
- 기동 시 기동전류를 낮추고 기동토크를 크게 하기 위해서 사용한다.
- 이때 최대토크는 불변이다.
  (※ 최대토크는 리액턴스에 반비례하며 저항엔 무관하기 때문이다)
- 주로 적용되는 대상에는 전류, 토크, 역률, 동기와트이다.
- 기동 시 가변저항의 값 $R = \left(\dfrac{1-s}{s}\right)r_2$

참고
2차저항법
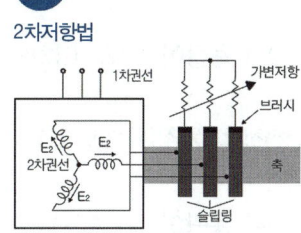

8. 속도제어 ★★

8-1 농형유도전동기

극수제어
극수를 변경하면 동기속도를 변경할 수 있다.

주파수제어
주파수를 변경하면 동기속도를 변경할 수 있다. 주파수를 변경하기 위해서 인버터를 사용. VVVF(가변전압 가변주파수) 제어가능

8-2 권선형

- **2차저항법**(비례추이)
- **2차여자법**(슬립주파수의 전압을 인가하여 속도제어)

참고
VVVF로 전압과 주파수를 변경하면 속도는 주파수와 비례관계이고 토크는 전압의 제곱에 비례하므로 속도와 토크를 모두 변경이 가능하다.

개념잡기

유도전동기의 속도제어법이 아닌 것은?

① 2차 여자제어법　　② 1차 계자제어법
③ 2차 저항제어법　　④ 1차 주파수제어법

계자제어는 직류전동기의 속도제어법이다.

정답 : ②

9. 기동법

9-1 용량이 5kW 이하인 경우

전전압기동(직입기동), 이때 기동전류는 6배 정도가 흐른다.

9-2 용량이 5 ~ 15kW 사이인 경우

Y-△기동, Y결선으로 기동하고 △결선으로 운전을 한다. 운전 시에 비해 기동일 때 기동전류와 기동토크가 1/3로 감소한다.

9-3 용량이 15kW 이상인 경우

기동보상기법(단권변압기를 사용), 기동전류를 1배로 줄일 수 있다.

핵심 KEY

전전압기동은 전압을 그대로 사용하는 반면 YD기동과 기동보상기법 등은 전압을 낮추어 투입하는 방법이다.

개념잡기

3상 농형 유도전동기 기동 시 공급전압을 낮추어 기동하는 방식이 아닌 것은?

① 전전압기동법　　　　　② Y-△기동법
③ 리액터기동법　　　　　④ 기동보상기기동법

- 전전압기동(직입기동)
  - 정격전압을 직접 가해 기동한다.
  - 기동전류가 6배 정도 흐른다.
  - 5kW 이하에서 사용한다.
- Y-△기동
  - 5 ~ 15kW의 전원설비에 사용한다.
  - 기동전류와 기동토크가 1/3배 감소한다.
- 기동보상기법
  - 15kW 이상 전원설비에 사용한다.
  - 단권 변압기를 사용하여 공급전압을 낮추어 기동한다.
- 리액터기동
  - 전동기의 1차측에 리액터를 넣어 기동시의 전동기의 전압을 리액터의 전압 강하분 만큼 낮추어서 기동한다.

정답 : ①

10. 제동법 ★

10-1 발전제동

전원에 직류전압을 가해서 제동시킨다.

10-2 회생제동

동기속도 이상으로 회전시켜 전력을 전원으로 반환시키며 제동시킨다.

10-3 역상제동

역회전을 시켜 급정지시킨다.
※ 역회전 = 3상중 임의의 2선을 서로 바꿈

10-4 단상제동

권선형 유도전동기에 단상교류를 인가하고 2차 측에 적당한 크기의 저항을 넣어서 제동시킨다.

개념잡기

3상 유도전동기를 역회전 동작시키고자 할 때의 대책으로 옳은 것은?

① 퓨즈를 조사한다.
② 전동기를 교체한다.
③ 3선을 모두 바꾸어 결선한다.
④ 3선의 결선 중 임의의 2선을 바꾸어 결선한다.

3선 중 임의의 2선을 서로 바꾸면 역회전한다.   정답 : ④

11. 단상유도전동기 ★

단상 교번자기장은 3상 회전자기장과 달리 기동장치 없이는 기동이 안 된다.

11-1 기동토크가 큰 순서

반발기동형 단상유도전동기 > 반발유도형 단상유도전동기 > 콘덴서기동형 단상유도전동기 > 분상기동형 단상유도전동기 > 세이딩코일형 단상유도전동기

기동토크가 큰 순서
반기 > 반유 > 콘분세

11-2 반발기동형

직류기구조

11-3 반발유도형

2중농형 유도전동기구조

분상기동형 단상유도전동기

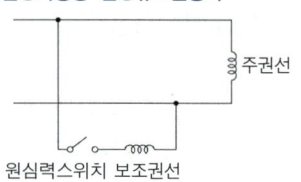

11-4 분상기동형

3상에서 2상으로 전환 시 T결선
- 주권선(운전권선)과 보조권선(기동권선)으로 구성되어 위상차로 회전자계를 형성하여 기동
- 역회전 : 주권선이나 보조권선 중 하나만 접속을 반대로 한 것
- 기동 후 원심력스위치에 의해 보조권선이 분리(동기속도의 80%정도)

주로 가정용으로 사용되는 것은 영구콘덴서기동형이다.

11-5 콘덴서기동형

분상기동형에 콘덴서를 추가해서 역률과 효율을 높인 것
역률과 효율이 높아 주로 가정용 선풍기, 세탁기 등에 사용
- 영구콘덴서기동형 : 역률↑, 효율↑, 가정용선풍기, 세탁기 등에 사용

11-6 세이딩코일형

구조상 역회전이 불가능, 역률↓, 효율↓, 10kW 이하의 소형전동기에 이용

CHAPTER 03
승강기 제어 및 제어시스템의 원리 및 구성

KEYWORD 제어계, 피드백, 블록선도, 전달함수, 시퀀스제어, 자기유지회로, 인터록회로, 논리회로, 다이오드

01 제어의 요소 ★

1-1 제어량

제어된 제어 대상의 양, 또는 시스템의 출력

1-2 목표값

제어계의 입력, 외부에서 주어진 값

참고

목표값은 피부에서 주어진 값으로 제어계입장에서는 입력이 된다.

1-3 제어대상

시스템에서 제어되는 전체 또는 일부분

1-4 조작량

제어장치가 제어 대상에 가해지는 양

1-5 외란

자동제어계의 상태를 교란시키는 외적 작용으로 목표치가 아닌 입력

> **개념잡기**
>
> 제어에 대한 용어의 설명 중 옳지 않은 것은?
>
> ① 제어명령이란 제어대상의 출력을 원하는 상태로 하기 위한 입력신호를 말한다.
> ② 신호란 물리량의 종류에는 관계하지 않고, 크기 및 변화 상태만을 고려한 것을 말한다.
> ③ 목표값이란 외부에서 제어계에 주어지는 값을 말한다.
> ④ 제어량이란 제어대상의 출력과 기준 입력과의 차이 값을 말한다.
>
> **제어량**
> 제어된 제어 대상의 양, 또는 시스템의 출력
>
> 정답 : ④

02 자동제어의 분류

1. 제어량의 성질에 의한 분류

1-1 프로세서제어

제어량이 온도, 유량, 압력, 액위, 농도, 밀도 등의 플랜트나 생산 공정중의 상태량을 제어량으로 한다.

1-2 서보기구

물체의 위치, 방위, 자세 등 기계적 변위를 제어량으로 해서 목표값의 임의의 변화를 추종, 유입서보모터나 전기서보모터는 조작량이 크다.

1-3 자동조정

전압, 전류, 주파수, 회전속도, 힘 등 전기적, 기계적 양을 주로 제어, 응답속도 빠르다.

> **개념잡기**
>
> 전압, 전류, 주파수, 회전속도 등 전기적, 기계적 양을 주로 제어하는 것으로서 응답속도가 대단히 빨라야 하는 것이 특징인 제어는?
>
> ① 프로세스제어   ② 서보기구   ③ 프로그램제어   ④ 자동조정
>
> - 프로세스제어 : 온도, 유량, 압력 등을 제어량으로 함
> - 서보기구 : 물체의 위치, 자세, 방위 등을 제어량으로 함
> - 프로그램제어 : 미리 정해진 프로그램에 따라 시간적 변화를 함
> - 자동조정 : 전압, 전류 등을 제어량으로 하여 빠른 반응속도를 보임
>
> 정답 : ④

2. 시간적 변화에 의한 분류

2-1 정치제어

목표값이 시간에 대하여 변화하지 않는 제어로 제어량을 어떤 일정한 목표값을 유지하도록 제어하며 자동조정제어라고도 한다(항온조의 온도제어 등).

2-2 추치제어

목표값이 시간에 대하여 변화하는 제어

프로그램제어

미리 정해진 시간적 변화를 하는 프로그램에 따라 제어량을 변화시키는 것이 목적이다(무인엘리베이터, 산업로봇 등).

추종제어

미지의 임의 시간적 변화를 하는 목표값에 제어량을 추종시키는 것이 목적이다(대공포의 포신제어).

비율제어

목표값이 있는 다른 양과 일정한 비율관계를 가지고 변화시키는 것을 목적으로 하는 수치제어이다(유량제어, 보일러의 자동연소제어).

03 피드백제어

1. 열린루프(개루프)제어

출력이 입력에 영향을 주지 않는다(시퀀스제어, 무인커피자판기제어).

2. 닫힌루프(폐루프)제어

- 출력이 입력에 영향을 준다(피드백제어).
- 피드백(궤환)제어계에서 가장 중요한 것 : 입출력비교장치 ★

용어정리
피드백 = 궤환 = 되먹임

3. 전달신호의 성질에 따른 분류

3-1 연속데이터제어계

제어계 각 부에 전달되는 모든 신호가 시간의 연속 함수인 귀환제어계

3-2 릴레이형제어계

On-Off(타입제어계)라고도 불리며, 제어 출력이 설정된 기준값을 초과하거나 미달할 때 시스템을 작동시키는 제어 방식

3-3 sample값제어계

제어신호가 단속적으로 측정한 샘플값일 때의 귀환제어계

개념잡기

되먹임(피드백)제어에서 꼭 필요한 장치는?

① 응답속도를 느리게 하는 장치   ② 응답속도를 빠르게 하는 장치
③ 안정도를 좋게 하는 장치   ④ 입력과 출력을 비교하는 장치

피드백(되먹임)제어는 입출력비교장치가 필요하다.   정답 : ④

04 블록선도와 전달함수 ★

	블록선도	전달함수
직렬접속	$R(s) \to \boxed{G_1} \to \boxed{G_2} \to C(s)$	$G(s) = \dfrac{C(s)}{R(s)} = G_1(s) \cdot G_2(s)$
병렬접속	(블록선도)	$G(s) = \dfrac{C(s)}{R(s)} = G_1(s) \pm G_2(s)$
피드백접속	(블록선도)	$G(s) = \dfrac{C(s)}{R(s)} = \dfrac{G(s)}{1 \mp G(s)H(s)}$
	(블록선도, $H(s)=1$)	$G(s) = \dfrac{C(s)}{R(s)} = \dfrac{G(s)}{1 \mp G(s)}$

개념잡기

다음 그림과 같은 제어계의 전체 전달함수는? (단, $H(s) = 1$이다)

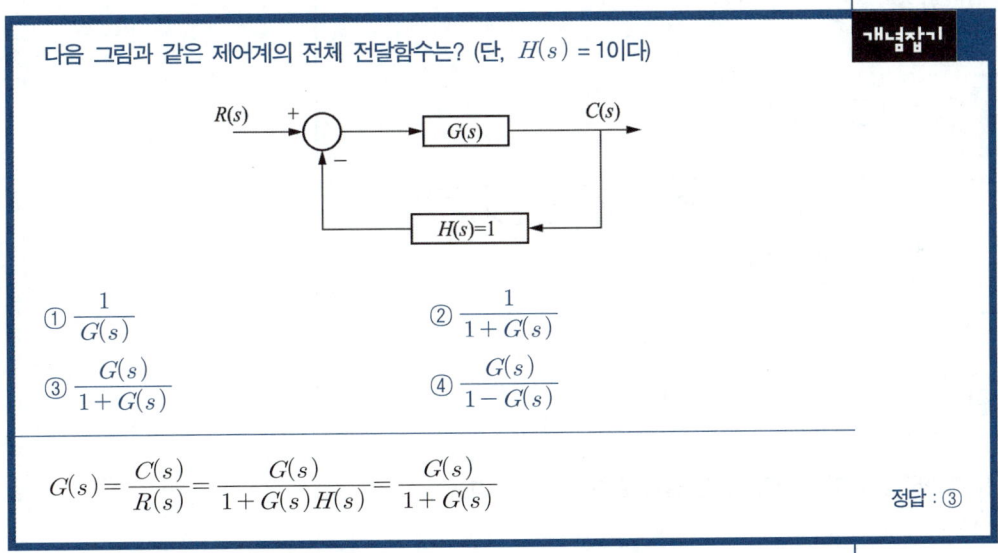

① $\dfrac{1}{G(s)}$　　　　② $\dfrac{1}{1+G(s)}$

③ $\dfrac{G(s)}{1+G(s)}$　　　　④ $\dfrac{G(s)}{1-G(s)}$

$G(s) = \dfrac{C(s)}{R(s)} = \dfrac{G(s)}{1+G(s)H(s)} = \dfrac{G(s)}{1+G(s)}$

정답 : ③

05 논리회로 ★★★

1. AND 연산(논리곱)

입력변수 중에서 한 개라도 거짓(논리 0)이 있으면, 연산 결과 출력이 거짓(논리 0)

- AND = 직렬
- OR = 병렬

1-1 해석 이론에 도입

직렬 논리 연결 스위치

1-2 표기

입력 A, B, 출력 Y=AB 혹은 Y=A·B

1-3 논리 동작 및 기호

입력		출력
A	B	X=AB
0	0	0
0	1	0
1	0	0
1	1	1

2. OR 연산(논리합)

입력변수 중에서 한 개라도 참(논리 1)이면, 연산 결과 출력이 참(논리 1)

2-1 해석 이론에 도입

병렬 논리 연결 스위치

2-2 표기

입력 A, B, 출력 Y=A+B

2-3 논리 동작 및 기호

입력		출력
A	B	Y=A+B
0	0	0
0	1	1
1	0	1
1	1	1

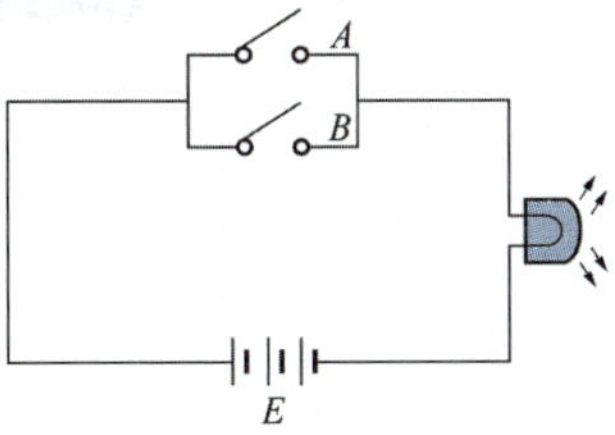

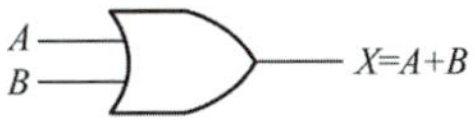

$X = A + B$

3. 부정 연산(NOT 연산)

3-1 NOT(부정)

논리 반전, 인버터(Inverter), 1 ⇒ 0, 0 ⇒ 1로

3-2 표기

입력 A, 출력은 $\overline{A}$

3-3 논리 동작 및 기호

입력	출력
A	Y=$\overline{A}$
0	1
1	0

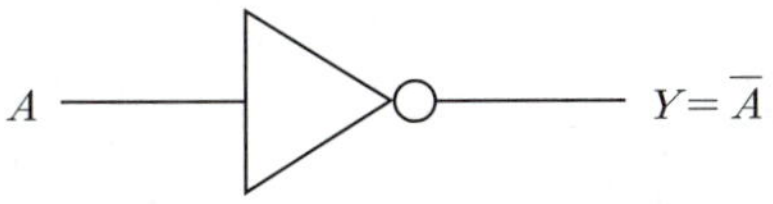

$Y = \overline{A}$

(예)

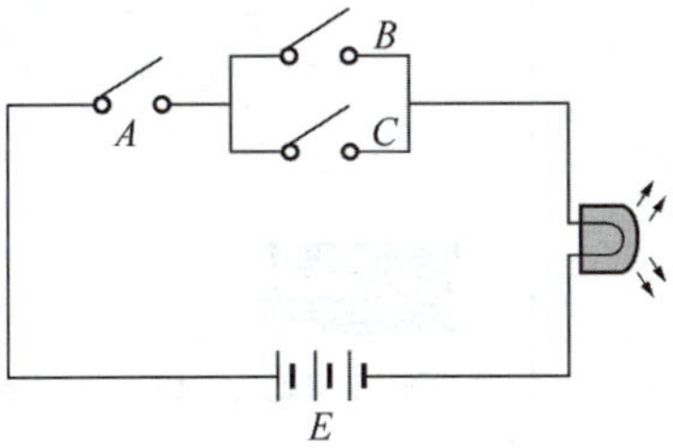

논리식으로 표현하면?

$Y = A \cdot (B + C)$

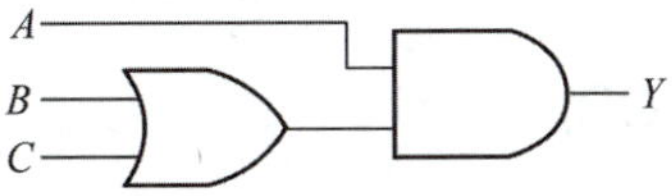

4. NOR 연산

- OR 연산 동작의 부정
- 입력 모두가 거짓(논리 0)일 때만, 출력이 참(논리 1)

4-1 논리 동작 및 기호

입력		출력
A	B	$Y=\overline{A+B}$
0	0	1
0	1	0
1	0	0
1	1	0

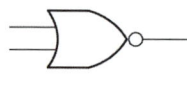

NOR은 OR과 NOT이 합해진 것이다.

5. NAND 연산

- AND 연산 동작의 부정
- 입력 중에서 하나라도 거짓(논리 0)이 있으면, 출력은 참(논리 1)

5-1 논리 동작 및 기호

입력		출력
A	B	$Y=\overline{AB}$
0	0	1
0	1	1
1	0	1
1	1	0

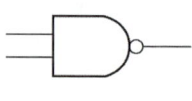

NAND는 AND와 NOT이 합해진 것이다.

6. XOR 연산(Exclusive-OR, EX-OR)

입력 중에서 서로 다를(배타적일)때만, 출력이 참(논리 1)

6-1 표기

$Y=A\oplus B$, $Y=\overline{A}B+A\overline{B}$

XOR과 XNOR은 비교 시 사용된다.

6-2 논리 동작 및 기호

입력		출력
A	B	Y=A⊕B
0	0	0
0	1	1
1	0	1
1	1	0

7. 부울 대수의 정리

1. 교환의 법칙	A+B=B+A	A·B=B·A
2. 결합의 법칙	(A+B)+C=A+(B+C)	(A·B)·C=A·(B·C)
3. 분배의 법칙	A(B+C)=AB+AC	A+BC=(A+B)·(A+C)
4. 동일의 법칙	A+A=A	A·A=A
5. 흡수의 법칙	A+(A·B)=A 0+A=A 1+A=1 (A+$\bar{B}$)·B=AB	A·(A+B)=A 0·A=0 1·A=A A$\bar{B}$+B=A+B
6. 부정의 법칙	($\bar{A}$)=$\bar{A}$, ($\bar{\bar{A}}$)=A	
7. 보수성의 법칙	A+$\bar{A}$=1	A·$\bar{A}$=0
8. 드모르강의 정리	$\overline{A+B}=\bar{A}\cdot\bar{B}$	$\overline{A\cdot B}=\bar{A}+\bar{B}$

개념잡기

NAND게이트 3개로 구성된 다음 논리회로의 출력값 E는?

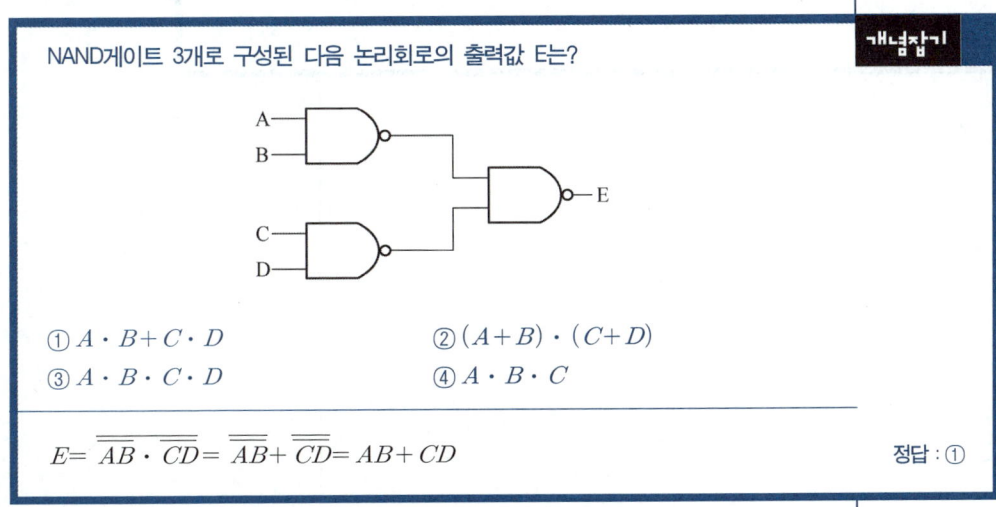

① $A \cdot B + C \cdot D$ ② $(A+B)\cdot(C+D)$
③ $A \cdot B \cdot C \cdot D$ ④ $A \cdot B \cdot C$

$E= \overline{\overline{AB}\cdot\overline{CD}}= \overline{\overline{AB}}+\overline{\overline{CD}}= AB+CD$

정답 : ①

다음 중 OR회로의 설명으로 옳은 것은?

① 입력신호가 모두 "0"이면 출력신호에 "1"이 됨
② 입력신호가 모두 "0"이면 출력신호에 "0"이 됨
③ 입력신호가 "1"과 "0"이면 출력신호에 "0"이 됨
④ 입력신호가 "0"과 "1"이면 출력신호에 "0"이 됨

OR 소자
둘다 0일 때는 0이고 나머지는 다 1이다.

정답 : ②

논리회로에 사용되는 인버터(inverter)란?

① OR회로　　　　　　　② NOT회로
③ AND회로　　　　　　④ X-OR회로

AND회로 = 논리곱, OR회로 = 논리합, NOT회로 = 부정, 반전(인버터), 토글

정답 : ②

그림과 같은 논리기호의 논리식은?

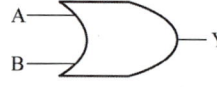

① $Y = \overline{A} + \overline{B}$　　　　② $Y = \overline{A} \cdot \overline{B}$
③ $Y = A \cdot B$　　　　　④ $Y = A + B$

OR(논리합)회로

정답 : ④

아래의 회로도와 같은 논리기호는?

개념잡기

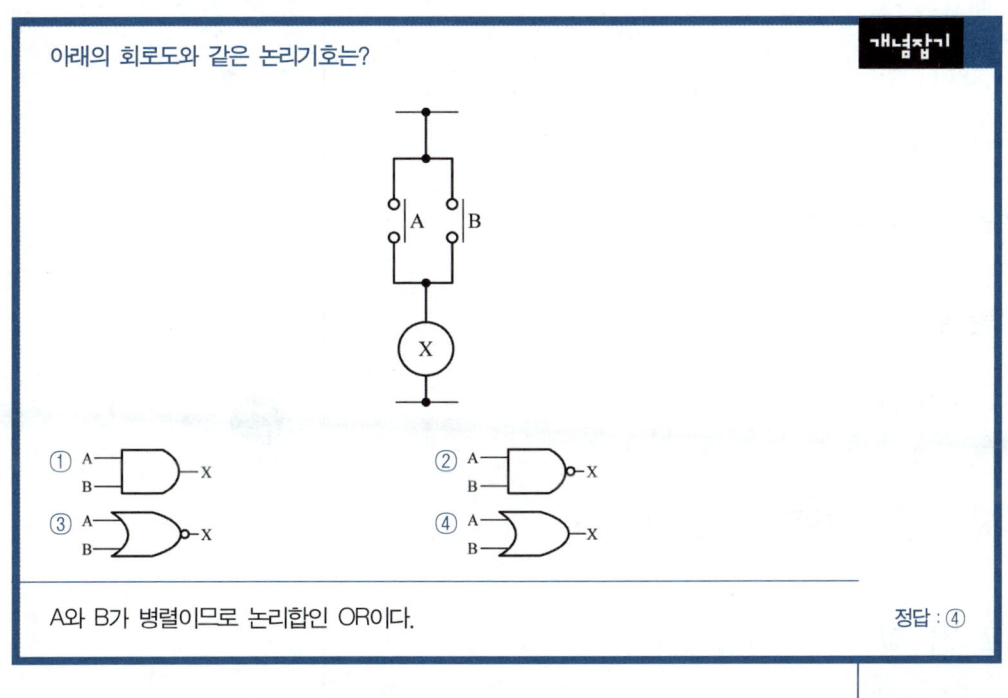

① A─┐⊃─X
   B─┘

② A─┐⊃o─X
   B─┘

③ A─┐⊃o─X
   B─┘

④ A─┐⊃─X
   B─┘

A와 B가 병렬이므로 논리합인 OR이다.

정답 : ④

논리식 A(A + B) + B를 간단히 하면?

개념잡기

① 1 　　　　　　　　　　② A
③ A + B 　　　　　　　　④ A · B

A(A + B)는 흡수법칙으로 A가 된다.

정답 : ③

06 정류회로

교류전압을 직류전압으로 변환하는 회로

1. 단상 반파 정류회로

1-1 직류의 평균 전압 값

$$Ed_0 = \frac{1}{2\pi}\int_0^\pi \sqrt{2}\,E\sin\theta\,d\theta = \frac{\sqrt{2}}{\pi}E = 0.45E\,(\text{V})$$

1-2 직류의 평균 전류 값

$$I_d = \frac{Ed_0}{R} = \sqrt{2}\,\frac{E}{\pi R} = 0.45\frac{E}{R}\,(\text{A})$$

E는 교류의 실효값이다.

2. 단상 전파 정류회로

2-1 직류의 평균 전압 값

$$Ed_0 = \frac{1}{\pi}\int_0^\pi \sqrt{2}\,E\sin\theta\,d\theta = \frac{2\sqrt{2}}{\pi}E = 0.9E\,(\text{V})$$

2-2 직류의 평균 전류 값

$$I_d = \frac{Ed_0}{R} = 0.9\frac{E}{R}\,(\text{A})$$

3. 3상 반파 정류회로

3-1 직류의 평균 전압 값

$$Ed_0 = \frac{1}{\frac{2}{3}\pi}\int_{-\frac{\pi}{3}}^{+\frac{\pi}{3}} \sqrt{2}\,E\sin\theta\,d\theta = 1.17E\,(\text{V})$$

3-2 직류의 평균 전류 값

$$I_d = \frac{Ed_0}{R} = 1.17\frac{E}{R}\,(\text{A})$$

4. 3상 전파 정류회로

4-1 직류의 평균 전압 값

$$Ed_0 = \frac{1}{\frac{2}{6}\pi}\int_{-\frac{\pi}{6}}^{+\frac{\pi}{6}} \sqrt{2}\,E\sin\theta\,d\theta = 1.35E\,(\text{V})$$

4-2 직류의 평균 전류 값

$$I_d = \frac{Ed_0}{R} = 1.35\frac{E}{R}\,(\text{A})$$

07 반도체

1. 반도체

실리콘(Si), 게르마늄(Ge), 셀렌(Se), 산화동(Cu_2O) 등

2. 진성반도체

실리콘이나 게르마늄 등과 같이 불순물이 섞이지 않은 순수한 반도체, 4가

진성반도체 = 순수반도체

3. 불순물반도체

진성반도체에 3가나 5가의 원자를 소량 혼입한 반도체

3-1 P형 반도체

3가의 원소를 섞어 넣는 반도체이다. 주로 붕소, 알루미늄, 인디움 등을 섞는데 억셉터라고 부른다. 이때 전기를 운반하는 반송자를 정공이라고 한다.

3-2 N형 반도체

5가의 원소를 섞어 넣는 반도체이다. 주로 인, 비소, 안티몬 등을 섞는데 도너라고 부른다. 이때 전기를 운반하는 반송자를 가전자라고 한다.

4. 종류

4-1 다이오드(Diod) ★

- PN접합

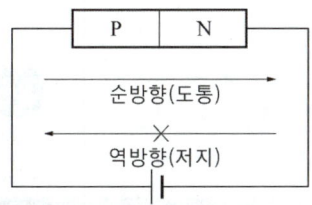

- 단방향2단자
- 정류작용 : 교류를 직류로 변환
- 제너다이오드 : 정전압특성
- 바렉터 다이오드 : 가변다이오드

4-2 DIAC(양방향 2단자)

NPN형접합으로 다이오드 2개를 역병렬로 연결한 회로와 동일하다. 주로 TRIAC과 함께 사용하여 트리거펄스를 발생시키는 역할을 한다.

4-3 SCR(역저지 = 단방향 3단자 사이리스터)

- PNPN구조
- 순방향으로 전류가 흐를 때 게이트 신호에 의해 스위칭, 직류 및 교류제어용 소자, 소호기능 없다.

장점

소형, 충격과 진동에 강함, 정방향전압 강하↓, 효율↑, 고속스위칭

단점

열특성↓

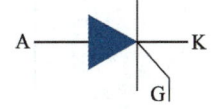

> **참고**
>
> SCR
>
>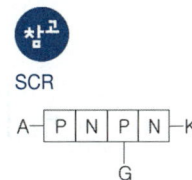

4-4 TRIAC(양방향 3단자 사이리스터)

사이리스터 2개를 역병렬로 접속, 교류에만 사용, 소호기능 없다.

4-5 GTO(게이트 턴 오프 스위치)

자기소호 가능, 직류 및 교류제어용 소자

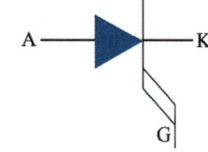

4-6 IGBT(Insulated Gate Bipolar Transistor)

전력용 반도체의 일종으로 정확하게 중전력 스위칭용 반도체, 트랜지스터는 가격이 저렴한 대신 회로구성이 복잡하고 동작속도가 느린 단점이 있고, MOSFET는 저전력이고 속도가 빠른 대신 비싼 단점이 있다. IGBT는 바로 이 두 제품의 장점만을 결합한 제품, 자기소호 가능

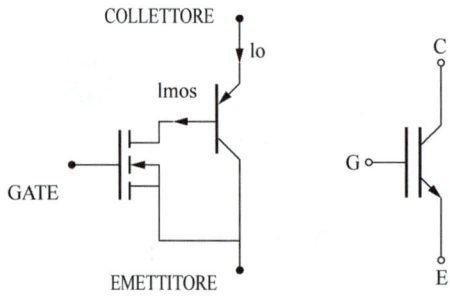

그 밖의 종류
SUS(단방향 3단자)
SCS(단방향 4단자)
SSS(양방향 2단자)
SBS(양방향 3단자)

개념잡기

P형 반도체와 N형 반도체 또는 반도체와 금속을 접합시키면 전류가 한쪽 방향으로는 잘 흐르나 반대 방향으로는 잘 흐르지 않는 정류작용을 한다. 이와 같은 원리를 이용한 것은?

① 다이오드
② CdS
③ 서미스터
④ 트라이액

P형과 N형 반도체를 접합시켜 PN접합다이오드를 만들어 정류작용에 이용한다.

정답 : ①

개념잡기

다음 중 다이오드의 순방향 바이어스 상태를 의미하는 것은?

① P형 쪽에 (-), N형 쪽에 (+) 전압을 연결한 상태
② P형 쪽에 (+), N형 쪽에 (-) 전압을 연결한 상태
③ P형 쪽에 (-), N형 쪽에 (-) 전압을 연결한 상태
④ P형 쪽에 (+), N형 쪽에 (+) 전압을 연결한 상태

순방향은 P쪽이 +, N쪽이 -이고 역방향은 그 반대임

정답 : ②

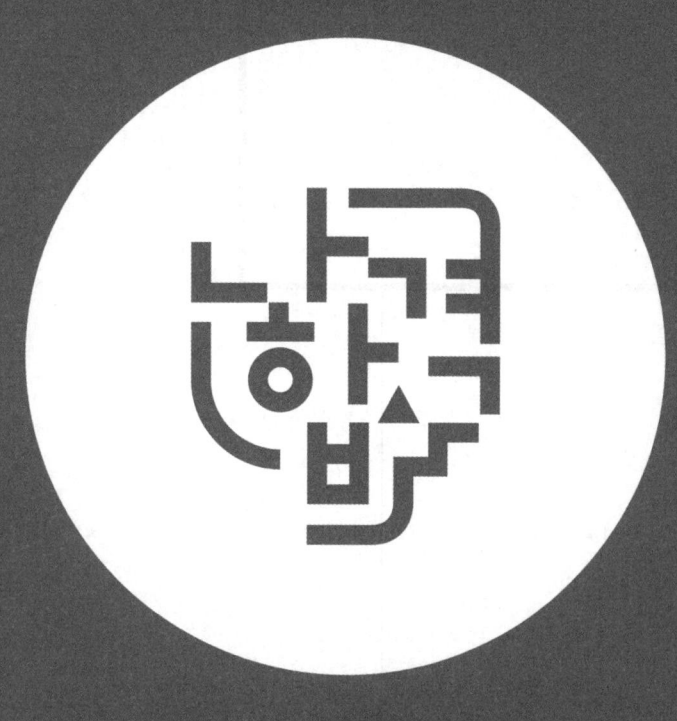

PART 05

CBT 복원문제

2017년　제1, 3회　CBT 복원문제
2018년　제1, 3회　CBT 복원문제
2019년　제1, 3회　CBT 복원문제
2020년　제1, 3회　CBT 복원문제
2021년　제1, 3회　CBT 복원문제
2022년　제1, 3회　CBT 복원문제
2023년　제1, 3회　CBT 복원문제
2024년　제1, 3회　CBT 복원문제
2025년　제1, 3회　CBT 복원문제

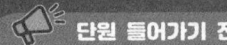
단원 들어가기 전

2016년 5회부터 CBT방식으로 전면 시행됨에 따라 실제 수험생 분들의 복원을 토대로 구성하였습니다.
최신 문제를 풀어보고 최신 경향을 파악해 보세요.

01

유압엘리베이터의 작동유의 적정온도의 범위는?

① 0℃ 이상 70℃ 이하
② 0℃ 이상 80℃ 이하
③ 5℃ 이상 90℃ 이하
④ 5℃ 이상 60℃ 이하

해설및용어설명 | 작동유의 적정온도는 5~60℃ 이하로 유지해야 한다.

02

엘리베이터 도어 사이에 끼이는 물체를 검출하기 위한 안전장치로 틀린 것은?

① 광전 장치
② 도어클로저
③ 세이프티 슈
④ 초음파 장치

해설및용어설명 | 접촉식 검출장치인 세이프티 슈와 비접촉식인 초음파 장치와 광전 장치(세이프티 레이)가 있다.

03

언더 컷(under cut) 홈 시브에 대한 설명으로 틀린 것은?

① 로프와 시브의 마찰계수를 높이기 위한 것이다.
② 로프 마모율이 비교적 심하지 않다.
③ 주로 싱글 랩핑(1:1로핑)에 사용된다.
④ 홈의 형상은 시브 홈의 밑을 도려낸 것이다.

해설및용어설명 | 언더 컷 홈은 로프와 시브의 마찰계수를 높이기 위한 것으로 마모율이 비교적 심하다.

04

중앙 개폐방식 승강장 도어를 나타내는 기호는?

① 2S
② UP
③ CO
④ SO

해설및용어설명 | 중앙열기(center open)는 CO가 기호이다.

05

모듈이 2, 잇수가 각각 38, 72인 두 개의 표준 평기어가 맞물려 있을 때 축간거리는 몇 mm인가?

① 110
② 150
③ 165
④ 250

해설및용어설명 | 평기어의 축간거리

$$C = \frac{m(Z_1 + Z_2)}{2} = \frac{2(38+72)}{2} = 110$$

- C : 축간거리
- m : 모듈
- Z : 잇수

06

승용 승강기에서 기계실이 승강로 최상층에 있는 경우 기계실에 설치할 수 없는 것은?

① 제어반 ② 권상기
③ 균형추 ④ 조속기

해설및용어설명 | 균형추는 승강로 내에 설치되어 있다. 기계실에는 권상기, 제어반, 조속기 등이 설치된다.

07

로프식 승강기의 조명회로 전압이 220V인 경우 절연저항값은 몇 MΩ 이상이어야 하는가?

① 0.1 ② 0.2
③ 0.3 ④ 0.4

해설및용어설명 | 법개정으로 더 이상 출제되지 않습니다.

08

비상용 엘리베이터는 정전 시 몇 초 이내에 엘리베이터 운행에 필요한 전력용량이 자동적으로 발생되어야 하는가?

① 60   ② 90
③ 120 ④ 150

해설및용어설명 | 정전시 60초 이내에 엘리베이터 운행에 필요한 전력용량을 자동으로 발생시키고, 2시간 이상 운행시킬 수 있어야 한다.

09

이동식 전기기기에 의한 감전사고를 예방하기 위하여 가장 필요한 조치는?

① 외부에 절연용 도료를 칠한다.
② 장시간 사용을 금한다.
③ 숙련공이 취급한다.
④ 접지를 한다.

해설및용어설명 | 접지의 가장 중요한 목적은 감전사고예방이다.

10

유도전동기의 속도를 변화시키는 방법이 아닌 것은?

① 슬립 s를 변화시킨다. ② 극수 P를 변화시킨다.
③ 주파수 f를 변화시킨다. ④ 용량을 변화시킨다.

해설및용어설명 | 유도전동기의 동기속도식에서 극수와 주파수를 바꾸거나 속도손실인 슬립으로 속도를 변경할 수 있다.

11

재해의 원인인 불안전 상태에 해당되는 것은?

① 운전 중인 기계장치 손질 ② 안전방호장치의 결함
③ 불안전한 상태의 점검   ④ 운전 중 속도 조절

해설및용어설명 | 불안전한 상태(물적원인)에는 공구나 장치, 안전장치의 결함이 포함된다.

12

핸드레일 인입구에 손이나 이물질이 끼었을 때 즉시 작동하여 에스컬레이터를 정지시키는 장치는?

① 핸드레일 스위치 ② 구동체인 안전장치
③ 조속기 ④ 핸드레일 인입구 안전장치

해설및용어설명 | 핸드레일 인입구에 손이나 이물질이 끼었을 때 즉시 작동하여 에스컬레이터를 정지시키는 장치는 핸드레일 인입구 안전장치이다.

13

직류발전기의 기본 구성요소에 속하지 않는 것은?

① 계자 ② 보극
③ 전기자 ④ 정류자

해설및용어설명 | 직류기의 기본 3대구성요소 : 전기자, 계자, 정류자

14

동력 3,730W는 약 몇 마력인가?

① 3 ② 5
③ 7 ④ 10

해설및용어설명 | 1마력이 746W이므로 3,730÷746＝5마력

15

에스컬레이터 회로의 사용전압이 400V 이하인 것의 접지저항은 몇 Ω 이하여야 하는가?

① 10 ② 100
③ 300 ④ 500

해설및용어설명 | 법개정으로 더 이상 출제되지 않습니다.

16

그림과 같은 콘덴서 접속회로의 합성정전용량은 몇 F인가?

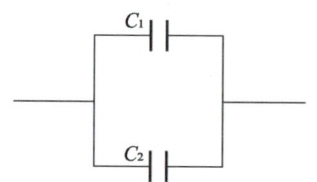

① $C_1 + C_2$ ② $C_1 C_2$
③ $\dfrac{1}{C_1 C_2}$ ④ $\dfrac{C_1 + C_2}{C_1 C_2}$

해설및용어설명 | 콘덴서 병렬은 저항의 직렬처럼 더하기 하면 됩니다. 따라서 합성정전용량 $C = C_1 + C_2$

17

파괴검사 방법이 아닌 것은?

① 인장 검사 ② 굽힘 검사
③ 경도 검사 ④ 육안 검사

해설및용어설명 | 육안 검사는 눈으로 보는 검사이므로 재료의 파괴를 동반하지 않는다.

18

교류 엘리베이터의 제어방식 중 VVVF 제어방식이란?

① 가변전류 가변전압 제어방식
② 가변전압 가변주파수 제어방식
③ 가변전압 다이나믹브레이크 제어방식
④ 주파수 변화에 의한 제어방식

해설및용어설명 | VVVF(가변전압 가변주파수) 제어방식은 전압과 주파수를 제어하여 속도와 토크를 제어하는 방식이다.

19

높은 곳에서 전기작업을 위한 사다리작업을 할 때 안전을 위하여 절대 사용해서는 안 되는 사다리는?

① 니스(도료)를 칠한 사다리
② 셸락(shellac)을 칠한 사다리
③ 도전성 있는 금속제 사다리
④ 미끄럼 방지장치가 있는 사다리

해설및용어설명 | 도전성이 있는 금속제 사다리는 감전위험이 있으므로 전기작업용으로 사용해서는 안 된다.

20

유도전동기에서 슬립이 1이란 전동기의 어느 상태인가?

① 유도제동기의 역할을 한다.
② 유도전동기가 전부하 운전 상태이다.
③ 유도전동기가 정지 상태이다.
④ 유도전동기가 동기속도로 회전한다.

해설및용어설명 | 유도전동기는 슬립의 범위가 0~1사이이며 슬립이 0인 경우는 동기속도회전시나 무부하 시에 해당되고, 슬립이 1인 경우는 정지 시나 기동 시에 해당된다.

21

다음 중 마이크로미터를 이용하여 측정 가능한 것은?

① 미세한 전류   ② 작은 길이
③ 진동   ④ 미세한 압력

해설및용어설명 | 마이크로미터는 이름 그대로 마이크로한 미터(길이)를 측정한다. 아주 작은 길이를 재는 기구이다.

22

승강기를 자체 점검할 때 거리가 먼 항목은?

① 와이어로프의 손상 유무   ② 비상정지장치의 이상 유무
③ 가이드레일의 상태   ④ 클러치의 이상 유무

해설및용어설명 | 승강기에는 와이어로프, 비상정지장치, 가이드레일 등의 구성을 점검한다. 클러치는 승강기 구성품이 아니므로 관계없는 항목이다.

23

전기재해의 직접적인 원인과 관련이 없는 것은?

① 회로 단락   ② 충전부 노출
③ 접속부 과열   ④ 접지판 매설

해설및용어설명 | 접지는 사고를 예방하기 위해서 설치한다.

24

장애인용 엘리베이터의 경우 호출버튼에 의하여 카가 정지하면 몇 초 이상 문이 열린 채로 대기하여야 하는가?

① 8   ② 10
③ 12   ④ 15

해설및용어설명 | 장애인용 엘리베이터는 호출버튼 또는 등록버튼에 의하여 카가 정지하면 10초 이상 문이 열린 채로 대기해야 한다.

25

사업장 내에서 승강기의 조립 또는 해체작업을 할 때 조치하여야 할 사항이 아닌 것은?

① 작업을 지휘하는 자를 선임하여 지휘자의 책임 하에 작업을 실시할 것
② 작업할 구역에는 관계 근로자 외의 자의 출입을 금지 시킬 것
③ 악조건의 작업을 할 때에는 근로자에게 위험을 미칠 우려가 있다고 판단되는 경우 작업을 중지시킬 것
④ 사용자의 편의를 위하여 야간작업을 하도록 할 것

해설및용어설명 | 야간작업은 주간작업보다 사고의 위험이 현저히 증가한다.

26

평면의 디딤판을 동력으로 오르내리게 한 것으로, 경사도가 12° 이하로 설계된 것은?

① 에스컬레이터　　② 수평보행기(무빙워크)
③ 경사형 리프트　　④ 덤웨이터

해설및용어설명 | 에스컬레이터의 경사도는 30° 이하, 무빙워크의 경사도는 12° 이하이다.

27

다음 ( )에 들어갈 내용으로 알맞은 것은?

> 승강로의 벽 또는 울 및 출입문은 ( )로 만들거나 씌워야 한다.

① 불연재료　　② 난연재료
③ 준불연재료　④ 내화재료

해설및용어설명 | 승강로의 구획은 불연재료 또는 내화구조의 벽, 바닥, 천장 등으로 주위와 구분되어야 한다.

28

유압식 엘리베이터 이물질을 제거하는 작용을 하며 펌프의 흡입 측에 부착하는 것은?

① 더스트 와이퍼　② 사일렌서
③ 필터　　　　　④ 스트레이너

해설및용어설명 | 실린더에 이물질이 들어가는 것을 방지하는 필터로 펌프의 흡입측에 부착되어 있는 것은 스트레이너이고 배관중간에 부착되는 것은 라인 필터이다.

29

유압장치의 보수, 점검, 수리 시에 사용되고, 일명 게이트 밸브 라고도 하는 것은?

① 스톱 밸브　　② 사일렌서
③ 체크 밸브　　④ 필터

해설및용어설명 | 스톱 밸브(stop valve)
유압파워 유니트에서 실린더 사이에 설치하는 수동조작 밸브이다. 이 밸브를 닫으면 실린더에서 오일탱크로 오일이 역류하는 것을 방지한다. 게이트(gate) 밸브라고도 한다. 유압장치의 보수, 점검, 수리 시 사용한다.

30

에스컬레이터의 스커트 가드판과 스텝 사이에 인체의 일부나 옷, 신발 등이 끼었을 때 에스컬레이터를 정지시키는 안전장치는?

① 스텝체인 안전장치　　② 구동체인 안전장치
③ 핸드레일 안전장치　　④ 스커트 가드 안전장치

해설및용어설명 | 스커트 가드 안전장치(S.G.S)
승강구의 가까운 위치에서 사람이나 이물질이 디딤판 측면과 스커트 가드와의 사이에 강하게 끼이는 경우 구동 전동기 및 브레이크의 전원을 차단하는 장치

31

다음 응력에 대한 설명 중 옳은 것은?

① 단면적이 일정한 상태에서 외력이 증가하면 응력은 작아진다.
② 단면적이 일정한 상태에서 하중이 증가하면 응력은 증가한다.
③ 외력이 일정한 상태에서 단면적이 작아지면 응력은 작아진다.
④ 외력이 증가하고 단면적이 커지면 응력은 증가한다.

해설및용어설명 | 응력 = 하중/단면적이므로 하중에 비례하고 단면적에 반비례한다.

32

변형량과 원래 치수와의 비를 변형률이라 하는데 다음 중 변형률의 종류가 아닌 것은?

① 가로 변형률　② 세로 변형률
③ 전단 변형률　④ 전체 변형률

해설및용어설명 | 변형률에는 가로 변형률, 세로 변형률, 전단 변형률, 체적 변형률이 있다.

33

플라이 웨이트가 로프잡이를 동작시켜 로프잡이는 조속기 로프를 잡고 비상정지장치를 동작시키는 기구로 되어 있는 조속기는?

① 디스크형 조속기　② 플라이 볼형 조속기
③ 롤 세프티형 조속기　④ 슬라이드형 조속기

해설및용어설명 |
• 디스크형 조속기 : 엘리베이터가 설정된 속도에 달하면 원심력에 의해 진자(振子)가 움직이고 가속 스위치를 작동시켜서 정지시키는 과속조절기, 중저속 엘리베이터에 사용된다.

• 플라이 볼(Fly Ball)형 조속기 : 과속조절기 도르래의 회전을 베벨기어에 의해 수직축의 회전으로 변환하고, 이 축의 상부에서부터 링크 기구에 의해 매달린 구형(球形)의 진자에 작용하는 원심력으로 추락방지 안전장치를 작동시킨다. 구조가 복잡하나 속도검출 정밀도가 높아서 고속 엘리베이터에 많이 사용된다.

34

버니어캘리퍼스를 사용하여 와이어 로프의 직경 측정방법으로 알맞은 것은?

① 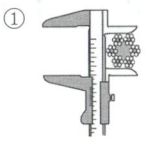　②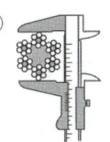

③ 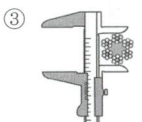　④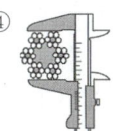

해설및용어설명 | 가장 긴쪽으로 측정하며 버니어캘리퍼스의 외경을 측정하는 쪽을 사용한다.

35

슬로우 다운 스위치(slow down switch)의 위치조정은 다음 중 어느 것이 올바른 조정상태인가?

① 자동착상장치(landing switch)가 작동한 후에 스위치가 작동하도록 조정한다.
② 자동착상장치보다 먼저 작동하도록 조정한다.
③ 자동착상장치와 동시에 작동하도록 조정한다.
④ 자동착상장치나 슬로우 다운 스위치의 어느 것이나 먼저 작동하여도 상관없으므로 임의로 조정한다.

해설및용어설명 | 자동착상장치(landing switch)가 작동한 후에 슬로우 다운 스위치(slow down switch)가 작동하도록 조정한다.

36

사고예방의 기본 4원칙이 아닌 것은?

① 원인계기의 원칙
② 대책선정의 원칙
③ 예방가능의 원칙
④ 개별분석의 원칙

해설및용어설명 | 산업재해 예방의 4원칙(하인리히의 재해예방 4원칙)
손실우연의 법칙, 원인계기의 원칙, 예방가능의 원칙, 대책선정의 원칙

37

직접식 유압 엘리베이터의 특징이 아닌 것은?

① 부하에 의한 카 바닥의 빠짐이 작다.
② 추락방지안전장치(비상정지장치)가 필요하지 않다.
③ 일반적으로 실린더의 점검이 간접식에 비해 쉽다.
④ 실린더를 설치하기 위한 보호관을 지중에 설치하여야 한다.

해설및용어설명 | 실린더의 점검은 위에 카를 받치고 있는 직접식보다 위에 카가 없는 간접식이 상대적으로 쉽다.

38

스트랜드의 내층·외층소선을 같은 직경으로 구성하고 소선 간의 틈새에 가는 소선을 넣은 와이어로프는?

① 실형
② 필러형
③ 워링톤형
④ 헬테레스형

해설및용어설명 | 스트랜드의 내층·외층소선을 같은 직경으로 구성하고 소선 간의 틈새에 가는 소선을 넣은 와이어로프는 필러형이고 이때 틈새에 넣는 가는 소선을 필러와이어라고 한다.

39

전기력선이 작용하는 공간은?

① 자기 모멘트(magnetic moment)
② 전자석(electromagnet)
③ 전기장(electric field)
④ 전위(electric potential)

해설및용어설명 | 전기력선이 작용하는 공간은 전기장이고 자기력선이 작용하는 공간은 자기장이다.

40

전기공사를 할 때 어느 작업에서나 필요한 보호장구는?

① 핫스틱
② 방전고무장갑
③ 안전허리띠
④ 안전모

해설및용어설명 | 안전모는 모든 작업 시 필요한 보호장구이다.

41

아파트등의 엘리베이터에서 주로 야간에 카 내의 범죄 예방을 위해 설치하는 방식은?

① 워드레오나드방식
② 종단층 강제속도장치방식
③ 록다운 비상정지방식
④ 각층 강제 정지운전방식

해설및용어설명 | 각층 강제 정지운전방식
공동주택에서 방범 목적으로 야간에 사용되는 것으로 각 층마다 정지하도록 되어 있다.

42

다음 중 ( ) 안에 들어갈 내용으로 알맞은 것은?

> 카가 유입완충기에 충돌했을 때 플런저가 하강하고 이에 따라 실린더 내의 기름이 좁은 ( )을(를) 통과하면서 생기는 유체저항에 의해 완충작용을 하게 된다.

① 오리피스 틈새　　② 실린더
③ 오일게이지　　　④ 플런저

해설및용어설명 | 오리피스는 유체를 분출시키는 구멍으로 완충작용을 한다.

43

그림과 같은 논리회로의 논리식은?

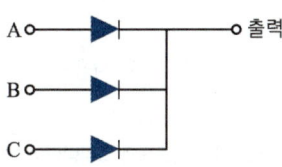

① $\overline{A+B+C}$　　② $A+B+C$
③ $A \cdot B \cdot C$　　　④ $\overline{A \cdot B \cdot C}$

해설및용어설명 | A, B, C에 아무거나 하나만 입력이 들어와도 출력이 나오는 구조이므로 논리합이 되어 A + B + C가 된다.

44

승강기에 적용하는 가이드 레일의 규격을 결정하는 데 관계가 가장 적은 것은?

① 피트의 충격하중　　② 좌굴하중
③ 수평 진동력　　　　④ 회전모멘트

해설및용어설명 | 가이드 레일의 결정요소
- 비상정지장치가 작동했을 때 좌굴하중에 좌굴하는가
- 지진발생 시 수평진동력으로 레일에서 이탈하는가
- 카 내 불균형한 큰 하중적재 시 걸리는 회전모멘트에 레일이 견디는가

이므로 피트에서의 충격하중과는 무관하다.

45

수직 개폐식 승강장 문 및 카 문이 닫혀 있을 때, 문짝 간 틈새나 문짝과 문틀(측면) 또는 문턱 사이의 틈새는 몇 mm까지 허용되는가? (단, 관련부품이 마모되지 않은 경우이다)

① 4　　② 6
③ 10　④ 14

해설및용어설명 | 승강장 문 및 카 문이 닫혀 있을 때, 문짝 간 틈새나 문짝과 문틀(측면) 또는 문턱 사이의 틈새는 6mm 이하여야 하며, 관련 부품이 마모된 경우에는 10mm까지 허용될 수 있다. 유리로 만든 문은 제외한다. 수직 개폐식 승강장 문 및 카 문의 경우에는 상기 틈새가 10mm까지 허용될 수 있으며, 관련부품이 마모된 경우에는 14mm까지 허용될 수 있다.

정답　42 ①　43 ②　44 ①　45 ③

46

승강장의 문이 열린상태에서 모든 제약이 해제되면 자동적으로 닫히게 하여 문의 개방상태에서 생기는 2차 재해를 방지하는 문의 안전장치는?

① 도어 컨트롤   ② 도어 인터록
③ 도어 클로저   ④ 과부하 감지장치

해설및용어설명 | 승강기 출입문이 열려있을 경우 자동으로 닫히게 하는 장치는 도어 클로저이다.

47

비상정지장치(추락방지안전장치)가 작동될 때, 무부하 상태의 카 바닥 또는 정격하중이 균일하게 분포된 부하 상태의 카 바닥은 정상적인 위치에서 몇 %를 초과하여 기울어지지 않아야 하는가?

① 2   ② 3
③ 4   ④ 5

해설및용어설명 | 카 추락방지안전장치가 작동될 때, 무부하 상태의 카 바닥 또는 정격하중이 균일하게 분포된 부하 상태의 카 바닥은 정상적인 위치에서 5%를 초과하여 기울어지지 않아야 한다.

48

기계기구에 대한 방호조치의 짝으로 옳은 것은?

① 리프트 – 조속기   ② 에스컬레이터 – 파킹장치
③ 크레인 – 역화방지기   ④ 승강기 – 과부하방지장치

해설및용어설명 | 승강기의 방호조치항목으로 과부하방지, 과속방지, 추락방지 등이 있다.

49

직류기의 효율이 최대가 되는 조건으로 알맞은 것은?

① 무부하손 = 부하손   ② 기계손 = 철손
③ 철손 = 동손   ④ 히스테리시스손 = 와류손

해설및용어설명 | 직류기효율이 최대인 조건은 무부하손(고정손) = 부하손(가변손)인 경우이다.

50

다음 중 로프의 꼬임 방법과 거리가 가장 먼 것은?

① 보통꼬임과 랭꼬임이 있다.
② 보통꼬임은 스트랜드의 꼬임 방향과 로프의 꼬임 방향이 같다.
③ 보통꼬임은 소선과 도르래의 접촉면이 작으면 마모의 영향은 다소 많다.
④ 보통꼬임은 잘 풀리지 않아 일반적으로 사용된다.

해설및용어설명 | 보통꼬임은 스트랜드와 로프의 꼬임방향이 반대로 되어 있다.

51

기계설비의 위험방지를 위해 보전성을 개선하기 위한 사항과 거리가 먼 것은?

① 안전사고 예방을 위해 주기적인 점검을 해야 한다.
② 고가의 부품인 경우는 고장발생 직후에 교환한다.
③ 가동률을 높이고 신뢰성을 향상시키기 위해 안전 모니터링 시스템을 도입하는 것은 바람직하다.
④ 보전용 통로나 작업장의 안전 확보는 필요하다.

해설및용어설명 | 고장이 발생하면 고장표시를 하고 고장부품은 즉시 교환한다.

52

와이어 로프의 구성요소가 아닌 것은?

① 소선 ② 심강
③ 킹크 ④ 스트랜드

해설및용어설명 | 와이어로프의 구성요소는 심강, 스트랜드, 소선

53

후크의 법칙을 옳게 설명한 것은?

① 응력과 변형률은 반비례 관계이다.
② 응력과 탄성계수는 반비례 관계이다.
③ 응력과 변형률은 비례 관계이다.
④ 응력과 탄성계수는 비례 관계이다.

해설및용어설명 | 후크의 법칙은 비례한도 이내에서 응력과 변형률은 비례한다는 법칙이다.

54

로프식 엘리베이터에서 주로프의 끝 부분은 몇 가닥마다 로프 소켓에 바빗트 채움을 하거나 체결식 로프소켓을 사용하여 고정하여야 하는가?

① 1가닥 ② 2가닥
③ 3가닥 ④ 5가닥

해설및용어설명 | 로프의 1가닥씩 소켓에 결합시켜야 한다.

55

작업장에서 작업복을 착용하는 가장 큰 이유는?

① 방한 ② 복장통일
③ 작업능률 향상 ④ 작업 중 위험 감소

해설및용어설명 | 작업복은 작업 시 안전을 최우선시하여 제작되고 디자인되어야 한다.

56

재해원인 중 생리적인 원인은?

① 안전장치 사용의 미숙 ② 안전장치의 고장
③ 작업자의 무지 ④ 작업자의 피로

해설및용어설명 | 생리적 원인인 피로는 작업에 큰 영향을 미치므로 적당한 휴식을 필요로 한다.

57

위험기계기구의 방호장치의 설치의무가 있는 자는?

① 안전관리자 ② 해당 작업자
③ 기계기구의 소유자 ④ 현장작업의 책임자

해설및용어설명 | 위험기계기구의 방호장치의 설치의무가 있는 자는 사업자(소유자)로 접근하지 못하도록 제반조치를 취해야 하며 방호망, 덮개 등의 방호장치를 설치해야 한다.

58

중상자가 발생할 우려가 있는 작업자의 구급 용구로 볼 수 없는 것은?

① 지혈대
② 부목
③ 휠체어
④ 들것

해설및용어설명 | 중상자의 구급용구에 지혈대, 부목, 들것 등은 포함되지만 휠체어는 병원에 이송 후 치료 시에 활용되는 품목이다.

59

스트로보스코프로 측정할 수 있는 것은?

① 전압
② 전류
③ 자속
④ 회전수

해설및용어설명 | 스트로보스코프 방식은 슬립을 측정하는 방법으로 동기속도로부터 회전수를 겉보기회전수로 구한 후 슬립 = 겉보기회전수 ÷ 동기속도로 구한다.

60

기계식 주차장치에 있어서 자동차 중량의 전륜 및 후륜에 대한 배분비는?

① 4 : 6
② 5 : 5
③ 6 : 4
④ 7 : 3

해설및용어설명 | 자동차 중량의 전륜 및 후륜에 대한 배분은 6 : 4로 하고 계산하는 단면에는 큰 쪽의 중량이 집중히중으로 작용하는 것으로 가정하여 계산하여야 한다.

CBT 복원문제

2017 * 3

01

아래의 회로도와 같은 논리기호는?

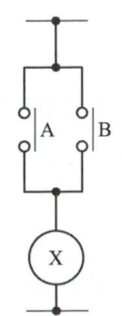

 ① A B — X   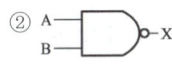 ② A B — X

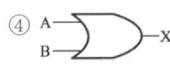 ③ A B — X   ④ A B — X

해설및용어설명 | A와 B가 병렬이므로 논리합인 OR이다

02

에스컬레이터의 안전장치가 아닌 것은?

① 핸드레일 안전장치 ② 구동체인 안전장치
③ 카 도어 안전장치 ④ 스커트가드 안전장치

해설및용어설명 | 카 도어는 엘리베이터에 속한다.

03

추락방지 안전대책으로 포함되지 않는 것은?

① 울타리 ② 난간
③ 사다리 ④ 덮개

해설및용어설명 | 사다리는 추락사고의 원인에 해당된다.

04

교류 2단 속도제어(AC-2) 승강기에서 카 바닥과 각 층의 바닥면이 일치되도록 정지시켜 주는 역할을 하는 장치는?

① 시브 ② 로프
③ 브레이크 ④ 전원 차단기

해설및용어설명 | 제동기에 의한 기계적 브레이크 제어방식으로 정지한다.

05

승객용 엘리베이터에서 일반적으로 균형체인 대신 균형로프를 사용하는 정격속도의 범위는?

① 120m/min 이상 ② 120m/min 미만
③ 150m/min 이상 ④ 150m/min 미만

해설및용어설명 | 법 개정으로 더 이상 출제되지 않습니다.
균형체인은 3m/s 이하에서 주로 사용하고 균형로프는 전속도에서 사용이 가능하다. 3.5m/s를 초과하는 경우는 추가로 튀어오름 방지장치(록다운 비상정지장치)를 설치해야 한다.

정답 01 ④ 02 ③ 03 ③ 04 ③ 05 ①

06

주로프에서 심강에 대한 설명으로 옳은 것은?

① 로프의 중심부를 구성하며 천연의 마를 사용한다.
② 소선수를 말하며 합성섬유를 사용한다.
③ 제동력을 높이기 위해 소선에 기름을 먹인 것을 말한다.
④ Z꼬임으로 되어 있는 것을 말한다.

해설및용어설명 | 코어(심강)은 로프의 중심으로 양질의 합성섬유 또는 천연 섬유류를 사용한다.

07

직류기에 사용되는 브러시가 갖추어야 할 성질 중 틀린 것은?

① 접촉저항이 적당할 것
② 마모성이 적을 것
③ 스프링에 의한 적당한 압력을 가질 것
④ 기계적으로 튼튼할 것

해설및용어설명 | 브러시의 압력은 작아야 크게 마찰이 발생하지 않는다.

08

교류 2단 속도제어(AC-2)방식으로 주로 사용되는 것은?

① 정지레오나드방식
② 주파수 변환방식
③ 극수 변환방식
④ 워드레오나드방식

해설및용어설명 | 교류 2단 속도제어는 중속의 화물용 엘리베이터에 주로 적용되며, 주행은 고속권선으로, 감속은 저속권선으로 하는 방식이며 주로 유도전동기의 극수변환방식이 사용된다.

09

승객용 엘리베이터의 적재하중 및 최대정원을 계산할 때 1인당 하중의 기준은 몇 kg인가?

① 63
② 65
③ 67
④ 70

해설및용어설명 | 법 개정으로 1인당 하중을 75kg으로 계산한다.

10

비상용 승강기에 대한 설명 중 옳지 않은 것은?

① 외부와 연락할 수 있는 전화를 설치하여야 한다.
② 예비전원을 설치하여야 한다.
③ 정전 시에는 예비전원으로 작동할 수 있어야 한다.
④ 승강기의 운행속도는 1.2m/s 이상으로 해야 한다.

해설및용어설명 | 소방구조용(비상용)승강기의 운행속도는 1m/s 이상

11

다음 중 비상정지 장치와 관련이 없는 것은?

① 플렉시블 가이드 클램프형 세이프티
② 슬랙로프 세이프티
③ 조속기
④ 턴버클

해설및용어설명 | 비상정지 장치에는 F.G.C(플렉시블가이드클램프), F.W.C와 슬랙로프 세이프티 등이 관련되어 있고 조속기의 속도검출기능과 연관되어 있다. 턴버클은 로프를 고정하고 설치할 때 사용하는 도구이다.

12

문닫힘 안전장치(door safety shoe)에 대한 설명으로 틀린 것은?

① 문이 닫힐 때 작동시키면 다시 열린다.
② 문이 열릴 때 작동시키면 즉시 닫힌다.
③ 문이 완전히 닫힌 상태에서는 작동하지 않는다.
④ 문이 열려 있을 때 작동시키면 닫히지 않는다.

해설및용어설명 | 문닫힘 안전장치(세이프티 슈)는 접촉식으로 작동되며 도어가 열린다.

13

블리드 오프(Bleed off) 유압회로에 대한 설명으로 틀린 것은?

① 정확한 속도제어가 곤란하다.
② 유량제어 밸브를 주회로에서 분기된 바이패스회로에 삽입한 것이다.
③ 회전수를 가변하여 펌프에 가압되어 토출되는 작동유를 제어하는 방식이다.
④ 부하에 필요한 압력 이상의 압력을 발생시킬 필요가 없어 효율이 높다.

해설및용어설명 | 블리드 오프(bleed-off)방식은 유량제어밸브를 주회로에서 분기된 바이패스 회로에 삽입하여 효율이 높은 반면 정확한 속도제어가 곤란하다.

14

승강장의 문이 열린 상태에서 모든 제약이 해제되면 자동적으로 닫히게 하여 문의 개방상태에서 생기는 2차 재해를 방지하는 문의 안전장치는?

① 시그널 컨트롤
② 도어 컨트롤
③ 도어 클로저
④ 도어 인터록

해설및용어설명 | 도어 클로저는 승강기 출입문이 열려있으면 자동으로 닫게 하는 안전장치로 승강장 문의 개방에서 생기는 재해를 막기 위한 장치이다.

15

다음 장치 중에서 작동되어도 카의 운행에 관계없는 것은?

① 통화장치
② 조속기 캐치
③ 승강장 도어의 열림
④ 과부하 감지 스위치

해설및용어설명 | 통화장치는 외부와의 통신을 위한 장치이므로 카의 운행과는 무관하다.

16

단수(1대) 엘리베이터의 조작 방식과 관계가 없는 것은?

① 단식 자동식
② 하강승합 전자동식
③ 군 승합 자동식
④ 승합 전자동식

해설및용어설명 | 군 승합 전자동식은 2 ~ 3대의 승강기를 병설로 할 때 사용하는 조작방식이고 군 관리 방식은 3 ~ 8대의 승강기를 병설로 할 때 사용하는 방식이다.

17

엘리베이터 기계실에 관한 설명으로 옳지 않은 것은?

① 정상부에 위치할 경우 꼭대기 틈새의 높이는 정격속도에 따라 일정 높이를 두어야 한다.
② 기계실의 크기는 승강로 수평투영면적의 2배 이상으로 하는 것이 적합하다.
③ 기계실의 위치는 반드시 정상부에 위치하지 않아도 된다.
④ 기계실의 크기는 승강로의 크기와 같아야 한다.

해설및용어설명 | 법 개정으로 더 이상 출제되지 않습니다.
기계실의 크기는 전기설비의 작업이 쉽고 안전하도록 충분하여야 하는데, 작업구역의 유효높이는 2.1m 이상이어야 한다.

18

회전운동을 직선운동으로 바꾸어 주는 기구는?

① 폴리　　② 캠
③ 체인　　④ 기어

해설및용어설명 | 캠은 동력장치의 회전운동을 직선이나 왕복운동으로 바꾸는 기계요소입니다.

19

재해 누발자의 유형이 아닌 것은?

① 미숙성 누발자　　② 상황성 누발자
③ 습관성 누발자　　④ 자발성 누발자

해설및용어설명 | 자발성 누발자가 아니라 소질성 누발자

20

매일 작업 전, 후 등의 점검에 해당하는 것은?

① 일상점검　　② 특별점검
③ 임시점검　　④ 정기점검

해설및용어설명 | 매일 하는 점검은 일상점검이고 일정기간을 정해서 하는 건 정기점검이다.

21

일반적인 안전대책의 수립 방법으로 가장 알맞은 것은?

① 계획적　　② 경험적
③ 사무적　　④ 통계적

해설및용어설명 | 통계적 원인분석으로 재해의 발생경향, 유사한 유형을 파악함으로써, 동종 재해 예방을 할 수 있다.

22

자기인덕턴스 $L(H)$의 코일에 전류 $I(A)$를 흘렸을 때 여기에 축적되는 에너지 W는 몇 J인가?

① $W = L \cdot I^2$　　② $W = \dfrac{1}{2} L \cdot I^2$
③ $W = 2L \cdot I^2$　　④ $W = 2(I^2)/L$

해설및용어설명 | 코일에 축적된 에너지 $W = \dfrac{1}{2} L \cdot I^2 (J)$

23

산업재해의 발생 원인으로 불안전한 행동이 많은 사고의 원인이 되고 있다. 이에 해당되지 않은 것은?

① 위험장소 접근　② 안전장치 기능 제거
③ 복장보호구 잘못 사용　④ 작업장소 불량

해설및용어설명 | 직접원인에는 불안전한 상태(물적원인)과 불안전한 행동(인적원인)이 있는데 작업장소 불량은 불안전한 상태에 해당된다.

24

재해의 간접 원인 중 관리적 원인에 속하지 않는 것은?

① 인원 배치 부적당　② 생산 방법 부적당
③ 작업 지시 부적당　④ 안전관리 조직 결함

해설및용어설명 | 관리적 원인
책임감 결여, 부적절한 인원배치, 작업관리의 부재, 작업기준의 불명확 등

25

파괴검사 방법이 아닌 것은?

① 인장 검사　② 굽힘 검사
③ 경도 검사　④ 육안 검사

해설및용어설명 | 파괴검사는 재료에 충격을 주거나 파괴를 하여 재료의 인성, 강도, 기계적 성질등을 평가하는 검사로 아닌 것으로는 비파괴검사가 있다. 비파괴검사는 육안검사, 자기탐상검사, 초음파검사, 액체침투검사등이 있다.

26

다음 중 전기사고의 방지대책이 아닌 것은?

① 방전장치의 시설　② 누전 개소의 조기 발견
③ 전기의 사용 억제　④ 규격 전기용품의 사용

해설및용어설명 | 전기사고의 방지대책에는 접지시설, 방전장치시설, 규격용품사용, 유자격자 시설, 누전차단기 시설, 젖은 손으로 만지지말기, 충전부 접촉금지 등이 포함되며 전기사용은 해야 한다.

27

옥외에 설치된 승강기의 승강로 탑 및 가이드레일 지지탑의 조립 및 해체작업을 할 때, 안전조치에 해당되지 않는 것은?

① 작업 지휘자를 선임하여 작업을 지휘한다.
② 근로자가 위험이 없다고 판단되면 작업을 한다.
③ 관계 근로자외의 출입을 금지시킨다.
④ 근로자에게 위험이 미칠 우려가 있을 때는 작업을 중지시킨다.

해설및용어설명 | 근로자가 맘대로 판단하면서 작업해서는 안된다.

28

이상 통제의 조건이 아닌 것은?

① 설비　② 휴식
③ 방법　④ 사람

29

와이어로프 안전율의 산출공식으로 옳은 것은? (단, F : 안전율, S : 로프 1가닥에 대한 제작사 정격 파단강도, N : 부하를 받는 와이어 로프의 가닥수, W : 카와 정격하중을 승강로 안의 어떤 위치에 두고 모든 카 로프에 걸리는 최대정지부하임)

① $F = (S \cdot W)/N$
② $F = (N \cdot S)/W$
③ $F = W/(N \cdot S)$
④ $F = (N \cdot W)/S$

해설 및 용어설명 |

와이어로프 안전율 = $\dfrac{\text{정격 파단강도} \times \text{와이어로프 가닥수}}{\text{허용응력(하중)}}$

30

승강장에서 행하는 검사가 아닌 것은?

① 승강장 도어의 손상 유무 ② 도어 슈의 마모 유무
③ 승강장 버튼의 양호 유무 ④ 조속기 스위치 동작 여부

해설 및 용어설명 | 조속기 스위치 동작검사는 주로 기계실에서 행한다.

31

기계식 주차장치의 일반적 분류 방법에 해당되지 않는 것은?

① 수직순환, 다층순환
② 다층순환, 수평순환
③ 수평순환, 엘리베이터방식
④ 곤도라방식, 수직전환

해설 및 용어설명 | 주차방식에는 수직 순환식, 수평 순환식, 다층 순환식, 승강기식(엘리베이터), 평면 왕복식, 승강기 슬라이드식 등이 있다.

32

승강기의 파이널 리미트 스위치(final limit switch)의 요건 중 틀린 것은?

① 반드시 기계적으로 조작되는 것이어야 한다.
② 작동 캠(CAM)은 금속으로 만든 것이어야 한다.
③ 이 스위치가 동작하게 되면 권상전동기 및 브레이크 전원이 차단되어야 한다.
④ 이 스위치는 카가 승강로의 완충기에 충돌된 후에 작동되어야 한다.

해설 및 용어설명 | 완충기에 충돌되기 전에 최종 위치를 현저히 벗어나지 않도록 작동되어야 한다.

33

엘리베이터 로프의 검사기준과 맞지 않는 것은?

① 주로프에 걸어 맨 고정부위는 2중 너트로 견고하게 조인다.
② 모든 주로프는 균등한 장력을 받고 있어야 한다.
③ 주로프에 걸어 맨 고정부위는 풀림방지를 위한 분할핀이 꽂혀 있어야 한다.
④ 로프의 마모 및 파손상태는 가장 양호한 부분에서 검사한다.

해설 및 용어설명 | 로프의 마모 및 파손상태는 가장 손상이 심한 부분에서 검사한다.

34

고장 및 정전 시 카 내의 승객을 구출하기 위한 비상 천장 구출구에 대한 설명으로 옳지 않은 것은?

① 카 안에서는 열 수 없도록 잠금장치를 하여야 한다.
② 카 위에서는 공구 등을 사용하지 않고 간단한 조작에 의해 용이하게 열 수 있어야 한다.
③ 승객의 구조활동에 장애가 없도록 충분한 공간이 확보되는 위치에 설치한다.
④ 구출구의 크기는 0.3m×0.4m 이상이어야 한다.

해설및용어설명 | 법 개정으로 문제 일부분을 수정하였습니다.
구출구의 크기는 0.4m×0.5m 이상이어야 한다.

35

로프식 엘리베이터에서 주로프의 끝 부분은 몇 가닥마다 로프소켓에 바빗트 채움을 하거나 체결식 로프소켓을 사용하여 고정하여야 하는가?

① 1가닥
② 2가닥
③ 3가닥
④ 5가닥

해설및용어설명 | 1가닥마다 소켓과 연결하여 고정하여야 한다.
이 고정작업이 실기시험에서 로프작업으로 나온다.

36

승강기 카 상부에서 점검 및 작업을 할 때 주의하여야할 사항이 아닌 것은?

① 장애물 등에 주의한다.
② 승강장 측 신호 계통을 분리시킨다.
③ 승객을 탑승시킬 때 주의시킨다.
④ 올라설 곳은 견고한지 확인한다.

해설및용어설명 | 카 상부에는 일반 승객이 올라갈 일이 없다.
또는 카 상부에서 점검작업 시 카에 승객이 탑승할 리도 없다.

37

엘리베이터의 승강장 문이 닫혀 있을 경우 승강장에서 몇 cm 이상 열려지지 않아야 하는가? (단, 상하 개폐문 및 중앙개폐문이 아니며, 화물용 상승 개폐문이 아닌 경우이다)

① 1cm
② 2cm
③ 3cm
④ 4cm

해설및용어설명 | 법 개정으로 더 이상 출제되지 않습니다.
승강장 문 및 카 문이 닫혀 있을 때, 문짝간 틈새나 문짝과 문틀(측면) 또는 문턱 사이의 틈새는 6mm 이하여야 한다.

38

승강기의 방호장치에 대한 설명으로 틀린 것은?

① 용도에 구분 없이 모든 승강기는 도어인터록을 설치한다.
② 화물용 승강기는 수동 운전 시 도어가 개방되었을 때도 운전이 가능하도록 한다.
③ 수동 운전 시 업다운 버튼조작을 중지하면 자동적으로 정지하여야 한다.
④ 로프식 승강기는 반드시 승강로 상부에 2차 전지 스위치를 설치할 필요가 있다.

해설 및 용어설명 | 수동 운전으로 전환하였을 때 자동개폐방식 문의 작동, 자동운전 및 전기적 비상운전이 무효화되어야 한다.

39

에스컬레이터에 전원의 일부가 결상되거나 전동기의 토크가 부족하였을 때 상승운전 중 하강을 방지하기 위한 안전장치는?

① 조속기
② 스커트가드 스위치
③ 구동체인 안전장치
④ 핸드레일 안전장치

해설 및 용어설명 | 상승 중 하강 시 전원을 차단하고 제동기를 동작시키는 안전장치는 조속기이다.

40

엘리베이터 케이지측의 로프가 매달리고 있는 중량과 균형추측 로프가 매달리고 있는 중량의 비를 트랙션비라 하는데 이 값을 낮게 선택하면 어떤 효과가 있는가?

① 엘리베이터의 속도가 빨라진다.
② 엘리베이터의 진동이 감소한다.
③ 엘리베이터의 외관이 아름다워진다.
④ 엘리베이터의 로프 수명이 길어진다.

해설 및 용어설명 | 트랙션비는 1보다 크며 작을수록 좋다. 작을수록 동력절감, 로프 수명 연장, 제동력 절감의 효과가 있다.

41

고속 엘리베이터에 주로 적용되는 조속기로 알맞은 것은?

① 스크형
② 리드오프형
③ 세이프티형
④ 플라이볼형

해설 및 용어설명 | 플라이 볼 조속기(fly ball governor)은 구조가 매우 복잡하나 정밀도가 높은 검출을 하므로 고속 승강기에 많이 사용한다.

42

무빙워크(수평보행기)의 구조물이 아닌 것은?

① 내측판
② 스탭
③ 균형추
④ 핸드레일

해설 및 용어설명 | 균형추는 엘리베이터의 구조물에 속한다.

43

난간폭에 의한 에스컬레이터 분류 중 800형 에스컬레이터의 시간당 수송인원수는?

① 5,000명
② 6,000명
③ 7,000명
④ 8,000명

해설 및 용어설명 | 난간폭에 의한 분류
• 800형 : 시간당 수송능력 6,000명
• 1,200형 : 시간당 수송능력 9,000명

44

유압 엘리베이터에 있어서 정상적인 작동을 위하여 유지하여야 할 오일의 온도 범위는?

① 3℃ ~ 40℃   ② 5℃ ~ 60℃
③ 7℃ ~ 80℃   ④ 9℃ ~ 100℃

해설및용어설명 | 유체의 온도를 5 ~ 60℃로 유지한다.

45

파스칼의 원리를 보여주는 다음 그림에서 서로 관통하는 두 원기둥 파이프의 지름이 각각 20cm, 10cm일 때 지름 20cm 원판 위의 상자무게가 10kg이라면 지름 10cm 원판에는 몇 kg·중의 힘을 가해야 양쪽이 균형을 이루겠는가?

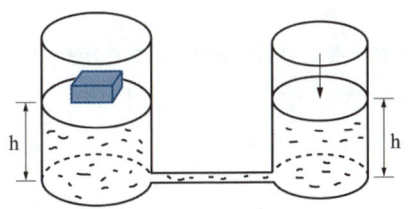

① 2.5   ② 5
③ 20   ④ 40

해설및용어설명 |
$F_1 : A_1 = F_2 : A_2$이므로 $10 : \pi \times 20^2 = x : \pi \times 10^2$가 되어 $x = 2.5$

- F : 하중
- A : 면적

46

유압잭에 대한 설명으로 옳지 않은 것은?

① 유압잭은 단단식과 다단식으로 구분된다.
② 유압잭은 실린더부와 플런저부로 구성된다.
③ 유압잭에서 플런저는 실린더에 비해 하중분담이 적으므로 좌굴은 검토 대상이 아니다.
④ 유압잭에서 작동유의 압력은 실린더 내측과 플런저 외측에 균등하게 작용한다.

해설및용어설명 | 유압잭에서 플런저는 실린더에 비해 하중분담이 크며 좌굴을 고려해야 한다.

47

최대눈금이 200V, 내부저항이 20,000Ω인 직류 전압계가 있다. 이 전압계로 최대 600V까지 측정하려면 외부에 직렬로 접속할 저항은 몇 KΩ인가?

① 20   ② 40
③ 60   ④ 80

해설및용어설명 | 공식을 외우기보다는 200V 전압계로 600V를 측정하므로 3배 측정이고 배율기는 1배를 빼고 2배만 감당하면 되므로 2배의 저항을 가지면 된다고 생각하자. 따라서 20,000×2배=40,000Ω
본편강의에 쉽게 설명했으니 꼭 본편동영상 강의를 참고하세요.

48

2V의 기전력으로 20J의 일을 할 때 이동한 전기량은 몇 C인가?

① 0.1
② 10
③ 40
④ 24,000

해설및용어설명 | 1V란 두점 사이를 1C의 전하(Q)가 이동하는 데 소요되는 에너지(W)가 1J일 때 두 점 사이의 전위차(V)를 말한다.
$W = QV$이므로 $20 = Q \times 2$이므로 $Q = 10$C이다.

49

엘리베이터의 도어스위치 회로는 어떻게 구성하는 것이 좋은가?

① 병렬회로
② 직렬회로
③ 직병렬회로
④ 인터록회로

해설및용어설명 | 승강장 도어 닫힘 확인스위치 접점과 카 도어 닫힘 확인 스위치 접점은 안전회로에 직렬로 연결한다.

50

그림은 정류회로의 전압파형이다. 입력 전압은 사인파로 실효값이 100V일 때 출력파형의 평균값 Va(V)는?

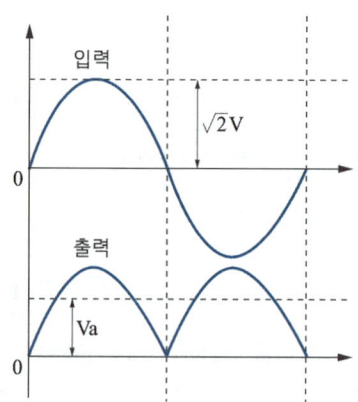

① 약 45V
② 약 70V
③ 약 90V
④ 약 110V

해설및용어설명 | 교류를 직류로 바꾸는 정류파형이고 단상전파이므로
$Edc = 0.9E = 0.9 \times 100 = 90V$

51

전자력 F = BIL(N)과 관계되는 법칙은?

① 패러데이의 법칙
② 플레밍의 오른손법칙
③ 오른나사법칙
④ 플레밍의 왼손법칙

해설및용어설명 | 플레밍의 왼손법칙(전동기 회전원리) $F = BIL$

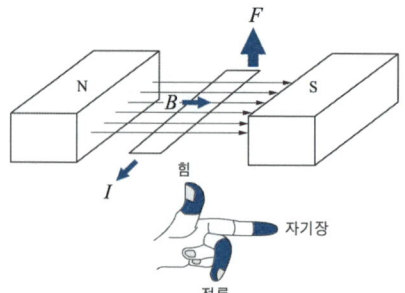

52

제어에 대한 용어의 설명 중 옳지 않은 것은?

① 제어명령이란 제어대상의 출력을 원하는 상태로 하기 위한 입력신호를 말한다.
② 신호란 물리량의 종류에는 관계하지 않고, 크기 및 변화 상태만을 고려한 것을 말한다.
③ 목표값이란 외부에서 제어계에 주어지는 값을 말한다.
④ 제어량이란 제어대상의 출력과 기준 입력과의 차이 값을 말한다.

해설및용어설명 | 제어량이란 제어대상의 출력, 또는 시스템의 출력

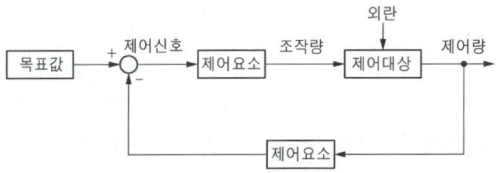

53

콘덴서의 용량을 크게 하는 방법으로 옳지 않은 것은?

① 극판의 면적을 넓게 한다.
② 극판의 간격을 좁게 한다.
③ 극판 간에 넣은 물질은 비유전율이 큰 것을 사용한다.
④ 극판 사이의 전압을 높게한다.

해설및용어설명 | 전하량 Q, 정전용량 C, 전압 V에서 $Q=CV$이므로 전압이 증가하면 정전용량은 반비례이므로 감소한다. 나머지 보기와 같이 간격은 짧게, 면적은 넓게, 유전율은 크게하면 정전용량은 증가한다.

54

그림은 마이크로미터로 어떤 치수를 측정한 것이다. 치수는 약 몇 mm인가?

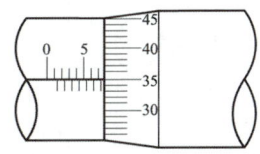

① 5.35
② 5.85
③ 7.35
④ 7.85

해설및용어설명 | 슬리브 눈금 값(7.5) + 심블 눈금 값(0.35) = 7.85mm

55

다음 장치들 중 보조 안전 스위치(장치)설치와 무관한 것은?

① 균형추
② 유입완충기
③ 조속기 로프 인장장치
④ 균형로프 도르래

해설및용어설명 | 완충기, 조속기, 인장시브 등은 안전과 관련되어 있지만 균형추는 안전보다는 전력용량 등을 줄이기 위해 필요하다.

56

승강기의 자체검사자 자격이 있다고 볼 수 없는 자는?

① 자체검사원 양성 이수자
② 해당분야 안전담당자
③ 지정검사기관의 검사원
④ 사업주

해설및용어설명 | 관리주체(사업주)는 안전관리자를 선임, 지휘, 감독하여야 한다.

57

다음 중 PNP형 트랜지스터의 기호로 알맞은 것은?

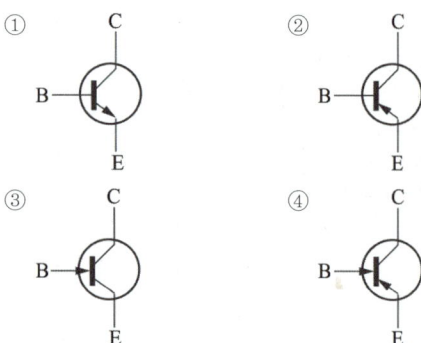

해설및용어설명 |

PNP형 트랜지스터	NPN형 트랜지스터
(B→E 화살표 안쪽)	(E 화살표 바깥쪽)

58

삼각부에 비고정식 안전보호판을 설치하지 않아도 되는 경우는 건축물 천장부가 핸드레일 외측 끝단에서 얼마 이상 떨어져 있는 경우인가?

① 10cm　　② 20cm
③ 30cm　　④ 40cm

해설및용어설명 | 법 개정으로 문제일부를 수정하였으니 참고하세요. 건축물 천장부 또는 측면부가 손잡이 외측 끝단에서 40cm 이상 떨어져 있는 경우에는 설치하지 않아도 된다.

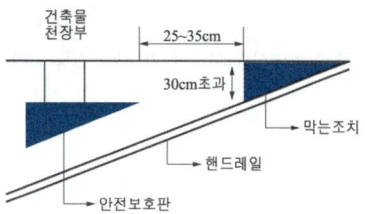

59

다음 중 교류 엘리베이터 제어와 관계가 없는 것은?

① 정지 레오나드방식
② 교류 2단 속도 제어방식
③ 교류 귀환 제어방식
④ 가변전압 가변주파수 제어방식

해설및용어설명 | 워드 레오나드나 정지 레오나드는 직류전동기 제어방법이다. 교류와는 무관하다.

60

엘리베이터가 주행하는 중 정상속도 이상으로 주행하여 위험한 속도에 도달할 경우 이를 검출하여 강제적으로 엘리베이터를 정지시키는 장치는?

① 조속기　　② 유입완충기
③ 과전류차단기　　④ 역결상릴레이

해설및용어설명 | 조속기(govemor)는 카의 속도를 검출하는 장치로 카의 속도와 같은 회전하여 일정 속도 이상 시 카를 정지시킨다.

CBT 복원문제 2018 * 1

01

재료에 하중이 작용하면 재료를 구성하는 원자 사이에서 위치의 변화가 일어나고, 그 내부에 응력이 생기며, 외적으로는 변형이 나타난다. 이 변형량과 원치수와의 비를 변형률이라 하는데, 변형률의 종류가 아닌 것은?

① 세로 변형률　　② 가로 변형률
③ 전단 변형률　　④ 중량 변형률

해설및용어설명 | 변형률의 종류에는 세로 변형률, 가로 변형률, 전단 변형률, 체적 변형률이 있다.

02

에스컬레이터의 핸드레일(Hand Rail)의 속도는 어떻게 하고 있는가?

① 30m/min 이하로 하고 있다.
② 45m/min 이하로 하고 있다.
③ 발판(step)속도의 2/3 정도로 하고 있다.
④ 발판(step)속도와 같게 하고 있다.

해설및용어설명 | 각 난간 상부에는 디딤판, 팔레트 또는 벨트 속도의 0~2%의 허용오차에서 동일한 방향으로 움직이는 핸드레일 설치

03

다음 중 엘리베이터 도어용 부품과 거리가 먼 것은?

① 행거롤러　　② 업스러스트롤러
③ 도어레일　　④ 가이드롤러

해설및용어설명 | 도어용 부품에는 행거롤러, 업스러스트롤러, 도어레일 등이 있고 가이드롤러는 도어용 부품이 아니다.

04

유도전동기에서 슬립이 1이라면 전동기의 어느 상태인가?

① 유도 제동기의 역할을 한다.
② 유도 전동기가 전부하 운전 상태이다.
③ 유도 전동기가 정지 상태이다.
④ 유도 전동기가 동기속도로 회전한다.

해설및용어설명 | 슬립이 0이면 동기속도로 회전 시, 무부하 시이고, 슬립이 1이면 정지 시, 기동 시이다.

정답 01 ④　02 ④　03 ④　04 ③

05

균형로프(Compensating Rope)의 역할로 적합한 것은?

① 카의 낙하를 방지한다.
② 균형추의 이탈을 방지한다.
③ 주로프와 이동케이블의 이동으로 변화된 하중을 보상한다.
④ 주로프가 열화되지 않도록 한다.

해설및용어설명 | 카의 위치변화에 따른 로프가 서로 엉키는 것을 방지하고 주로프무게에 의한 권상비를 보상하기 위해서 설치한다.

06

교류 엘리베이터에서 사용하지 않는 제어방식은?

① 교류 2단속도 제어방식
② 교류 궤환전압 제어방식
③ 가변용량 가변전류 제어방식
④ 가변전압 가변주파수 제어방식

해설및용어설명 | 교류제어방식은 교류 1단제어, 교류 2단제어, 교류 궤환제어, 가변전압 가변주파수 제어가 있다.

07

다음 중 도어 시스템의 종류가 아닌 것은?

① 2짝문 상하열기방식
② 2짝문 가로열기(2S)방식
③ 2짝문 중앙열기(CO)방식
④ 가로열기와 상하열기 겸용방식

해설및용어설명 | 도어시스템 종류
- 가로열기식 문
- 중앙열기식 문
- 상하열기식 문(수직열기식 문)
- 스윙(swing)식 문

08

가변전압 가변주파수(VVVF) 제어방식에 관한 설명 중 틀린 것은?

① 고속의 승강기까지 적용 가능하다.
② 저속의 승강기에만 적용하여야 한다.
③ 직류 전동기와 동등한 제어 특성을 낼 수 있다.
④ 유도 전동기의 전압과 주파수를 변환시킨다.

해설및용어설명 | 저속도에서 고속 범위까지 적용된다.

09

레일의 규격호칭은 소재 1m 길이당 중량을 라운드 번호로 하여 레일에 붙여 쓰고 있다. 일반적으로 쓰이고 있는 T형 레일의 공칭이 아닌 것은?

① 8K레일
② 13K레일
③ 16K레일
④ 24K레일

해설및용어설명 | T형 레일 공칭은 8K, 13K, 18K, 24K(대용량 엘리베이터에서는 37K, 50K)

10

엘리베이터 기계실에 관한 설명으로 틀린 것은?

① 기계실이 정상부에 위치한 경우 꼭대기 틈새의 높이는 2m 이상의 높이를 두어야 한다.
② 기계실의 크기는 승강로 수평투영면적의 2배 이상으로 하는 것이 적합하다.
③ 기계실의 위치는 반드시 정상부에 위치하지 않아도 된다.
④ 기계실이 있는 경우 기계실의 크기는 승강로의 크기와 같아야 한다.

해설및용어설명 | 법 개정으로 더 이상 출제되지 않습니다. 기계실의 크기는 전기설비의 작업이 쉽고 안전하도록 충분하여야 하는데, 작업구역의 유효 높이는 2.1m 이상이어야 한다.

11

유압 엘리베이터의 압력 릴리프 밸브는 압력을 전부하 압력의 몇 %까지 제한하도록 맞추어 조절해야 하는가?

① 115
② 125
③ 140
④ 150

해설및용어설명 | 안전 밸브(relief valve, 릴리프 밸브)
압력은 전부하 압력의 140%까지 제한하도록 맞추어 조절

12

승강기에 사용하는 가이드 레일 1본의 길이는 몇 m로 정하고 있는가?

① 1
② 3
③ 5
④ 7

해설및용어설명 | 가이드 레일의 표준길이는 5m이다.

13

전기식 엘리베이터 자체점검 중 카 위에서 하는 점검항목장치가 아닌 것은?

① 비상구출구
② 도어잠금 및 잠금해제장치
③ 카 위 안전스위치
④ 문 닫힘 안전장치

해설및용어설명 | 문 닫힘 안전장치는 카 내에서 하는 점검

14

기계실의 작업구역에서 유효 높이는 몇 m 이상으로 하여야 하는가?

① 1.8
② 2
③ 2.5
④ 3

해설및용어설명 | 법 개정으로 변경되어 출제될 예정입니다.
기계실 작업구역에서 유효 높이는 2.1m 이상이어야 한다.

15

경사도가 30° 이하인 에스컬레이터의 속도는 일반적인 경우 몇 m/min인가?

① 15
② 25
③ 30
④ 45

해설및용어설명 | 경사도 30° 이하 0.75m/s 이하, 30° 초과 35° 이하 0.5m/s 이하

16

엘리베이터 완충기에 대한 설명으로 적합하지 않은 것은?

① 정격속도 1m/s 이하의 엘리베이터에 스프링 완충기를 사용하였다.
② 정격속도 1m/s 초과의 엘리베이터에 유입완충기를 사용하였다.
③ 유입완충기의 플런저 복귀시험은 완전히 압축한 상태에서 완전 복귀할 때까지의 시간은 120초 이하이다.
④ 유입 완충기에서 최소적용중량은 카 자중 + 적재하중으로 한다.

해설및용어설명 |
- 최소적용중량(카 자중 + 65)
- 최대적용중량(카 자중 + 적재하중)

정답 11 ③ 12 ③ 13 ④ 14 ② 15 ④ 16 ④

17

에스컬레이터의 역회전 방지장치가 아닌 것은?

① 구동체인 안전장치　② 기계 브레이크
③ 조속기　　　　　　④ 스커트 가드

해설및용어설명 | 스커트 가드 안전장치는 승강구에서 사람, 이물질이 끼이는 경우 구동 전동기 및 브레이크의 전원을 차단하는 장치로써 역회전을 방지하는 장치에 속하지 않는다.

18

로프이탈 방지장치를 설치하는 목적으로 부적절한 것은?

① 급제동 시 진동에 의해 주로프가 벗겨질 우려가 있는 경우
② 지진의 진동에 의해 주로프가 벗겨질 우려가 있는 경우
③ 기타의 진동에 의해 주로프가 벗겨질 우려가 있는 경우
④ 주로프의 파단으로 이탈할 경우

해설및용어설명 | 로프이탈 방지장치는 급제동 시나 진동에 의해 주로프가 벗겨지지 않도록 방지(기계실에 설치된 고정도래 또는 도래홈에 주로프가 1/2 이상 묻히거나 도래의 끝단의 높이가 주로프보다 더 높은 경우에는 제외)

19

평면의 디딤판을 동력으로 오르내리게 한 것으로, 경사도가 12° 이하로 설계된 것은?

① 에스컬레이터　　　② 무빙워크(수평보행기)
③ 경사형 리프트　　　④ 덤웨이터

해설및용어설명 | 무빙워크(수평보행기)의 경사도가 12° 이하이다.

20

카 내에 승객이 갇혔을 때의 조치할 내용 중 부적절한 것은?

① 우선 인터폰을 통해 승객을 안심시킨다.
② 카의 위치를 확인한다.
③ 층 중간에 정지하여 구출이 어려운 경우에는 기계실에서 정지 층에 위치하도록 권상기를 수동으로 조작한다.
④ 반드시 카 상부의 비상구출구를 통해서 구출한다.

해설및용어설명 | 카 상부말고 측면의 구출구도 있을 수 있으며 문을 개방하여 구출할 수도 있다.

21

다음 중 전압계에 대한 설명으로 옳은 것은?

① 부하와 병렬로 연결한다.　② 부하와 직렬로 연결한다.
③ 전압계는 극성이 없다.　　④ 교류 전압계에는 극성이 있다.

해설및용어설명 | 전압계는 부하와 병렬로, 전류계는 부하와 직렬로 연결한다.

22

승강기 안전점검에서 신설·변경 또는 고장수리 등 작업을 한 후에 실시하는 것은?

① 사전점검　　　　　② 특별점검
③ 수시점검　　　　　④ 정기점검

해설및용어설명 | 특별점검
신설, 변경, 고장 후 수리 등 비정기적인 점검

23
작업표준의 목적이 아닌 것은?

① 작업의 효율화
② 위험요인의 제거
③ 손실요인의 제거
④ 재해책임의 추궁

해설및용어설명 | 작업을 표준화는 작업의 효율과, 위험요인의 제거, 생산성 향상 등이 주목적이다.

24
지혈시킬 때 구혈대로 가장 좋은 것은?

① 나무
② 철선
③ 끈
④ 고무줄

해설및용어설명 | 탄력이 있는 고무줄이 가장 좋다.

25
사업주가 근로자의 안전 또는 보건을 위하여 취하는 조치에 따라 근로자가 준수하여야 할 사항 중 옳지 않은 것은?

① 보호구 착용
② 작업중지
③ 대피
④ 작업장 순회점검

해설및용어설명 | 근로자가 준수하여야 할 사항에 작업장 순회점검이 포함되지 않는다. 작업장 순회점검은 안전관리자의 업무에 속한다.

26
다음 중 OR회로의 설명으로 옳은 것은?

① 입력신호가 모두 "0"이면 출력신호에 "1"이 됨
② 입력신호가 모두 "0"이면 출력신호에 "0"이 됨
③ 입력신호가 "1"과 "0"이면 출력신호에 "0"이 됨
④ 입력신호가 "0"과 "1"이면 출력신호에 "0"이 됨

해설및용어설명 | OR 소자
둘 다 0일 때는 0이고 나머지는 다 1이다.

27
전류의 흐름을 안전하게 하기 위하여 전선의 굵기는 가장 적당한 것으로 선정하여 사용하여야 한다. 전선의 굵기를 결정하는 요인으로 다음 중 거리가 가장 먼 것은?

① 전압강하
② 허용전류
③ 기계적 강도
④ 외부 온도

해설및용어설명 | 전선 굵기의 선정은 전선의 허용전류, 허용 전압강하, 기계적 강도에 의해 정해진다.

28
승강기 관리주체의 의무사항이 아닌 것은?

① 승강기 완성검사를 받아야 한다.
② 자체점검을 받아야 한다.
③ 승강기의 안전에 관한 일상관리를 하여야 한다.
④ 승강기의 안전에 관한 보수를 하여야 한다.

해설및용어설명 | 완성검사 후 관리주체의 인수인계가 이루어지기 때문에 의무사항이라고 보기 어렵다.

정답 23 ④ 24 ④ 25 ④ 26 ② 27 ④ 28 ①

29

카 및 승강장 문의 유효 출입구의 높이(m)는 얼마 이상이어야 하는가?

① 1.8
② 1.9
③ 2.0
④ 2.1

해설및용어설명 | 카문 및 승강장 문의 유효 출입구의 높이는 2.0m 이상이어야 한다.

30

재해원인의 분석방법 중 개별적 원인 분석에 대한 설명으로 옳은 것은?

① 각각의 재해원인을 규명하면서 하나하나 분석하는 것이다.
② 사고의 유형, 기인물 등을 분류하여 큰 순서대로 도표화하는 것이다.
③ 특성과 요인관계를 도표로 하여 물고기 모양으로 세분화 하는 것이다.
④ 월별 재해 발생수를 그래프화 하여 관리선을 선정하여 관리하는 것이다.

해설및용어설명 | 개별적 원인 분석은 재해를 하나하나 분석하면서 상세한 원인 규명을 한다.

31

합리적인 사고의 발견방법으로 타당하지 않은 것은?

① 육감진단
② 예측진단
③ 장비진단
④ 육안진단

해설및용어설명 | 합리적인 사고의 발견방법은 꼼꼼히 육안으로 관찰하고(육안진단) 정확하게 장비로 측정하고(장비진단) 사고가 발생한 곳은 또 다른 사고의 발생가능성을 예측하고(예측진단)등의 방법이 사용된다. 육감은 비합리적인 방법이다.

32

피트에서 하는 검사가 아닌 것은?

① 완충기의 설치상태
② 하부 파이널 리미트 스위치류 설치상태
③ 균형로프 및 부착부 설치상태
④ 비상구출구 설치상태

해설및용어설명 | 비상구출구 설치상태는 카 상부에서 한다.

33

전기식 엘리베이터 자체점검 항목 중 점검주기가 가장 긴 것은?

① 권상기 감속기어의 윤활유(Oil) 누설유무 확인
② 비상정지장치 스위치의 기능상실 유무 확인
③ 승장버튼의 손상 유무 확인
④ 이동케이블의 손상 유무 확인

해설및용어설명 | 법 개정으로 더 이상 출제되지 않습니다.

34

다음 중 조속기의 형태가 아닌 것은?

① 롤 세이프티(Roll Safety)형
② 디스크(Disk)형
③ 플라이 볼(Fly Ball)형
④ 카(Car)형

해설및용어설명 | 조속기의 종류는 롤 세이프티 조속기, 디스크 조속기, 플라이 볼 조속기가 있다.

35

높은 열로 전선의 피복이 연소되는 것을 방지하기 위해 사용되는 재료는?

① 고무　　　　　② 석면
③ 종이　　　　　④ PVC

해설및용어설명 | 석면의 내열온도 1,300도 이상으로 아주 높다.

36

다음 중 에스컬레이터의 일반구조에 대한 설명으로 틀린 것은?

① 일반적으로 경사도는 30도 이하로 하여야 한다.
② 핸드레일의 속도가 디딤바닥과 동일한 속도를 유지하도록 한다.
③ 디딤바닥의 정격속도는 30m/min을 초과하여야 한다.
④ 물건이 에스컬레이터의 각 부분에 끼이거나 부딪치는 일이 없도록 안전한 구조여야 한다.

해설및용어설명 | 디딤판의 정격속도 30m/min 이하

37

다음 ( ) 안에 들어갈 내용으로 알맞은 것은?

> T형 가이드레일의 규격은 마무리 가공 전 소재의 ( )m 당 중량을 반올림한 정수에 'K 레일'을 붙여서 호칭한다

① 1　　　　　② 2
③ 3　　　　　④ 4

해설및용어설명 | 레일 호칭은 마무리 가공전 소재의 1m당 중량으로 한다.

38

로프식 엘리베이터에서 도르래의 직경은 로프 직경의 몇 배 이상으로 하여야 하는가?

① 25　　　　　② 30
③ 35　　　　　④ 40

해설및용어설명 | 현수 도르래와 현수 로프의 공칭직경의 비는 40배 이상이어야 한다.

39

승강기 완성검사 시 전기식 엘리베이터에서 기계실의 조도는 기기가 배치된 바닥면에서 몇 lx 이상인가?

① 50　　　　　② 100
③ 150　　　　　④ 200

해설및용어설명 | 기계실에는 바닥면에서 200lx 이상을 비출 수 있는 영구적인 전기 조명을 설치한다.

40

승강기에 설치할 방호장치가 아닌 것은?

① 가이드 레일　　　　② 출입문 인터록
③ 조속기　　　　　　④ 파이널 리미트 스위치

해설및용어설명 | 방호장치
기계기구 및 설비를 사용할 경우에 작업자에게 상해를 입힐 우려가 있는 부분으로부터 작업자를 보호하기 위한 장치. 가이드 레일은 카의 움직임을 규제하는 장치일 뿐 방호장치와는 무관하다.

41

레일을 싸고 있는 모양의 클램프와 레일 사이에 강체와 가까이 롤러를 물려서 정지시키는 비상정지장치의 종류는?

① 즉시 작동형 비상정지장치
② 플렉시블 가이드 클램프형 비상정지장치
③ 플렉시블 웨지 클램프형 비상정지장치
④ 점차 작동형 비상정지장치

해설및용어설명 | 즉시(순간) 작동형 비상정지장치은 레일을 싸고 있는 모양의 클램프와 레일 사이에 강체와 가까이 롤러를 물려서 강력한 정지력을 발생시킨다.

42

승객용 엘리베이터에서 자동으로 동력에 의해 문을 닫는 방식에서의 문 닫힘 안전장치의 기준에 부적합한 것은?

① 문 닫힘 동작 시 사람 또는 물건이 끼일 때 문이 반전하여 열려야 한다.
② 문 닫힘 안전장치 연결전선이 끊어지면 문이 반전하여 닫혀야 한다.
③ 문 닫힘 안전장치의 종류에는 세이프티슈, 광전장치, 초음파장치 등이 있다.
④ 문 닫힘 안전장치는 카 문이나 승강장 문에 설치되어야 한다.

해설및용어설명 | 문 닫힘 안전장치 연결전선이 끊어지면 문이 반전하여 열려야 한다.

43

기계식 주차장치에 있어서 자동차 중량의 전륜 및 후륜에 대한 배분비는?

① 6 : 4   ② 5 : 5
③ 7 : 3   ④ 4 : 6

해설및용어설명 | 자동차 중량의 전륜 및 후륜에 대한 배분은 6 : 4로 하고 계산하는 단면에는 큰 쪽의 중량이 집중하중으로 작용하는 것으로 가정하여 계산하여야 한다.

44

승강기의 주로프 로핑(ROPING)방법에서 로프의 장력은 부하측(카 및 균형추) 중력의 1/2로 되며, 부하측의 속도가 로프 속도의 1/2이 되는 로핑 방법은 어느 것인가?

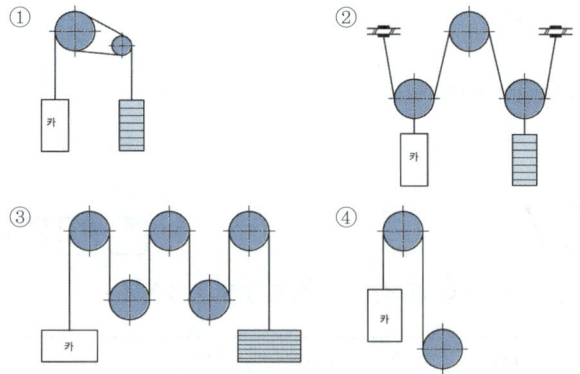

해설및용어설명 |
① 1 : 1로핑
② 2 : 1로핑

45

엘리베이터의 트랙션 머신에서 시브풀리의 홈마모상태를 표시하는 길이 H는 몇 mm 이하로 하는가?

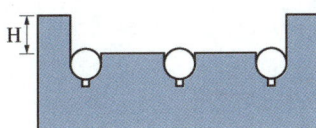

① 0.5 ② 2
③ 3.5 ④ 5

해설및용어설명 | 도르래는 심한 마모가 없어야 하며 권상기 도르래홈의 언더 컷의 잔여량은 1mm 이상이어야 한다. 그리고 권상기 도르래에 감긴 주로프 가닥끼리의 높이차는 2mm 이내여야 한다.

46

유압식 승강기의 특징으로 틀린 것은?

① 기계실의 배치가 자유롭다.
② 실린더를 사용하기 때문에 행정거리와 속도에 한계가 있다.
③ 과부하방지가 불가능하다.
④ 균형추를 사용하지 않기 때문에 모터의 출력과 소비전력이 크다.

해설및용어설명 | 유압 승강기의 특징중에는 타방식에 비해 기계실 배치보다 자유롭게 설치 운영 가능하고 균형추가 없어 오로지 동력만을 이용하므로 전력소비가 많고 유체를 이용한 실린더와 플런저를 사용하므로 속도 및 행정거리에 한계가 있다.

47

에스컬레이터(무빙워크 포함) 자체점검 중 구동기 및 순환 공간에서 하는 점검에서 B(요주의)로 하여야 할 것이 아닌 것은?

① 전기안전장치의 기능을 상실한 것
② 운전, 유지보수 및 점검에 필요한 설비 이외의 것이 있는 것
③ 상부 덮개와 바닥면과의 이음부분에 현저한 차이가 있는 것
④ 구동기 고정 볼트 등의 상태가 불량한 것

해설및용어설명 | 법 개정으로 더 이상 출제되지 않습니다.
A(양호), B(주의관찰), C(긴급수리)로 변경되었으며 주의관찰 시 다음 달 재점검해야 한다.

48

유압승강기에 사용되는 안전 밸브의 설명으로 옳은 것은?

① 승강기의 속도를 자동으로 조절하는 역할을 한다.
② 압력배관이 파열되었을 때 작동하여 카의 낙하를 방지한다.
③ 카가 최상층으로 상승할 때 더 이상 상승하지 못하게 하는 안전장치이다.
④ 작동유의 압력이 정격압력 이상이 되었을 때 작동하여 압력이 상승하지 않도록 한다.

해설및용어설명 | 카의 상승 시 유압이 증대되었을 때 오일을 탱크로 돌려보내 압력상승을 방지하여 회로를 보호한다.

49

누전차단기를 반드시 설치하지 않아도 되는 장소는?

① 물이 고인 장소
② 농도가 짙은 액체에 의한 습윤 장소
③ 충전부의 장소
④ 도전성이 높은 장소

해설및용어설명 | 누전차단기는 누전의 위험이 있는 장소에 설치한다. 누전의 위험은 물 등의 액체나 도전성이 높은 장소에서 주로 발생한다.

50

주차구획을 평면상에 배치하여 운반기의 왕복 이동에 의하여 주차를 행하는 방식은?

① 평면 왕복식 ② 다층 순환식
③ 승강기식   ④ 수평 순환식

해설및용어설명 | 평면 왕복식 주차장치
주차구획이 여러 층으로 고정 배치되어 있고 각 층 간의 이동은 승하강 장치인 리프트로 하며, 주차구획의 각층마다 별도의 대차가 설치되어 있어 횡행 또는 종행으로 이동하면서 자동차를 주차구획에 입·출고시키는 방식이다.

51

1MΩ은 몇 Ω인가?

① 10^3 ② 10^6
③ 10^8 ④ 10^{12}

해설및용어설명 | K=10^3, M=10^6, G=10^9

52

다음 그림과 같은 제어계의 전체 전달함수는? (단, H(s) = 1이다)

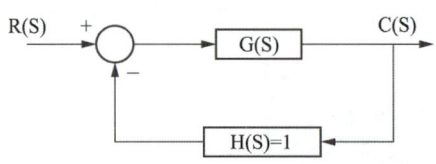

① $\dfrac{1}{G(s)}$ ② $\dfrac{1}{1+G(s)}$
③ $\dfrac{G(s)}{1+G(s)}$ ④ $\dfrac{G(s)}{1-G(s)}$

해설및용어설명 |
$$G(s) = \frac{C(s)}{R(s)} = \frac{G(s)}{1+G(s)H(s)} = \frac{G(s)}{1+G(s)}$$

53

유도전동기의 속도를 변화시키는 방법이 아닌 것은?

① 슬립 s를 변화시킨다. ② 극수 P를 변화시킨다.
③ 주파수 f를 변화시킨다. ④ 용량을 변화시킨다.

해설및용어설명 | 유도전동기는 동기속도를 바꾸거나 슬립을 조정해서 속도를 바꾼다. 동기속도를 바꾸기 위해서는 극수나 주파수를 바꾼다.
($N_s = \dfrac{120f}{p}$ 이므로) N_s : 동기속도, p : 극수, f : 주파수

54

유압식 승강기의 종류를 분류할 때 적합하지 않은 것은?

① 직접식   ② 간접식
③ 팬터그래프식   ④ 밸브식

해설및용어설명 | 유압식 승강기
직접식 승강기, 간접식 승강기, 팬터그래프식 승강기

55

주전원이 380V인 엘리베이터에서 110V전원을 사용하고자 강압 트랜스를 사용하던 중 트랜스가 소손되었다. 원인 규명을 위해 회로시험기를 사용하여 전압을 확인하고자 할 경우 회로시험기의 전압 측정범위 선택스위치의 최초 선택위치로 옳은 것은?

① 회로시험기의 110V 미만
② 회로시험기의 110V 이상 220V 미만
③ 회로시험기의 220V 이상 380V 미만
④ 회로시험기의 가장 큰 범위

해설및용어설명 | 측정 전압을 모르는 경우 전압계의 측정범위를 크게 선택, 그리고 주전원이 380V이므로 최소 380V 이상 최대 가장 큰 범위에서 먼저 정한다.

56

진공 중에서 m(Wb)의 자극으로부터 나오는 총 자력선의 수는 어떻게 표현되는가?

① $\dfrac{m}{4\pi\mu_0}$ ② $\dfrac{m}{\mu_0}$

③ $\mu_0 m$ ④ $\mu_0 m^2$

해설및용어설명 | 자기력선수는 $\dfrac{m}{\mu}$ 개(진공이면 $\dfrac{m}{\mu_0}$ 개)

57

대형 직류전동기의 토크를 측정하는데 가장 적당한 방법은?

① 와전류전동기 ② 프로니 브레이크법
③ 전기동력계 ④ 반환부하법

해설및용어설명 | 대형은 전기동력계법, 소형은 프로니 브레이크법

58

버니어캘리퍼스의 종류에 속하는 것은?

① HB형 ② HM형
③ HT형 ④ CM형

해설및용어설명 | 버니어캘리퍼스의 종류는 M형, CM형, CB형이 있다.

59

다음 설명 중 링크의 특징이 아닌 것은?

① 경쾌한 운동과 동력의 마찰손실이 크다.
② 제작이 용이하다.
③ 전동이 매우 확실하다.
④ 복잡한 운동을 간단한 장치로 할 수 있다.

해설및용어설명 | 마찰손실은 작다.

60

2진수 001101과 100101을 더하면 합은 얼마인가?

① 101010 ② 110010
③ 011010 ④ 110100

해설및용어설명 |
　001101
+) 100101
　110010

CBT 복원문제 2018 * 3

01

6극, 50Hz의 3상 유도전동기의 동기속도(rpm)는?

① 500 ② 1000
③ 1,200 ④ 1,800

해설및용어설명 | 동기속도 $N_S = \dfrac{120f}{P} = \dfrac{120 \times 50}{6} = 1,000\text{rpm}$

02

조속기의 설명에 관한 사항으로 틀린 것은?

① 조속기로프의 공칭 직경은 8mm 이상이어야 한다.
② 조속기는 조속기 용도로 설계된 와이어로프에 의해 구동되어야 한다.
③ 조속기에는 비상정지장치의 작동과 일치하는 회전방향이 표시되어야 한다.
④ 조속기로프 풀리의 피치 직경과 조속기로프의 공칭 직경 사이의 비는 30 이상이어야 한다.

해설및용어설명 | 권상로프의 공칭 직경이 8mm 이상이다.

03

전선의 길이를 고르게 2배로 늘리면 단면적은 1/2로 된다. 이때의 저항은 처음의 몇 배가 되는가?

① 4배 ② 3배
③ 2배 ④ 1.5배

해설및용어설명 | $R = \rho\dfrac{\ell}{A} \rightarrow \rho\dfrac{2\ell}{\frac{1}{2}A} = 4 \times \rho\dfrac{\ell}{A}\,\Omega$

04

교류 2단 속도제어에 관한 설명으로 틀린 것은?

① 기동 시 저속권선 사용 ② 주행 시 고속권선 사용
③ 감속 시 저속권선 사용 ④ 착상 시 저속권선 사용

해설및용어설명 | 고속권선으로 기동과 주행, 저속권선으로 감속과 착상하는 방식

05

도르래의 로프홈에 언더 컷(Under Cut)을 하는 목적은?

① 로프의 중심 균형 ② 윤활 용이
③ 마찰계수 향상 ④ 도르래의 경량화

해설및용어설명 | 마찰력을 높이기 위해서이다.

06

균형추의 중량을 결정하는 계산식은? (단, 여기서 L은 정격하중, F는 오버밸런스율이다)

① 균형추의 중량 = 카 자체하중 + (L×F)
② 균형추의 중량 = 카 자체하중 × (L×F)
③ 균형추의 중량 = 카 자체하중 + (L+F)
④ 균형추의 중량 = 카 자체하중 + (L−F)

해설및용어설명 | 균형추의 중량 = 카 자체하중 + L×F(0.35 ~ 0.55)

07

승강기가 최하층을 통과했을 때 주전원을 차단시켜 승강기를 정지시키는 것은?

① 완충기
② 조속기
③ 비상정지장치
④ 파이널 리미트 스위치

해설및용어설명 | 파이널 리미트 스위치
리미트 스위치가 동작하지 않을 경우에 대비하여 카가 종단층(최상층 또는 최하층)을 현저하게 지나치지 않도록 하기 위해 설치

08

동력을 수시로 이어주거나 끊어주는 데 사용할 수 있는 기계요소는?

① 클러치
② 리벳
③ 키이
④ 체인

해설및용어설명 | 클러치
두 축 사이의 회전을 연결하거나 끊는 장치

09

엘리베이터용 도어머신에 요구되는 성능이 아닌 것은?

① 가격이 저렴할 것
② 보수가 용이할 것
③ 작동이 원활하고 정숙할 것
④ 기동횟수가 많으므로 대형일 것

해설및용어설명 | 기동횟수가 많으므로 내구성이 좋을 것

10

승강기 완성검사 시 에스컬레이터의 공칭 속도가 0.5m/s인 경우 제동기의 정지거리는 몇 m여야 하는가?

① 0.20m에서 1.00m 사이
② 0.30m에서 1.30m 사이
③ 0.40m에서 1.50m 사이
④ 0.55m에서 1.70m 사이

해설및용어설명 | 무부하 시 에스컬레이터의 정지거리

공칭 속도	정지거리
0.5m/s	0.2 ~ 1m 사이
0.65m/s	0.3 ~ 1.3m 사이
0.75m/s	0.4 ~ 1.5m 사이

11

여러 층으로 배치되어 있는 고정된 주차구획에 아래·위로 이동할 수 있는 운반기에 의하여 자동차를 자동으로 운반 이동하여 주차하도록 설계한 주차장치는?

① 2단식
② 승강기식
③ 수직순환식
④ 승강기슬라이드식

해설및용어설명 | 승강기식 주차 방식 : 여러 층으로 배열되어 고정된 주차구획에 상하로 운반할 수 있는 운반기로 자동차를 주차시키는 방식

12

전기식 엘리베이터의 속도에 의한 분류방식 중 고속 엘리베이터의 기준은?

① 2m/s 이상 ② 2m/s 초과
③ 3m/s 이상 ④ 4m/s 초과

해설및용어설명 | 법 개정으로 4m/s 초과는 고속 엘리베이터, 1 ~ 4m/s 이하는 중속

13

정지로 작동시키면 승강기의 버튼등록이 정지되고 자동으로 지정 층에 도착하여 운행이 정지 되는 것은?

① 리미트 스위치 ② 슬로다운 스위치
③ 파킹 스위치   ④ 피트 정지 스위치

해설및용어설명 | 파킹 스위치
엘리베이터를 사용하지 않을 경우 기준층에 파킹 스위치를 작동시켜 기준층에 대기시키는 장치

14

다음과 같은 조건에서 카(Car)의 속도는 몇 m/min인가?

- 정격부하에서 4극 모터가 12%의 슬립으로 운전한다. (단, 주파수는 60Hz)
- 기어의 비는 61 : 2, 시브의 직경은 560mm이다.

① 약 85   ② 약 91
③ 약 105 ④ 약 122

해설및용어설명 | 먼저 동기속도를 구해보면
$N_s = \dfrac{120f}{p} = \dfrac{120 \times 60}{4} = 1{,}800\,\text{rpm}$이고 슬립 12%를 빼면
속도 $N = (1-s)N_s = (1-0.12) \times 1{,}800 = 1{,}584$가 된다.
여기서 시브의 직경이 0.56m이므로 둘레는 $\pi D = 3.14 \times 0.56 = 1.76\,\text{m}$이다. 따라서 전동기 속도에 곱해보면 $1{,}584 \times 1.76 = 2{,}788\,\text{m/min}$이 된다. 마지막으로 기어비가 있으니 $61 : 2 = 2{,}788 :$ 카속도가 되므로 카속도 $= (2 \times 2{,}788) \div 61 = 91\,\text{m/min}$이 된다. 이것을 식으로 나타내면
$v = \pi DNK = 3.14 \times 0.56 \times 1{,}584 \times \dfrac{2}{61} \fallingdotseq 91\,\text{m/min}$

- D : 시브지름
- N : 회전자속도
- K : 기어의 비

15

사이리스터의 점호각을 바꿈으로써 회전수를 제어하는 것은?

① 궤환제어   ② 1단속도제어
③ 주파수변환제어 ④ 워드 레오나드제어

해설및용어설명 | 궤환제어와 정지 레오나드제어가 사이리스터의 점호각을 바꾼다.

16

웜기어의 특징에 관한 설명으로 틀린 것은?

① 가격이 비싸다.   ② 부하용량이 작다.
③ 소음이 적다.   ④ 큰 감속비를 얻는다.

해설및용어설명 | 웜기어는 부하용량이 크다.

17

감속기의 기어 치수가 제대로 맞지 않을 때 일어나는 현상이 아닌 것은?

① 기어의 강도에 악 영향을 준다.
② 진동 발생의 주요 원인이 된다.
③ 카가 전도할 우려가 있다.
④ 로프의 마모가 현저히 크다.

해설및용어설명 | 로프의 마모 주요 원인으로는 로프이완 및 장력에 의한 것으로 감속기의 진동 등이 큰 영향을 주지 않는다.

18

와이어로프 가공방법 중 효과가 가장 우수한 것은?

①    ②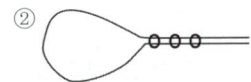
③    ④

해설및용어설명 | ①심블 > ③아이스플라이스 > ④클립 순으로 효과가 우수하다.

19

직류 가변전압식 엘리베이터에서는 권상전동기에 직류 전원을 공급한다. 필요한 발전기용량은 약 몇 kW인가? (단, 권상전동기의 효율은 80%, 1시간 정격은 연속정격의 56%, 엘리베이터용 전동기의 출력은 20kW이다)

① 11   ② 14
③ 17   ④ 20

해설및용어설명 |
입력 = 출력÷효율이므로 전동기입력 = 20÷0.8 = 25kW
여기서 한시간 정격은 연속정격의 56%이므로 25×0.56 = 14kW

20

교류 엘리베이터의 제어방식이 아닌 것은?

① 교류 1단 속도제어방식   ② 교류귀환 전압제어방식
③ 워드 레오나드방식   ④ VVVF 제어방식

해설및용어설명 | 워드 레오나드방식은 직류제어법이다.

21

카 비상정지장치의 작동을 위한 조속기는 정격속도의 몇 % 이상의 속도에서 작동해야 하는가?

① 105   ② 110
③ 115   ④ 120

해설및용어설명 | 카 비상정지장치의 작동을 위한 조속기는 정격속도의 115% 이상의 속도에서 작동한다.

22

간접식 유압 엘리베이터의 특징으로 틀린 것은?

① 실린더의 점검이 용이하다.
② 비상정지장치가 필요하지 않다.
③ 실린더를 설치하기 위한 보호관이 필요하지 않다.
④ 승강로는 실린더를 수용할 부분만큼 더 커지게 된다.

해설및용어설명 | 비상정지장치가 필요하지 않은 건 직접식이다.

23

전기기기의 외함 등이 절연이 나빠져서 전류가 누설되어도 감전사고의 위험이 적도록 하기 위하여 어떤 조치를 하여야 하는가?

① 접지를 한다.
② 도금을 한다.
③ 퓨즈를 설치한다.
④ 영상변류기를 설치한다.

해설및용어설명 | 접지나 누전차단기를 설치한다.

24

에스컬레이터의 구동체인이 규정치 이상으로 늘어났을 때 일어나는 현상은?

① 안전레버가 작동하여 브레이크가 작동하지 않는다.
② 안전레버가 작동하여 하강은 되나 상승은 되지 않는다.
③ 안전레버가 작동하여 안전회로 차단으로 구동되지 않는다.
④ 안전레버가 작동하여 무부하 시에는 구동되나 부하 시에는 구동되지 않는다.

해설및용어설명 | 구동체인 안전장치
구동체인이 늘어짐 또는 절단되었을 때 동력을 차단하고 정지시킴

25

추락에 의한 위험방지 중 유의사항으로 틀린 것은?

① 승강로 내 작업 시에는 작업공구, 부품 등이 낙하하여 다른 사람을 해하지 않도록 할 것
② 카 상부 작업 시 중간층에는 균형추의 움직임에 주의하여 충돌하지 않도록 할 것
③ 카 상부 작업 시에는 신체가 카 상부 보호대를 넘지 않도록 하며 로프를 잡을 것
④ 승강장 도어 키를 사용하여 도어를 개방할 때에는 몸의 중심을 뒤에 두고 개방하여 반드시 카 유무를 확인하고 탑승할 것

해설및용어설명 | 작업발판을 설치하거나 안전대를 착용하게 한다(로프를 잡아서는 안 된다).

26

안전보호기구의 점검, 관리 및 사용방법으로 틀린 것은?

① 청결하고 습기가 없는 장소에 보관한다.
② 한번 사용한 것은 재사용을 하지 않도록 한다.
③ 보호구는 항상 세척하고 완전히 건조시켜 보관한다.
④ 적어도 한 달에 1회 이상 책임 있는 감독자가 점검한다.

해설및용어설명 | 세척한 후에는 완전히 건조시켜 청결하고 습기가 없는 장소에 보관한다.

27

작업장에서 작업복을 착용하는 가장 큰 이유는?

① 방한
② 복장 통일
③ 작업능률 향상
④ 작업 중 위험 감소

해설및용어설명 | 작업복을 착용함으로써 사고의 위험을 줄일 수 있다.

28

재해원인 중 생리적인 원인은?

① 작업자의 피로
② 작업자의 무지
③ 안전장치의 고장
④ 안전장치 사용의 미숙

해설및용어설명 | 생리적 원인에는 피로, 수면부족 등이 있다.

29

방호장치에 대하여 근로자가 준수할 사항이 아닌 것은?

① 방호장치에 이상이 있을 때 근로자가 즉시 수리한다.
② 방호장치를 해체하고자 할 경우에는 사업주의 허가를 받아 해체한다.
③ 방호장치의 해체 사유가 소멸된 때에는 지체 없이 원상으로 회복시킨다.
④ 방호장치의 기능이 상실된 것을 발견하면 지체 없이 사업주에게 신고한다.

해설및용어설명 | 사업주는 기계 또는 방호장치의 결함이 발견된 때에는 정비를 하지 아니하고서는 근로자로 하여금 이를 사용하도록 하여서는 아니 된다. 또한 정비가 완료될 때까지는 당해 기계 및 방호장치 등에 사용을 금지하는 취지의 표시를 하여야 한다.

30

승강기 보수 작업 시 승강기의 카와 건물의 벽 사이에 작업자가 끼인 재해의 발생 형태에 의한 분류는?

① 협착　　　② 전도
③ 방심　　　④ 접촉

해설및용어설명 | 협착
물체에 끼이거나 말려든 것

31

감전 상태에 있는 사람을 구출할 때의 행위로 틀린 것은?

① 즉시 잡아당긴다.
② 전원 스위치를 내린다.
③ 절연물을 이용하여 떼어 낸다.
④ 변전실에 연락하여 전원을 끈다.

해설및용어설명 | 감전사고 시 직접 사고자를 만지면 같이 감전될 수가 있다.

32

운행 중인 에스컬레이터가 어떤 요인에 의해 갑자기 정지하였다. 점검해야 할 에스컬레이터 안전장치로 틀린 것은?

① 승객검출장치　　　② 인레트 스위치
③ 스커드 가드 안전 스위치　　　④ 스텝체인 안전장치

해설및용어설명 | 승객검출장치는 안전장치에 속하지 않는다.

33

전기식 승용승강기에 대한 사항 중 틀린 것은?

① 카 내에는 외부와 연락되는 통화장치가 있어야 한다.
② 카 내에는 용도, 적재하중(최대 정원) 및 비상시 조치 내용의 표찰이 있어야 한다.
③ 카 바닥 끝단과 승강로 벽 사이의 거리는 150mm 초과하여야 한다.
④ 카 바닥은 수평이 유지되어야 한다.

해설및용어설명 | 카 바닥 앞부분과 승강로 벽과의 수평거리는 15cm 이하여야 한다.

34

그림은 무슨 게이지인가?

① 틈새게이지　　　② 피치게이지
③ 와이어게이지　　　④ 센터게이지

해설및용어설명 | 와이어게이지는 전선의 굵기를 측정할 때 사용한다.

35

버니어캘리퍼스를 사용하여 와이어 로프의 직경 측정방법으로 알맞은 것은?

① 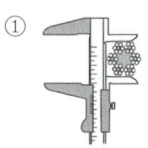 ②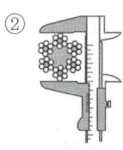

③ 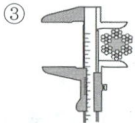 ④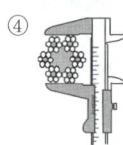

해설및용어설명 |

 이 올바른 방법이다.

36

전기식 엘리베이터 자체점검 항목 중 피트에서 완충기점검 항목 중 B로 하여야 할 것은?

① 완충기의 부착이 불확실한 것
② 스프링식에서는 스프링이 손상되어 있는 것
③ 전기안전장치가 불량한 것
④ 유압식으로 유량부족의 것

해설및용어설명 | 법 개정으로 더 이상 출제되지 않습니다.

37

조속기 로프의 공칭 지름(mm)은 얼마 이상이어야 하는가?

① 6   ② 8
③ 10 ④ 12

해설및용어설명 |

- 조속기 로프의 공칭 지름은 6mm 이상
- 권상 로프의 공칭 지름은 8mm 이상

38

전기식 엘리베이터에서 카 지붕에 표시되어야 할 정보가 아닌 것은?

① 최종점검일지 비치
② 정지장치에 "정지"라는 글자
③ 점검운전 버튼 또는 근처에 운행 방향 표시
④ 점검운전 스위치 또는 근처에 "정상" 및 "점검"이라는 글자

해설및용어설명 | 카 지붕에 표시되는 항목

- 정지장치에 "정지"라는 글자
- 점검운전 버튼 또는 근처에 운행 방향 표시
- 점검운전 스위치 또는 근처에 "정상" 및 "점검"이라는 글자
- 보호난간에 경고문 또는 주의표시

39

가이드 레일의 규격(호칭)에 해당되지 않는 것은?

① 8K   ② 13K
③ 15K ④ 18K

해설및용어설명 | 보통 T형 레일 공칭은 8K, 13K, 18K, 24K(대용량 엘리베이터에서는 37K, 50K)

40

응력(stress)의 단위는 무엇인가?

① kcal/h　　　　② %
③ kg/cm² 　　　 ④ kg·cm

해설및용어설명 | 응력
물체에 하중이 작용하였을 때, 그 하중에 저항하여 단위면적당 발생한 저항력

41

엘리베이터의 정격속도 계산 시 무관한 항목은?

① 감속비　　　　② 편향도르래
③ 전동기 회전수　④ 권상도르래 직경

해설및용어설명 |

정격속도 $v = \dfrac{\pi DN}{1,000} i$ (m/min)

- D : 권상도르래 직경(mm)
- N : 전동기 회전수(rpm)
- i : 감속비

42

유압식 엘리베이터의 제어방식에서 펌프의 회전수를 소정의 상승속도에 상당하는 회전수로 제어하는 방식은?

① 가변전압 가변주파수 제어　② 미터인회로 제어
③ 블리드오프회로 제어　　　 ④ 유량밸브 제어

해설및용어설명 | 인버터(가변전압 가변주파수, VVVF)제어
회전수를 카의 소정의 상승속도에 상당하는 회전수로 제어

43

베어링(bearing)에 가압력을 주어 축에 삽입할 때 가장 올바른 방법은?

① 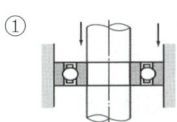　②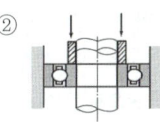

③ 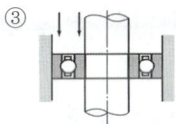　④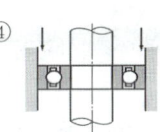

해설및용어설명 | 베어링을 삽입하기 위해서 균등한 압력을 가해서 삽입한다.

44

도어 시스템(열리는 방향)에서 S로 표현되는 것은?

① 중앙열기 문　　② 가로열기 문
③ 외짝 문 상하열기　④ 2짝 문 상하열기

해설및용어설명 | 가로열기식 문
승객용, 침대용 또는 화물용으로 사용(1SO, 2SO)

45

다음 중 카 상부에서 하는 검사가 아닌 것은?

① 비상구출구 스위치의 작동상태
② 도어개폐장치의 설치상태
③ 조속기로프의 설치상태
④ 조속기로프 인장장치의 작동상태

해설및용어설명 | 조속기로프 인장장치의 작동상태는 피트에서 하는 검사

46

디스크형 조속기의 점검방법으로 틀린 것은?

① 로프잡이의 움직임이 원활하며 지점부에 발청이 없고 급유 상태가 양호한지 확인한다.
② 레버의 올바른 위치에 설정되어 있는지 확인한다.
③ 플라이 볼을 손으로 열어서 각 연결 레버의 움직임에 이상이 없는지 확인한다.
④ 시브홈의 마모를 확인한다.

해설및용어설명 | 플라이 볼은 플라이 볼형 조속기에서 점검한다.

47

전기식 엘리베이터 자체점검 중 피트에서 하는 점검항목에서 과부하 감지장치에 대한 점검 주기(회/월)는?

① 1/1　　② 1/3
③ 1/4　　④ 1/6

해설및용어설명 | 법이 개정되었으나 과부하감지장치의 점검주기는 1회/1월로 동일함

48

실린더에 이물질이 흡입되는 것을 방지하기 위하여 펌프의 흡입측에 부착하는 것은?

① 필터　　② 싸이렌서
③ 스트레이너　　④ 더스트 와이퍼

해설및용어설명 | 스트레이너(흡입필터)
비교적 눈이 거친 필터로 작동유의 통과저항이 작아 일반적으로 펌프의 흡입측에 이용된다.

49

소방구조용(비상용) 엘리베이터의 운행속도는 몇 m/min 이상으로 하여야 하는가?

① 30　　② 45
③ 60　　④ 90

해설및용어설명 | 소방구조용(비상용) 엘리베이터 운행속도는 1m/s(60m/min) 이상이어야 한다.

50

에스컬레이터의 스텝 폭이 1m이고 공칭속도가 0.5m/s인 경우 수송능력(명/h)은?

① 5,000　　② 5,500
③ 6,000　　④ 6,500

해설및용어설명 | 시간당 에스컬레이터나 무빙워크의 최대수송인원

스텝폭	0.5m/s	0.65m/s	0.75m/s
0.6	3,600명/h	4,400명/h	4,900명/h
0.8	4,800명/h	5,900명/h	6,600명/h
1	6,000명/h	7,300명/h	8,200명/h

51

유도전동기의 속도제어법이 아닌 것은?

① 2차 여자제어법　　② 1차 계자제어법
③ 2차 저항제어법　　④ 1차 주파수제어법

해설및용어설명 | 유도전동기 속도제어법에는 극수제어, 1차 주파수제어, 1차 전압제어, 2차 저항제어, 2차 여자제어가 있고 계자제어는 직류전동기의 속도제어법이다.

52

그림과 같이 자기장 안에서 도선에 전류가 흐를 때, 도선에 작용하는 힘의 방향은? (단, 전선 가운데 점 표시는 전류의 방향을 나타낸다)

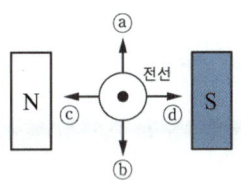

① ⓐ방향　　② ⓑ방향
③ ⓒ방향　　④ ⓓ방향

해설및용어설명 | 플레밍의 왼손법칙이므로 위로 힘이 작용한다.

53

다음 중 역률이 가장 좋은 단상 유도전동기로써 널리 사용되는 것은?

① 분상기동형　　② 반발기동형
③ 콘덴서기동형　　④ 셰이딩코일형

해설및용어설명 | 단상 유도전동기 중에서 가장 역률이 좋은 건 콘덴서기동형이다.

54

직류전동기에 보극을 설치하는 이유로 옳은 것은?

① 브러시에서의 스파크 발생을 방지하기 위해서
② 전기자의 회전수를 빠르게 하기 위해서
③ 전동기의 힘을 2배로 높여 주기 위해서
④ 전동기의 회전방향을 바꾸어 주기 위해서

해설및용어설명 | 보극은 전기자반작용을 줄이고 정류를 좋게 하기 위해서 설치한다. 전기자반작용도 불꽃정류를 일으키고 그러한 불꽃이 튀는 정류를 보극이 양호하게 한다.

55

다음 중 다이오드의 순방향 바이어스 상태를 의미하는 것은?

① P형 쪽에 (−), N형 쪽에 (+) 전압을 연결한 상태
② P형 쪽에 (+), N형 쪽에 (−) 전압을 연결한 상태
③ P형 쪽에 (−), N형 쪽에 (−) 전압을 연결한 상태
④ P형 쪽에 (+), N형 쪽에 (+) 전압을 연결한 상태

해설및용어설명 | P쪽이 +, N쪽이 −

56

문 닫힘 안전장치의 종류로 틀린 것은?

① 도어 레일　　② 광전 장치
③ 세이프티 슈　　④ 초음파 장치

해설및용어설명 | 도어 시스템의 안전장치에는 세이프티 슈, 세이프티 레이(광전 장치), 초음파 장치가 있다.

57

교류 회로에서 전압과 전류의 위상이 동상인 회로는?

① 저항만의 조합회로
② 저항과 콘덴서의 조합회로
③ 저항과 코일의 조합회로
④ 콘덴서와 콘덴서만의 조합회로

해설및용어설명 |
① 동상인 회로
② 진상인 회로
③ 지상인 회로
④ 90° 진상인 회로

58

NAND게이트 3개로 구성된 다음 논리회로의 출력값 E는?

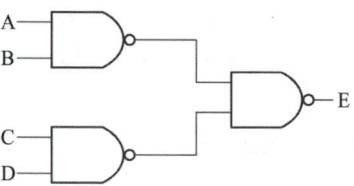

① $A \cdot B + C \cdot D$
② $(A + B) \cdot (C + D)$
③ $\overline{\overline{A \cdot B} + \overline{C \cdot D}}$
④ $A \cdot B \cdot C$

해설및용어설명 | $E = \overline{\overline{AB} \cdot \overline{CD}} = \overline{\overline{AB} + \overline{CD}} = AB + CD$

59

구름베어링의 특징에 관한 설명으로 틀린 것은?

① 고속회전이 가능하다.   ② 마찰저항이 작다.
③ 설치가 까다롭다.   ④ 충격에 강하다.

해설및용어설명 | 충격에 강한 건 미끄럼베어링이다.

60

카 내에 갇힌 사람이 외부와 연락할 수 있는 장치는?

① 챠임벨   ② 인터폰
③ 리미트 스위치   ④ 위치표시램프

해설및용어설명 | 인터폰으로 외부와 연락한다.

CBT 복원문제 2019 * 1

01

재해 발생 시의 조치내용으로 볼 수 없는 것은?

① 안전교육 계획의 수립
② 재해원인 조사와 분석
③ 재해방지대책의 수립과 실시
④ 피해자를 구출하고 2차 재해방지

해설및용어설명 | 안전교육 계획 수립은 평상시 사고예방차원에서 실시한다.

02

유압식 엘리베이터에서 T형 가이드레일이 사용되지 않는 엘리베이터의 구성품은?

① 카
② 도어
③ 유압실린더
④ 균형추(밸런싱웨이트)

해설및용어설명 | 가이드 레일의 사용목적에서 카와 균형추의 승강로 내 위치를 규제, 카의 기울어짐을 방지, 비상정지장치 작동 시 수직하중을 유지 이므로 카와 균형추, 실린더는 가이드 레일과 관련되고 승강장 도어는 별도로 설치된다.

03

전기식 엘리베이터 기계실의 구조에서 구동기의 회전부품 위로 몇 m 이상의 유효 수직거리가 있어야 하는가?

① 0.2
② 0.3
③ 0.4
④ 0.5

해설및용어설명 | 구동기의 회전부품 위로 0.3m 이상의 유효 수직거리가 있어야 한다.

04

전기식 엘리베이터에서 기계실 출입문의 크기는?

① 폭 0.7m 이상, 높이 1.8m 이상
② 폭 0.7m 이상, 높이 1.9m 이상
③ 폭 0.6m 이상, 높이 1.8m 이상
④ 폭 0.6m 이상, 높이 1.9m 이상

해설및용어설명 | 출입문
잠금장치 + 금속제, 높이 1.8m 이상, 폭 70cm 이상, 외부로만 열리는 구조, 빗물침입 안 되는 구조

정답 01 ① 02 ② 03 ② 04 ①

05

엘리베이터의 도어머신에 요구되는 성능과 거리가 먼 것은?

① 보수가 용이할 것
② 가격이 저렴할 것
③ 직류 모터만 사용할 것
④ 작동이 원활하고 정숙할 것

해설 및 용어설명 | 도어머신 조건
- 동작이 원활하며, 조용할 것
- 소형, 경량일 것
- 동작횟수가 많아 내구성이 좋을 것
- 보수가 쉽고, 가격이 저렴할 것

06

카 또는 균형추의 상, 하, 좌, 우에 부착되어 레일을 따라 움직이고 카 또는 균형추를 지지해주는 역할을 하는 것은?

① 완충기
② 중간 스토퍼
③ 가이드 레일
④ 가이드 슈

해설 및 용어설명 | 가이드 레일에 따라 움직이며 지지역할을 하는 것은 가이드 슈이다.

07

건물에 에스컬레이터를 배열할 때 고려할 사항으로 틀린 것은?

① 엘리베이터 가까운 곳에 설치한다.
② 바닥 점유 면적을 되도록 작게 한다.
③ 승객의 보행거리를 줄일 수 있도록 배열한다.
④ 건물의 지지보 등을 고려하여 하중을 균등하게 분산시킨다.

해설 및 용어설명 | 에스컬레이터 배열 시 유의사항
- 건물의 지지보, 기둥 등에 하중이 균등하게 분산되는 위치에 배치할 것
- 동선 중심에 배치(엘리베이터와 정면 현관의 중간)할 것
- 바닥면적을 작게 하고, 승객의 눈에 잘 띄는 곳에 설치하며 승객의 시야를 넓게 할 것
- 승객의 보행거리가 짧도록 배치할 것

08

유압식 승강기의 밸브 작동 압력을 전 부하 압력의 140%까지 맞추어 조절해야 하는 밸브는?

① 체크 밸브
② 스톱 밸브
③ 릴리프 밸브
④ 업(up) 밸브

해설 및 용어설명 | 릴리프 밸브

일종의 압력조정 밸브로 설정값에 도달하면 열리고, 125% 과도한 압력에서는 완전개방 된다. 압력은 전부하 압력의 140%까지 제한하도록 맞추어 조절되어야 한다.

09

군 관리 방식에 대한 설명으로 틀린 것은?

① 특정 층의 혼잡 등을 자동적으로 판단한다.
② 카를 불필요한 동작 없이 합리적으로 운행 관리한다.
③ 교통수요의 변화에 따라 카의 운전 내용을 변화 시킨다.
④ 승강장 버튼의 부름에 대하여 항상 가장 가까운 카가 응답한다.

해설 및 용어설명 |
- 군 승합 전자동식
  - 2~3대의 승강기를 병설로 할 때 사용하는 조작방식
  - 한 개의 승강장 호출에 한 대의 카만 응답한다.
- 군 관리 방식
  - 3~8대의 승강기를 병설로 할 때 카를 불필요한 동작 없이 운영하는 조작방식
  - 교통수요의 변화에 따라 카의 운전내용을 변화시켜 즉각 대응(출퇴근 시간, 점심시간식당 등)

정답 05 ③ 06 ④ 07 ① 08 ③ 09 ④

10

기계실 바닥에 몇 m를 초과하는 단차가 있을 경우에는 보호난간이 있는 계단 또는 발판이 있어야 하는가?

① 0.3
② 0.4
③ 0.5
④ 0.6

해설및용어설명 | 기계실 제설비
기계실 바닥에 0.5m를 초과하는 단차가 있을 경우에는 보호난간이 있는 계단 또는 발판이 있어야 한다.

11

다음 중 조속기의 종류에 해당되지 않는 것은?

① 웨지형 조속기
② 디스크형 조속기
③ 플라이 볼형 조속기
④ 롤 세이프티형 조속기

해설및용어설명 | 조속기의 종류에는 디스크 조속기, 플라이 볼 조속기, 롤 세이프티 조속기가 있다.

12

엘리베이터용 전동기의 구비조건이 아닌 것은?

① 전력소비가 클 것
② 충분한 기동력을 갖출 것
③ 운전상태가 정숙하고 저진동일 것
④ 고기동 빈도에 의한 발열에 충분히 견딜 것

해설및용어설명 |
- 전동기 구비조건에는 기동전류가 작을 것
- 기동빈도가 많아(시간당 180~300회) 발열을 고려할 것
- 제동력을 가질 것(전동기 회전력 +100 ~ -70% 이상)
- 승강기 정격속도에 맞는 회전특성을 가질 것(회전속도 오차 +5 ~ -10% 이내)
- 소음이 작고, 저진동일 것

13

그림은 승강기 VVVF 제어회로의 일부이다. 회로의 설명 중 옳은 것은?

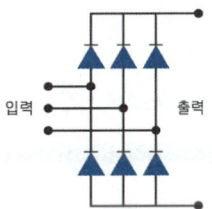

① 교류를 직류로 변환하는 회로이다.
② 교류의 PWM 제어회로이다.
③ 교류의 주파수를 변환하는 회로이다.
④ 교류의 전압을 변환하는 회로이다.

해설및용어설명 | 다이오드를 이용한 정류회로이므로 교류를 직류로 변환하는 회로이다.

14

승강기의 안전에 관한 장치가 아닌 것은?

① 조속기(governor)
② 세이프티 블럭(safety block)
③ 용수철완충기(spring buffer)
④ 누름버튼스위치(push button switch)

해설및용어설명 | 누름버튼스위치는 일반 입력장치이며 a접점과 b접점의 역할을 하는 기동과 정지버튼에 주로 사용된다.

15

가이드 레일의 규격과 거리가 먼 것은?

① 레일의 표준길이는 5m로 한다.
② 레일의 표준길이는 단면으로 결정한다.
③ 일반적으로 공칭 8, 13, 18, 24 및 30K 레일을 쓴다.
④ 호칭은 소재의 1m 당의 중량을 라운드번호로 K레일을 붙인다.

해설및용어설명 | 가이드 레일의 규격
- 레일 호칭은 마무리 가공 전 소재의 1m당 중량으로 한다.
- 보통 T형 레일을 사용하는데 공칭은 8K, 13K, 18K, 24K이나 대용량 엘리베이터에서는 37K, 50K 등도 사용된다(K는 Kg을 의미).
- 레일의 표준길이는 5m이다.
- 가이드 레일의 허용응력은 2,400(kg/cm²)이다.

16

승강기의 카 내에 설치되어 있는 것의 조합으로 옳은 것은?

① 조작반, 이동 케이블, 급유기, 조속기
② 비상조명, 카 조작반, 인터폰, 카 위치표시기
③ 카 위치표시기, 수전반, 호출버튼, 비상정지장치
④ 수전반, 승강장 위치표시기, 비상스위치, 리미트 스위치

해설및용어설명 | 카 내에는 층 버튼, 카 도어, 카 내 위치표시, 명판, 운전조작반, 외부연락장치 등이 설치되고 천정에는 조명, 환기, 비상구시설 등이 설치된다.

17

엘리베이터 카에 부착되어 있는 안전장치가 아닌 것은?

① 조속기 스위치
② 카 도어 스위치
③ 비상정지 스위치
④ 세이프티 슈 스위치

해설및용어설명 | 조속기 스위치는 기계실에 설치된다.

18

저항 100Ω의 전열기에 5A의 전류를 흘렸을 때 전력은 몇 W인가?

① 20
② 100
③ 500
④ 2,500

해설및용어설명 | $P = I^2 \cdot R = 5^2 \times 100 = 2,500W$

19

승강기 정밀안전 검사 시 과부하방지장치의 작동치는 정격적재하중의 몇 %를 권장치로 하는가?

① 95 ~ 100
② 105 ~ 110
③ 115 ~ 120
④ 125 ~ 130

해설및용어설명 | 정격적재하중의 105 ~ 110% 범위에 설정

20

비상용 승강기에 대한 설명 중 틀린 것은?

① 예비전원을 설치하여야 한다.
② 외부와 연락할 수 있는 전화를 설치하여야 한다.
③ 정전 시에는 예비전원으로 작동할 수 있어야 한다.
④ 승강기의 운행속도는 90m/min 이상으로 해야 한다.

해설및용어설명 | 비상용 엘리베이터는 평상시 승객용 또는 승객·화물용으로 사용, 화재 시 인명구조 및 소방 활동으로 사용하는데 운행속도는 60m/min 이상이어야 한다.

21

사고 예방 대책 기본 원리 5단계 중 3E를 적용하는 단계는?

① 1단계 ② 2단계
③ 3단계 ④ 5단계

해설및용어설명 | 5단계에서 3S와 3E 적용

22

승강기 안전관리자의 직무범위에 속하지 않는 것은?

① 보수계약에 관한 사항
② 비상열쇠 관리에 관한 사항
③ 구급체계의 구성 및 관리에 관한 사항
④ 운행관리 규정의 작성 및 유지에 관한 사항

해설및용어설명 | 승강기 안전관리자의 직무 범위
- 승강기 운행관리 규정의 작성 및 유지·관리
- 승강기의 고장·수리 등에 관한 기록 유지
- 승강기 사고 발생에 대비한 비상연락망의 작성 및 관리
- 승강기 인명사고 시 긴급조치를 위한 구급체제의 구성 및 관리
- 승강기의 중대한 사고 및 중대한 고장 시 사고 및 고장 보고
- 승강기 표준부착물의 관리
- 승강기 비상열쇠의 관리

23

유도기전력의 크기는 코일의 권수와 코일을 관통하는 자속의 시간적인 변화율과의 곱에 비례한다는 법칙은 무엇인가?

① 패러데이의 전자유도 법칙
② 앙페르의 주회 적분의 법칙
③ 전자력에 관한 플레밍의 법칙
④ 유도기전력에 관한 렌츠의 법칙

해설및용어설명 | 페러데이의 전자유도법칙
도선주위에 자기장의 변화가 생기면 도선에 기전력이 발생하는 현상

$$e = -N\frac{\Delta\phi}{\Delta t} \text{ V}$$

- $\frac{\Delta\phi}{\Delta t}$: 시간변화에 따른 자속의 변화
- N : 감은 권선수

24

전기에서는 위험성이 가장 큰 사고의 하나가 감전이다. 감전 사고를 방지하기 위한 방법이 아닌 것은?

① 충전부 전체를 절연물로 차폐한다.
② 충전부를 덮은 금속체를 접지한다.
③ 가연물질과 전원부의 이격거리를 일정하게 유지한다.
④ 자동차단기를 설치하여 선로를 차단할 수 있게 한다.

해설및용어설명 | 감전사고 방지 대책
- 전기 기기 및 배선 등의 모든 충전부는 노출시키지 않을 것
- 전기 기기 사용 시에 필히 접지할 것
- 누전 차단기를 시설할 것
- 개폐기에는 반드시 정격 퓨즈를 사용할 것
- 젖은 손으로 전기 기기를 만지지 말 것
- 불량하거나 고장난 전기제품은 사용하지 말 것

25

기계요소 설계 시 일반 체결용에 주로 사용되는 나사는?

① 삼각나사 ② 사각나사
③ 톱니나사 ④ 사다리꼴나사

해설및용어설명 | 일반 체결용나사는 주로 삼각나사

26

재해의 직접원인에 해당되는 것은?

① 물적원인 ② 교육적원인
③ 기술적원인 ④ 작업관리상원인

해설및용어설명 | 재해 원인의 분류
- 직접원인 : 불안전한 행동(인적원인), 불안전한 상태(물적원인)
- 간접원인 : 기술적, 교육적, 신체적, 정신적, 관리적

27

감전의 위험이 있는 장소의 전기를 차단하여 수선, 점검 등의 작업을 할 때에는 작업 중 스위치에 어떤 장치를 하여야 하는가?

① 접지장치 ② 복개장치
③ 시건장치 ④ 통전장치

해설및용어설명 | 안전작업을 위해 감전의 위험이 있는 장소의 전기를 차단했을 때 어떤 이유로든지 다시 통전되는 일이 발생하면 작업자의 안전에 심각한 위험이 초래될 수 있으므로 스위치가 다시 통전되지 않도록 시건장치(잠금장치)를 설치하는 것이 좋다.

28

저압 부하설비의 운전조작 수칙에 어긋나는 사항은?

① 퓨즈는 비상시라도 규격품을 사용하도록 한다.
② 정해진 책임자 이외에는 허가 없이 조작하지 않는다.
③ 개폐기는 땀이나 물에 젖은 손으로 조작하지 않도록 한다.
④ 개폐기의 조작은 왼손으로 하고 오른손은 만약의 사태에 대비한다.

해설및용어설명 | 개폐기 조작은 오른손으로 정확하게 한다.

29

안전점검 중에서 5S 활동 생활화로 틀린 것은?

① 정리 ② 정돈
③ 청소 ④ 불결

해설및용어설명 | 5S 운동 안전활동
정리, 정돈, 청소, 청결, 습관화

30

"회로망에서 임의의 접속점에 흘러 들어오고 흘러 나가는 전류의 대수합은 0이다."라는 법칙은?

① 키르히호프의 법칙 ② 가우스의 법칙
③ 줄의 법칙 ④ 쿨롱의 법칙

해설및용어설명 | 키르히호프의 제1법칙(전류 법칙)
회로 내에서 어느 한 접속점에서 유입되는 전류와 유출되는 전류의 대수합은 '0'이다.

31

시브홈은 크게 3가지로 분류된다. 해당되지 않는 것은?

① U형 ② V형
③ R형 ④ 언더컷형

해설및용어설명 | 시브홈은 U형, V형, 언더컷형이 있다.
마찰력의 순서는 V > 언더컷 > U 순이다.

32

전기식 엘리베이터의 과부하방지장치에 대한 설명으로 틀린 것은?

① 과부하방지장치의 작동치는 정격 적재하중의 110%를 초과하지 않아야 한다.
② 과부하방지장치의 작동상태는 초과하중이 해소되기까지 계속 유지되어야 한다.
③ 적재하중 초과 시 경보가 울리고 출입문의 닫힘이 자동적으로 제지되어야 한다.
④ 엘리베이터 주행 중에는 오동작을 방지하기 위해 과부하방지장치 작동은 유효화 되어 있어야 한다.

해설및용어설명 | 엘리베이터 주행 중에는 오동작을 방지하기 위해 과부하방지장치는 무효화 되어야 한다.

33

균형추를 구성하고 있는 구조재 및 연결재의 안전율은 균형추가 승강로의 꼭대기에 있고, 엘리베이터가 정지한 상태에서 얼마 이상으로 하는 것이 바람직한가?

① 3   ② 5
③ 7   ④ 9

해설및용어설명 | 균형추 등의 보상수단의 안전율은 5 이상으로 한다.

34

에스컬레이터의 스텝체인의 늘어남을 확인하는 방법으로 가장 적합한 것은?

① 구동체인을 점검한다.
② 롤러의 물림상태를 확인한다.
③ 라이저의 마모상태를 확인한다.
④ 스텝과 스텝 간의 간격을 측정한다.

해설및용어설명 | 스텝 간의 간격을 측정하므로써 스텝체인의 늘어남 상태를 확인할 수 있으며 과도하게 늘어날 경우 스텝체인 안전장치가 작동하여 전원을 차단한다.

35

비상정지장치의 작동으로 카가 정지할 때까지 레일이 죄는 힘이 처음에는 약하게 그리고 하강함에 따라 강해지다가 얼마 후 일정한 값으로 도달하는 방식은?

① 슬랙로프 세이프티   ② 순간식 비상정지장치
③ 플렉시블 가이드 방식   ④ 플렉시블 웨지 클램프 방식

해설및용어설명 | F·W·C(flexible wedge clamp)형 레일을 죄는 힘이 동작 시점에는 약하나 하강함에 따라 점점 강해진 후 일정해진다.

36

기계운전 시 기본안전수칙이 아닌 것은?

① 작업범위 이외의 기계는 허가 없이 사용한다.
② 방호장치는 유효 적절히 사용하며, 허가 없이 무단으로 떼어놓지 않는다.
③ 기계가 고장이 났을 때에는 정지, 고장표시를 반드시 기계에 부착한다.
④ 공동 작업을 할 경우 시동할 때에는 남에게 위험이 없도록 확실한 신호를 보내고 스위치를 넣는다.

해설및용어설명 | 작업범위 이외의 기계라도 무허가 사용은 금지한다.

37

제어반에서 점검할 수 없는 것은?

① 결선단자의 조임상태   ② 스위치 접점 및 작동상태
③ 조속기 스위치의 작동상태   ④ 전동기 제어회로의 절연상태

해설및용어설명 | 기계실에서 행하는 검사
기계실 구조 및 설비, 수전반 및 제어반, 제동기, 조속기, 권상기, 전동기, 비상정지장치, 하중시험 등이다.

38

조속기의 점검사항으로 틀린 것은?

① 소음의 유무
② 브러시 주변의 청소상태
③ 볼트 및 너트의 이완 유무
④ 조속기 로프와 클립 체결상태 양호 유무

해설및용어설명 | 조속기의 점검사항
- 각각의 부분의 마모, 진동, 소음의 유무
- 베어링에 눌러 붙음이 생길 염려가 있는 것
- 캣치 작동 상태
- 스위치가 불량한 것
- 비상정지장치를 작동시키지 못하는 것
- 연결부위의 이상 마모, 이완상태 등 점검
- 볼트와 너트의 결여 및 이완상태
- 조속기 로프와 클립 체결상태 등등

39

승강로의 벽 일부에 한국산업규격에 알맞은 유리를 사용할 경우 다음 중 적합하지 않은 것은?

① 망유리   ② 강화유리
③ 접합유리   ④ 감광유리

해설및용어설명 | 법 개정으로 더 이상 출제되지 않습니다.

40

승강기 정밀안전 검사 시 전기식 엘리베이터에서 권상기 도르래 홈의 언더컷의 잔여량은 몇 mm 미만일 때 도르래를 교체하여야 하는가?

① 1   ② 2
③ 3   ④ 4

해설및용어설명 | 시브의 교체 기준
- 균열이 발생한 경우
- 시브홈의 언더컷의 잔여량은 1mm 미만인 경우
- 시브홈의 마모로 슬립이 발생한 경우
- 주로프 가닥끼리의 높이차는 2mm 이상인 경우

41

이동식 핸드레일은 운행 중에 전 구간에서 디딤판과 핸드레일의 동일 방향 속도 공차는 몇 %인가?

① 0~2
② 3~4
③ 5~6
④ 7~8

해설 및 용어설명 | 핸드레일의 속도는 스텝, 팔레트 또는 벨트의 실제속도와 동일방향으로 0~2%의 공차가 있는 속도로 움직이도록 설치되어야 한다.

42

유압식 엘리베이터에서 실린더의 점검사항으로 틀린 것은?

① 스위치의 기능 상실 여부
② 실린더 패킹에 누유 여부
③ 실린더의 패킹의 녹 발생여부
④ 구성부품, 재료의 부착에 늘어짐 여부

해설 및 용어설명 | 스위치 기능은 주로 밸브들의 역할이며 실린더의 점검사항에 해당되지 않는다.

43

전기식 엘리베이터의 기계실에 설치된 고정 도르래의 점검내용이 아닌 것은?

① 이상음 발생여부
② 로프 홈의 마모상태
③ 브레이크 드럼 마모상태
④ 도르래의 원활한 회전여부

해설 및 용어설명 | 브레이크 드럼은 제동기에 속한다.

44

가이드 레일 또는 브라켓의 보수점검사항이 아닌 것은?

① 가이드 레일의 녹 제거
② 가이드 레일의 요철제거
③ 가이드 레일과 브라켓의 체결볼트 점검
④ 가이드 레일 고정용 브라켓 간의 간격 조정

해설 및 용어설명 | 가이드 레일 점검 및 조정
- 가이드 레일 청결상태 확인
- 카의 주행 중 가이드 레일에서 금속음 유무 확인
- 가이드 레일 수동점검 시 파손, 마모 상태 확인
- 가이드 레일 볼트, 너트 등의 이완상태 확인
- 가이드 레일의 이음부분 균열상태 확인
- 승강로 벽과 가이드 레일의 고정상태 확인
- 레일 브래킷의 조임상태 및 용접부의 균열 상태 확인

45

엘리베이터에서 현수로프의 점검사항이 아닌 것은?

① 로프의 직경
② 로프의 마모 상태
③ 로프의 꼬임 방향
④ 로프의 변형 부식 유무

해설 및 용어설명 | 로프의 꼬임 방향은 처음 설치할 때부터 정해진 것이다.

정답 41 ① 42 ① 43 ③ 44 ④ 45 ③

46

유압식 엘리베이터의 점검 시 플런저 부위에서 특히 유의하여 점검하여야 할 사항은?

① 플런저의 토출량
② 플런저의 승강행정 오차
③ 제어밸브에서의 누유 상태
④ 플런저 표면조도 및 작동유 누설 여부

해설및용어설명 | 플런저 점검항목에서 요주의로 하여야 할 것
- 누유가 현저한 것
- 구성부품 재료의 부착에 늘어짐이 있는 것

47

비상정지장치가 없는 균형추의 가이드 레일 검사 시 최대 허용 휨의 양은 양방향으로 몇 mm인가?

① 5
② 10
③ 15
④ 20

해설및용어설명 | T형 가이드 레일에 대해 계산된 최대 허용휨
- 비상정지장치가 작동하는 카, 균형추 또는 평형추의 가이드 레일 : 양방향으로 5mm
- 비상정지장치가 없는 균형추 또는 평형추의 가이드 레일 : 양방향으로 10mm

48

전동기의 점검항목이 아닌 것은?

① 발열이 현저한 것
② 이상음이 있는 것
③ 라이닝의 마모가 현저한 것
④ 연속으로 운전하는 데 지장이 생길 염려가 있는 것

해설및용어설명 | 라이닝은 제동기에 속한다.

49

18-8 스테인리스강의 특징에 대한 설명 중 틀린 것은?

① 내식성이 뛰어나다.
② 녹이 잘 슬지 않는다.
③ 자성체의 성질을 갖는다.
④ 크롬 18%와 니켈 8%를 함유한다.

해설및용어설명 | 18-8 스테인리스강은 자석에 붙지않는다.

50

직류기 권선법에서 전기자 내부 병렬회로수 a와 극수 p의 관계는? (단, 권선법은 중권이다)

① $a = 2$
② $a = \dfrac{1}{2}p$
③ $a = p$
④ $a = 2p$

해설및용어설명 | 파권의 병렬회로수는 2, 중권의 병렬회로수는 극수와 같다.

51

다음 논리회로의 출력값 표는?

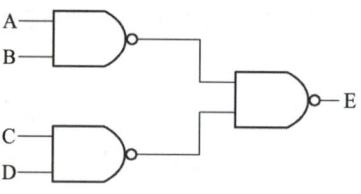

① $A \cdot B + C \cdot D$
② $\overline{A \cdot B + C \cdot D}$
③ $\overline{A \cdot B \cdot C \cdot D}$
④ $(A + B) \cdot (C + D)$

해설및용어설명 | $E = \overline{\overline{AB} \cdot \overline{CD}} = \overline{\overline{AB} + \overline{CD}} = AB + CD$

52

직류전동기에서 자속이 감소하면 회전수는 어떻게 되는가?

① 정지 ② 감소
③ 불변 ④ 상승

해설및용어설명 | $E \propto \phi N$에서 자속 ϕ와 회전수 N은 서로 반비례이므로 자속이 감소하면 회전수는 증가한다.

53

회전하는 축을 지지하고 원활한 회전을 유지하도록 하며, 축에 작용하는 하중 및 축의 자중에 의한 마찰저항을 가능한 적게 하도록 하는 기계요소는?

① 클러치 ② 베어링
③ 커플링 ④ 스프링

해설및용어설명 | 베어링은 회전하는 축과의 마찰을 줄이기 위한 것으로 구름베어링과 볼베어링이 있다.

54

계측기와 관련된 문제, 환경적 영향 또는 관측 오차 등으로 인해 발생하는 오차는?

① 절대오차 ② 계통오차
③ 과실오차 ④ 우연오차

해설및용어설명 | 계통오차에 대한 질문내용이다.
- 계기오차 : 측정계기의 불완전성으로 인해 생기는 오차
- 환경오차 : 측정시 온도, 습도등 외부환경의 영향으로 생기는 오차
- 개인오차 : 개개인의 습관등으로 생기는 오차

55

관리주체가 승강기의 유지관리 시 유지관리자로 하여금 유지관리 중임을 표시하도록 하는 안전 조치로 틀린 것은?

① 사용금지 표시 ② 위험요소 및 주의사항
③ 작업자 성명 및 연락처 ④ 유지관리 개소 및 소요시간

해설및용어설명 | 보수 또는 점검시의 안전조치
- "보수 점검 중"이라는 사용금지 표시지
- 보수, 점검 개소 및 소요시간 표시
- 보수, 점검자명 및 보수, 점검자 연락처
- 접근, 탑승금지 방호장치 설치

56

직류 전동기의 속도 제어 방법이 아닌 것은?

① 저항 제어법 ② 계자 제어법
③ 주파수 제어법 ④ 전기자 전압 제어법

해설및용어설명 | 주파수 제어법은 유도전동기의 속도 제어 방법이다.

57

요소와 측정하는 측정기구의 연결로 틀린 것은?

① 길이 : 버니어캘리퍼스 ② 전압 : 볼트미터
③ 전류 : 암미터 ④ 접지저항 : 메거

해설및용어설명 | 메거는 절연저항계이다.

58

다음 중 응력을 가장 크게 받는 것은? (단, 다음 그림은 기둥의 단면 모양이며, 가해지는 하중 및 힘의 방향은 같다)

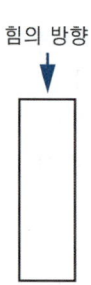

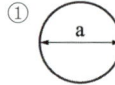
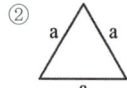
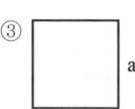
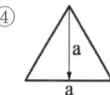

해설및용어설명 | 응력은 단위면적당 하중이므로 단면적에 반비례한다. 따라서 단면적이 가장 작은 것이 가장 큰 응력을 받는다.

59

에스컬레이터의 안전장치에 해당되지 않는 것은?

① 스프링(spring) 완충기
② 인레트 스위치(inlet switch)
③ 스커트 가드(skirt guard) 안전 스위치
④ 스텝 체인 안전 스위치(step chain safety switch)

해설및용어설명 | 에스컬레이터 안전장치에는 스커트 가드 안전 스위치, 인레트 스위치, 스텝 체인 안전 스위치 등이 있으며 스프링 완충기는 엘리베이터 안전장치이다.

60

인덕턴스가 5mH인 코일에 50Hz의 교류를 사용할 때 유도 리액턴스는 약 몇 Ω인가?

① 1.57
② 2.50
③ 2.53
④ 3.14

해설및용어설명 | 유도성 리액턴스
$X_L = \omega L = 2\pi f L = 2 \times 3.14 \times 50 \times 0.005 = 1.57\,\Omega$

CBT 복원문제 2019 * 3

01

카의 비상정지장치가 작동하였을 경우 등으로 균형추와 로프 등이 관성으로 상승하는 것을 방지하기 위해 설치하는 장치는?

① 슬로다운스위치 ② 록다운 정지장치
③ 리미트 스위치   ④ 파이널 리미트 스위치

해설및용어설명 | 관성으로 상승하는 것을 방지하기 위하여 튀어오름 방지장치(록다운비상정지장치)를 설치한다.

02

엘리베이터 자체점검중 전기안전장치에 관한 점검사항이 아닌 것은?

① 구동시간 제한 장치 작동상태
② 조명, 콘센트의 과전류 보호상태
③ 과열, 온도상승시 전동기 정지장치작동상태
④ 이동케이블 설치상태

03

나사의 호칭이 M10일 때, 다음 설명 중 옳은 것은?

① 미터 보통 나사로서 호칭 지름이 10m이다.
② 미터 사다리꼴 나사로서 호칭 지름이 10m이다.
③ 유니파이 보통 나사로서 호칭 지름이 10m이다.
④ 관용테이퍼 수나사로서 호칭 지름이 10m이다.

해설및용어설명 | 미터 보통 나사는 M, 미터 사다리꼴 나사는 Tr, 유니파이 보통 나사는 UNC, 관용테이퍼 수나사는 R로 표시된다.

04

목표값과 시간과의 관계로 올바르게 연결되어 있는 것은?

ㄱ 목표값이 시간에 따라 변화하지 않는다.
ㄴ 목표값이 시간에 따라 변화한다.
ㄷ 목표값이 일정한 순서대로 미리 정해진 시간적 변화를 한다.

ⓐ 추치제어   ⓑ 정치제어   ⓒ 프로그램제어

① ㄱ-ⓑ, ㄴ-ⓐ, ㄷ-ⓒ
② ㄱ-ⓒ, ㄴ-ⓐ, ㄷ-ⓑ
③ ㄱ-ⓒ, ㄴ-ⓑ, ㄷ-ⓐ
④ ㄱ-ⓑ, ㄴ-ⓒ, ㄷ-ⓐ

해설및용어설명 | 목표값이 시간에 따라 변하지 않으면 정치제어, 변하면 추치제어라고 한다. 추치제어 중 미리 정해진 시간적 변화를 하는 제어는 프로그램제어, 미지의 임의 시간적 변화를 하는 목표값에 추종하는 추종제어, 목표값이 있는 다른 양과 일정한 비율관계를 가지는 비율제어가 있다.

정답 01 ② 02 ④ 03 ① 04 ①

05

승강기 운전자가 준수하여야 할 사항으로 옳지 않은 것은?

① 술에 취한 채 또는 흡연하면서 운전하지 말아야 한다.
② 정원 또는 적재하중을 초과하여 태우지 말아야 한다.
③ 질병, 피로 등을 느꼈을 때는 즉시 약을 복용하고 근무한다.
④ 운전 중 사고가 발생한 때에는 즉시 운전을 중지하고 관리주체에 보고한다.

해설및용어설명 | 질병, 피로 등을 느꼈을 경우는 보고하고 운전해서는 안 된다.

06

사고조사를 하는 가장 중요한 목적은 무엇인가?

① 사고의 원인을 파악하여 대책을 강구하고 사고를 예방하기 위함이다.
② 장비와 시설관리를 위해 활용하기 위함이다.
③ 통계자료를 확보하여 사고를 분석하기 위해서이다.
④ 검사기준 등 법령에 정해진 절차를 준수하기 위함이다.

해설및용어설명 | 사고조사의 목적은 원인을 파악하여 대책을 강구하는 것이다.

07

단독주택의 거주자를 운송하기 위한 카를 정해진 승강장으로 운행시키기 위해 설치되는 정격속도 0.25m/s 이하, 높이 12m 이하인 엘리베이터는?

① 소방구조용 엘리베이터 ② 주택용 엘리베이터
③ 화물용 엘리베이터 ④ 승객용 엘리베이터

해설및용어설명 | 주택용 엘리베이터는 수직에 대해 15° 이하의 경사진 주행안내 레일을 따라 단독주택의 거주자를 운송하기 위한 카를 정해진 승강장으로 운행시키기 위해 설치되는 정격속도 0.25m/s 이하, 승강행정 12m 이하인 단독주택에 설치되는 엘리베이터에 적용한다.

08

장애인용 엘리베이터의 경우 호출버튼에 의하여 카가 정지하면 몇 초 이상 문이 열린 채로 대기하여야 하는가?

① 8 ② 10
③ 12 ④ 15

해설및용어설명 | 장애인용 엘리베이터는 호출버튼 또는 등록버튼에 의하여 카가 정지하면 10초 이상 문이 열린 채로 대기해야 한다.

09

엘리베이터 자체점검항목 중 피트에서 점검하는 항목이 아닌 것은?

① 누수및 청결상태
② 정지장치의 설치 및 작동상태
③ 전동기 과열보호장치 작동상태
④ 비상통화장치의 설치 및 작동상태

해설및용어설명 | 전동기가 기계실에 있을 경우가 많으므로 기계실에서 점검하는 경우가 많다.

10

승강기가 어떤 원인으로 피트에 떨어졌을 때 충격을 완화하기 위하여 설치하는 것은?

① 조속기　　② 비상정지장치
③ 완충기　　④ 제동기

해설및용어설명 | 피트바닥에서 충격을 완화하는 장치는 완충기

11

승강기를 보수 점검할 경우 보수점검의 내용이 틀린 것은?

① 메인 로프와 시브의 마모를 줄이기 위해 그리스를 주기적으로 충분하게 주입한다.
② 권동기의 기어오일을 확인하고 부족 시 주유한다.
③ 레일 가이드 슈의 오일을 확인하여 부족 시 보충하고 구동 체인에는 그리스를 주입한다.
④ 도어슈, 도어클로저, 체인 등에서 소음이 발생할 때 링크부위를 그리스로 주입하고 볼트와 너트가 풀린 곳을 확인하고 조인다.

해설및용어설명 | 로프와 시브는 미찰력이 있어야 하므로 그리스를 충분히 주입하면 미찰력이 감소한다.

12

정밀성을 요하는 판의 두께를 측정하는 것은?

① 줄자　　② 직각자
③ R게이지　　④ 마이크로미터

해설및용어설명 | 정밀한 판의 두께측정은 마이크로미터이다.

13

다음의 그림 중에서 직류회로의 전류계를 사용하여 측정한 그림은?

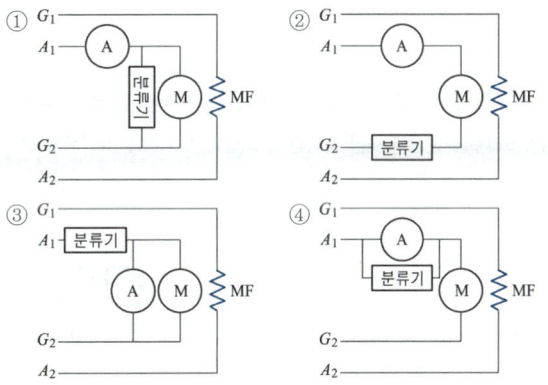

해설및용어설명 | 전류계는 직렬로 연결하고 분류기는 전류계와 병렬로 연결된다.

14

3상 유도전동기의 회전 방향을 바꾸는 방법으로 옳은 것은?

① 3상 전원의 주파수를 바꾼다.
② 3상 전원 중 1상을 단선시킨다.
③ 3상 전원 중 2상을 단락시킨다.
④ 3상 전원 중 임의의 2상의 접속을 바꾼다.

해설및용어설명 | 3상 유도전동기의 역회전 3상 중 임의의 2상의 접속을 반대로 한다.

15

3상 유도전동기에서 삐뚤어진 홈을 사용하는 이유가 아닌 것은?

① 소음감소
② 파형개선
③ 속도조절
④ 기동개선

해설및용어설명 | 3상유도전동기에서 사슬롯(삐뚤어진 홈)을 사용하는 이유는 크라우닝 현상에 의한 소음감소, 파형개선, 기동개선이 목적이다.

16

사고예방의 기본 4원칙이 아닌 것은?

① 원인계기의 원칙
② 대책선정의 원칙
③ 예방가능의 원칙
④ 개별분석의 원칙

해설및용어설명 | 산업재해 예방의 4원칙(하인리히의 재해예방 4원칙) 손실우연의 법칙, 원인계기의 원칙, 예방가능의 원칙, 대책선정의 원칙

17

엘리베이터 전원공급 배선회로의 절연저항측정으로 가장 적당한 측정기는?

① 휘트스톤 브리지
② 메거
③ 콜라우시 브리지
④ 켈빈더블 브리지

해설및용어설명 | 절연저항은 고저항이며 주로 메거로 측정한다. 반면 저저항측정은 켈빈더블 브리지이며, 전해액측정이나 접지저항측정은 콜라우시브리지이고 접지저항측정은 어스테스터이다.

18

다음 중 엘리베이터 도어용 부품과 거리가 먼 것은?

① 행거롤러
② 업스러스트롤러
③ 도어레일
④ 가이드롤러

해설및용어설명 | 도어용 부품은 행거롤러, 업스러스트롤러, 도어레일 등이 있다. 가이드롤러는 가이드레일과 관계된다.

19

승강장문 및 카문이 닫히거나 잠기지 않은 상태에서 재-착상 속도는 몇 m/s 이하이어야 하는가?

① 0.8m/s 이하
② 0.5m/s 초과 0.8m/s 이하
③ 0.3m/s 초과 0.5m/s 이하
④ 0.3m/s 이하

해설및용어설명 | 승강장문 및 카문이 닫히거나 잠기지 않은 상태에서 카의 움직임은 다음과 같은 조건의 착상, 재-착상 및 예비운전인 경우 허용된다.
① 카의 움직임은 적합한 전기안전장치에 의해 잠금해제구간으로 제한한다. 예비운전 중 카는 승강장으로부터 20mm 이내에 유지되어야 한다.
② 착상운전 중, 문의 전기안전장치를 무효화시키는 장치는 해당 승강장에 대한 정지신호가 주어진 경우에만 작동되어야 한다.
③ 착상속도는 0.8m/s 이하이어야 한다. 추가적으로 수동으로 조작되는 승강장문이 있는 엘리베이터는 다음 사항이 확인되어야 한다.
 • 최대 회전속도가 전원의 고정 주파수에 의해 제한되는 구동기의 경우, 저속 운전 제어회로에만 전원이 공급되어야 한다.
 • 기타 다른 구동기의 경우, 잠금해제구간 도달 순간의 속도는 0.8m/s 이하이어야 한다.
④ 재-착상 속도는 0.3m/s 이하이어야 한다.

20

직류전동기의 전기자권선법 중에서 병렬회로수 a와 극수 p와의 관계는? (단, 권선법은 중권이다)

① $a = p$ ② $a = 2p$
③ $a = 3p$ ④ $a = 4p$

해설및용어설명 | 중권의 병렬회로수＝극수이고, 파권의 병렬회로수＝2이다.

21

엘리베이터를 카 위에서 검사할 때 주로프를 걸어 맨 고정부위는 2중 너트로 견고하게 조여 있어야 하고 풀림방지를 위하여 무엇이 꽂혀 있어야 하는가?

① 소켓   ② 균형체인
③ 브래킷   ④ 분할핀

해설및용어설명 | 배빗 소켓의 고정부위에 2중 너트와 분할핀으로 고정되어 있다.

22

전기로인한 감전, 전기사고 위험이 있는 작업 시 반드시 갖추어야 하는 것은?

① 구급용구   ② 운동화
③ 보호구   ④ 마스크

23

추락방지용 장비로 사용되는 2종 안전대의 종류로 옳은 것은?

① U걸이 전용   ② 1개걸이와 U걸이 공용
③ 안전블록   ④ 1개걸이 전용

해설및용어설명 | 1종은 U걸이 전용, 2종은 1개걸이 전용, 3종은 U걸이와 1개걸이, 4종은 안전블록이다.

24

다음 중 자동제어의 용어의 설명으로 맞는 것은?

① 목표값 : 제어계의 입력으로 외부에서 주어진 값
② 되먹임제어 : 제어된 제어대상의 양, 또는 시스템의 출력
③ 제어대상 : 시스템의 출력과 기준 입력을 비교
④ 제어량 : 제어장치가 제어 대상에 가해지는 양

해설및용어설명 | 목표값은 제어계의 입력으로 외부에서 주어진 값이다. 제어량은 제어된 제어대상의 양 또는 시스템의 출력을 말한다. 되먹임제어가 출력과 기준입력을 비교한다. 조작량은 제어장치가 제어대상에 가해지는 양이다.

25

카가 정지하고 있지 않는 층의 문이 열리지 않도록 하고, 각 층의 문이 닫혀있지 않으면 운전을 불가능하게 하는 장치는?

① 도어 인터록   ② 도어 세이프티
③ 도어 오픈   ④ 도어 클로저

해설및용어설명 | 도어인터록은 카가 정지하고 있지 않는 층의 문은 전용의 열쇠로만 열리도록 하는 도어록과 문이 닫혀있지 않으면 운전이 불가능하게 하는 도어스위치로 구성된다.

26

인덕턴스가 0.1H이고 리액턴스가 377Ω인 회로의 주파수는 얼마인가?

① 6 ② 60
③ 600 ④ 6,000

해설및용어설명 | 유도성 리액턴스 $X_L = \omega L = 2\pi f L$이므로
$f = X_L \div 2\pi L = 377 \div (2 \times 3.14 \times 0.1) ≒ 600$

27

엘리베이터의 비상정지장치에 대한 보수점검 사항이 아닌 것은?

① 세이프티 링크 기구에 이완이나 용접이 벗겨지는 일은 없는지 점검
② 세이프티 링크 스위치와 캠의 간격 점검
③ 마찰 댐퍼의 스프링 및 볼트 변형 등 점검
④ 과속스위치의 접점 및 작동 점검

해설및용어설명 | 과속스위치의 접점 및 작동 점검은 과속조절기(조속기)의 보수 점검항목

28

다음 중 전압과 주파수를 동시에 변화시켜 직류전동기와 동등한 제어성능을 얻을 수 있는 속도제어 방식은?

① 교류 1단 제어 ② 워드 레오나드 제어
③ 교류 궤한 제어 ④ VVVF 제어

해설및용어설명 | VVVF는 유도전동기에 공급되는 전압과 주파수를 동시에 변화시켜 직류전동기와 동등한 제어성능을 가질 수 있다.

29

기계실에서 작업구역의 유효 높이는 얼마 이상이어야 하는가?

① 2.1m ② 3.1m
③ 4.1m ④ 5.1m

해설및용어설명 | 기계실의 작업구역의 유효 높이는 2.1m 이상이어야 한다.

30

0.6μA는 몇 mA인가?

① 0.06 ② 0.006
③ 0.0006 ④ 0.00006

해설및용어설명 |
$0.6\mu A = 0.6 \times 10^{-6} A = 0.6 \times 10^{-3} mA$

31

기계실 위치에 의한 엘리베이터 분류에서 기계실을 승강로의 아래쪽 방향에 설치하는 방식은?

① 기어드 방식 ② 횡인구동 방식
③ 베이스먼트 방식 ④ 사이드머신 방식

해설및용어설명 | 승강로 상부면 오버헤드머신 방식, 중간이면 사이드머신 방식, 하부면 베이스먼트 방식이다.

32

엘리베이터용 도어머신에 요구되는 성능이 아닌 것은?

① 가격이 저렴할 것
② 보수가 용이할 것
③ 작동이 원활하고 정숙할 것
④ 기동횟수가 많으므로 대형일 것

해설및용어설명 | 대형이 아니라 소형이다.

33

다음 중 비상정지장치(추락방지장치)중 F.G.C형의 특징으로 맞는 것은?

① 구조가 간단하고 복귀가 쉽다.
② 레일을 죄는 힘이 처음에는 약하게 하강함에 따라 강해지다가 얼마 후 일정 값에 도달한다.
③ 점차작동식으로 1m/s 이하의 속도에서 주로 사용된다.
④ 점차 작동형 추락방지안전장치의 평균 감속도는 $0.1g_n$ 이하여야 한다.

해설및용어설명 | F.G.C(플랙시블 가이드 클램프)형은 구조가 간단하고 복귀가 쉬우며 레일을 죄는 힘은 동작에서 정지까지 일정하다. 또한 1m/s 초과에서 주로 사용되는 점차작동식으로 평균감속도는 $0.2g_n$ 에서 $1g_n$ 사이이다.

34

엘리베이터 자체점검 사항에서 조속기(과속조절기) 점검사항이 아닌 것은?

① 과속상승방지스위치의 작동여부
② 시브와 로프 사이의 마모 유무
③ 세이프티 링크 스위치와 캠의 간격
④ 볼트, 너트, 핀의 이완 유무

해설및용어설명 | 과속조절기 점검사항은 과속조절기 전기안전장치 작동 상태, 인장 풀리 설치상태, 로프 마모 및 파단상태 등이다.

35

승객이나 운전자의 마음을 편하게 해주는 장치는?

① 통신장치
② 관제운전장치
③ 구출운전장치
④ B.G.M(Back Ground Music)장치

해설및용어설명 | B.G.M은 카 내부에 음악이나 방송을 위한 장치

36

엘리베이터의 안정된 사용 및 정지를 위하여 승강장·중앙관리실 또는 경비실 등에 설치되어 카 이외의 장소에서 엘리베이터 운행의 정지조작과 재개조작이 가능한 안전장치는?

① 자동/수동 전환스위치　② 도어 안전장치
③ 파킹스위치　　　　　　④ 카 운행정지스위치

해설및용어설명 | 파킹스위치는 엘리베이터의 사용정지를 시켜 기준층에 대기시키는 기능을 한다. 주로 관리실이나 경비실 등에서 작동시킨다.

37

유압식 엘리베이터를 보수·점검 또는 수리할 때 사용하면 불필요한 작동유의 유출을 방지할 수 있는 밸브는?

① 사이런스 ② 체크 밸브
③ 스톱 밸브 ④ 릴리프 밸브

해설및용어설명 | 스톱 밸브는 보수, 점검, 수리 등에 주로 사용된다.

38

유압식 승강기의 밸브로 압력상승을 방지하기 위해 작동 압력을 전 부하 압력의 140%까지 맞추어 조절해야 하는 밸브는?

① 체크 밸브 ② 스톱 밸브
③ 릴리프 밸브 ④ 업(up) 밸브

해설및용어설명 | 릴리프 밸브는 이상압력상승을 방지하며 140%까지 맞추어 조절하도록 되어 있다.

39

언더컷에 관한 설명이 아닌 것은?

① 로프 마모율이 비교적 심하지 않다.
② 주로 싱글 랩핑(1 : 1로핑)에 사용된다.
③ 로프와 시브의 마찰계수를 높이기 위한 것이다.
④ 홈의 형상은 시브 홈의 밑을 도려낸 것이다.

해설및용어설명 | 도르레 홈의 마찰력의 크기순은 V홈 > 언더컷홈 > U홈 순이며 마찰력이 클수록 로프 마모율이 크다. 따라서 언더컷홈은 마모율이 비교적 심한 편이다.

40

현장 내에 안전표지판을 부착하는 이유로 가장 적합한 것은?

① 작업방법을 표준화하기 위하여
② 작업환경을 표준화하기 위하여
③ 기계나 설비를 통제하기 위하여
④ 비능률적인 작업을 통제하기 위하여

해설및용어설명 | 안전표지판은 안전의식을 고취시키기 위한 그림이나 기호와 글자 등으로 만들어져 작업자로 하여금 예상되는 재해를 사전에 방지할 목적으로 작업환경을 표준화하기 위한 것이다.

41

무부하 에스컬레이터 또는 무빙워크의 속도는 공칭주파수 및 공칭전압에서 공칭속도로부터 몇 %를 초과하지 않아야 하는가?

① ±2 ② ±3
③ ±5 ④ ±8

해설및용어설명 | 무부하 에스컬레이터 또는 무빙워크의 속도는 공칭주파수 및 공칭전압에서 공칭속도로부터 ±5%를 초과하지 않아야 한다.

42

파이널 리미트 스위치(Final Limit Switch)에 대한 설명으로 틀린 것은?

① 기계적으로 조작되어야 하며, 작동 캠(cam)은 금속으로 만든 것이어야 한다.
② 승강로 내부에 장착한 파이널 리미트 스위치는 밀폐된 형식으로 되어야 한다.
③ 카의 수평운동이 파이널 리미트 스위치의 작동에 영향을 끼치지 않도록 설치하여야 한다.
④ 스위치 접점은 직접 기계적으로 열려야 하며, 접점을 열기 위하여 스프링이나 중력 또는 그 복합에 의존하는 장치를 사용하여야 한다.

해설및용어설명 | 파이널 리미트 스위치는 전동기 및 브레이크에 공급되는 회로의 확실한 기계적 분리를 통해 직접 회로를 개방하거나 전기안전장치를 개방해야 한다.

43

에스컬레이터와 층 바닥이 교차하는 곳에 손이나 머리가 끼거나 충돌하는 것을 방지하기 위한 안전장치는?

① 스커트가드 안전장치 ② 삼각부 보호판
③ 스텝체인 안전장치 ④ 리미트 스위치

해설및용어설명 | 에스컬레이터와 위층 바닥이 만나는 지점에는 삼각부를 막는 조치를 취해서 머리나 손등이 끼이지 않도록 한다.

44

에스컬레이터의 스텝(디딤판)은 스텝(디딤판)체인에 의해 연결되어 순환되는데 이것을 안전하게 순환시키는 것은 스텝(디딤판) 자체의 구조와 그것에 설치되어 있는 것으로서 구동롤러와 가이드롤러를 안내하는 것은?

① 트러스 ② 레일
③ 스프링 ④ 라이저

45

케이블의 단말처리가 불량한 경우 여러가지 문제가 발생한다. 이러한 사례가 아닌 것은?

① 감전 ② 누전
③ 절연불량 ④ 통전

해설및용어설명 | 통전은 정상적인 과정이다.

46

브레이크 드럼과 라이닝간격이 넓을 때 발생하는 현상으로 옳은 것은?

① 착상이 좋아진다. ② 마모가 심해진다.
③ 착상이 불량해진다. ④ 마모가 줄어든다.

해설및용어설명 | 드럼과 라이닝간격이 넓으면 정지동작이 불량해져서 착상이 불량해진다.

47

권상기(Traction machine)의 점검 사항이 아닌 것은?

① 진동, 소음, 운전의 원활성 등 운전상황의 이상 유무를 살핀다.
② 유(Oil)의 누설 유무를 점검하고 청소한다.
③ 브레이크 동작의 양호 여부를 점검하고 조정한다.
④ 과부하 검출장치의 동작 여부를 점검한다.

해설및용어설명 | 과부하검출장치는 보통 카바닥에 있으니, 기계실 내에 있는 권상기의 점검사항이 아니다.

48

압력맥동이 적고 소음이 적어서 유압식 엘리베이터에 주로 사용되는 펌프는?

① 기어 펌프　　② 베인 펌프
③ 스크류 펌프　④ 릴리프 펌프

해설및용어설명 | 유압식 엘리베이터에서 주로 사용되는 것은 스크류 펌프이다.

49

다음에서 일상점검의 중요성이 아닌 것은?

① 승강기 품질유지　② 승강기의 수명연장
③ 보수자의 편리도모　④ 이용자의 안전도모

해설및용어설명 | 일상점검을 함으로써 승강기의 성능을 유지하고 수명을 연장하며 사고예방 등으로 이용자의 안전을 도모한다.

50

18-8 스테인리스강의 특징에 대한 설명 중 틀린 것은?

① 내식성이 뛰어난다.
② 녹이 잘 슬지 않는다.
③ 자성체의 성질을 갖는다.
④ 크롬 18%와 니켈 8%를 함유한다.

해설및용어설명 | 자성체의 성질을 갖지 않는다.

51

10Ω의 저항과 15Ω의 저항이 병렬로 연결되어 있는 회로에서 50A의 전류가 흐를 때 10Ω에 흐르는 전류는 몇 A인가?

① 10A　　② 20A
③ 30A　　④ 40A

해설및용어설명 | 병렬회로의 전류는 더해서 자기 것이므로
$$I_1 = \frac{R_2}{R_1 + R_2} I = \frac{15}{10+15} \times 50 = 30A$$

52

실린더를 검사하는 것 중 해당되지 않는 것은?

① 패킹으로부터 누유된 기름을 제거하는 장치
② 공기 또는 가스의 배출구
③ 더스트 와이퍼의 상태
④ 압력배관의 고무호스는 여유가 있는지의 상태

해설및용어설명 | 고무호스는 실린더 외부에 있다.

53

데마케이션(스텝 트레드에 있는 홈 등)은 승강장에서 스텝 뒤쪽 끝부분을 일반적으로 어떤 색상으로 표시하여 설치되어야 하는가?

① 적색
② 황색
③ 청색
④ 녹색

해설및용어설명 | 스텝에 황색의 안전표시선이 데마케이션이다.

54

카에는 카 조작반 및 카 벽에서 100mm 이상 떨어진 카 바닥 위로 1m 모든 지점에 몇 lx 이상으로 비추는 전기조명장치가 영구적으로 설치되어야 하는가?

① 2
② 5
③ 50
④ 100

해설및용어설명 | 카에는 카 조작반 및 카 벽에서 100mm 이상 떨어진 카 바닥 위로 1m 모든 지점에 100lx 이상으로 비추는 전기조명장치가 영구적으로 설치되어야 한다.

55

기어드형 권상기에서 엘리베이터의 속도를 결정하는 요소가 아닌 것은?

① 시브의 직경
② 로프의 직경
③ 기어의 감속비
④ 전동기의 회전수

해설및용어설명 |
속도(m/s) = 3.14 × 시브의 직경(m) × 전동기의 회전수(rps) × 감속비

56

교류식 엘리베이터의 제어방식이 아닌 것은?

① 정지 레오나드방식
② 교류 궤환 제어방식
③ 교류 1단 속도 제어방식
④ 교류 2단 속도 제어방식

해설및용어설명 | 직류식 엘리베이터 제어방식에는 워드 레오나드방식과 정지 레오나드방식이 있다.

57

엘리베이터에 필요 없는 안전장치는?

① 도어 인터록
② 조속기(과속조절기)
③ 핸드레일(손잡이) 안전장치
④ 비상정지장치(추락방지안전장치)

해설및용어설명 | 핸드레일 안전장치는 에스컬레이터에 있는 장치이다.

58

에스컬레이터 및 무빙워크 출입구 근처의 주요표시판에 포함하지 않아도 되는 문구는?

① 손잡이를 꼭 잡으세요.
② 안전선 안에 서주세요.
③ 신발은 신은 상태에서만 타세요.
④ 어린이나 노약자는 보호자와 함께 이용하세요.

59

카 천장에 비상구출문이 설치된 경우, 유효 개구부의 크기는 얼마 이상이어야 하는가?

① 0.2m×0.3m　② 0.3m×0.4m
③ 0.4m×0.5m　④ 0.5m×0.6m

해설및용어설명 | 카 천장에 비상구출문이 설치된 경우, 유효 개구부의 크기는 0.4m×0.5m 이상이어야 한다. 다만, 카 벽에 설치된 경우 제외될 수 있다. 비고 공간이 허용된다면, 유효 개구부의 크기는 0.5×0.7m가 바람직하다.

60

엘리베이터를 설치할 때 건축물 전원이 300V 이하의 저압일 때 접지는 제몇 종 접지공사를 하는가?

① 제1종　② 제2종
③ 제3종　④ 특별 제3종

해설및용어설명 | 400V 이하의 저압은 제3종 접지공사를 한다.

CBT 복원문제 2020 * 1

01

도어머신에 요구되는 성능이 아닌 것은?

① 속도제어가 직류방식일 것
② 동작이 원활하고 정숙할 것
③ 보수가 용이하고 가격이 저렴할 것
④ 카 위에 설치하기 위하여 소형, 경량일 것

해설및용어설명 | 도어머신의 제어에는 직류와 교류방식이 모두 가능하다.

02

회전운동을 직선운동, 반복운동, 진동 등으로 변환시켜주는 기구는?

① 커플링   ② 링크
③ 캠   ④ 기어

해설및용어설명 | 캠은 회전운동을 직선운동, 반복운동, 진동 등으로 변환해준다.

03

안전보건표지의 종류가 아닌 것은?

① 금지   ② 경고
③ 안내   ④ 방향

해설및용어설명 | 금지(적색), 경고(황색), 지시(청색), 안내(녹색)이다.

04

다음의 그림 중에서 직류회로의 전류계를 사용하여 측정한 그림은?

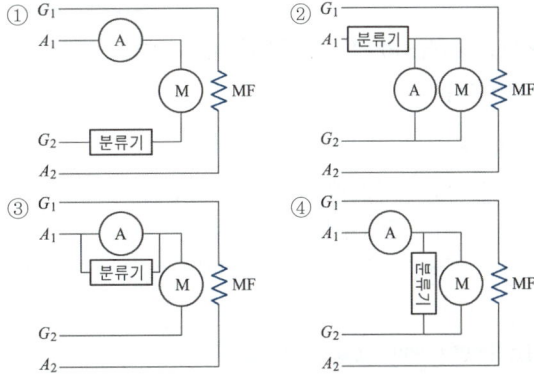

해설및용어설명 | 전류계는 직렬로 연결하고 분류기는 전류계와 병렬로 연결된다.

정답 01 ① 02 ③ 03 ④ 04 ③

05

유압 엘리베이터의 플런저를 구동시키는 원리는?

① 아르키메데스의 원리 ② 파스칼의 원리
③ 피타고라스의 원리 ④ 기전력의 원리

해설및용어설명 | 파스칼의 원리(Pascal's principle) 또는 유체압력 전달 원리(principle of transmission of fluid-pressure)는 유체역학에서 폐관 속의 비압축성 유체의 어느 한 부분에 가해진 압력의 변화가 유체의 다른 부분에 그대로 전달된다는 원리이다.

06

기계식 주차장치에 있어서 자동차 중량의 전륜 및 후륜에 대한 배분비는?

① 4 : 6 ② 5 : 5
③ 6 : 4 ④ 7 : 3

해설및용어설명 | 자동차 중량의 전륜 및 후륜에 대한 배분은 6 : 4로 하고 계산하는 단면에는 큰 쪽의 중량이 집중하중으로 작용하는 것으로 가정하여 계산하여야 한다.

07

승강기에 적용하는 가이드 레일의 규격을 결정하는 데 관계가 가장 적은 것은?

① 정격속도에서의 충격하중
② 비상정지 발생 시 레일에 걸리는 좌굴하중
③ 지진 발생 시 건물의 수평 진동력
④ 불균형한 큰 하중을 내리고 올릴 때 카에 발생하는 회전모멘트

해설및용어설명 | 가이드 레일의 결정요소
• 비상정지장치가 작동했을 때 좌굴하중에 좌굴하는가
• 지진 발생 시 수평진동력으로 레일에서 이탈하는가
• 카 내 불균형한 큰 하중적재 시 걸리는 회전모멘트에 레일이 견디는가
이므로 피트에서의 충격하중과는 무관하다.

08

승강장의 문이 열린 상태에서 모든 제약이 해제되면 자동적으로 닫히게 하여 문의 개방 상태에서 생기는 2차 재해를 방지하는 문의 안전장치는?

① 도어 컨트롤 ② 도어 인터록
③ 도어 클로저 ④ 과부하 감지장치

해설및용어설명 | 승강기 출입문이 열려있을 경우 자동으로 닫히게 하는 장치는 도어 클로저이다.

09

펌프의 출력에 대한 설명으로 옳은 것은?

① 압력에 비례하고 토출량에 반비례한다.
② 압력에 반비례하고 토출량에 비례한다.
③ 압력과 토출량에 비례한다.
④ 압력과 토출량에 반비례한다.

해설및용어설명 | 펌프의 출력은 압력과 토출량에 비례한다.

10

승강기의 조작방식 중 가장 먼저 등록된 호출에만 응답하고, 그 운전이 완료될 때까지는 다른 호출에는 응답하지 않는 방식으로 화물용에 주로 사용되는 조작방식은?

① 하강승합 전자동식 ② 단식 자동식
③ 복식 자동식 ④ 승합 전자동식

해설및용어설명 | 단식 자동식은 가장 먼저 눌러진 호출에만 응답하고 운행 중 다른 호출에는 응답하지 않는다.

11

유압식 엘리베이터의 경우, 승강로 천장의 가장 낮은 부분과 상승방향으로 주행하는 램-헤드 조립체의 가장 높은 부분 사이의 유효 수직거리는 몇 m 이상이어야 하는가?

① 0.1
② 0.3
③ 0.5
④ 1.0

해설및용어설명 | 승강로 천장의 가장 낮은 부분과 상승방향으로 주행하는 램-헤드 조립체의 가장 높은 부분 사이의 유효 수직거리는 0.1m 이상이어야 한다.

12

카 내부의 적재하중을 감지하여 적재하중을 초과하면 경보를 울리고 출입문의 닫힘을 자동적으로 제지하는 장치는?

① 과부하 감지장치
② 도어 안전장치
③ 도어 인터록
④ 도어 클로저

해설및용어설명 | 카의 과부하 시 경보를 울리고 출입문이 닫히지 않고 대기하도록 하는 것은 과부하 감지장치에 의해서이다.

13

다음 중 불안전한 행동이 아닌 것은?

① 안전장치의 무효화
② 위험한 상태의 조장
③ 안전조치의 불이행
④ 방호조치의 결함

해설및용어설명 |
- 불안전한 상태(물적원인) : 방호조치의 부적절, 작업공정 부적절, 작업장소의 밀집, 절차의 부적절, 작업통로 등 장소 불량 및 위험, 물체 및 설비 자체의 결함, 환경 여건 부적절, 보호구 착용 상태 불량, 보호구 성능 불량, 기계기구 등의 취급상 위험, 작업상의 기타 고유위험요인
- 불안전한 행동(인적원인) : 안전조치의 불이행, 가동 중인 장비를 정비, 개인 보호구를 미사용, 잘못된 동작 자세 적용, 인위적인 속도조작으로 운전, 공동 작업자에게 경고 누락, 안전장치가 미가동, 구조물 등 위험방치 및 미확인, 무모하고, 불필요한 행위 및 동작, 인허가 없이 장치 운전, 잘못된 절차로 장치를 운전

14

다음 중 회전운동을 하는 유희시설은 어느 것인가?

① 모노레일
② 비행탑
③ 워터슈트
④ 코스터

해설및용어설명 | 놀이동산에서 비행탑, 옥토퍼스, 회전목마 등은 회전운동을 한다.

15

벨트식 전동장치에서 작은 풀리 지름이 200mm, 큰 풀리 지름이 500mm이다. 작은 풀리가 500rpm 회전할 때 큰 풀리의 회전수는?

① 200
② 350
③ 500
④ 1,000

해설및용어설명 | 벨트의 이동속도는 동일하므로 $\pi D_1 N_1 = \pi D_2 N_2$이므로 $D_1 N_1 = D_2 N_2$이다.

따라서 $200 \times 500 = 500 \times N_2$이므로 $N_2 = 200$이다.

16

엘리베이터의 도어 슈의 점검을 위해 실시하여야 할 사항이 아닌 것은?

① 도어 슈의 마모상태 점검
② 가이드 롤러의 고무 탄력상태 점검
③ 슈 고정볼트의 조임상태 점검
④ 도어 개폐 시 실과의 간섭상태 점검

해설및용어설명 | 가이드 롤러는 가이드 레일과 카 사이에 위치하므로 도어 슈 점검과는 무관하다.

17

출입구가 있는 층의 모든 주차구획을 주차장치 출입구로 사용할 수 있는 구조로서 그 주차 구획을 아래·위 또는 수평으로 이동하여 자동차를 주차하도록 설계한 주차 장치는?

① 수평순환식
② 다층순환식
③ 다단식 주차장치
④ 승강기 슬라이드식

해설및용어설명 | 다단식 주차장치
주차구획이 3층 이상으로 배치되어 있고 출입구가 있는 층의 모든 주차구획을 주차장치 출입구로 사용할 수 있는 구조로서 그 주차구획을 아래·위 또는 수평으로 이동하여 자동차를 주차하도록 설계한 주차장치

18

직류발전기에서 전기자 전류가 증가하면 속도는 어떻게 되는가?

① 증가
② 감소
③ 증가후 감소
④ 정지한다.

해설및용어설명 | 전기자 전류가 증가하면 부하전류가 증가하고 속도는 감소한다.

19

유압식 엘리베이터의 점검 시 플런저 부위에서 특히 유의하여 점검하여야 할 사항은?

① 플런저의 승강행정 오차
② 제어밸브에서의 누유상태
③ 플런저의 토출량
④ 플런저 표면조도 및 작동유 누설 여부

해설및용어설명 | 플런저의 기름누설여부는 특히 유의해야 할 사항이다.

20

버니어캘리퍼스의 특징으로 옳은 것은?

① 무게를 측정한다.
② 단차, 폭, 깊이를 측정한다.
③ 각도를 측정한다.
④ 수평도를 측정한다.

해설및용어설명 | 버니어캘리퍼스는 내경, 외경, 깊이를 측정한다.

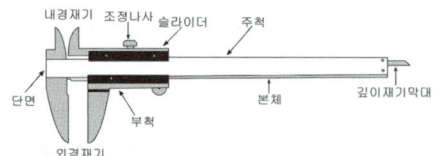

21

안전상 허용할 수 있는 최대응력을 무엇이라 하는가?

① 안전율
② 사용응력
③ 탄성한도
④ 허용응력

해설및용어설명 | 안전상 허용할 수 있는 최대응력은 허용응력이다.

22

그림은 승강기 제어회로의 일부이다. 전동기가 최대 출력을 내기 위한 다이리스터의 점호각은 몇 도인가?

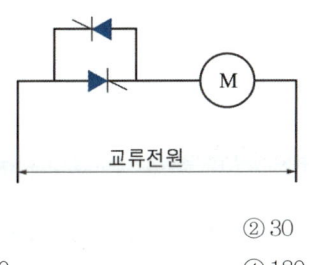

① 0 ② 30
③ 90 ④ 180

해설및용어설명 | 점호각만큼 전동기 전력이 손실되므로 전동기에 최대 출력을 내기 위해선 점호각이 0이어야 한다.

23

정속도 전동기에 속하는 것은?

① 차동복권 전동기 ② 직권 전동기
③ 분권 전동기 ④ 가동복권 전동기

해설및용어설명 | 정속도 전동기는 분권전동기이다.

24

그림과 같은 회로를 무슨 회로라 하는가?

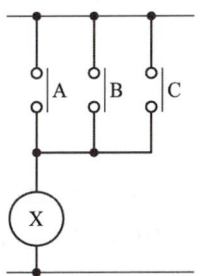

① AND회로 ② NOT회로
③ OR회로 ④ NAND회로

해설및용어설명 | 병렬회로이므로 OR회로이다. 만일 직렬이라면 AND 회로이다. 만일 b접점이라면 NOT회로이다.

25

다음 중 파워 유니트를 보수·점검 또는 수리할 때 사용하면 불필요한 작동유의 유출을 방지할 수 있는 밸브는?

① 사이런스 ② 체크 밸브
③ 스톱 밸브 ④ 릴리프 밸브

해설및용어설명 | 보수, 점검 시 사용하는 밸브는 스톱 밸브이다.

26

추락에 의한 위험방지 중 유의사항으로 틀린 것은?

① 승강로 내 작업 시에는 작업공구, 부품 등이 낙하하여 다른 사람을 해하지 않도록 할 것
② 카 상부 작업 시 중간층에는 균형추의 움직임에 주의하여 충돌하지 않도록 할 것
③ 카 상부 작업 시에는 신체가 카상부 보호대를 넘지 않도록 하며 로프를 잡을 것
④ 승강장 도어 키를 사용하여 도어를 개방할 때에는 몸의 중심을 뒤에 두고 개방하여 반드시 카 유무를 확인하고 탑승할 것

해설및용어설명 | 작업위치의 높이가 2m 이상일 경우에는 작업발판을 설치하거나 안전대를 착용하게 하는 등 위험방지를 위하여 필요한 조치를 할 것(로프를 잡아서는 안 된다)

27

에스컬레이터(무빙워크 포함)에서 6개월에 1회 점검하는 사항이 아닌 것은?

① 추락방지장치의 고정 및 설치
② 에스컬레이터와 방화셔터의 연동 작동상태
③ 옥외 난방시스템의 작동상태
④ 출구 여유공간 확보

해설및용어설명 | 추락방지장치의 고정 및 설치는 1개월에 1회 점검이다.

28

균형체인(Compensating Chain)의 설치 목적은?

① 카의 진동을 방지하기 위해서 설치한다.
② 카의 추락을 방지하기 위해서 설치한다.
③ 이동 케이블과 로프의 이동에 따라 변화되는 하중을 보상하기 위해서 설치한다.
④ 균형추의 추락을 방지하기 위해서 설치한다.

해설및용어설명 | 균형로프와 균형체인은 이동 케이블과 로프의 이동에 따라 변화되는 하중을 보상하기 위해서 설치한다.

29

정전기로 인한 화재폭발 방지에 필요한 조치는?

① 개폐기 설치 ② 전선은 단선 사용
③ 접지 설비   ④ 역률 개선

해설및용어설명 | 정전기 방지대책
• 가습
• 제전기사용
• 도전성 재료사용
• 접지
• 대전방지제 사용

30

감전사고로 의식불명이 된 환자가 물을 요구할 때의 방법으로 적당한 것은?

① 냉수를 주도록 한다.
② 온수를 주도록 한다.
③ 설탕물을 주도록 한다.
④ 물을 천에 묻혀 입술에 적시어만 준다.

해설및용어설명 | 의식불명상태에서 물을 먹이면 폐로 들어가 위험할 수 있으니 입술만 적셔준다.

31

감전에 영향을 주는 감전요소가 아닌 것은?

① 정격전류   ② 통전전류
③ 인체저항   ④ 정격전압

해설및용어설명 | 감전에 영향을 주는 요소는 1차적인 요소로 통전전류, 통전시간, 전원종류, 통전경로 등이 있고 2차적인 요소로 인체의 저항, 정격전압, 계절과 날씨 등이 있다.

32

3상 유도전동기가 역회전하려면 어떻게 해야 하는가?

① 전기자의 접속을 변경한다.
② 3선중 2선의 접속을 서로 바꾼다.
③ 3선을 모두 바꾸어 접속한다.
④ 퓨즈를 바꾼다.

해설및용어설명 | 3상 유도전동기의 역회전은 3선중 2선을 서로 바꾸면 된다. 반면 직류전동기의 역회전은 계자(자극)나 전기자(전류)중 하나만 접속을 반대로 하면 된다.

33

에스컬레이터(무빙워크)의 브레이크(제동기)의 위치는 어디에 있는가?

① 구동장치의 축   ② 구동체인
③ 스프로킷   ④ 스텝

해설및용어설명 | 대표적인 드럼형 브레이크(Drum brake)는 전동기 회전축에 연결된 회전체 모양이 주물제의 원통형으로 생긴 것으로 브레이크 레버에 붙어있는 슈(라이닝)가 회전체의 원통형 드럼에 접촉되어 주 구동기를 정지시키는 구조이다.

34

권상기의 브레이크 기능을 설명한 것으로 옳지 않은 것은?

① 승객용의 경우 카에 125% 부하상태에서 정격 속도로 하강 중에도 안전하게 감속정지시켜야 한다.
② 화물용의 경우 카에 150% 부하상태에서 정격 속도로 하강 중에도 안전하게 감속정지시켜야 한다.
③ 브레이크는 전동기, 카, 균형추 등 모든 장치의 관성을 제지하는 역할을 해야 한다.
④ 정지 후에는 부하에 의한 불균형 역구동이 되어 움직이는 일이 없어야 한다.

해설및용어설명 | 브레이크는 자체적으로 카가 정격속도로 정격하중의 125%를 싣고 하강방향으로 운행될 때 구동기를 정지시킬 수 있어야 한다.

35

엘리베이터를 카 위에서 검사할 때 주 로프를 걸어 맨 고정 부위는 2중 너트로 견고하게 조여 있어야 하고 풀림방지를 위하여 무엇이 꽂혀 있어야 하는가?

① 소켓   ② 균형체인
③ 브래킷   ④ 분할핀

해설및용어설명 | 2중 너트에 분할핀으로 고정된다.

36

과도현상에서 상승시간이란 무엇인가?

① 목표값의 허용오차범위에 도달하는데 걸리는 시간간격
② 진폭이 목표값의 0~90%에 걸리는 시간간격
③ 진폭이 목표값의 10~90%에 걸리는 시간간격
④ 진폭이 목표값의 50%에 도달하는데 걸리는 시간간격

해설및용어설명 |
- 상승시간(Rise time) : 진폭의 10%에서 90%까지 상승하는데 걸리는 시간
- 하강시간(Fall time) : 진폭의 90%에서 10%까지 하강하는데 걸리는 시간
- 펄스 폭(Pulse width) : 상승 시 진폭의 50%에서 하강의 진폭의 50%까지 걸리는 시간

37

엘리베이터의 전동기 특성으로 적당하지 않은 것은?

① 기동토크가 커야 한다.
② 회전부분의 관성모멘트가 커야 한다.
③ 기동전류가 적어야 한다.
④ 빈도가 높고 빈번한 사용에 적합해야 한다.

해설및용어설명 | 관성모멘트가 작아야 한다. 관성모멘트가 크면 기동과 정지가 힘들어진다.

38

장애인용 엘리베이터의 경우 호출버튼에 의하여 카가 정지하면 몇 초 이상 문이 열린 채로 대기하여야 하는가?

① 8초 이상
② 10초 이상
③ 12초 이상
④ 15초 이상

해설및용어설명 | 장애인용 엘리베이터는 호출버튼 또는 등록버튼에 의하여 카가 정지하면 10초 이상 문이 열린 채로 대기하여야 한다.

39

엘리베이터용 주로프는 일반 와이어로프에서 볼 수 없는 몇 가지 특징이 있다. 이에 해당되지 않는 것은?

① 마모에 견딜 수 있도록 탄소량을 많게 할 것
② 유연성이 클 것
③ 파단강도가 높을 것
④ 반복적인 벤딩에 소선이 끊어지지 않을 것

해설및용어설명 | 탄소량이 적은 것은 연질이고, 강도가 작고, 가연성이 크며, 굽힘이 용이하게 되는 반면 탄소량이 많으면 경도와 강도가 증대되나 신도는 감소하게 된다.

40

승객용 승장도어의 보수점검에 대한 설명으로 틀린 것은?

① 도어가 잘 열릴 수 있도록 시건장치를 빼놓는다.
② 도어 롤러의 이상유무를 확인하여 불량품을 교체한다.
③ 활동부는 주유하여 소음을 없애고 원활한 동작을 하게 한다.
④ 레일의 이물질을 제거한다.

해설및용어설명 | 안전을 위해 시건장치를 빼놓으면 안된다.

41

에스컬레이터의 점검덮개에 관한 내용으로 틀린 것은?

① 점검용 덮개는 설치되는 장소에 적용되는 관련 법령 등에 적합한 구조여야 한다.
② 점검용 덮개 뒤의 공간에 들어갈 수 있다면 덮개가 잠기더라도 내부에서 열쇠 또는 도구를 사용하지 않고 열려야 한다.
③ 구멍이 없어야 한다.
④ 외부에서 열쇠 또는 도구를 사용하지 않고 열려야 한다.

해설및용어설명 | 안전을 위해 외부에서는 전용열쇠 또는 도구에 의해서만 열려야 한다.

42

승강기 보수자가 승강기 카와 건물 벽 사이에 끼었다. 이 재해의 발생 형태는?

① 협착
② 전도
③ 마찰
④ 질식

해설및용어설명 | 끼임사고는 협착, 미끄러지거나 넘어지는 사고는 전도

43

승강기 문턱과 승강로 벽 사이의 추락방지 장치는?

① 에이프런 ② 도어슈
③ 과부하감지장치 ④ 가이드레일

해설및용어설명 | 승강기가 승강로 중간에 멈출 경우 카문을 통해 탈출할 때 승강로 벽 사이에 추락하는 것을 방지하기 위해 에이프런이 설치된다.

44

승강기에서 카의 위치를 숫자로 표시하지 않고 상승과 하강을 램프로 표시하는 것은?

① 홀랜턴 ② 사일런서
③ 제어판 ④ 스피커

해설및용어설명 | 층별 위치를 표시하지 않고 상승하강의 램프만으로 표시하는 것은 홀랜턴이다.

45

정전용량이 증가하는 항목으로 연결된 것은?

> ㉠ 극판의 면적을 증가시킨다.
> ㉡ 극판 사이의 유전체를 비유전율이 큰 물질로 바꾼다.
> ㉢ 극판간의 간격을 증가시킨다.
> ㉣ 가해지는 전압을 증가시킨다.

① ㉠, ㉡, ㉢ ② ㉠, ㉡
③ ㉠, ㉢ ④ ㉠, ㉢, ㉣

해설및용어설명 | 정전용량은 극판의 면적에 비례하고(면적이 넓으면 더 많은 전하를 모을 수 있다) 유전율에 비례하고(유전율이 클수록 더 많은 전하를 모을 수 있다) 극판 간의 간격에는 반비례한다.
(간격이 좁을수록 전하 사이의 힘이 증가하여 더 많은 전하를 모을 수 있다)

46

하중의 시간변화에 따른 분류가 아닌 것은?

① 충격하중 ② 전단하중
③ 반복하중 ④ 교번하중

해설및용어설명 | 전단하중은 하중의 작용상태에 따른 분류에 속한다.

47

승강기의 소음, 진동 등의 원인이 아닌 것은?

① 릴레이 접촉 불량 ② 웜기어의 맥동률
③ 가이드레일의 설치불량 ④ 인장도르래의 설치

해설및용어설명 | 인장도르래의 설치는 소음, 진동 등을 없애기 위해 설치한다. 따라서 원인이 아니라 대책에 포함된다.

48

전류계의 사용방법으로 틀린 것은?

① 전류계는 측정하려는 대상에 직렬로 연결한다.
② 측정값을 예상하지 못하는 경우는 큰 값에서 내려가며 측정한다.
③ 측정범위가 높은 전류에는 배율기를 사용한다.
④ 전류가 흐르므로 인체가 접촉되지 않도록 주의하면서 측정한다.

해설및용어설명 | 측정범위가 높은 전류에는 분류기를 사용한다. 배율기는 측정범위가 높은 전압에 사용된다.

정답 43 ① 44 ① 45 ② 46 ② 47 ④ 48 ③

49

수직개폐식 도어의 특징으로 잘못된 것은?

① 화물용과 차량용으로만 사용한다.
② 문짝의 평균 닫힘 속도는 0.5m/s 이하여야 한다.
③ 문닫힘안전장치는 문이 닫히는 동안 문 앞의 일정한 거리에서 움직이는 사람이나 물체를 감지하면 자동으로 문을 다시 열리기 시작해야한다.
④ 반자동 동력 작동식 문의 경우, 카문은 승강장문이 닫히기 시작하기 전에 2/3 이상 닫혀야 한다.

해설및용어설명 | 문짝의 평균 닫힘 속도는 0.3m/s 이하여야 한다.

50

승강기의 안전장치로 옳은 것은?

① 파이널 리미트 스위치　② 가이드레일
③ 권상기　　　　　　　　④ 전동기

해설및용어설명 | 파이널 리미트 스위치는 카가 종단층을 현저하게 지나치지 않도록 하기 위해서 설치된 안전장치이다.

51

승강장 문의 점검사항이 아닌 것은?

① 승강장 문이 유리로 된 문인 경우 파손 점검
② 어린이 손끼임방지장치 작동점검
③ 문짝과 문짝, 문틀 또는 문턱 사이의 틈새 점검
④ 층 표시 상태

해설및용어설명 | 층 표시 상태는 승강장 점검사항에 해당된다.

52

피트 내에서의 점검요령으로 틀린 것은?

① 튀어오름 방지장치의 설치 및 작동상태
② 점검문의 설치와 동작 점검
③ 점검운전 스위치의 동작 점검
④ 점검운전 조작반의 작동상태 점검

해설및용어설명 | 점검문의 설치와 동작 점검은 카 내나 카 상부의 점검사항에 해당한다.

53

에스컬레이터(무빙워크)의 모든 구동부품의 안전율은?

① 정적계산으로 3 이상이어야 한다.
② 정적계산으로 5 이상이어야 한다.
③ 정적계산으로 7 이상이어야 한다.
④ 정적계산으로 10 이상이어야 한다.

해설및용어설명 | 모든 구동부품의 안전율은 정적계산으로 5 이상이어야 한다.

54

전자력을 구하는 $F = BIL$의 법칙은?

① 플레밍의 오른손법칙　② 앙페르의 오른 나사의 법칙
③ 플레밍의 왼손법칙　　④ 비오사바르의 법칙

해설및용어설명 | 플레밍의 왼손법칙은 전동기법칙으로 전자력을 구하고 플레밍의 오른손법칙은 발전기법칙으로 기전력을 구한다.

55

카의 실제속도와 지령속도를 비교하여 사이리스터의 점호각을 바꿔 유도전동기의 속도를 제어하는 방식은?

① 교류 궤환제어 ② 교류 2단제어
③ 워드 레오나드 방식 ④ 정지 레오나드 방식

해설및용어설명 | 실제속도와 지령속도를 비교하여 속도를 제어하는 방식은 교류 궤환제어이다.

56

카 천장에 비상구출문이 설치된 경우, 유효 개구부의 크기는 얼마 이상이어야 하는가?

① 0.2m×0.3m ② 0.3m×0.4m
③ 0.4m×0.5m ④ 0.5m×0.6m

해설및용어설명 | 카 천장의 비상구출문의 크기는 0.4×0.5m 이상

57

승강로 내부 작업구역의 유효높이는 몇 m 이상이어야 하는가?

① 1.8 ② 2.1
③ 2.5 ④ 3.5

해설및용어설명 | 승강로 내부 작업구역의 치수
작업구역은 승강로 내부 설비의 작업이 쉽고 안전하도록 다음과 같이 충분한 크기이어야 한다. 특히, 작업구역의 유효 높이는 2.1m 이상이어야 한다.

58

엘리베이터 자체점검항목 중 피트에서 점검하는 항목이 아닌 것은?

① 누수 및 청결상태
② 정지장치의 설치 및 작동상태
③ 전동기 과열보호장치 작동상태
④ 비상통화장치의 설치 및 작동상태

해설및용어설명 | 전동기가 기계실에 있는 경우가 많으므로 기계실에서 점검하는 경우가 많다.

59

카가 정지하고 있지 않는 층의 문이 열리지 않도록 하고, 각 층의 문이 닫혀있지 않으면 운전을 불가능하게 하는 장치는?

① 도어 인터록 ② 도어 세이프티
③ 도어 오픈 ④ 도어 클로저

해설및용어설명 | 도어 인터록은 카가 정지하고 있지 않는 층의 문은 전용의 열쇠로만 열리도록 하는 도어 록과 문이 닫혀있지 않으면 운전이 불가능하게 하는 도어 스위치로 구성된다.

60

유압식 엘리베이터 펌프의 흡입 측에 부착되어 이물질을 제거하는 작용을 하는 것은?

① 미터인 ② 사일렌서
③ 스트레이트 ④ 스트레이너

해설및용어설명 | 실린더에 이물질이 들어가는 것을 방지하는 필터로 펌프의 흡입측에 부착되어 있는 것은 스트레이너이고 배관중간에 부착되는 것은 라인필터하고 한다.

CBT 복원문제 2020 * 3

01

소방구조용(비상용) 엘리베이터를 소방관 접근 지정층에서 소방관이 조작하는 경우 운행속도는 몇 m/s 이상이어야 하는가?

① 0.3
② 0.5
③ 1
④ 2

해설및용어설명 | 소방구조용 엘리베이터는 소방관 접근 지정층에서 소방관이 조작하여 엘리베이터 문이 닫힌 이후부터 60초 이내에 가장 먼 층에 도착해야 한다. 다만, 운행속도는 1m/s 이상이어야 한다.

02

3상 유도전동기가 역회전하려면 어떻게 해야 하는가?

① 전기자의 접속을 변경한다.
② 3선중 2선의 접속을 서로 바꾼다.
③ 3선을 모두 바꾸어 접속한다.
④ 퓨즈를 바꾼다.

해설및용어설명 | 3상 유도전동기의 역회전은 3선중 2선을 서로 바꾸면 된다. 반면 직류전동기의 역회전은 계자(자극)나 전기자(전류)중 하나만 접속을 반대로 하면 된다.

03

목표값과 시간과의 관계로 올바르게 연결되어 있는 것은?

㉠ 목표값이 시간에 따라 변화하지 않는다.
㉡ 목표값이 임의의 시간에 따라 변화한다.
㉢ 목표값이 일정한 순서대로 미리 정해진 시간적 변화를 한다.

ⓐ 추치제어
ⓑ 정치제어
ⓒ 프로그램제어

① ㉠-ⓑ, ㉡-ⓐ, ㉢-ⓒ
② ㉠-ⓒ, ㉡-ⓐ, ㉢-ⓑ
③ ㉠-ⓒ, ㉡-ⓑ, ㉢-ⓐ
④ ㉠-ⓑ, ㉡-ⓒ, ㉢-ⓐ

해설및용어설명 | 목표값이 시간에 따라 변화하지 않으면 정치제어, 변하면 추치제어라고 한다. 추치제어 중 미리 정해진 시간적 변화를 하는 제어는 프로그램제어, 미지의 임의 시간적 변화를 하는 목표값에 추종하는 추종제어, 목표값이 있는 다른 양과 일정한 비율관계를 가지는 비율제어가 있다.

정답 01 ③ 02 ② 03 ①

04

엘리베이터 설치작업 시 작업장의 안전보건에 관한 규칙으로 올바른 것은?

① 작업장의 전기위험은 없으므로 굳이 퓨즈나 개폐기를 설치할 필요가 없다.
② 복도에는 화물을 쌓아두지 않아야 한다.
③ 화물의 빠른 이동을 위해서 복도는 미끄러지게 하는게 좋다.
④ 작업장의 조명과 복도의 조명의 명암 차이가 현저할 것

해설및용어설명 | 작업장의 안전을 위해서는 퓨즈나 차단기를 설치해야 하며 복도는 미끄럽지 않게 하고 화물의 쌓아두지 말아야 하며 작업장과 복도의 조명은 명암 차이는 없도록 한다.

05

균형체인(Compensating Chain)의 설치 목적은?

① 카의 진동을 방지하기 위해서 설치한다.
② 카의 추락을 방지하기 위해서 설치한다.
③ 이동 케이블과 로프의 이동에 따라 변화되는 하중을 보상하기 위해서 설치한다.
④ 균형추의 추락을 방지하기 위해서 설치한다.

해설및용어설명 | 균형로프와 균형체인은 이동 케이블과 로프의 이동에 따라 변화되는 하중을 보상하기 위해서 설치한다.

06

3상 유도전동기에서 삐뚤어진 홈을 사용하는 이유가 아닌 것은?

① 소음감소 ② 파형개선
③ 속도조절 ④ 기동개선

해설및용어설명 | 3상 유도전동기에서 사슬롯(삐뚤어진 홈)을 사용하는 이유는 크라우닝현상에 의한 소음감소, 파형개선, 기동개선이 목적이다.

07

옥외에 설치된 승강기의 승강로 탑 및 가이드레일 지지탑의 조립 및 해체작업을 할 때, 안전조치에 해당되지 않는 것은?

① 작업 지휘자를 선임하여 작업을 지휘한다.
② 근로자가 위험이 없다고 판단되면 작업을 한다.
③ 관계 근로자 외의 출입을 금지시킨다.
④ 근로자에게 위험이 미칠 우려가 있을 때는 작업을 중지시킨다.

해설및용어설명 | 산업안전보건기준에 관한 규칙 제162조(조립 등의 작업)
① 사업주는 사업장에 승강기의 설치·조립·수리·점검 또는 해체 작업을 하는 경우 다음 각 호의 조치를 하여야 한다.
  1. 작업을 지휘하는 사람을 선임하여 그 사람의 지휘하에 작업을 실시할 것
  2. 작업을 할 구역에 관계 근로자가 아닌 사람의 출입을 금지하고 그 취지를 보기 쉬운 장소에 표시할 것
  3. 비, 눈, 그 밖에 기상상태의 불안정으로 날씨가 몹시 나쁜 경우에는 그 작업을 중지시킬 것
② 사업주는 제1항제1호의 작업을 지휘하는 사람에게 다음 각 호의 사항을 이행하도록 하여야 한다.
  1. 작업방법과 근로자의 배치를 결정하고 해당 작업을 지휘하는 일
  2. 재료의 결함 유무 또는 기구 및 공구의 기능을 점검하고 불량품을 제거하는 일
  3. 작업 중 안전대 등 보호구의 착용 상황을 감시하는 일

08

인덕턴스가 0.1H이고 리액턴스가 377Ω인 회로의 주파수는 얼마인가?

① 6Hz ② 60Hz
③ 600Hz ④ 6,000Hz

해설및용어설명 | 유도성 리액턴스
$X_L = \omega L = 2\pi f L = 2 \times 3.14 \times f \times 0.1 = 377$이므로
주파수 $f = 377 \div (2 \times 3.14 \times 0.1) = 600$

09

과속조절기(조속기)의 보수 점검항목에 해당되지 않는 것은?

① 과속조절기(조속기) 스위치의 접점 청결상태
② 세이프티 링크 스위치와 캠의 간격
③ 운전의 윤활성 및 소음 유무
④ 조속기 로프와 클립 체결상태

해설및용어설명 | 과속조절기의 점검항목에는 과속조절기 전기안전장치 작동상태, 인장 풀리 설치상태, 로프마모 및 파단상태 등이 있다.

10

승강기 문턱과 승강로 벽 사이의 추락방지 장치는?

① 에이프런
② 도어슈
③ 과부하감지장치
④ 가이드레일

해설및용어설명 | 승강기가 승강로 중간에 멈출 경우 카문을 통해 탈출할 때 승강로 벽 사이에 추락하는 것을 방지하기 위해 에이프런이 설치된다.

11

승강기 자체점검에서 승강장 문의 점검사항이 아닌 것은?

① 승강장 문이 유리로 된 문인 경우 파손 점검
② 어린이 손끼임방지 장치 작동점검
③ 문짝과 문짝, 문틀 또는 문턱 사이의 틈새 점검
④ 출입문·비상문 및 점검문의 설치 및 작동상태

해설및용어설명 | 승강장 문의 자체점검항목
- 문짝과 문짝, 문틀 또는 문턱 사이의 틈새
- 승강장 문 유리 사용 시 손상상태
- 어린이 손끼임방지 수단 설치상태
- 승강장 문 및 관련 부품의 설치 및 작동상태

12

에스컬레이터(무빙워크)의 브레이크(제동기)의 위치는 어디에 있는가?

① 구동장치의 축
② 구동체인
③ 구동스프로킷
④ 스텝

해설및용어설명 | 대표적인 드럼형 브레이크(Drum brake)는 전동기 회전축에 연결된 회전체 모양이 주물제의 원통형으로 생긴 것으로 브레이크 레버에 붙어있는 슈(라이닝)가 회전체의 원통형 드럼에 접촉되어 주 구동기를 정지시키는 구조이다.

13

권상기의 브레이크 기능을 설명한 것으로 옳지 않은 것은?

① 승객용의 경우 카에 125% 부하상태에서 정격 속도로 하강 중에도 안전하게 감속정지 시켜야 한다.
② 화물용의 경우 카에 150% 부하상태에서 정격 속도로 하강 중에도 안전하게 감속정지 시켜야 한다.
③ 브레이크는 전동기, 카, 균형추 등 모든 장치의 관성을 제지하는 역할을 해야 한다.
④ 정지 후에는 부하에 의한 불균형 역구동이 되어 움직이는 일이 없어야 한다.

해설및용어설명 | 브레이크는 자체적으로 카가 정격 속도로 정격하중의 125%를 싣고 하강방향으로 운행될 때 구동기를 정지시킬 수 있어야 한다.

14

승강장의 문이 열린상태에서 모든 제약이 해제되면 자동적으로 닫히게 하여 문의 개방상태에서 생기는 2차 재해를 방지하는 문의 안전장치는?

① 도어 컨트롤　　② 도어 인터록
③ 도어 클로저　　④ 과부하 감지장치

해설및용어설명 | 승강기 출입문이 열려있을 경우 자동으로 닫히게 하는 장치는 도어 클로저이다.

15

엘리베이터 자체점검 주기가 가장 긴 항목은?

① 균형추　　② 오일쿨러
③ 보상수단　　④ 주개폐기

해설및용어설명 | 균형추, 보상수단, 주개폐기는 3개월에 1회 이상이고 오일쿨러는 6개월에 1회 이상이다.

16

제어에 대한 용어의 설명 중 옳지 않은 것은?

① 제어량이란 제어대상의 출력과 기준 입력과의 차이값을 말한다.
② 신호란 물리량의 종류에는 관계하지 않고, 크기 및 변화 상태만을 고려한 것을 말한다.
③ 목표값이란 외부에서 제어계에 주어지는 값을 말한다.
④ 제어명령이란 제어대상의 출력을 원하는 상태로 하기 위한 입력 신호를 말한다.

해설및용어설명 | 제어량이란 제어대상의 양, 시스템의 출력을 말한다.

17

영(Young)률이 커지면 어떠한 특성을 보이는가?

① 안전하다.　　② 위험하다.
③ 늘어나기 쉽다.　　④ 늘어나기 어렵다.

해설및용어설명 | 영률(Young's modulus)
탄성영역에서 스트레스와 변형 사이의 비례관계로 영률이 작으면 늘어나기 쉽고 영률이 크면 늘어나기 어렵다.

18

정밀성을 요하는 판의 두께를 측정하는 것은?

① 줄자　　② 직각자
③ R게이지　　④ 마이크로미터

해설및용어설명 | 판의 정밀한 두께측정 도구는 마이크로미터이다.

19

$60\mu A$는 몇 mA인가?

① 0.06　　② 0.6
③ 6,000　　④ 60,000

해설및용어설명 |
$60\mu A = 60 \times 10^{-6} = 60 \times 10^{-3} \times 10^{3} \times 10^{-6} = 0.06 \times 10^{-3} = 0.06 mA$

20

다음 중 회전운동을 하는 유희시설은 어느 것인가?

① 모노레일 ② 비행탑
③ 워터슈트 ④ 코스터

해설및용어설명 | 놀이동산에서 모노레일과 워터슈트와 롤러코스터는 상하 좌우로 움직이는 직선운동을 하며 비행탑, 옥토퍼스, 회전목마 등은 회전 운동을 한다.

21

승강기의 조작방식 중 가장 먼저 등록된 호출에만 응답하고, 그 운전이 완료될 때까지는 다른 호출에는 응답하지 않는 방식으로 화물용에 주로 사용되는 조작방식은?

① 하강승합 전자동식 ② 단식 자동식
③ 복식 자동식 ④ 승합 전자동식

해설및용어설명 | 단식 자동식
가장 먼저 눌러진 호출에만 응답하고 운행 중 다른 호출에는 응답하지 않는다.

22

수직개폐식 도어의 특징으로 잘못된 것은?

① 화물용과 차량용으로만 사용한다.
② 문짝의 평균 닫힘 속도는 0.5m/s 이하여야 한다.
③ 문닫힘안전장치는 문이 닫히는 동안 문 앞의 일정한 거리에서 움직이는 사람이나 물체를 감지하면 자동으로 문을 다시 열리기 시작해야 한다.
④ 반자동 동력 작동식 문의 경우, 카문은 승강장문이 닫히기 시작하기 전에 2/3 이상 닫혀야 한다.

해설및용어설명 | 수직개폐식 도어 문짝의 평균 닫힘 속도는 0.3m/s 이하여야 한다.

23

기계식 주차장치로 주차구획에 자동차가 들어가도록 한 후 그 주차구획을 여러 층으로 된 공간에 상하 또는 수평으로 순환 이동하여 자동차를 주차하도록 설계한 주차 장치는?

① 수평순환식 ② 다층순환식
③ 다단식 주차장치 ④ 수직순환식

해설및용어설명 | 다층순환식은 주차구획에 자동차를 들어가도록 한 후 그 주차구획을 여러 층으로 된 공간에 상하 또는 수평으로 순환이동하여 자동차를 주차하도록 설계한 주차장치

24

저항 10Ω과 15Ω이 병렬로 연결된 회로에 50A의 전류를 인가하면 10Ω에 흐르는 전류는 얼마인가?

① 10 ② 20
③ 30 ④ 40

해설및용어설명 |

10Ω에 흐르는 전류는 $\dfrac{15}{10+15} \times 50 = 30A$

25

유압 엘리베이터의 플런저를 구동시키는 원리는?

① 아르키메데스의 원리 ② 파스칼의 원리
③ 피타고라스의 원리 ④ 기전력의 원리

해설및용어설명 | 파스칼의 원리(Pascal's principle) 또는 유체압력 전달 원리(principle of transmission of fluid-pressure)는 유체역학에서 폐관 속의 비압축성 유체의 어느 한 부분에 가해진 압력의 변화가 유체의 다른 부분에 그대로 전달된다는 원리이다.

26

카와 램(실린더)가 권상수단(로프 또는 체인)을 통해 연결되어 램(실린더)의 헤드가 안내되는 유압 엘리베이터 종류는?

① 직접식 ② 간접식
③ 실린더식 ④ 팬터그래프식

해설및용어설명 | 플런저 선단에 도르래를 놓고 로프 또는 체인을 통해 카를 올리고 내리는 방식은 간접식 유압 엘리베이터이다.

27

유압장치의 보수 점검 및 수리 등을 할 때 사용되는 장치로서 이것을 닫으면 실린더의 기름이 파워유니트로 역류하는 것을 방지하는 장치는?

① 제지 밸브 ② 스톱 밸브
③ 안전 밸브 ④ 럽처 밸브

해설및용어설명 | 스톱 밸브는 보수 점검을 위해 사용한다.

28

에스컬레이터(무빙워크)의 자체점검사항에서 옥외 추가요건이 아닌 것은?

① 야간조명의 작동상태
② 기어오름 방지장치 설치상태
③ 지지설비의 부식 상태
④ 강수에 대한 보호조치 설치 및 작동상태

해설및용어설명 | 기어오름 방지장치 설치상태는 추락방지수단의 점검사항에 속한다. 옥외추가요건에는 지지설비의 부식 상태, 강수에 대한 보호조치 설치 및 작동상태, 난방시스템의 작동상태, 배수 및 정화시설의 작동상태, 야간조명의 작동상태가 있다.

29

승강기에 적용하는 가이드 레일의 규격을 결정하는 데 관계가 가장 적은 것은?

① 정격속도에서의 충격하중
② 비상정지 발생 시 레일에 걸리는 좌굴하중
③ 지진 발생 시 건물의 수평 진동력
④ 불균형한 큰 하중을 내리고 올릴 때 카에 발생하는 회전모멘트

해설및용어설명 | 가이드 레일의 결정요소
- 비상정지장치가 작동했을 때 좌굴하중에 좌굴하는가
- 지진발생 시 수평진동력으로 레일에서 이탈하는가
- 카 내 불균형한 큰 하중적재 시 걸리는 회전모멘트에 레일이 견디는가
이므로 피트에서의 충격하중과는 무관하다.

30

엘리베이터용 주로프는 일반 와이어로프에서 볼 수 없는 몇 가지 특징이 있다. 이에 해당되지 않는 것은?

① 마모에 견딜 수 있도록 탄소량을 많게 할 것
② 유연성이 클 것
③ 파단강도가 높을 것
④ 반복적인 벤팅에 소선이 끊어지지 않을 것

해설및용어설명 | 탄소량이 적은 것은 연질이고, 강도가 작고, 가연성이 크며, 굽힘이 용이하게 되는 반면 탄소량이 많으면 경도와 강도가 증대되나 신도는 감소하게 된다.

31

강제감속스위치(slow down switch)의 위치조정은 다음 중 어느 것이 올바른 조정상태인가?

① 자동착상장치(landing switch)가 작동한 후에 스위치가 작동하도록 조정한다.
② 자동착상장치보다 먼저 작동하도록 조정한다.
③ 자동착상장치와 동시에 작동하도록 조정한다.
④ 자동착상장치나 슬로우 다운 스위치의 어느 것이나 먼저 작동하여도 상관없으므로 임의로 조정한다.

32

그림은 승강기 제어회로의 일부이다. 전동기가 최대 출력을 내기 위한 다이리스터의 점호각은 몇 도인가?

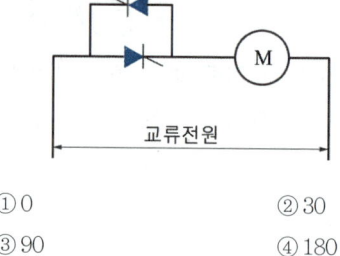

① 0 ② 30
③ 90 ④ 180

해설및용어설명 | 점호각만큼 전동기 전력이 손실되므로 전동기에 최대 출력을 내기 위해선 점호각이 0이어야 한다.

33

유압식 엘리베이터의 경우, 승강로 천장의 가장 낮은 부분과 상승방향으로 주행하는 램-헤드 조립체의 가장 높은 부분 사이의 유효 수직거리는 몇 m 이상이어야 하는가?

① 0.1 ② 0.3
③ 0.5 ④ 1.0

해설및용어설명 | 승강로 천장의 가장 낮은 부분과 상승방향으로 주행하는 램-헤드 조립체의 가장 높은 부분 사이의 유효 수직거리는 0.1m 이상이어야 한다.

34

승강로 자체점검 사항이 아닌 것은?

① 점검운전 조작반의 작동상태
② 피트 내 정지장치의 설치 및 작동상태
③ 상하부공간, 피난공간 확보상태
④ 점검운전 조작반, 정지장치 및 콘센트의 작동상태

해설및용어설명 | 점검운전 조작반, 정지장치 및 콘센트의 작동상태는 카상부에서 하는 점검사항이다.

승강로의 점검사항
- 점검운전 조작반의 작동상태
- 피트 내 정지장치의 설치 및 작동상태
- 피트 점검운전 스위치 작동 후 복귀상태
- 튀어오름 방지장치의 설치 및 작동상태
- 피트 내 누수 및 청결상태
- 상하부공간, 피난공간 확보상태
- 피난공간 자세 유형 표지 부착상태

35

로프의 마모상태가 소선의 파단이 균등하게 분포되어 있는 상태에서 1구성꼬임(1 strand)의 1꼬임피치에서 파단수가 얼마이면 교체할 시기가 되었다고 판단하는가?

① 1
② 2
③ 3
④ 5

해설및용어설명 | 소선의 파단이 균등하게 분포되어 있는 경우 1구성꼬임(스트랜드)의 1꼬임피치 내의 파단수는 4 이하이므로 5개면 교체시기가 된다.

36

비상정지장치가 없는 균형추의 가이드 레일 검사 시 최대 허용 휨의 양은 양방향으로 몇 mm인가?

① 5
② 10
③ 15
④ 20

해설및용어설명 | 가이드 레일에 대해 계산된 최대 허용 휨
- 비상정지장치가 작동하는 카, 균형추 또는 평형추의 가이드 레일 : 양방향으로 5mm
- 비상정지장치가 없는 균형추 또는 평형추의 가이드 레일 : 양방향으로 10mm

37

엘리베이터의 속도에 영향을 미치지 않는 것은?

① 편향 도르래의 직경
② 감속기의 감속비
③ 전동기의 회전수
④ 권상 도르래의 직경

해설및용어설명 | 승강기의 정격속도에서 권상 도르래의 직경 D(m), 전동기회전수 n(rps), 감속비가 적용되어 속도 = πD_n(m/s)가 된다.

38

교류 엘리베이터의 전동기 특성으로 적당하지 않은 것은?

① 고기동빈도에 대해 열적으로 적합한 것이어야 한다.
② 기동토크가 커야 한다.
③ 기동전류가 적어야 한다.
④ 회전부분의 관성모멘트가 커야 한다.

해설및용어설명 | 권상기용 전동기의 구비요건에서 기동토크는 크고 기동전류는 작으며 기동빈도가 많아 발열을 고려해야 한다.

39

승강장 도어인터록장치의 설정 방법으로 옳은 것은?

① 인터록이 잠기기 전에 스위치 접점이 구성되어야 한다.
② 인터록이 잠김과 동시에 스위치 접점이 구성되어야 한다.
③ 인터록이 잠긴 후 스위치 접점이 구성되어야 한다.
④ 스위치에 관계없이 잠금 역할만 확실히 하면 된다.

해설및용어설명 | 도어인터록은 도어록이 걸린 후 도어스위치가 들어간다.

40

사고예방의 기본 4원칙이 아닌 것은?

① 원인계기의 원칙
② 대책선정의 원칙
③ 예방가능의 원칙
④ 개별분석의 원칙

해설및용어설명 | 재해예방의 4원칙
- 손실우연의 법칙 : 사고로 인한 손실(상해)의 종류 및 정도는 우연적이다
- 원인계기의 원칙 : 사고는 여러 가지 원인이 연속적으로 연계되어 일어난다.
- 예방가능의 원칙 : 사고는 예방이 가능하다.
- 대책선정의 원칙 : 사고예방을 위한 안전대책이 선정되고 적용되어야 한다.

41

산업재해의 간접원인에 해당되지 않는 것은?

① 기술적원인 ② 작업환경의 원인
③ 교육적원인 ④ 관리적원인

해설및용어설명 | 재해 원인의 분류
- 직접원인 : 불안전한 행동(인적원인), 불안전한 상태(물적원인)
- 간접원인 : 기술적, 교육적, 신체적, 정신적, 관리적

여기서 작업환경의 결함은 직접원인 중 불안전한 상태에 속한다.

42

높은 곳에서 전기작업을 위한 사다리작업을 할 때 안전을 위하여 절대 사용해서는 안 되는 사다리는?

① 니스(도료)를 칠한 사다리
② 셸락(shellac)을 칠한 사다리
③ 도전성 있는 금속제 사다리
④ 미끄럼 방지장치가 있는 사다리

해설및용어설명 | 도전성이 있는 금속제 사다리는 전기가 통하므로 전기작업용으로 사용해서는 안된다.

43

기계설비의 위험방지를 위해 보전성을 개선하기 위한 사항과 거리가 먼 것은?

① 안전사고 예방을 위해 주기적인 점검을 해야 한다.
② 고가의 부품인 경우는 고장발생 직후에 교환한다.
③ 가동률을 높이고 신뢰성을 향상시키기 위해 안전 모니터링 시스템을 도입하는 것은 바람직하다.
④ 보전용 통로나 작업장의 안전 확보는 필요하다.

해설및용어설명 | 고장이 발생하면 고장표시를 하고 고장부품은 즉시 교환한다.

44

다음 중 방호장치의 기본적인 목적으로 가장 옳은 것은?

① 먼지 흡입 방지
② 기계 위험 부위의 접촉방지
③ 작업자 주변의 사람 접근방지
④ 소음과 진동 방지

해설및용어설명 | 방호장치는 기계기구 및 설비를 사용할 경우에 작업자에게 상해를 입힐 우려가 있는 부분으로부터 작업자를 보호하기 위한 장치를 말한다.

45

다음 중 절연저항을 측정하는 계기는?

① 회로시험기 ② 메거
③ 훅온미터 ④ 휘트스톤브리지

해설및용어설명 | 절연저항(고저항) 측정은 메거를 사용한다.

46

직류기 권선법에서 전기자 내부 병렬회로수 a와 극수 P의 관계는? (단, 권선법은 중권이다)

① $a = 2$ ② $a = (1/2)P$
③ $a = p$ ④ $a = 2p$

해설및용어설명 | 중권의 병렬회로수는 극수와 같다. 반면 파권의 병렬회로수는 2이다.

47

다음 그림에서 스위치를 닫고 열 때 전류계 눈금의 현상은?

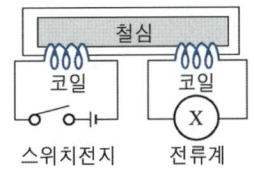

① 스위치를 닫을 때만 움직인다.
② 스위치를 열 때만 움직인다.
③ 스위치를 닫을 때, 열 때 모두 움직인다.
④ 스위치를 닫을 때, 열 때 모두 움직이지 않는다.

해설및용어설명 | 패러데이의 전자유도법칙에 의해서 시간당 전류의 변화가 발생할 때 움직이므로 열 때와 닫을 때 모두 움직인다.

48

재해 발생의 원인 중 가장 높은 빈도를 차지하는 것은?

① 열량의 과잉 억제   ② 설비의 배치 착오
③ 과부하   ④ 작업자의 작업행동 부주의

해설및용어설명 | 재해발생 원인 중 직접적인 원인은 불안전한 행동(부주의한 행동)과 불안전한 상태이다.

49

시퀀스제어장치에 속하지 않는 것은?

① 직류전동기   ② 무접점 논리소자
③ 유접점 릴레이   ④ 반도체 집적회로

해설및용어설명 | 시퀀스제어장치는 유접점 릴레이, 무접점 논리소자, 반도체 집적회로 등이 있다.

50

누전차단기를 반드시 설치하지 않아도 되는 장소는?

① 물이 고인 장소
② 농도가 짙은 액체에 의한 습윤 장소
③ 충전부의 장소
④ 도전성이 높은 장소

해설및용어설명 | 누전차단기는 누설전류가 발생하기 쉬운 장소에 설치되어야 한다. 누전은 물과 같은 도전성 액체나 도전성이 높은 경우에 발생 위험이 크다.

51

엘리베이터 자체점검 항목에서 완충기의 점검사항이 아닌 것은?

① 피트 콘센트 설치상태
② 고정 및 설치상태
③ 전기안전장치 작동상태
④ 완충기 받침대 고정 및 설치상태

해설및용어설명 | 완충기 자체점검 항목에는 고정 및 설치상태, 전기안전장치 작동상태, 완충기 받침대 고정 및 설치상태 등이 있다.

52

엘리베이터 케이지측의 로프가 매달리고 있는 중량과 균형추측 로프가 매달리고 있는 중량의 비를 트랙션비라 하는데 이 값을 낮게 선택하면 어떤 효과가 있는가?

① 엘리베이터의 속도가 빨라진다.
② 엘리베이터의 진동이 감소한다.
③ 엘리베이터의 외관이 아름다워진다.
④ 엘리베이터의 로프 수명이 길어진다.

해설및용어설명 | 트랙션비는 1보다 크며 작을수록 좋다. 작을수록 잘 미끄러지지 않아서 로프의 수명이 길어지고 소비전력을 감소시킬 수 있다.

53

직류 가변전압 제어방식의 특징이 아닌 것은?

① 광범위한 속도를 원활하게 조정할 수 있다.
② 전동기의 계자회로를 제어하기 때문에 접촉자의 마모가 크다.
③ 정밀 제어가 필요하며, 제어장치의 비용이 비싸다.
④ 수송능력이 교류 엘리베이터에 비하여 크다.

해설및용어설명 | 워드 레오나드방식은 계자회로의 가변저항으로 제어하므로 접촉자의 마모와는 무관하다.

54

재료의 종변형률 ε이란?

① ε = 변형된 길이 / 원래의 길이
② ε = 하중 / 원래의 길이
③ ε = 원래의 길이 / 변형된 길이
④ ε = 하중 / 응력

해설및용어설명 | 변형률 = 변형된 길이 / 원래의 길이

55

그림은 무슨 너트인가?

① 나비 너트   ② 아이 너트
③ 슬리브 너트 ④ 손잡이 너트

해설및용어설명 | 손잡이가 달려있는 나비 너트이다.

56

엘리베이터의 가이드 레일에 대한 점검 중 조인트부에 대한 점검항목이 아닌 것은?

① 브라켓 고정상태 점검
② 클립 비틀림 및 볼트 조임 상태 점검
③ 연결부위 단차 및 면차는 규정값 이하인지 점검
④ 로프텐션의 균일상태 확인

해설및용어설명 | 로프텐션의 균일상태는 매다는 장치의 점검사항에 속한다.

57

작업장에서 구급용구 및 재료의 비치에 대하여 근로자에게 해당된 사항 중 알맞은 것은?

① 재료의 재질 및 특성을 알게 한다.
② 구급용구의 수를 2배수 이상 확보하도록 주지시킨다.
③ 비치장소와 사용방법을 둘 다 주지시킨다.
④ 사용방법은 보건관리자의 해당사항임을 주지시킨다.

해설및용어설명 | 구급용구의 비치장소와 사용방법을 모두 교육해야 한다.

58

승강기에 사용되는 전선의 굵기를 결정하려고 한다. 고려하지 않아도 되는 것은?

① 허용전류   ② 전압강하
③ 기계적 강도 ④ 누설전류

해설및용어설명 | 허용전류와 전압강하, 인장강도 등을 고려하여 전선을 굵기를 선정한다. 누설전류는 절연저항 등에 사용된다.

59

교류 아크용접기의 사용상의 주의사항이 아닌 것은?

① 탭전환은 반드시 아크발생을 중지시킨 후 시행한다.
② 1차측의 탭은 1차측의 전류, 전압의 변동을 조절하는 것이므로 2차측의 전류, 전압을 높이는 데 사용한다.
③ 정격사용률 이상으로 사용하지 않는다.
④ 2차단자 한쪽과 용접 케이스는 접지를 확실히 한다.

해설및용어설명 | 1차측의 탭은 전압을 조절하는 것으로 2차측의 전압을 높이거나 낮출 때 사용된다.

60

에스컬레이터의 구동용 모터를 선정할 때 가장 큰 결정 요인은?

① 승강 높이   ② 승강 속도
③ 기계실 크기 ④ 수송 인원

해설및용어설명 | 전동기 용량은 하중이 가장 중요한 결정요인이다.

CBT 복원문제 2021 * 1

01

엘리베이터 자체점검 주기가 가장 긴 항목은?

① 균형추 ② 오일쿨러
③ 베어링 ④ 도르래

해설및용어설명 |
- 오일쿨러는 6개월에 1회
- 도르래와 베어링의 마모 및 노후상태는 1개월에 1회
- 도르래홈의 마모상태와 베어링의 이상소음 및 진동여부는 3개월에 1회

02

승강기 자체점검에서 기계실에서 행하는 검사대상이 아닌 것은?

① 감속기 ② 전동기
③ 조속기 ④ 핸드레일

해설및용어설명 | 기계실에서는 전동기, 감속기, 조속기, 도르래, 베어링 등을 검사하고 핸드레일은 에스컬레이터에서 검사한다.

03

승강장 문의 점검사항이 아닌 것은?

① 승강장 문이 유리로 된 문인 경우 파손 점검
② 어린이 손끼임방지장치 작동점검
③ 문짝과 문짝, 문틀 또는 문턱 사이의 틈새 점검
④ 점검문의 설치 및 작동상태

해설및용어설명 | 승강장 문의 자체점검항목은 문짝과 문짝, 문틀 또는 문턱 사이의 틈새, 승강장 문 유리 사용 시 손상상태, 어린이 손끼임방지 수단 설치상태 승강장문 및 관련 부품의 설치 및 작동상태

04

에스컬레이터의 손잡이(핸드레일)의 점검사항에 해당되는 것은?

① 주행안내 시스템의 설치상태
② 스커트 디플렉터 설치상태
③ 문짝과 문짝, 문틀 또는 문턱 사이의 틈새 점검
④ 손잡이(핸드레일) 측면과 가이드 측면 사이의 틈새

해설및용어설명 | 손잡이(핸드레일)의 자체점검항목은 손잡이(핸드레일) 측면과 가이드 측면 사이의 틈새, 손잡이의 설치상태이다.

정답 01 ② 02 ④ 03 ④ 04 ④

05

모듈이 2, 잇수가 각각 38, 72인 두 개의 표준 평기어가 맞물려 있을 때 축간거리는 몇 mm인가?

① 110　　　　　② 150
③ 165　　　　　④ 250

해설및용어설명 |

평기어의 축간거리 $C = \dfrac{m(Z_1 + Z_2)}{2} = \dfrac{2(38+72)}{2} = 110$

- C : 축간거리
- m : 모듈
- Z : 잇수

06

60HZ, 2,000kVA, 900rpm인 동기발전기의 극수는 얼마인가?

① 6극　　　　　② 8극
③ 10극　　　　　④ 12극

해설및용어설명 | 동기속도 $N_s = \dfrac{120f}{p}$ 이므로

극수 $p = \dfrac{120f}{N_s} = \dfrac{120 \times 60}{900} = 8$

07

불안전 상태에 해당되는 것은?

① 운전 중인 기계장치 손질　② 안전방호장치의 결함
③ 불안전한 상태의 점검　　　④ 운전 중 속도 조절

해설및용어설명 | 불안전한 상태(물적원인)에는 공구나 장치, 안전장치의 결함이 포함된다.

08

에스컬레이터의 안전장치에 해당되지 않는 스위치는?

① 인렛스위치(inlet switch)
② 비상스위치(emergency switch)
③ 업다운키스위치(up down key switch)
④ 스커트가드안전스위치(skirt guard safety switch)

해설및용어설명 | 에스컬레이터의 안전장치에는 구동체인안전장치, 인렛트스위치, 비상정지스위치, 스커트가드안전스위치, 콤이물질검출장치 등이 있다.

09

직류발전기의 기본 구성요소에 속하지 않는 것은?

① 계자　　　　　② 보극
③ 전기자　　　　④ 정류자

해설및용어설명 | 직류기의 기본 3대구성요소는 전기자, 계자, 정류자

10

엘리베이터 설치작업 시 작업장의 안전보건에 관한 규칙으로 올바른 것은?

① 작업장의 전기위험은 없으므로 굳이 퓨즈나 개폐기를 설치할 필요가 없다.
② 복도에는 화물을 쌓아두지 않아야 한다.
③ 화물의 빠른 이동을 위해서 복도는 미끄러지게 하는 것이 좋다.
④ 작업장의 조명과 복도의 조명의 명암차이가 현저할 것

해설및용어설명 | 작업장의 안전을 위해서는 퓨즈나 차단기를 설치해야 하며 복도는 미끄럽지 않게 하고 화물의 쌓아두지 말아야 하며 작업장과 복도의 조명은 명암차이는 없도록 한다.

11

정전압 다이오드란?

① 입력전압과 출력전압이 동일해야 한다.
② 출력전압이 일정해야 한다.
③ 출력전압과 전류가 일정값 이하로 유지되어야 한다.
④ 입력전압보다 출력전압이 작아야 한다.

해설및용어설명 | 정전압 다이오드=제너 다이오드로 출력전압이 일정하다

12

그림과 같은 콘덴서 접속회로의 합성정전용량은?

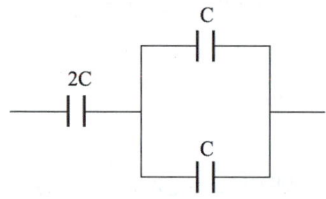

① C
② 2C
③ 3C
④ 4C

해설및용어설명 | C를 다 떼고 계산하면

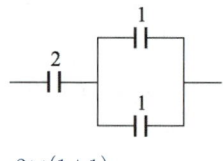

$\dfrac{2\times(1+1)}{2+(1+1)}=1$

합성정전용량은 1이 나온다.
그러면 다시 C를 붙여서 1C가 된다.

13

접지저항을 측정하는데 적합하지 않은 것은?

① 절연저항계　　② Wenner 4전극법
③ 어스 테스터　　④ 콜라우시 브리지법

해설및용어설명 | 절연저항계는 메거로 절연저항같이 큰 저항을 측정한다.

14

속도제어 중 워드 레오나드 방식을 옳게 설명한 것은?

① 전동발전기의 계자를 조절하여 출력전압을 조절
② 발전기의 출력을 저항으로 출력전압을 조절
③ 다이리스터의 점호각을 조절
④ 전동기의 전압을 주파수로 변화시켜 속도를 조절

해설및용어설명 | 워드 레오나드방식은 MGM방식으로 전동발전기의 전압을 조절하여 속도를 제어한다.

15

엘리베이터 도어의 세이프티 슈에 대한 점검 사항이 아닌 것은?

① 슈의 작동 상태
② 슈와 도어의 간격
③ 슈와 도어 머신 캠 스위치와의 갭
④ 도어 끝에서 슈의 나온 길이

해설및용어설명 | 세이프티 슈의 점검사항은 슈의 작동상태, 슈와 도어의 간격, 슈의 길이 등을 점검한다.

11 ② 12 ① 13 ① 14 ① 15 ③

16

높은 곳에서 전기작업을 위한 사다리작업을 할 때 안전을 위하여 절대 사용해서는 안 되는 사다리는?

① 니스(도료)를 칠한 사다리
② 셸락(shellac)을 칠한 사다리
③ 도전성 있는 금속제 사다리
④ 미끄럼 방지장치가 있는 사다리

해설및용어설명 | 도전성이 있는 금속제 사다리는 감전위험이 있으므로 전기작업용으로 사용해서는 안 된다.

17

직류 전동기의 속도 제어 방법이 아닌 것은?

① 저항 제어법
② 주파수 제어법
③ 전압 제어법
④ 계자 제어법

해설및용어설명 | 직류전동기 속도 제어 방법에는 전압 제어, 계자 제어, 저항 제어 방법이 있고 주파수 제어법은 3상 유도전동기의 속도 제어 방법이다.

18

피측정 전압원에 계기나 측정기를 접속하면 미소한 전류가 흘러, 전압원의 내부 저항에 의한 전압강하가 원인이 되어서 실제의 전압보다 낮은 전압이 측정되는 효과는?

① 계측기 접속에 의한 부하효과이다.
② 열효과에 의한 제백효과이다.
③ 측정기의 세기에 의한 표피효과이다.
④ 자기장에 의한 압전효과이다.

해설및용어설명 | 계측기를 회로에 접속하면 계측기에 흐르는 전류에 의해 계측기가 회로상의 부하로 작용하는데 이 현상에 의해 측정교란이 발생하고 이를 부하효과라고 한다.

19

엘리베이터 자체점검항목 중 피트 내 설비에서 점검하는 항목이 아닌 것은?

① 튀어오름 방지장치의 설치 및 작동상태
② 소방운전 스위치의 설치 및 작동상태
③ 점검운전 조작반의 작동상태
④ 피트 내 정지장치의 설치 및 작동상태

해설및용어설명 | 피트 내 설비에서 점검항목에는 점검운전 조작반의 작동상태, 피트 내 정지장치의 설치 및 작동상태, 피트 점검운전 스위치 작동 후 복귀상태, 튀어오름 방지장치의 설치 및 작동상태, 피트 내 누수 및 청결상태 등이 있다.

20

과열의 원인으로 볼 수 없는 것은?

① 전동기 속도 저하
② 과부하
③ 불균형한 전압
④ 전동기 환기불량

해설및용어설명 | 속도가 낮아지면 오히려 과열이 감소할 가능성이 크다. 일반적으로 속도가 높을 때 열이 많이 발생한다.

21

장애인용 엘리베이터의 경우 호출버튼에 의하여 카가 정지하면 몇 초 이상 문이 열린 채로 대기하여야 하는가?

① 8
② 10
③ 12
④ 15

해설및용어설명 | 장애인용 엘리베이터는 호출버튼 또는 등록버튼에 의하여 카가 정지하면 10초 이상 문이 열린 채로 대기해야 한다.

22

옥외에 설치된 승강기의 승강로 탑 및 가이드레일 지지탑의 조립 및 해체작업을 할 때, 안전조치에 해당되지 않는 것은?

① 작업 지휘자를 선임하여 작업을 지휘한다.
② 근로자가 위험이 없다고 판단되면 작업을 한다.
③ 관계 근로자 외의 출입을 금지시킨다.
④ 근로자에게 위험이 미칠 우려가 있을 때는 작업을 중지시킨다.

해설및용어설명 | 산업안전보건기준에 관한 규칙 제162조(조립 등의 작업)
① 사업주는 사업장에 승강기의 설치·조립·수리·점검 또는 해체 작업을 하는 경우 다음 각 호의 조치를 하여야 한다.
  1. 작업을 지휘하는 사람을 선임하여 그 사람의 지휘하에 작업을 실시할 것
  2. 작업을 할 구역에 관계 근로자가 아닌 사람의 출입을 금지하고 그 취지를 보기 쉬운 장소에 표시할 것
  3. 비, 눈, 그 밖에 기상상태의 불안정으로 날씨가 몹시 나쁜 경우에는 그 작업을 중지시킬 것
② 사업주는 제1항제1호의 작업을 지휘하는 사람에게 다음 각 호의 사항을 이행하도록 하여야 한다.
  1. 작업방법과 근로자의 배치를 결정하고 해당 작업을 지휘하는 일
  2. 재료의 결함 유무 또는 기구 및 공구의 기능을 점검하고 불량품을 제거하는 일
  3. 작업 중 안전대 등 보호구의 착용 상황을 감시하는 일

23

보행 장애가 있는 사람이 의자 또는 휠체어에 앉아 경사면을 이동할 수 있도록 설치되는 것은?

① 장애인용 엘리베이터   ② 유압식 엘리베이터
③ 경사형 휠체어리프트   ④ 에스컬레이터

해설및용어설명 | 경사형 휠체어리프트
보행 장애가 있는 사람이 의자 또는 휠체어에 앉아 경사면을 이동할 수 있도록 설치되는 동력식 휠체어리프트를 말한다.

24

다음의 ( ) 안에 들어갈 적당한 단어는 무엇인가?

> 카 바닥·벽·천장 및 카 문으로 구성된 본체는 ( )재료로 만들어져야 한다.

① 불연   ② 난연
③ 준불연   ④ 가연

해설및용어설명 | 카 바닥·벽·천장 및 카 문으로 구성된 본체는 불연재료로 만들어져야 한다. 다만, 페인트 마감, 벽면에 최대 0.3mm의 코팅(합판) 및 고정장치(조작반, 조명 및 표시기)는 제외된다.

25

유압식 엘리베이터 이물질을 제거하는 작용을 하며 펌프의 흡입 측에 부착하는 것은?

① 더스트 와이퍼   ② 사일렌서
③ 필터   ④ 스트레이너

해설및용어설명 | 실린더에 이물질이 들어가는 것을 방지하는 필터로 펌프의 흡입측에 부착되어 있는 것은 스트레이너이고 배관 중간에 부착되는 것은 라인필터이다.

26

다음 응력에 대한 설명 중 옳은 것은?

① 단면적이 일정한 상태에서 외력이 증가하면 응력은 작아진다.
② 단면적이 일정한 상태에서 하중이 증가하면 응력은 증가한다.
③ 외력이 일정한 상태에서 단면적이 작아지면 응력은 작아진다.
④ 외력이 증가하고 단면적이 커지면 응력은 증가한다.

해설및용어설명 | 응력＝하중/단면적이므로 하중에 비례하고 단면적에 반비례한다.

27

에스컬레이터의 스탭(디딤판)체인의 절단방지장치의 점검사항에 해당되지 않는 것은?

① 링크판에 균등하게 하중이 걸린 상태에서 최대인장력측정
② 길이 1 m 이상의 체인에 설계 하중의 1% 하중을 걸고 길이를 측정
③ 전체 길이에 걸쳐 체인에 설계 하중을 걸고 길이를 측정
④ 전체 길이에 걸쳐 체인을 수평으로 지지하고 하중측정

해설및용어설명 | 스탭체인의 시험에는 파단하중시험(5링크 이상의 시험편을 취하여 양 끝부에서 각 링크판에 균등하게 하중이 걸리고 부적당한 국부 응력이나 비틀림, 굽힘 등이 작용하지 않도록 적당한 기구를 부착해서 인장하여 파단되었을 때의 최대 인장력을 측정한다. 이때 샤클에 부착되어 있는 링크가 파손되면 무효로 한다), 길이측정시험(길이 1m 이상의 방청유 도포 전의 체인을 취하여 적당한 기구로 보증 파단 하중(설계 하중)의 1% 하중을 걸고 길이를 측정한다. 수평 위치에서 측정하는 경우에는 전체 길이에 걸쳐 체인을 수평으로 지지하고 측정 하중을 건다), 인장하중 및 연신율 시험, 스탭체인 롤러수명시험, 경도측정시험이 있다.

28

변형량과 원래 치수와의 비를 변형률이라 하는데 다음중 변형률의 종류가 아닌 것은?

① 가로 변형률
② 세로 변형률
③ 전단 변형률
④ 전체 변형률

해설및용어설명 | 변형률에는 가로 변형률, 세로 변형률, 전단 변형률, 체적 변형률이 있다.

29

도르래의 회전을 베벨기어에 의해 수직축의 회전으로 바꾸어 축의 회전으로 링크 기구에 매달린 구형의 진자에 작용하는 원심력으로 작동하는 조속기(과속조절기)는?

① 디스크형 조속기(과속조절기)
② 플라이 볼형 조속기(과속조절기)
③ 롤 세프티형 조속기(과속조절기)
④ 슬라이드형 조속기(과속조절기)

해설및용어설명 |
- 디스크형 조속기 : 엘리베이터가 설정된 속도에 달하면 원심력에 의해 진자(振子)가 움직이고 가속 스위치를 작동시켜서 정지시키는 과속조절기, 중저속 엘리베이터에 사용된다.
- 플라이 볼(Fly Ball)형 조속기 : 과속조절기 도르래의 회전을 베벨기어에 의해 수직축의 회전으로 변환하고, 이 축의 상부에서부터 링크 기구에 의해 매달린 구형(球形)의 진자에 작용하는 원심력으로 추락방지 안전장치를 작동시킨다. 구조가 복잡하나 속도검출 정밀도가 높아서 고속 엘리베이터에 많이 사용된다.

30

버니어캘리퍼스를 사용하여 와이어 로프의 직경 측정방법으로 알맞은 것은?

① 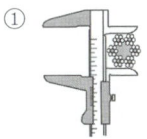   ②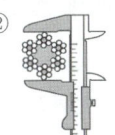

③ 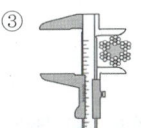   ④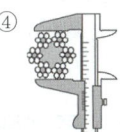

해설및용어설명 | 가장 긴 쪽으로 측정하며 버니어캘리퍼스의 외경을 측정하는 쪽을 사용한다.

31

보상로프의 설치 목적은?

① 카의 진동을 방지하기 위해서 설치한다.
② 카의 추락을 방지하기 위해서 설치한다.
③ 이동 케이블과 로프의 이동에 따라 변화되는 하중을 보상하기 위해서 설치한다.
④ 균형추의 추락을 방지하기 위해서 설치한다.

해설및용어설명 | 보상(균형)로프와 보상(균형)체인은 이동 케이블과 로프의 이동에 따라 변화되는 하중을 보상하기 위해서이다.

32

사고예방의 기본 4원칙이 아닌 것은?

① 원인계기의 원칙
② 대책선정의 원칙
③ 예방가능의 원칙
④ 개별분석의 원칙

해설및용어설명 | 산업재해 예방의 4원칙(하인리히의 재해예방 4원칙) 손실우연의 법칙, 원인계기의 원칙, 예방가능의 원칙, 대책선정의 원칙

33

간접식 유압 엘리베이터의 특징이 아닌 것은?

① 부하에 의한 카 바닥의 빠짐이 비교적 작다.
② 비상정지장치가 필요하다.
③ 실린더 설치를 위한 보호관이 필요하지 않다.
④ 실린더의 점검이 용이하다.

해설및용어설명 | 간접식 유압 엘리베이터는 바닥의 빠짐이 크며, 실린더 설치를 위한 보호관이 불필요하고 실린더 점검이 용이하며, 비상정지장치가 필요하다.

34

유압장치의 보수, 점검, 수리 시에 사용되고, 일명 게이트 밸브라고도 하는 것은?

① 스톱 밸브
② 사일렌서
③ 체크 밸브
④ 필터

해설및용어설명 | 스톱 밸브(stop valve)
유압파워 유니트에서 실린더 사이에 설치하는 수동조작 밸브이다. 이 밸브를 닫으면 실린더에서 오일탱크로 오일이 역류하는 것을 방지한다. 게이트(gate) 밸브라고도 한다. 유압장치의 보수, 점검, 수리 시 사용한다.

35

실린더를 검사하는 것 중 해당되지 않는 것은?

① 패킹으로부터 누유된 기름을 제거하는 장치
② 공기 또는 가스의 배출구
③ 더스트 와이퍼의 상태
④ 압력배관의 고무호스는 여유가 있는지의 상태

해설및용어설명 | 고무호스는 배관과 가요성호스의 점검항목으로 실린더 검사항목에 포함되지 않는다.

36

전기장의 세기의 단위는 무엇인가?

① AT/m
② V/m
③ F/m
④ H/m

해설및용어설명 |
- AT/m : 자기장의 세기단위
- V/m : 전기장의 세기단위
- F/m : 유전율단위
- H/m : 투자율단위

37

에스컬레이터의 층고가 6m 이하이고, 공칭속도가 0.5m/s 이하인 경우에는 경사도를 몇 °까지 증가시킬 수 있는가?

① 30 ② 35
③ 40 ④ 45

해설및용어설명 | 에스컬레이터의 경사도 α는 30°를 초과하지 않아야 한다. 다만, 층고가 6m 이하이고, 공칭속도가 0.5m/s 이하인 경우에는 경사도를 35°까지 증가시킬 수 있다.

38

안전점검의 목적에 해당되지 않는 것은?

① 합리적인 생산관리
② 생산위주의 시설 가동
③ 결함이나 불안전 조건의 제거
④ 기계·설비의 본래 성능 유지

해설및용어설명 | 안전점검의 목적
• 장비, 시설, 기계 등의 물리적, 기능적 결함이나 위험요인 제거
• 신속, 적절한 보수·조치로 본래 성능을 유지
• 안전에 관한 제반사항을 점검하여 합리적인 생산관리에 기여

39

산업재해의 간접원인에 해당되지 않는 것은?

① 기술적요인   ② 작업환경의 결함
③ 교육적원인   ④ 관리적원인

해설및용어설명 | 재해 원인의 분류
• 직접원인 : 불안전한 행동(인적원인), 불안전한 상태(물적원인)
• 간접원인 : 기술적, 교육적, 신체적, 정신적, 관리적
여기서 작업환경의 결함은 직접원인 중 불안전한 상태에 속한다.

40

논리식 ABC+AC의 값은 다음 중 어느 것인가?

① A   ② ABC
③ AB   ④ AC

해설및용어설명 | 부울대수의 정리를 활용하여 AC를 하나로 보면
ABC + AC = AC(B + 1) = AC

41

가이드 레일(guide rail)의 목적이 아닌 것은?

① 카 차체의 기울어짐을 방지
② 지진 등으로 비상정지장치가 작동 시 수직하중을 유지
③ 카의 기계적 강도를 보강
④ 균형추의 승강로 내의 위치를 규제

해설및용어설명 | 가이드 레일의 역할은 카의 기울어짐을 방지, 카와 균형추의 승강로 내 위치규제, 비상정지장치 작동 시 수직하중을 유지가 있다.

42

수직 개폐식 승강장 문 및 카 문이 닫혀 있을 때, 문짝 간 틈새나 문짝과 문틀(측면) 또는 문턱 사이의 틈새는 몇 mm까지 허용되는가? (단, 관련부품이 마모되지 않은 경우이다)

① 4   ② 6
③ 10   ④ 14

해설및용어설명 | 승강장 문 및 카 문이 닫혀 있을 때, 문짝 간 틈새나 문짝과 문틀(측면) 또는 문턱 사이의 틈새는 6mm 이하여야 하며, 관련부품이 마모된 경우에는 10mm까지 허용될 수 있다. 유리로 만든 문은 제외한다. 수직 개폐식 승강장 문 및 카 문의 경우에는 상기 틈새를 10mm까지 허용될 수 있으며, 관련부품이 마모된 경우에는 14mm까지 허용될 수 있다.

43

엘리베이터 도어 사이에 끼이는 물체를 검출하기 위한 안전장치로 틀린 것은?

① 광전 장치
② 도어클로저
③ 세이프티 슈
④ 초음파 장치

해설및용어설명 | 접촉식 검출장치인 세이프티 슈와 비접촉식인 초음파 장치와 광전 장치가 있다.

44

비상정지장치(추락방지 안전장치)가 작동될 때, 무부하 상태의 카 바닥 또는 정격하중이 균일하게 분포된 부하 상태의 카 바닥은 정상적인 위치에서 몇 %를 초과하여 기울어지지 않아야 하는가?

① 2
② 3
③ 4
④ 5

해설및용어설명 | 카 추락방지 안전장치가 작동될 때, 무부하 상태의 카 바닥 또는 정격하중이 균일하게 분포된 부하 상태의 카 바닥은 정상적인 위치에서 5%를 초과하여 기울어지지 않아야 한다.

45

엘리베이터의 안정된 사용 및 정지를 위하여 엘리베이터 운행의 휴지동작과 재개조작이 가능한 안전장치는?

① 자동/수동 전환스위치
② 도어 안전장치
③ 파킹스위치
④ 카 운행정지스위치

해설및용어설명 | 파킹스위치는 엘리베이터를 사용정지시켜 기준층에 대기시키는 기능을 한다.

46

아파트 등의 엘리베이터에서 야간의 범죄예방을 위해 사용하는 방식은?

① 워드 레오나드방식
② 종단층 강제속도장치방식
③ 록다운 비상정지방식
④ 각층 강제 정지운전방식

해설및용어설명 | 각층 강제 정지운전방식
공동주택에서 방범 목적으로 야간에 사용되는 것으로 각 층마다 정지하도록 되어 있다.

47

엘리베이터 보상수단에 대한 점검 사항에 해당되는것은 무엇인가?

① 인장 또는 튀어오름 방지장치의 설치상태
② 체인 끝 부분의 지지대 고정상태
③ 로프(벨트) 간 장력 균등상태
④ 권상도르래의 마모상태

해설및용어설명 | 보상수단에 대한 점검사항은 보상수단의 고정 및 설치상태, 인장 또는 튀어오름 방지장치의 설치상태 등이 있다.

48

엘리베이터용 와이어로프 특징에 해당되지 않는 것은?

① 로프 중앙의 심강은 강도는 약하고 신율은 낮은 특성을 가진다.
② 섬유 심선은 ISO 규정을 따라야 하고, 직경 8mm 이상의 로프는 이중꼬임이어야 한다.
③ 직경 7mm 초과의 로프에 대한 강재심선은 독립된 와이어 로프여야 한다.
④ 한 가닥 내의 모든 와이어는 같은 방향의 꼬임이어야 한다.

해설및용어설명 | 로프의 코어에 강심을 사용하면 강도도 강하고 신율은 낮다.

49

기계설비의 위험방지를 위해 보전성을 개선하기 위한 사항과 거리가 먼 것은?

① 안전사고 예방을 위해 주기적인 점검을 해야 한다.
② 고가의 부품인 경우는 고장발생 직후에 교환한다.
③ 가동률을 높이고 신뢰성을 향상시키기 위해 안전 모니터링 시스템을 도입하는 것은 바람직하다.
④ 보전용 통로나 작업장의 안전 확보는 필요하다.

해설및용어설명 | 고장이 발생하면 고장표시를 하고 고장부품은 즉시 교환한다.

50

다음 중 방호장치의 기본적인 목적으로 가장 옳은 것은?

① 먼지 흡입 방지
② 기계 위험 부위의 접촉방지
③ 작업자 주변의 사람 접근방지
④ 소음과 진동 방지

해설및용어설명 | 방호장치는 기계기구 및 설비를 사용할 경우에 작업자에게 상해를 입힐 우려가 있는 부분으로부터 작업자를 보호하기 위한 장치를 말한다.

51

소형화물용 엘리베이터(덤웨이터)의 적재하중은 얼마 이하여야 하는가?

① 100kg
② 200kg
③ 300kg
④ 400kg

해설및용어설명 | 덤웨이터는 300kg 이하, 1m/s 이하의 소형화물용 엘리베이터이다.

52

고속 엘리베이터의 일반적인 기준속도는?

① 2m/s 이상
② 3m/s 이상
③ 4m/s 이상
④ 5m/s 이상

해설및용어설명 | 고속 엘리베이터의 속도는 4m/s 이상

53

유압식 엘리베이터 중에서 설치면적이 가장 좁고 구조가 간단한 방식은?

① 직접식
② 간접식
③ 팬터그래프식
④ 밸브식

해설및용어설명 | 직접식은 카의 투영면적과 설치면적이 겹치므로 설치면적이 작고 실린더만 있으면 되므로 구조가 간단하다.

54

에스컬레이터의 안전장치가 아닌 것은?

① 제어회로의 자동, 수동 선택 스위치
② 스커트 가드
③ 핸드레일 안전장치
④ 인레트(Inlet) 스위치

해설및용어설명 | 에스컬레이터의 안전장치에 체인 안전장치, 스커드 가드 안전장치, 핸드레일 안전장치, 인레트 스위치 등이 있다

정답 49 ② 50 ② 51 ③ 52 ③ 53 ① 54 ①

55

하중이 작용하는 방법을 상태에 따라 분류한 것이 아닌 것은?

① 인장하중 ② 압축하중
③ 비틀림하중 ④ 충격하중

해설및용어설명 | 하중이 작용하는 방법으로 분류하면 인장하중, 압축하중, 비틀림하중, 전단하중, 굽힘하중 등이 있다.

56

중상자가 발생할 우려가 있는 작업자의 구급 용구로 볼 수 없는 것은?

① 지혈대 ② 부목
③ 휠체어 ④ 들것

해설및용어설명 | 중상자의 구급용구에 지혈대, 부목, 들것 등은 포함되지만 휠체어는 병원에 이송 후 치료 시에 활용되는 품목이다.

57

카의 추락방지안전장치(비상정지장치)가 작동할 때 균형추나 와이어로프 등이 관성에 의해 튀어 오르는 것을 방지하기 위하여 설치하는 장치는?

① 과전류차단기
② 과부하방지장치
③ 개문출발 방지장치
④ 튀어오름 방지장치(록다운 비상정지장치)

해설및용어설명 | 튀어오름 방지장치는 균형추 등이 관성에 의해 튀어 오르는 것을 방지하는 장치

58

엘리베이터용 전동기의 구비요건으로 적절하지 않은 것은?

① 기동전류가 클 것
② 기동토크가 클 것
③ 회전부의 관성모멘트가 적을 것
④ 빈번한 운전에 대한 열적 특성이 양호할 것

해설및용어설명 | 전동기 구비조건에는 기동토크는 크고 관성모멘트는 작으며 빈번한 운전에 대한 열적특성이 좋아야 한다. 그리고 전동기의 기동전류는 작아야 한다.

59

스트로보스코프로 측정할 수 있는 것은?

① 전압 ② 전류
③ 자속 ④ 회전수

해설및용어설명 | 스트로보스코프 방식은 슬립을 측정하는 방법으로 동기속도로부터 회전수를 겉보기회전수로 구한 후 슬립=겉보기회전수÷동기속도로 구한다.

60

에스컬레이터의 상·하승장 및 디딤판에서 점검할 사항이 아닌 것은?

① 이동용 손잡이 ② 구동기 브레이크
③ 스커트 가드 ④ 안전방책

해설및용어설명 | 디딤판, 손잡이, 난간 및 주변보호의 점검항목에는 디딤판과 구조 부품과의 간섭 여부, 손잡이와 구조 부품과의 간섭 여부, 스커트 디플렉터 설치상태, 기어오름 방지장치 설치상태, 접근금지 장치 설치상태, 미끄럼 방지장치 설치상태, 쇼핑카트 진입방지를 위한 접근방지대 설치상태등이 있다.

CBT 복원문제　2021 * 3

01
엘리베이터 보상수단에 대한 점검 사항에 해당되는 것은 무엇인가?

① 인장 또는 튀어오름 방지장치의 설치상태
② 체인 끝 부분의 지지대 고정상태
③ 로프(벨트) 간 장력 균등상태
④ 권상도르래의 마모상태

해설및용어설명 | 보상수단에 대한 점검사항은 보상수단의 고정 및 설치상태, 인장 또는 튀어오름 방지장치의 설치상태 등이 있다.

02
무빙워크에서 경사각이 몇 도(°) 이하인 경우, 디딤판을 광폭형으로 설치할 수 있는가?

① 6°　　② 8°
③ 10°　　④ 12°

해설및용어설명 | 에스컬레이터 및 무빙워크의 공칭 폭은 0.58m 이상 1.1m 이하여야 한다. 경사도가 6° 이하인 무빙워크의 폭은 1.65m까지 허용된다.

03
회전운동을 직선운동, 반복운동, 진동 등으로 변환시켜주는 기구로써 두 개의 부품이 결합된 구조를 가지는 것은?

① 커플링　　② 링크
③ 캠　　　　④ 기어

해설및용어설명 | 캠은 회전운동을 직선, 반복, 진동 등의 운동으로 변환시킨다.

04
엘리베이터 자체점검 기준에 의하면 카의 과부하감지장치 설치 및 작동상태의 점검주기는 얼마인가?

① 1개월　　② 3개월
③ 6개월　　④ 12개월

해설및용어설명 | 과부하감지장치 설치 및 작동상태의 점검주기는 1개월에 1회

정답 01 ①　02 ①　03 ③　04 ①

05

에스컬레이터의 손잡이(핸드레일)의 점검사항에 해당하는 것은?

① 주행안내 시스템의 설치상태
② 스커트 디플렉터 설치상태
③ 문짝과 문짝, 문틀 또는 문턱 사이의 틈새 점검
④ 손잡이(핸드레일) 측면과 가이드 측면 사이의 틈새

해설및용어설명 | 손잡이(핸드레일)의 자체점검항목은 손잡이(핸드레일) 측면과 가이드 측면 사이의 틈새, 손잡이의 설치상태이다.

06

에스컬레이터의 구동체인이 규정치 이상으로 늘어났을 때 일어나는 현상은?

① 안전장치가 작동하여 하강은 되나 상승은 되지 않는다.
② 안전장치가 작동하지만 브레이크는 작동하지 않는다.
③ 안전장치가 작동하여 무부하 시에는 구동되나 부하 시에는 구동되지 않는다.
④ 안전장치가 작동하여 안전회로 차단으로 구동되지 않는다.

해설및용어설명 | 구동체인 안전장치에 의해 체인이 규정치 이상 늘어나거나 절단되면 즉시 동력이 차단되고 브레이크가 작동한다.

07

나사의 호칭이 M10일 때, 다음 설명 중 옳은 것은?

① 미터 사다리꼴 나사로서 호칭 지름이 10m이다.
② 미터 보통 나사로서 호칭 지름이 10m이다.
③ 유니파이 보통 나사로서 호칭 지름이 10m이다.
④ 관용테이퍼 수나사로서 호칭 지름이 10m이다.

해설및용어설명 | 미터 보통 나사는 M, 미터 사다리꼴 나사는 Tr, 유니파이 보통 나사는 UNC, 관용테이퍼 수나사는 R로 표시된다.

08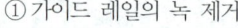

가이드 레일 또는 브라켓의 보수점검사항이 아닌 것은?

① 가이드 레일의 녹 제거
② 가이드 레일의 요철제거
③ 가이드 레일과 브라켓의 체결볼트 점검
④ 가이드 레일 고정용 브라켓 간의 간격 조정

해설및용어설명 | 가이드 레일 점검 및 조정
• 가이드 레일 청결상태 확인
• 카의 주행 중 가이드 레일에서 금속음 유무 확인
• 가이드 레일 수동점검 시 파손, 마모 상태 확인
• 가이드 레일 볼트, 너트 등의 이완상태 확인
• 가이드 레일의 이음부분 균열상태 확인
• 승강로 벽과 가이드 레일의 고정상태 확인
• 레일 브래킷의 조임상태 및 용접부의 균열 상태 확인

09

그림은 무슨 게이지 인가?

① 틈새게이지 ② 피치게이지
③ 와이어게이지 ④ 센터게이지

해설및용어설명 | 와이어게이지로 전선의 굵기 등을 측정한다.

10

다음 그림같은 입력과 출력을 가지는 정류방식은 무엇인가?

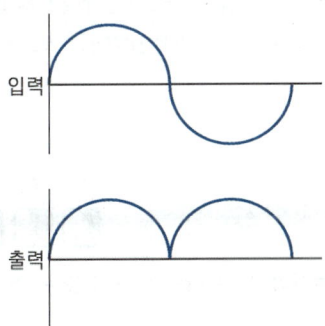

① 단상전파정류 ② 3상반파정류
③ 3상전파정류 ④ 단상반파정류

해설및용어설명 | 입력파형이 전부 출력으로 나왔으니 전파정류이고 1상으로 되어 있으니 단상전파정류이다.
(※ 만일 입력의 반만 출력되었다면 반파이고 파형이 3개이면 3상이니 참고)

11

추락에 의한 위험방지 중 유의사항으로 틀린 것은?

① 승강로 내 작업 시에는 작업공구, 부품 등이 낙하하여 다른 사람을 해하지 않도록 할 것
② 카 상부 작업 시 중간층에는 균형추의 움직임에 주의하여 충돌하지 않도록 할 것
③ 카 상부 작업 시에는 신체가 카상부 보호대를 넘지 않도록 하며 로프를 잡을 것
④ 승강장 도어 키를 사용하여 도어를 개방할 때에는 몸의 중심을 뒤에 두고 개방하여 반드시 카 유무를 확인하고 탑승할 것

해설및용어설명 | 작업위치의 높이가 2m 이상일 경우에는 작업발판을 설치하거나 안전대를 착용하게 하는 등 위험방지를 위하여 필요한 조치를 할 것(로프를 잡아서는 안 된다)

12

엘리베이터 자체점검항목 중 전기배선에서 점검하는 항목이 아닌 것은?

① 카 문 및 승강장 문의 바이패스 기능
② 전기배선(이동케이블 등) 설치 및 손상상태
③ 이상 소음 및 진동발생상태
④ 모든 접지선의 연결상태

해설및용어설명 | 전기배선의 점검항목은 카 문 및 승강장 문의 바이패스 기능, 전기배선(이동케이블 등) 설치 및 손상상태, 모든 접지선의 연결상태 등이 있다.

13

감전에 영향을 주는 감전요소가 아닌 것은?

① 통전경로 ② 통전시간
③ 음파의 크기 ④ 통전전류의 크기

해설및용어설명 | 감전에 영향을 주는 요소는 1차적인 요소로 통전전류, 통전시간, 전원종류, 통전경로 등이 있고 2차적인 요소로 인체의 저항, 정격전압, 계절과 날씨 등이 있다.

14

직류전동기에서 보극의 목적은 무엇인가?

① 전동기의 회전을 빠르게 한다.
② 전기자의 회전속도가 증가한다.
③ 브러시에서 스파크가 발생하는 것을 감소시킨다.
④ 전동기의 힘을 2배로 증가시킨다.

해설및용어설명 | 보극은 전기자반작용을 줄이고 불꽃정류현상을 감소시킨다. 즉, 브러시에서 발생하는 스파크를 줄여준다.

15

길이 1m의 봉이 인장력을 받고 0.2mm 만큼 늘어났다. 인장 변형률은 얼마인가?

① 0.0001
② 0.0002
③ 0.0004
④ 0.0005

해설및용어설명 | 변형률 = 변형량 ÷ 원래길이 = 0.0002m ÷ 1m = 0.0002

16

완성된 로프의 꼬임 길이는 로프 공칭 지름의 몇 배를 초과해서는 안 되는가?

① 5.25
② 6.5
③ 6.75
④ 4.25

해설및용어설명 | 완성된 로프의 꼬임 길이는 로프 공칭 지름의 6.75배를 초과해서는 안 된다.

17

승강기 안전관리자의 임무가 아닌 것은?

① 유지관리업자로 하여금 자체점검을 대행하게 한 경우 유지관리업자에 대한 관리·감독을 한다.
② 승강기 고장발생에 대비한 정비요령을 숙지하여 고장 시 즉시 고장 수리한다.
③ 승강기 운행 및 관리에 관한 규정의 작성 및 유지관리를 한다.
④ 승강기 사고 또는 고장 발생에 대비한 비상연락망의 작성 및 관리를 한다.

해설및용어설명 | 승강기 안전관리자의 직무범위
- 승강기 운행 및 관리에 관한 규정 작성
- 승강기 사고 또는 고장 발생에 대비한 비상연락망의 작성 및 관리
- 유지관리업자로 하여금 자체점검을 대행하게 한 경우 유지관리업자에 대한 관리·감독

- 중대한 사고 또는 중대한 고장의 통보
- 승강기 내에 갇힌 이용자의 신속한 구출을 위한 승강기 조작(해당 승강기 관리교육을 받은 경우만 해당한다)
- 피난용 엘리베이터의 운행(해당 승강기관리교육을 받은 경우만 해당한다)
- 그 밖에 승강기 관리에 필요한 사항으로서 행정안전부장관이 정하여 고시하는 업무

18

승강기 운전자가 준수하여야 할 사항으로 옳지 않은 것은?

① 술에 취한 채 또는 흡연하면서 운전하지 말아야 한다.
② 정원 또는 적재하중을 초과하여 태우지 말아야 한다.
③ 질병, 피로 등을 느꼈을 때는 즉시 약을 복용하고 근무한다.
④ 운전 중 사고가 발생한 때에는 즉시 운전을 중지하고 관리주체에 보고한다.

해설및용어설명 | 질병, 피로 등을 느꼈을 경우는 보고하고 운전해서는 안 된다.

19

3상 유도전동기의 회전 방향을 바꾸는 방법으로 옳은 것은?

① 3상 전원의 주파수를 바꾼다.
② 3상 전원 중 순차적으로 상 전원선을 바꾼다.
③ 3상 전원에 사이리스터를 접속시킨다.
④ 3상 전원 중 임의의 2상의 접속을 바꾼다.

해설및용어설명 | 3상 유도전동기의 역회전은 3상(3선) 중 임의의 2상(2선)의 접속을 반대로 한다.

20

키르히호프의 제1법칙은 어느 것인가?

① $\sum I = \infty$
② $\sum I = 0$
③ $\sum IR = \sum E$
④ $\sum IR = 0$

해설및용어설명 | 키르히호프의 제1법칙은 전류의 법칙으로 개회로의 임의의 한 점에서 유입전류의 합과 유출전류의 합이 같으며 전류벡터의 합은 0이 된다는 것이다.

21

논리회로중에서 OR회로의 논리식은 무엇인가?

① $\overline{A \cdot B}$
② $A + B$
③ $A \cdot B$
④ $\overline{A}$

해설및용어설명 |
- OR회로는 논리합으로 $A + B$
- AND회로는 논리곱으로 $A \cdot B$

22

자계 내에서 운동도체에 의해 발생하는 기전력과 관련있는 법칙은?

① 플레밍의 왼손법칙
② 플레밍의 오른손법칙
③ 렌츠의 법칙
④ 패러데이의 법칙

해설및용어설명 | 운동도체에 의한 기전력은 플레밍의 오른손법칙이고 자속의 시간적변화에 의한 기전력은 패러데이 법칙이다.

23

엘리베이터 자체점검항목 중 기계실의 감속기에서 점검하는 항목이 아닌 것은?

① 도르래홈의 마모상태
② 감속기 및 관련 부품의 노후 및 작동상태
③ 윤활유의 유량 및 노후상태
④ 이상 소음 및 진동 발생상태

해설및용어설명 | 감속기의 점검항목은 윤활유의 유량 및 노후상태, 감속기 및 관련 부품의 노후 및 작동상태, 이상 소음 및 진동 발생상태 등이 있다.

24

회전운동을 직선운동, 반복운동, 진동 등으로 변환시켜주는 기구로 2개 이상의 기구의 조합으로 이루어진 것은?

① 커플링
② 링크
③ 캠
④ 기어

해설및용어설명 | 캠은 회전운동을 직선, 반복, 진동 등의 운동으로 변환시킨다.

25

유압식 승강기의 밸브로 압력상승을 방지하기위해 작동 압력을 전부하 압력의 140%까지 맞추어 조절해야 하는 밸브는?

① 체크 밸브
② 스톱 밸브
③ 릴리프 밸브
④ 업(up) 밸브

해설및용어설명 | 릴리프 안전 밸브는 이상압력상승을 방지하며 140%까지 맞추어 조절하도록 되어 있다.

26

플런저 상부에 도르래를 설치하여 로프나 체인으로 카를 승강하도록 설계된 유압식 엘리베이터는 무엇인가?

① 직접식 유압 엘리베이터   ② 간접식 유압 엘리베이터
③ 팬더그래프식 엘리베이터   ④ 화물용 엘리베이터

해설및용어설명 | 플런저 상부에 카를 연결하면 직접식, 플런저 상부에 도르래를 연결하고 로프나 체인으로 카를 연결하면 간접식이다.

27

여러 층으로 배치되어 있는 고정된 주차구획에 아래·위로 이동할 수 있는 운반기에 의하여 자동차를 자동으로 운반이동하여 주차하도록 설계한 주차장치는 무엇인가?

① 수직순환식 주차장치   ② 수평순환식 주차장치
③ 승강기식 주차장치   ④ 2단식 주차장치

해설및용어설명 | 고정된 여러 층의 주차구획에 상하 이동하는 운반기로 자동차를 운반하면 승강기식이다.

28

교류 1단 속도제어의 속도 적용범위는 착상오차를 고려하여 보통 몇 m/min까지 적용하는가?

① 15   ② 30
③ 45   ④ 60

해설및용어설명 | 1단 속도제어방식은 가장 간단한 방식으로 30m/min 이하의 저속에서 사용된다.

29

재해원인의 분류에서 불안정한 상태(물적원인)가 아닌 것은?

① 안전방호장치의 결함   ② 작업환경의 결함
③ 생산공정의 결함   ④ 불안전한 자세 결함

해설및용어설명 |
- 불안전한 상태(물적원인) : 방호조치의 부적절, 작업공정 부적절, 작업장소의 밀집, 절차의 부적절, 작업통로 등 장소 불량 및 위험, 물체 및 설비 자체의 결함, 환경 여건 부적절, 보호구 착용 상태 불량, 보호구 성능 불량, 기계기구 등의 취급상 위험, 작업상의 기타 고유위험요인
- 불안전한 행동(인적원인) : 안전조치의 불이행, 가동 중인 장비를 정비, 개인 보호구를 미사용, 잘못된 동작 자세 적용, 인위적인 속도조작으로 운전, 공동 작업자에게 경고 누락, 안전장치가 미가동, 구조물 등 위험방치 및 미확인, 무모하고, 불필요한 행위 및 동작, 인허가 없이 장치 운전, 잘못된 절차로 장치를 운전

30

사고조사의 유의사항으로 맞는 것은?

① 책임자 처벌을 우선시한다.
② 목격자의 진술과 목격자의 의견을 들을 필요는 없다.
③ 물적조사는 하지 않아도 된다.
④ 객관적으로 조사하고 가급적이면 2인 이상이 조사한다.

해설및용어설명 | 사고조사의 목적은 사고재발을 방지하는 것이므로 정확한 원인과 실태파악을 위해 객관적이고 최소 2명 이상이 조사하는 것이 좋다.

31

카 문의 문턱과 승강장 문의 문턱 사이의 수평 거리는 몇 mm 이하여야 하는가?

① 20 ② 35
③ 125 ④ 150

해설및용어설명 | 카 문의 문턱과 승강장 문의 문턱 사이의 수평 거리는 35mm 이하여야 한다.

32

에스컬레이터의 층고가 6m 이하이고, 공칭속도가 0.5m/s 이하인 경우에는 경사도를 몇 °까지 증가시킬 수 있는가?

① 30 ② 35
③ 40 ④ 45

해설및용어설명 | 에스컬레이터의 경사도 α는 30°를 초과하지 않아야 한다. 다만, 층고가 6m 이하이고, 공칭속도가 0.5m/s 이하인 경우에는 경사도를 35°까지 증가시킬 수 있다.

33

승강기 자체점검사항에서 유압시스템의 점검에 포함되지 않는 것은?

① 소화설비 비치 및 표기상태
② 윤활유의 유량 및 노후상태
③ 잭 및 관련 부품의 설치 및 작동상태
④ 유압유의 온도감지장치 작동상태

해설및용어설명 | 유압시스템 점검항목에는 유압시스템 관련 밸브 설치 및 작동상태, 로프 체인 이완감지장치 설치 및 작동 상태, 유압유의 온도감지장치 작동상태, 유압탱크 설치상태 및 유량상태, 배관, 밸브 등의 이음/고정 및 부식/누유상태, 수동펌프 설치 및 작동상태, 소화설비 비치 및 표기상태, 잭 및 관련 부품의 설치 및 작동상태 등이 있다.

34

카의 문을 열고 닫는 도어머신에서 성능상 요구되는 조건이 아닌 것은?

① 작동이 원활하고 정숙하여야 한다.
② 카 상부에 설치하기 위하여 소형이며 가벼워야 한다.
③ 어떠한 경우라도 수동조작에 의하여 카 도어가 열려서는 안 된다.
④ 작동 회수가 승강기 기동 회수의 2배이므로 보수가 쉬워야 한다.

해설및용어설명 | 사고 시 수동조작으로 카 도어를 열어야 하므로 수동조작으로 카 도어를 열 수 있도록 되어 있어야 한다.

35

다음 중 작동되어도 운행이 가능한 것은 무엇인가?

① 과부하감지장치 ② 조속기(과속조절기) 캣치
③ 주브레이크 ④ 통신장치

해설및용어설명 | 통신장치는 작동되어도 운행이 가능하다. 반면 브레이크 등은 작동되면 운행이 불가능해진다.

36

장애인용 엘리베이터의 경우 호출버튼에 의하여 카가 정지하면 몇 초 이상 문이 열린 채로 대기하여야 하는가?

① 8 ② 10
③ 12 ④ 15

해설및용어설명 | 장애인용 엘리베이터는 호출버튼 또는 등록버튼에 의하여 카가 정지하면 10초 이상 문이 열린 채로 대기해야 한다.

37

범죄 등을 방지할 목적으로 승강장 문과 카 문에 설치되어 내부와 외부가 보이도록 유리로 만든 창을 무엇이라 하는가?

① 과부하보호장치　② 방범창
③ 홀랜턴　　　　　④ BGM

해설및용어설명 | 방범창은 승강장 문과 카 문에 설치된 유리창문을 말한다.

38

직류전동기 속도제어방식에 포함되지 않는것은?

① 전압제어　② 저항제어
③ 전류제어　④ 계자제어

해설및용어설명 | 직류전동기 속도제어방식에는 전압제어, 계자제어, 저항제어가 있다.

39

단상교류 전력을 측정하기 위해서 필요한 계측기 중 필요하지 않은 것은?

① 전압계　② 전류계
③ 역률계　④ 주파수계

해설및용어설명 | 전력 $P = VI\cos\theta$ 이므로 V(전압계), I(전류계), $\cos\theta$(역률계)가 필요하다.

40

작업자가 감전되었을 경우의 대처방법으로 틀린 것은?

① 절연봉 등을 이용하여 사고자를 전로로부터 떼어 놓는다.
② 전원을 차단한 후 사고자를 떼어놓는다.
③ 즉시 맨손으로 직접 떼어놓는다.
④ 관리자 등에게 연락하여 전원을 차단한 후 구출한다.

해설및용어설명 | 맨손으로 직접 잡을 경우 같이 감전될 위험이 있으므로 절연봉 등으로 사고자를 분리시킨다.

41

승강로에서 작업 시 바닥에서 수직으로 1m 위쪽의 조도는 얼마 이상이어야 하는가?

① 5lx　② 20lx
③ 50lx　④ 100lx

해설및용어설명 | 승강로에는 모든 출입문이 닫혔을 때 승강로 전 구간에 걸쳐 영구적으로 설치된 다음의 구분에 따른 조도 이상을 밝히는 전기조명이 있어야 한다. 조도계는 가장 밝은 광원 쪽을 향하여 측정한다.

- 카 지붕에서 수직 위로 1m 떨어진 곳 : 50lx
- 피트(사람이 서 있을 수 있는 공간, 작업구역 및 작업구역 간 이동 공간) 바닥에서 수직 위로 1m 떨어진 곳 : 50lx
- 위에 따른 장소 이외의 장소(카 또는 부품에 의한 그림자 제외) : 20lx

37 ② 38 ③ 39 ④ 40 ③ 41 ③

42

승강장의 문이 열린 상태에서 모든 제약이 해제되면 자동적으로 닫히게 하여 문의 개방상태에서 생기는 2차 재해를 방지하는 문의 안전장치는?

① 도어 컨트롤 ② 도어 인터록
③ 도어 클로저 ④ 과부하 감지장치

해설및용어설명 | 승강기 출입문이 열려있을 경우 자동으로 닫히게 하는 장치는 도어 클로저이다.

44

트랙션식 권상기에서 로프와 도르래의 마찰계수를 높이기 위해서 도르래홈의 밑을 도려낸 언더컷홈을 사용한다. 이 언더컷홈의 단점은 무엇인가?

① 권과가 심하다.   ② 균형추 진동이 심하다.
③ 시브의 이완이 발생한다. ④ 로프 마모가 심하다.

해설및용어설명 | 마찰이 커져서 로프의 마모가 심하다.

43

트랙션권상기의 특징으로 틀린 것은?

① 소요동력이 작다.
② 행정거리의 제한이 없다.
③ 주로프 및 도르래의 마모가 일어나지 않는다.
④ 권과(지나치게 감기는 현상)를 일으키지 않는다.

해설및용어설명 |
- 권동식
  - 균형추를 사용하지 않아 소비전력이 크다.
  - 승강행정이 변화할 때마다 다른 권동이 필요하며, 높은 행정에 적용은 어렵다.
  - 지나치게 많이 감기는 현상이 생길 수 있다.
- 트랙션식
  - 소요동력이 작다.
  - 행정거리의 제한이 없다.
  - 주로프 및 도르래의 마모가 심하다.
  - 권과(지나치게 감기는 현상)를 일으키지 않는다.

45

승객용 승강기의 시브가 편마모 되었을 때 어떤 것을 보수, 조정하여야 하는가?

① 과부하방지장치 ② 조속기
③ 로프의 장력   ④ 균형체인

해설및용어설명 | 시브 편마모의 주 원인은 로프 장력의 불균형이므로 로프의 장력을 조정한다.

46

에스컬레이터에는 손잡이 속도 감시 장치가 설치되어야 하고, 5초 ~ 15초 내에 디딤판에 대해 몇 % 이상의 손잡이 속도 편차가 발생하는 경우 에스컬레이터 또는 무빙워크를 정지시켜야 하는가?

① ±3%   ② ±5%
③ ±10% ④ ±15%

해설및용어설명 | 손잡이 속도 감시 장치가 설치되어야 하고, 5초 ~ 15초 내에 디딤판에 대해 ±15 % 이상의 손잡이 속도 편차가 발생하는 경우 에스컬레이터 또는 무빙워크의 정지를 시작해야 한다.

47

유압 파워유니트와 유압잭의 압력배관 도중에 설치되고 보수 점검 또는 수리를 할 때에 유압잭에서 불필요하게 작동유가 흘러나오는 것을 방지하는 장치는?

① 사일런스 ② 체크 밸브
③ 스톱 밸브 ④ 릴리프 밸브

해설 및 용어설명 | 유압 파워유니트와 유압잭의 압력배관 도중에 설치되고 보수 점검 또는 수리를 할 때에 유압잭에서 불필요하게 작동유가 흘러나오는 것을 방지하는 장치는 스톱 밸브이다.

48

균형추의 중량을 결정하는 계산식은? (단, 여기서 L은 정격하중, F는 오버밸런스율이다)

① 균형추의 중량 = 카 자체하중 × (L·F)
② 균형추의 중량 = 카 자체하중 + (L + F)
③ 균형추의 중량 = 카 자체하중 + (L − F)
④ 균형추의 중량 = 카 자체하중 + (L·F)

해설 및 용어설명 | 균형추중량 = 카 자체하중 + (정격하중 × 오버밸런스율)

49

튀어오름 방지장치(록다운 비상정지장치)에 대한 내용으로 틀린 것은?

① 비상정지장치 작동 시 필요하다.
② 균형로프 사용 시 필요하다.
③ 순간작동식으로 작동되어야 한다.
④ 비상정지장치 작동 시 카의 상승을 막기 위해 필요하다.

해설 및 용어설명 | 튀어오름 방지장치(록다운 비상정지장치)는 비상정지장치 작동 시 균형추와 로프의 급격한 상승을 방지한다.

50

엘리베이터 자체점검항목 중 장애인용 엘리베이터 추가요건에서 해당하는 항목이 아닌 것은?

① 조작반, 통화장치 등에 점자표시 여부
② 신호장치, 표시장치 등의 작동상태
③ 트레드 홈의 설치상태
④ 문열림 대기시간

해설 및 용어설명 | 장애인용 엘리베이터 추가요건에는 승강장 문턱과 카 문턱 사이의 거리, 호출버튼, 조작반, 통화장치 등의 작동상태, 조작반, 통화장치 등에 점자표시 여부, 손잡이, 거울 등의 설치상태, 신호장치, 표시장치 등의 작동상태, 문열림 대기시간, 카 내 및 승강장의 조명 점등상태 및 조도 등이 있다. 트레드 홈의 설치상태는 에스컬레이터의 디딤판 점검항목이다.

51

고장발생 시 조치사항과 후속조치로 옳은 것은?

① 즉시 보수하고, 보수가 끝날 때까지 운행을 중지한다.
② 고장 기록 후 운행한다.
③ 제한 운행 후 수리한다.
④ 경고표지를 설치 후 운행한다.

해설 및 용어설명 | 고장이 발생하면 즉시 조치를 취해야 인명사고 등을 방지할 수 있다.

52

같은 사고를 두 번 다시 반복하지 않기 위해서 꼭 필요한 조치는 무엇인가?

① 불안전한 행동과 불안전한 상태를 파악한다.
② 사고책임을 끝까지 묻는다.
③ 사고 담당자를 꼭 처벌한다.
④ 사고발생장소의 출입을 엄격히 금한다.

해설및용어설명 | 같은 사고를 방지하려면 정확한 원인파악과 재발방지 대책을 강구해야 한다. 정확한 원인파악에는 직접적인 원인파악이 최우선이다.

53

승강로 작업 시 착용하는 보호구로 알맞지 않은 것은?

① 안전모   ② 안전대
③ 핫스틱   ④ 안전화

해설및용어설명 | 보호구
- 안전장갑 : 감전의 위험이 있는 작업
- 방열복 : 고열에 의한 화상 등의 위험이 있는 작업
- 안전화 : 물체의 낙하, 물체의 끼임 등이 있는 작업
- 안전모 : 작업장 바닥, 천장, 도로, 등에서 낙하물의 위험이 있는 작업
- 안전대 : 높이가 2m 이상인 장소에서 작업 시 추락방지를 위한 작업 발판 설치 곤란한 작업

54

권상 도르래·풀리 또는 드럼의 피치직경과 로프(벨트)의 공칭 직경 사이의 비율은 로프(벨트)의 가닥수와 관계없이 얼마 이상이어야 하는가? (단, 일반승객용이다)

① 20   ② 30
③ 40   ④ 50

해설및용어설명 | 권상 도르래·풀리 또는 드럼의 피치직경과 로프(벨트)의 공칭 직경 사이의 비율은 로프(벨트)의 가닥수와 관계없이 40 이상이어야 한다.

55

엘리베이터를 카 위에서 검사할 때 주로프를 걸어 맨 고정부위는 2중 너트로 견고하게 조여 있어야 하고 풀림방지를 위하여 무엇이 꽂혀 있어야 하는가?

① 소켓   ② 균형체인
③ 브래킷   ④ 분할핀

해설및용어설명 | 배빗 소켓의 고정부위에 2중 너트와 분할핀으로 고정되어 있다.

56

단독으로 설치되어 모든 층에서 호출이 되고 여러 층을 호출할 수도 있고 카의 상승 시 순서대로 호출되고 하강 시에도 순서대로 호출되며 상승과 하강을 하는 승강기 운행방식은 무엇인가?

① 승합전자동식　② 단식자동식
③ 군승합전자동식　④ 군관리방식

해설및용어설명 | 우리가 흔히 접하는 방식으로 승합전자동식을 말한다.

57

유압식 엘리베이터에서 램(실린더) 또는 플런저의 직상부에 카를 설치하는 방식은?

① 직접식　② 간접식
③ 기어식　④ 팬터그래프식

해설및용어설명 | 실린더 상부에 직접 카를 설치하면 직접식이다

58

엘리베이터를 신호방식에 따라 분류할 때 먼저 눌러져 있는 버튼의 호출에 응답하고, 그 운전이 완료될 때까지 다른 호출을 일체 받지 않는 방식은?

① 군관리방식　② 승합전자동식
③ 단식자동방식　④ 내리는 승합전자동식

해설및용어설명 | 처음 호출에 응답하고 운전이 끝날때까지 다른 호출에 반응하지 않는 방식은 단식자동식이다.

59

금속재료를 압축하여 눌렀을 때 넓게 펴지는 성질은?

① 인성　② 연성
③ 취성　④ 전성

해설및용어설명 | 늘어나는 성질은 연성, 넓게 펴지는 성질은 전성

60

에스컬레이터의 특징으로 틀린 것은?

① 하중이 건축물의 각 층에 분담되어 있다.
② 기다림 없이 연속적으로 승객 수송이 가능하다.
③ 일반적으로 엘리베이터에 비해 수송능력이 7~10배이다.
④ 사용 전력량이 많지만 전동기의 구동 횟수는 엘리베이터에 비해 극히 적다.

해설및용어설명 | 엘리베이터에 비해 에스컬레이터는 전력량과 구동횟수가 더 많고 승객수송능력도 높다.

CBT 복원문제 2022 * 1

01

단독주택의 거주자를 운송하기 위한 카를 정해진 승강장으로 운행시키기 위해 설치되는 정격속도 0.25m/s 이하, 높이 12m 이하인 엘리베이터는?

① 소방구조용 엘리베이터 ② 주택용 엘리베이터
③ 화물용 엘리베이터 ④ 승객용 엘리베이터

해설및용어설명 | 주택용 엘리베이터는 수직에 대해 15° 이하의 경사진 주행안내 레일을 따라 단독주택의 거주자를 운송하기 위한 카를 정해진 승강장으로 운행시키기 위해 설치되는 정격속도 0.25m/s 이하, 승강행정 12m 이하인 단독주택에 설치되는 엘리베이터에 적용한다.

02

인덕턴스가 0.1H이고 리액턴스가 377Ω인 회로의 주파수는 얼마인가?

① 6 ② 60
③ 600 ④ 6,000

해설및용어설명 | 유도성리액턴스 $X_L = \omega L = 2\pi f L$ 이므로
$f = X_L \div 2\pi L = 377 \div (2 \times 3.14 \times 0.1) ≒ 600$

03

기계실 위치에 의한 엘리베이터 분류에서 기계실을 승강로의 아래쪽 방향에 설치하는 방식은?

① 기어드 방식 ② 횡인구동 방식
③ 베이스먼트 방식 ④ 사이드머신 방식

해설및용어설명 | 승강로 상부면 오버헤드머신 방식, 중간이면 사이드머신 방식, 하부면 베이스먼트 방식이다.

04

다음 중 비상정지장치(추락방지장치)중 F.G.C형의 특징으로 맞는 것은?

① 구조가 간단하고 복귀가 쉽다.
② 레일을 죄는 힘이 처음에는 약하게 하강함에 따라 강해지다가 얼마 후 일정 값에 도달한다.
③ 점차작동식으로 1m/s 이하의 속도에서 주로 사용된다.
④ 점차 작동형 추락방지안전장치의 평균 감속도는 $0.1g_n$ 이하여야 한다.

해설및용어설명 | F.G.C(플랙시블 가이드 클램프)형은 구조가 간단하고 복귀가 쉬우며 레일을 죄는 힘은 동작에서 정지까지 일정하다. 또한 1m/s 초과에서 주로 사용되는 점차작동식의 평균감속도는 $0.2g_n$ 에서 $1g_n$ 사이이다.

정답 01 ② 02 ③ 03 ③ 04 ①

05

하중의 작용상태에 따른 분류가 아닌 것은?

① 인장하중 ② 전단하중
③ 압축하중 ④ 교번하중

해설및용어설명 | 교번하중은 하중의 시간변화에 따른 분류에 속한다.

06

승강기 관리주체가 행하여야 할 사항으로 틀린 것은?

① 안전관리자를 선임하여야 한다.
② 사고 또는 고장 내용을 즉시 보고한다.
③ 고장 시 직접 수리를 진행한다.
④ 승강기 안전검사의 신청을 한다.

해설및용어설명 | 직접 수리는 유지관리업체에서 주로 담당한다.

07

유압기기에서 릴리프 밸브의 설명으로 옳은 것은?

① 설정 압력 이상으로 유압이 계속 높아질 때 폭발을 방지하는 안전 밸브이다.
② 기름을 통과시키거나 정지시키거나 혹은 방향을 바꾸는 밸브이다.
③ 유량을 조절하고 정지시키는 밸브이다.
④ 압유의 유량(흐르는 속도)을 바꿈으로서 유압모터가 실린더의 움직이는 속도를 바꾸는 밸브이다.

해설및용어설명 | 릴리프 안전 밸브는 과도하게 압력을 상승하는 것을 방지하며 전부하 압력의 140%까지 제한하도록 조절한다.

08

조속기(과속조절기)의 로프의 마모와 파손상태에서 마모되지 않은 부분의 와이어로프의 지름이 원래 지름의 몇 % 미만이 되어야 교체하는가?

① 90 ② 92
③ 95 ④ 97

해설및용어설명 | 마모되지 않은 부분이 직경의 90% 이상이어야 하므로 90% 미만이면 교체해야 한다.

09

소방구조용(비상용) 엘리베이터에 사용되는 권상기의 도르래 교체 기준으로 부적합한 것은?

① 도르래에 균열이 발생한 경우
② 제조사가 권장하는 클리프량을 초과하지 않은 경우
③ 도르래홈의 마모로 인해 슬립이 발생한 경우
④ 도르래홈에 로프자국이 심한 경우

해설및용어설명 | 권상기의 도르래는 몸체에 균열이 없어야 하고, 자동 정지 때 주로프와의 사이에 심한 미끄러움 및 마모가 없어야 한다. 권상기 도르래홈의 언더컷의 잔여량은 1mm 이상이어야 하고, 권상기 도르래에 감긴 주로프 가닥끼리의 높이차는 2mm 이내이어야 한다. 제조사가 권장하는 클리프양을 초과한 경우에 교체해야 한다.

10

에스컬레이터의 층고가 6m 이하이고, 공칭속도가 0.5m/s 이하인 경우에는 경사도를 몇 °까지 증가시킬 수 있는가?

① 30 ② 35
③ 40 ④ 45

해설및용어설명 | 에스컬레이터의 경사도 α는 30°를 초과하지 않아야 한다. 다만, 층고가 6m 이하이고, 공칭속도가 0.5 m/s 이하인 경우에는 경사도를 35°까지 증가시킬 수 있다.

11

직접식 유압 엘리베이터의 특징으로 옳은 것은?

① 부하에 의한 카 바닥의 빠짐이 크다.
② 추락방지안전장치(비상정지장치)가 필요하다.
③ 일반적으로 실린더의 점검이 용이하다.
④ 실린더를 설치하기 위한 보호관을 지중에 설치하여야 한다.

해설및용어설명 | 직접식 유압 엘리베이터는 플런저에 카를 직접 설치로 비상정지장치를 추가로 설치하지 않아도 되며 지중에 실린더(cylinder)를 설치하기 위해 보호판을 지중에 설치해야하고 승강로의 면적이 작아도 되며, 구조가 매우 간단하다.

12

유압장치의 보수, 점검, 수리 시에 사용되고, 일명 게이트 밸브라고도 하는 것은?

① 스톱 밸브
② 사일렌서
③ 체크 밸브
④ 필터

해설및용어설명 | 스톱 밸브(stop valve)
유압파워 유니트에서 실린더 사이에 설치하는 수동조작 밸브이다. 이 밸브를 닫으면 실린더에서 오일탱크로 오일이 역류하는 것을 방지한다. 게이트(gate) 밸브라고도 한다. 유압장치의 보수, 점검, 수리 시 사용한다.

13

논리식 ABC+AC의 값은 다음 중 어느 것인가?

① A
② ABC
③ AB
④ AC

해설및용어설명 | 부울대수의 정리를 활용하여 AC를 하나로 보면
ABC + AC = AC + ABC = AC(1 + B) = AC

14

추락에 의한 위험방지 중 유의사항으로 틀린 것은?

① 승강로 내 작업 시에는 작업공구, 부품 등이 낙하하여 다른 사람을 해하지 않도록 할 것
② 카 상부 작업 시 중간층에는 균형추의 움직임에 주의하여 충돌하지 않도록 할 것
③ 카 상부 작업 시에는 신체가 카상부 보호대를 넘지 않도록 하며 로프를 잡을 것
④ 승강장 도어 키를 사용하여 도어를 개방할 때에는 몸의 중심을 뒤에 두고 개방하여 반드시 카 유무를 확인하고 탑승할 것

해설및용어설명 | 작업위치의 높이가 2m 이상일 경우에는 작업발판을 설치하거나 안전대를 착용하게 하는 등 위험방지를 위하여 필요한 조치를 할 것(로프를 잡아서는 안 된다)

15

다음 (　) 안에 들어갈 알맞은 내용은?

> 엘리베이터에는 브레이크 시스템인 전자-기계 브레이크(마찰 형식)가 있어야 한다. 이 브레이크는 자체적으로 카가 정격속도로 정격하중의 (　)%를 싣고 하강방향으로 운행될 때 구동기를 정지시킬 수 있어야 한다.

① 115
② 120
③ 125
④ 130

해설및용어설명 | 브레이크는 자체적으로 카가 정격속도로 정격하중의 125%를 싣고 하강방향으로 운행될 때 구동기를 정지시킬 수 있어야 한다.

16

엘리베이터 자체점검 항목에서 완충기의 점검사항으로 옳은 것은?

① 피트 콘센트 설치상태
② 소화설비 비치 및 표기상태
③ 전기안전장치 작동상태
④ 잭 및 관련 부품의 설치 및 작동상태

해설및용어설명 | 완충기 점검사항에는 고정 및 설치상태, 전기안전장치 작동상태 등이 있다.

17

사고 중 감전사고의 원인과 거리가 먼 것은?

① 기계기구의 장시간 사용한 경우
② 전기기구나 공구의 절연 파괴가 된 경우
③ 방전코일이 없는 콘덴서의 사용한 경우
④ 정전작업 시 접지가 되지 않은 경우

해설및용어설명 | 단순히 장시간 사용한다고 사고가 발생하는 것은 아니고 절연파괴나 접지가 되지 않은 경우에 주로 사고가 발생한다.

18

주행안내(가이드)레일의 규격호칭은 소재 1m 길이당 중량을 라운드 번호로 하여 레일에 붙여쓰고 있다. 보통 일반적으로 사용하는 T형 주행안내(가이드)레일의 규격에 해당하지 않는 것은?

① 8K
② 13K
③ 16K
④ 24K

해설및용어설명 | 보통 T형 가이드레일 공칭은 8K, 13K, 18K, 24K이며 레일의 표준길이는 5m이다.

19

릴리프 밸브에 대한 설명으로 옳은 것은?

① 유체를 배출함으로써 미리 설정된 값 이하로 압력을 제한하는 밸브
② 과도하게 유체 흐름이 증가하여 밸브를 통과하는 압력이 떨어지는 경우 자동으로 차단
③ 모든 방향의 유체 흐름을 허용하거나 차단할 수 있는 양방향 수동밸브
④ 한 방향으로만 유체를 흐르게 하는 밸브

해설및용어설명 | 릴리프 밸브는 일정 압력 이상일 때 바이패스 회로를 열어 기름을 탱크로 돌려보내서 압력상승을 방지하는 역할을 한다.

20

좌굴을 일으키는 원인이 아닌 것은?

① 축선이 휘었을 때
② 재질이 강철일 때
③ 재질이 불균일할 때
④ 편심하중이 작용할 때

해설및용어설명 | 좌굴은 비교적 긴 물체에 하중이 주어지면 전단력에 의해 발생하는 현상 등을 말하며 주로 축선이 휘어지며 굽힘을 받는 경우와 재질이 불균일하여 한쪽으로 넘어지거나 편심하중으로 구부러지는 경우 등이다.

21

직류엘리베이터의 속도제어 방식에서 발전기의 계자전류를 제어하는 방식은 무엇인가?

① VVVF 방식
② 귀환 전압제어 방식
③ 워드 레오나드 방식
④ 정지 레오나드 방식

해설및용어설명 | 워드 레오나드 방식은 전동기-발전기-전동기를 연결하여 발전기의 계자전류로 자속을 변화시켜 전동기로 공급되는 전압을 제어하여 속도를 변화시키는 방법이다.

22

실린더와 체크 밸브 또는 하강밸브 사이의 가요성 호스는 전 부하 압력 및 파열 압력과 관련하여 안전율이 얼마 이상이어야 하는가?

① 2
② 5
③ 6
④ 8

해설및용어설명 | 실린더와 체크 밸브 또는 하강 밸브 사이의 가요성 호스는 전 부하 압력 및 파열 압력과 관련하여 안전율이 8 이상이어야 한다. 가요성 호스 및 실린더와 체크 밸브 또는 하강 밸브 사이의 가요성 호스 연결장치는 전 부하 압력의 5배의 압력을 손상 없이 견뎌야 한다.

23

안전점검 중에서 5S 활동 생활화가 아닌 것은?

① 청소
② 정리
③ 불결
④ 정돈

해설및용어설명 | 5S는 정리, 정돈, 청소, 청결, 습관화

24

감전의 위험이 있는 장소의 전기를 차단하여 수리, 점검 등의 작업을 할 경우에 작업 중 스위치에 어떤 장치를 하여야 하는가?

① 통전장치
② 시건장치
③ 접지장치
④ 복개장치

해설및용어설명 | 시건장치는 잠금장치로 스위치가 켜지는 것을 방지한다.

25

제동기의 구조 중 브레이크 슈의 특징이 아닌 것은?

① 윤활작용이 좋아야 한다.
② 높은 동작빈도에 잘 견디어야 한다.
③ 마찰계수가 안정되어 있어야 한다.
④ 라이닝에는 청동철사와 석면사를 넣어야 한다.

해설및용어설명 | 브레이크 슈는 마찰에 의해서 정지시키므로 마찰이 커야 하므로 윤활작용이 있으면 안 된다.

26

엘리베이터의 전동기 소요전력을 산출하기 위해 필요한 요소가 아닌 것은?

① 정격속도
② 로프의 하중(자중)
③ 정격하중
④ 오버밸런스율

해설및용어설명 |

전동기 용량 $P = \dfrac{M \cdot V \cdot S}{6{,}120\eta}$ (kW)

- M : 정격 적재량(kg)
- V : 정격속도(m/min)
- S : 1−F(F : 오버밸런스율%)
- η : 종합효율

27

무빙워크(수평보행기)의 구조물이 아닌 것은?

① 내측판
② 스텝
③ 균형추
④ 핸드레일

해설및용어설명 | 균형추는 엘리베이터의 구조물에 속한다.

28

다음 ( ) 안에 들어갈 알맞은 말은?

> 카가 유입완충기에 충돌했을 때 플런저가 하강하고 이에 따라 실린더내의 기름이 좁은 ( )을(를) 통과하면서 생기는 유체 저항에 의해 완충작용을 하게 된다.

① 오리피스봉 ② 실린더
③ 오일게이지 ④ 플런저

해설및용어설명 | 오리피스는 유체를 분출시키는 구멍으로 완충작용을 한다.

29

카의 구조에 해당되지 않는 것은?

① 카내의 사람이나 물건에 의한 충격에 대해 견고할 것
② 구조상 경미한 부분을 제외하고는 불연재료로 할 것
③ 출입구에는 문이 꼭 있을 것
④ 주행안내(가이드) 레일은 견고할 것

해설및용어설명 | 가이드레일은 승강로에 설치되며 카를 지지하는 역할을 한다.

30

카 상부에서의 작업 시 안전수칙으로 잘못된 것은?

① 외부인이 접근하지 못하도록 해야 한다.
② 운전 선택스위치는 자동으로 설치한다.
③ 로프를 손으로 잡지 않도록 한다.
④ 신발은 미끄러지지 않는 작업화를 신어야 한다.

해설및용어설명 | 사고방지를 위해서 운전 선택 스위치를 자동으로 해서는 안 된다.

31

직류발전기의 기본 구성요소에 속하지 않는 것은?

① 계자 ② 보극
③ 전기자 ④ 정류자

해설및용어설명 | 직류기의 기본 구성요소는 전기자, 계자, 정류자가 있다.

32

엘리베이터 제어반 등의 회로 절연에 있어서 절연저항의 최소값은 얼마 이상인가?

① 0.1MΩ ② 0.5MΩ
③ 1.0MΩ ④ 1.5MΩ

해설및용어설명 | 절연저항값

공칭회로전압(V)	시험전압(직류)(V)	절연저항(MΩ)
SELV, PELV > 100VA	250	0.5 이상
≤ 500	500	1.0 이상
> 500	1,000	1.0 이상

33

220V 60Hz의 교류 전원에서 슬립이 4%인 2극 단상 유도 전동기의 속도 N은 몇 rpm인가?

① 6,912 ② 3,456
③ 3,744 ④ 1,056

해설및용어설명 | 동기속도 $N_s = \dfrac{120f}{p} = \dfrac{120 \times 60}{2} = 3,600$ rpm이고

회전속도 $N = (1-s)N_s = (1-0.04) \times 3,600 = 3,456$ rpm

34

입력신호 A, B가 모두 "1"일 때만 출력 값이 "1"이 되고, 그 외에는 "0"이 되는 회로는?

① AND회로
② OR회로
③ NOT회로
④ NOR회로

해설및용어설명 | AND회로의 진리표

입력		출력
A	B	C
0	0	0
1	0	0
0	1	0
1	1	1

35

정현파 교류의 실효값은 최대값의 몇 배인가?

① π
② $2/\pi$
③ $1/\sqrt{2}$
④ $\sqrt{2}$

해설및용어설명 | 정현파의 실효값은 $\frac{1}{\sqrt{2}}$ × 최대값이므로 $\frac{1}{\sqrt{2}}$ 배가 된다.

36

승객용 엘리베이터에서 고장이나 정전 시 카내에서 카도어를 억지로 여는 데 필요한 힘은?

① 200N 이하
② 300N 이하
③ 400N 이하
④ 500N 이하

해설및용어설명 | 엘리베이터가 어떤 이유로 인해 잠금해제구간에서 정지한다면, 다음과 같은 위치에서 손으로 승강장문 및 카문을 열 수 있어야 하고, 그 힘은 300N을 초과하지 않아야 한다.
- 승강장문이 비상잠금해제 삼각열쇠에 의해 잠금이 해제되었거나 카문에 의해 해제된 이후의 승강장
- 카 내부

37

반지름 r(m), 권수 N의 원형 코일에 I(A)의 전류가 흐를 때 원형 코일 중심의 자기장의 세기(AT/m)는?

① $\frac{NI}{r}$
② $\frac{NI}{2r}$
③ $\frac{NI}{2\pi r}$
④ $\frac{NI}{4\pi r}$

해설및용어설명 | 자기장 세기
- 무한직선에서 r 떨어진 곳의 자기장 = $\frac{I}{2\pi r}$
- 원형코일 중심의 자기장 = $\frac{NI}{2r}$

38

다이얼 게이지에 대하여 바르게 설명한 것은?

① 움직임을 지침의 회전 변위로 변환시켜 눈금을 읽을 수 있는 길이 측정기이다.
② 작은 무게의 단위를 확대하여 1/100까지 확대하여 알 수 있는 측정기이다.
③ 소음을 10 ~ 10,000Hz까지 정확하게 알 수 있는 측정기이다.
④ 저항을 0.001 ~ 100Ω까지 정확하게 측정하는 측정기이다.

해설및용어설명 | 다이얼 게이지는 회전 변위로 길이를 측정하며 아주 작은 단위로 측정이 가능하다.

39

재해원인의 분석방법 중 개별적 원인분석은?

① 각각의 재해원인을 규명하면서 하나하나 분석하는 것이다.
② 사고의 유형, 기인물 등을 분류하여 큰 순서대로 도표화하는 것이다.
③ 특성과 요인관계를 도표로 하여 물고기 모양으로 세분화하는 것이다.
④ 월별 재해 발생수를 그래프화하여 관리선을 선정하여 관리하는 것이다.

해설및용어설명 | 개별적 원인분석은 통계적 원인분석의 기초자료로 활용되며 재해원인을 상세하게 규명하는 것으로서 특별재해나 중대재해의 원인분석에 적합한 대표적 분석기법이다.

40

다음 중 서보기구의 제어량으로 틀린 것은?

① 전압
② 위치
③ 회전속도
④ 방위

해설및용어설명 | 서보기구의 제어량에는 위치, 자세, 방위 등을 제어량으로 한다. 반면 전압, 주파수, 속도 등은 자동조정의 제어량이다. 또한 온도, 압력, 유량 등은 프로세스제어의 제어량이다.

41

작업장에서 작업복을 착용하는 가장 큰 이유는?

① 방한
② 작업능률 향상
③ 작업 중 위험 감소
④ 복장 통일

해설및용어설명 | 작업복을 착용함으로써 사고의 위험을 줄일 수 있다.

42

그림과 같은 회로에서 입력이 단상 60Hz 상전원이라면 출력파형은 어느 것인가?

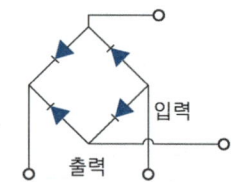

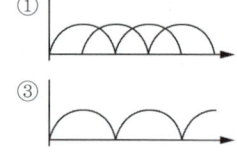
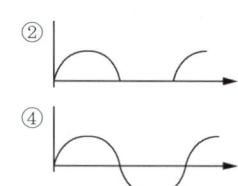

해설및용어설명 | 단상전파브리지이므로 전부 한쪽방향으로 출력된다.

43

에스컬레이터 승강장의 주의표지판에 대한 설명 중 옳은 것은?

① 주의표지판은 충격을 흡수하는 재질로 만들어야 한다.
② 주의표지판은 영문으로 읽기 쉽게 표기되어야 한다.
③ 주의표지판의 크기는 80mm×80mm 이하의 그림으로 표시되어야 한다.
④ 주의표지판의 바탕은 흰색, 도안은 흑색, 사선은 적색이다.

해설및용어설명 | 에스컬레이터 또는 무빙워크의 출입구 근처의 주의표시
- 주의표시를 위한 표시판 또는 표지는 견고한 재질로 만들어야 한다.
- 승강장에서 잘 보이는 곳에 부착되어야 한다.
- 주의표시는 80mm×100mm 이상의 크기로 한다.

구분		기준규격(mm)	색상
최소 크기		80×100	-
바탕		-	흰색
	원	40×40	-
	바탕	-	황색
	사선	-	적색
	도안	-	흑색

44

운동을 전달하는 장치로 옳은 것은?

① 절의 회전운동을 하는 것은 크랭크라 한다.
② 절의 요동운동을 하는 것은 슬라이드라 한다.
③ 절의 왕복운동을 하는 것은 레버라 한다.
④ 절의 진동운동을 하는 것은 캠이라 한다.

해설및용어설명 | 4절링크의 운동전달
회전운동＝크랭크, 요동운동＝레버, 미끄럼운동＝슬라이드

45

동력전달장치 중 일반적으로 재해가 가장 많은 것은?

① 원동기 ② 벨트
③ 차축 ④ 치차

해설및용어설명 | 벨트장치는 벗겨지거나 손가락이 끼이거나 끊어져서 주위에 피해를 주는 등 가장 많은 재해를 일으킨다.

46

정격하중을 적재한 카 또는 균형추/평형추가 자유 낙하할 때 점차 작동형 추락방지안전장치의 평균 감속도는 얼마정도 여야 하는가?

① $0.1g_n$에서 $0.5g_n$ 사이 ② $0.1g_n$에서 $1g_n$ 사이
③ $0.2g_n$에서 $0.5g_n$ 사이 ④ $0.2g_n$에서 $1g_n$ 사이

해설및용어설명 | 정격하중을 적재한 카 또는 균형추/평형추가 자유 낙하할 때 점차 작동형 추락방지안전장치의 평균 감속도는 $0.2 \sim 1g_n$ 사이에 있어야 한다.

47

중저속 엘리베이터의 기준은 얼마 이하이어야 하는가?

① 1m/s 이하 ② 2m/s 이하
③ 3m/s 이하 ④ 4m/s 이하

해설및용어설명 | 4m/s 초과는 고속 엘리베이터, 그 이하가 중저속에 해당한다.

48

질량 1g의 물체에 1cm/sec^{2}의 가속도를 주는 힘은?

① 1N ② 1J
③ 1erg ④ 1dyne

해설및용어설명 | 1dyne(다인)은 힘의 CGS단위로 질량 1g의 물체에 1cm/sec^{2}의 가속도를 주는 힘이다.

49

후크의 법칙을 옳게 설명한 것은?

① 응력과 변형률은 반비례 관계이다.
② 응력과 탄성계수는 반비례 관계이다.
③ 응력과 변형률은 비례 관계이다.
④ 응력과 탄성계수는 비례 관계이다.

해설및용어설명 | 후크의 법칙은 비례한도 이내에서는 응력과 변형률은 비례한다는 법칙이다.

50

엘리베이터의 밸런스를 보는 경우 카의 위치는 어디에 놓고 하는가?

① 최상층 ② 최하층
③ 중간층 ④ 피트의 2/3 지점

해설및용어설명 | 밸런스를 볼 경우의 카의 위치는 중간층에 놓고 한다.

51

소방구조용(비상용) 엘리베이터는 정전 시에는 보조 전원공급 장치에 의하여 60초 이내에 엘리베이터 운행에 필요한 전력 용량을 자동으로 발생시키도록 하되 수동으로 전원을 작동시킬 수 있어야 한다. 또한 그 운행가능시간은 얼마 이상이어야 하는가?

① 1시간 ② 2시간
③ 3시간 ④ 4시간

해설및용어설명 | 정전 시에는 보조 전원공급장치에 의하여 엘리베이터를 다음과 같이 운행시킬 수 있어야 한다.
- 60초 이내에 엘리베이터 운행에 필요한 전력용량을 자동으로 발생시키도록 하되 수동으로 전원을 작동시킬 수 있어야 한다.
- 2시간 이상 운행시킬 수 있어야 한다.

52

엘리베이터의 문이 닫힘으로써 운행회로가 구성되는 스위치는?

① 도어스위치 ② 과속스위치
③ 비상정지스위치 ④ 종점스위치

해설및용어설명 | 도어가 닫혀있지 않으면 운행이 불가능하도록 하는 것은 도어스위치이다.

53

엘리베이터 자체점검 중 안전접점 및 회로에 관한 점검사항이 아닌 것은?

① 파이널 리미트 스위치의 설치 및 작동상태
② 강제감속장치의 설치 및 작동상태
③ 전기안전장치 작동상태
④ 인장 풀리 설치상태

해설및용어설명 | 안전접점 및 회로의 자체점검사항
- 파이널 리미트 스위치의 설치 및 작동상태
- 정지장치의 설치 및 작동상태
- 강제감속장치의 설치 및 작동상태
- 전기안전장치 작동상태

54

엘리베이터에서 과부하인 경우는 청각 및 시각적인 신호에 의해 카 내 이용자에게 알려야 하며 정격하중의 몇 %(최소 75kg)를 초과하기 전에 검출되어야 하는가?

① 5% ② 10%
③ 15% ④ 20%

해설및용어설명 | 과부하는 정격하중의 10%(최소 75kg)를 초과하기 전에 검출되어야 한다.

55

산업안전보건표지판의 항목 중 금지표지항목에 해당하지 않는 것은?

① 출입금지 ② 운행금지
③ 탑승금지 ④ 금연

해설및용어설명 | 금지표지항목에는 출입금지, 보행금지, 차량통행금지, 사용금지, 탑승금지, 금연, 화기금지, 물체이동금지가 있다.

56

과속조절기(조속기)의 보수 점검항목에 해당되지 않는 것은?

① 과속조절기(조속기) 스위치의 접점 청결상태
② 세이프티 링크 스위치와 캠의 간격
③ 운전의 윤활성 및 소음 유무
④ 조속기 로프와 클립 체결상태

해설및용어설명 | 과속조절기의 보수 점검항목에는 과속조절기의 전기안전장치 작동상태, 인장 풀리 설치상태, 로프마모 및 파단상태 등이 있다.

57

엘리베이터 주행안내(가이드)레일의 자체점검사항으로 옳은 것은?

① 주행안내 레일의 고정 및 설치상태
② 에이프런 고정 및 설치상태
③ 보호난간의 고정상태
④ 로프 마모 및 파단상태

해설및용어설명 | 주행안내 레일의 자체점검사항은 고정 및 설치상태를 확인한다.

58

유압엘리베이터가 하강할 때의 작동유 흐름순서가 옳은 것은?

① 실린더 → 솔레노이드·체크 밸브 → 유량제어 밸브 → 탱크
② 탱크 → 체크 밸브 → 유량제어 밸브 → 탱크
③ 실린더 → 탱크 → 체크 밸브
④ 탱크 → 유량제어 밸브 → 솔레노이드·체크 밸브 → 실린더

해설및용어설명 | 하강 시는 기름이 실린더에서 탱크로 되돌아오므로 시작이 실린더이고 끝이 탱크가 된다.

59

엘리베이터의 자체점검항목 중 승강장문 및 카문의 시험에서 점검주기가 가장 긴 것은 어느 것인가?

① 문 열림버튼의 작동상태
② 승강장문 닫힘 확인장치 설치 및 작동상태
③ 카문 잠금장치 설치 및 작동상태
④ 수동개폐식 문의 "카 있음" 표시

해설및용어설명 |
• 수동개폐식 문의 "카 있음" 표시(육안, 1/6개월)
• 문 열림버튼의 작동상태(시험, 1/1개월)
• 승강장문 닫힘 확인장치 설치 및 작동상태(시험, 1/1개월)
• 카문 잠금장치 설치 및 작동상태(시험, 1/1개월)

60

와이어로프 클립(wire rope clip)의 체결 방법으로 가장 적합한 것은?

①
②
③
④

해설및용어설명 | 로프 말단(짧은쪽)으로 고리가 위치하도록 한다.

CBT 복원문제 2022 * 3

01

단독주택의 거주자를 운송하기 위한 카를 정해진 승강장으로 운행시키기 위해 설치되는 정격속도 0.25m/s 이하, 높이 12m 이하인 엘리베이터는?

① 소방구조용 엘리베이터 ② 주택용 엘리베이터
③ 화물용 엘리베이터 ④ 승객용 엘리베이터

해설및용어설명 | 주택용 엘리베이터는 수직에 대해 15° 이하의 경사진 주행안내 레일을 따라 단독주택의 거주자를 운송하기 위한 카를 정해진 승강장으로 운행시키기 위해 설치되는 정격속도 0.25m/s 이하, 승강행정 12m 이하인 단독주택에 설치되는 엘리베이터에 적용한다.

02

기계실 위치에 의한 엘리베이터 분류에서 기계실을 승강로의 아래쪽 방향에 설치하는 방식은?

① 기어드 방식 ② 횡인구동 방식
③ 베이스먼트 방식 ④ 사이드머신 방식

해설및용어설명 | 승강로 상부면 오버헤드머신 방식, 중간이면 사이드머신 방식, 하부면 베이스먼트 방식이다.

03

다음 중 비상정지장치(추락방지장치)중 F.G.C형의 특징으로 맞는 것은?

① 구조가 간단하고 복귀가 쉽다.
② 레일을 죄는 힘이 처음에는 약하게 하강함에 따라 강해지다가 얼마 후 일정 값에 도달한다.
③ 점차작동식으로 1m/s 이하의 속도에서 주로 사용된다.
④ 점차 작동형 추락방지안전장치의 평균 감속도는 $0.1g_n$ 이하여야 한다.

해설및용어설명 | F.G.C(플렉시블 가이드 클램프)형은 구조가 간단하고 복귀가 쉬우며 레일을 죄는 힘은 동작에서 정지까지 일정하다. 또한 1m/s 초과에서 주로 사용되는 점차작동식의 평균감속도는 $0.2g_n$ 에서 $1g_n$ 사이이다.

04

승강기 관리주체가 행하여야 할 사항으로 틀린 것은?

① 안전관리자를 선임하여야 한다.
② 사고 또는 고장 내용을 즉시 보고한다.
③ 고장 시 직접 수리를 진행한다.
④ 승강기 안전검사의 신청을 한다.

해설및용어설명 | 직접 수리는 유지관리업체에서 주로 담당한다.

05

장애인용 엘리베이터의 추가요건 중 승강장바닥과 승강기바닥의 틈은 얼마 이하(cm)이어야 하는가?

① 10 ② 6
③ 4   ④ 3

해설및용어설명 | 장애인용 엘리베이터의 추가요건 중 승강장바닥과 승강기 바닥의 틈은 0.03m 이하이어야 한다.

06

직류전동기의 정류자 흑화현상의 원인이 아닌 것은?

① 정류자편의 침식   ② 전기자 내부의 단선
③ 전기자에 이물질 부착 ④ 정류자편의 코일 납땜 용해

해설및용어설명 | 정류자의 흑화현상은 정류자의 이물질이나 단락전류, 기동전류 등의 큰 전류 등으로 발생한다. 전기자에 이물질이 부착되는 것과는 무관하다.

07

승강장 문이 카 문과의 연동에 의해 열리는 방식에서 자동적으로 승강장의 문이 닫히는 쪽으로 힘을 작동시키는 안전장치는?

① 트랙 브래킷   ② 도어 행거
③ 도어 로크   ④ 도어 클로저

해설및용어설명 | 문을 닫는 쪽으로 힘을 작동시키는건 도어 클로저이다.

08

다음 중 승강기 도어시스템과 관계없는 부품은?

① 브레이스 로드   ② 연동로프
③ 캠   ④ 행거

해설및용어설명 | 브레이스 로드는 카의 바닥과 카주를 연결하는 부분으로 하중을 분산시켜 전하중의 3/8을 분담한다.

09

엘리베이터 보상수단에 대한 점검사항에 해당되는 것은 무엇인가?

① 인장 또는 튀어오름 방지장치의 설치상태
② 바닥 개구부 낙하방지수단의 설치상태
③ 점검문의 설치 및 잠금상태
④ 양중용 지지대 및 고리에 허용하중 표시 상태

해설및용어설명 | 보상수단에 대한 점검사항은 보상수단의 고정 및 설치상태, 인장 또는 튀어오름 방지장치의 설치상태 등이 있다.

10

유압기기에서 릴리프 밸브의 설명으로 옳은 것은?

① 설정 압력 이상으로 유압이 계속 높아질 때 폭발을 방지하는 안전 밸브이다.
② 기름을 통과시키거나 정지시키거나 혹은 방향을 바꾸는 밸브이다.
③ 유량을 조절하고 정지시키는 밸브이다.
④ 압유의 유량(흐르는 속도)을 바꿈으로서 유압모터가 실린더의 움직이는 속도를 바꾸는 밸브이다.

해설및용어설명 | 릴리프 안전 밸브는 과도하게 입력을 상승하는 것을 방지하며 전부하 압력의 140%까지 제한하도록 조절한다.

11

되먹임 제어에서 가장 중요한 장치는?

① 입력과 출력을 비교하는 장치
② 응답속도를 느리게 하는 장치
③ 응답속도를 빠르게 하는 장치
④ 안정도를 좋게 하는 장치

해설및용어설명 | 되먹임 제어는 입력과 출력을 비교하는 장치가 반드시 필요하다.

12

안전상 허용할 수 있는 최대응력을 무엇이라 하는가?

① 안전율
② 사용응력
③ 탄성한도
④ 허용응력

해설및용어설명 | 안전상 허용할 수 있는 최대응력은 허용응력이다.

13

유리판이 있는 승강장문의 경우 유리판에 표시되는 정보가 아닌 것은?

① 판매자명 및 상표
② 유형
③ 가격
④ 두께

해설및용어설명 | 유리판에는 판매자명과 상표, 유리의 유형, 유리의 두께가 표시된다.

14

에스컬레이터의 층고가 6m 이하이고, 공칭속도가 0.5m/s 이하인 경우에는 경사도를 몇 °까지 증가시킬 수 있는가?

① 30
② 35
③ 40
④ 45

해설및용어설명 | 에스컬레이터의 경사도 α는 30°를 초과하지 않아야 한다. 다만, 층고가 6m 이하이고, 공칭속도가 0.5m/s 이하인 경우에는 경사도를 35°까지 증가시킬 수 있다.

15

직류 전동기의 속도 제어 방법이 아닌 것은?

① 저항 제어법
② 주파수 제어법
③ 전압 제어법
④ 계자 제어법

해설및용어설명 | 직류 전동기 속도 제어 방법에는 전압 제어, 계자 제어, 저항 제어 방법이 있고 주파수 제어법은 3상유도전동기의 속도 제어 방법이다.

16

직접식 유압 엘리베이터의 특징이 아닌 것은?

① 부하에 의한 카 바닥의 빠짐이 작다.
② 추락방지안전장치(비상정지장치)가 필요하지 않다.
③ 일반적으로 실린더의 점검이 간접식에 비해 쉽다.
④ 실린더를 설치하기 위한 보호관을 지중에 설치하여야 한다.

해설및용어설명 | 점검은 위에 카를 받치고 있는 직접식보다 위에 카가 없는 간접식이 상대적으로 쉽다.

17

토크가 크고 무부하 시 위험속도가 되지 않아서 크레인, 엘리베이터, 공작기계, 공기압축기 등에 가장 적합한 전동기는?

① 직권전동기 ② 분권전동기
③ 타여자전동기 ④ 복권전동기

해설및용어설명 | 무부하 시 위험속도가 되는건 직권이므로 위험속도가 안되는건 직권 + 분권인 복권전동기를 말한다.

18

키르히호프의 제1법칙은 어느 것인가?

① $I = \dfrac{E}{R}$ ② $\sum I = 0$
③ $\sum IR = \sum E$ ④ $\sum I = W$

해설및용어설명 | 키르히호프의 제1법칙은 전류의 법칙으로 개회로의 임의의 한 점에서 유입전류의 합과 유출전류의 합이 같으며 전류벡터의 합은 0이 된다.

19

에스컬레이터에 1분당 150명 수송, 1인당 75kg이고 양정(층높이)이 3.5m, 전동기 (총합)효율이 60%인 경우 소요전력(kW)은 얼마인가?

① 8.8 ② 10.7
③ 11.8 ④ 13.6

해설및용어설명 |

모터의 용량(소요동력) = $\dfrac{1분간의 수송인원 \times 1명의 중량 \times 양정}{6,120 \times 총효율}$

$= \dfrac{150 \times 75 \times 3.5}{6,120 \times 0.6} = 10.72\text{kW}$

20

$V_1 = 100\sin(\omega t - \dfrac{\pi}{6})$, $V_2 = 150\sin(\omega t - \dfrac{\pi}{3})$에서 어느 쪽이 얼마만큼 위상이 뒤져 있는가?

① V_1이 V_2보다 $\dfrac{\pi}{6}$ rad만큼 위상이 뒤진다.
② V_1이 V_2보다 $\dfrac{\pi}{3}$ rad만큼 위상이 뒤진다.
③ V_2가 V_1보다 $\dfrac{\pi}{6}$ rad만큼 위상이 뒤진다.
④ V_2가 V_1보다 $\dfrac{\pi}{3}$ rad만큼 위상이 뒤진다.

해설및용어설명 | V_1은 $\dfrac{\pi}{6}(=30°)$뒤지고 V_2는 $\dfrac{\pi}{3}(=60°)$뒤지니 결국 V_2가 V_1보다 $\dfrac{\pi}{6}(=30°)$뒤지게 된다.

21

주차설비의 통신장치와 안전장치의 설치기준이 아닌 것은?

① 사람이 동승하지 않는 경우에도 팔레트마다 외부와의 통신이 원활하여야 한다.
② 동승자와 함께 있는 경우 비상시 비상통화장치로 통신이 원활하여야 한다.
③ 간접유압식은 플런저이탈방지장치의 동작이 원활하여야 한다.
④ 비상시 비상정지스위치의 동작이 원활하여야 한다.

해설및용어설명 | 운반기 내 사람이 동승하는 주차설비에서 운반기가 이동 도중 정지한 경우, 자동차 안에서 운반기 내에 설치된 연락장치로 연락을 취하도록 한다. 동승하지 않는 경우는 해당되지 않는다.

22

기계 부품, 측정 시 각도를 측정할 수 있는 기기는?

① 사인바
② 옵티컬플렛
③ 다이얼게이지
④ 마이크로미터

해설및용어설명 | 각도를 측정하는 도구는 사인바이다.

23

그림과 같은 마이크로미터에 나타난 측정값은 몇 mm인가?

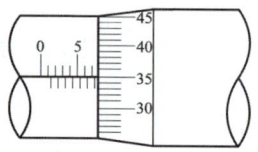

① 0.85mm
② 5.35mm
③ 7.85mm
④ 8.35mm

해설및용어설명 | 왼쪽의 슬리브에서 7.5가 나오고 딤블에서 0.35가 추가 되었으니 7.5 + 0.35 = 7.85가 된다.

24

재해 발생 과정의 요건이 아닌 것은?

① 사회적 환경과 유전적인 요소
② 개인적 결함
③ 사고
④ 안전한 행동

해설및용어설명 | 안전한 행동은 재해를 방지한다.

25

유압장치의 보수, 점검, 수리 시에 사용되고, 밸브를 닫으면 실린더에서 오일탱크로 오일이 역류하는 것을 방지하는 역할을 하는 밸브는?

① 스톱 밸브
② 사일렌서
③ 체크 밸브
④ 필터

해설및용어설명 | 스톱 밸브(stop valve)
유압파워 유니트에서 실린더 사이에 설치하는 수동조작 밸브이다. 이 밸브를 닫으면 실린더에서 오일탱크로 오일이 역류하는 것을 방지한다. 게이트(gate) 밸브라고도 한다. 유압장치의 보수, 점검, 수리 시 사용한다.

26

추락에 의한 위험방지 중 유의사항으로 틀린 것은?

① 승강로 내 작업 시에는 작업공구, 부품 등이 낙하하여 다른 사람을 해하지 않도록 할 것
② 카 상부 작업 시 중간층에는 균형추의 움직임에 주의하여 충돌하지 않도록 할 것
③ 카 상부 작업 시에는 신체가 카상부 보호대를 넘지 않도록 하며 로프를 잡을 것
④ 승강장 도어 키를 사용하여 도어를 개방할 때에는 몸의 중심을 뒤에 두고 개방하여 반드시 카 유무를 확인하고 탑승할 것

해설및용어설명 | 작업위치의 높이가 2m 이상일 경우에는 작업발판을 설치하거나 안전대를 착용하게 하는 등 위험방지를 위하여 필요한 조치를 한다(로프를 잡아서는 안 된다).

27

유압식 엘리베이터의 경우, 승강로 천장의 가장 낮은 부분과 상승방향으로 주행하는 램-헤드 조립체의 가장 높은 부분 사이의 유효 수직거리는 몇 m 이상이어야 하는가?

① 0.1
② 0.2
③ 0.3
④ 0.4

해설및용어설명 | 승강로 천장의 가장 낮은 부분과 상승방향으로 주행하는 램-헤드 조립체의 가장 높은 부분 사이의 유효 수직거리는 0.1m 이상이어야 한다.

28

다음 ( ) 안에 들어갈 알맞은 내용은?

> 엘리베이터에는 브레이크 시스템인 전자—기계 브레이크(마찰 형식)가 있어야 한다. 이 브레이크는 자체적으로 카가 정격속도로 정격하중의 ( )%를 싣고 하강방향으로 운행될 때 구동기를 정지시킬 수 있어야 한다.

① 115
② 120
③ 125
④ 130

해설및용어설명 | 브레이크는 자체적으로 카가 정격속도로 정격하중의 125%를 싣고 하강방향으로 운행될 때 구동기를 정지시킬 수 있어야 한다.

29

엘리베이터 자체점검 항목에서 완충기의 점검사항으로 옳은 것은?

① 카 정지 및 정지 유지상태
② 튀어오름 방지장치의 설치 및 작동상태
③ 고정 및 설치상태
④ 스프링식인 경우 압축 상태에서 작동상태

해설및용어설명 | 완충기 점검사항에는 고정 및 설치상태, 전기안전장치 작동상태 등이 있다.

30

스텝(디딤판) 체인 절단 검출장치의 점검항목이 아닌 것은?

① 검출스위치의 동작여부
② 검출스위치 및 캠의 취부상태
③ 암, 레버장치의 취부상태
④ 종동장치 텐션스프링의 올바른 치수여부

해설및용어설명 | 스텝 체인 안전장치(T.C.S)는 스텝 체인의 심하게 늘어남과 파단으로 인한 전동기의 전원을 차단하고 기계적인 브레이크를 작동시켜 운행정지를 시키는 장치이다.

31

사고 중 감전사고의 원인과 거리가 먼 것은?

① 기계기구를 장시간 사용한 경우
② 전기기구나 공구기 절연 파괴가 된 경우
③ 방전코일이 없는 콘덴서를 사용한 경우
④ 정전작업 시 접지가 되지 않은 경우

해설및용어설명 | 단순히 장시간 사용한다고 사고가 발생하는 것은 아니고 절연 파괴나 접지가 되지 않은 경우에 주로 사고가 발생한다.

32

주행안내(가이드)레일의 규격호칭은 소재 1m 길이당 중량을 라운드 번호로 하여 레일에 붙여쓰고 있다. 보통 일반적으로 사용하는 T형 주행안내(가이드)레일의 규격에 해당하지 않는 것은?

① 8K
② 13K
③ 16K
④ 24K

해설및용어설명 | 보통 T형 가이드레일 공칭은 8K, 13K, 18K, 24K이며 레일의 표준길이는 5m이다.

33

릴리프 밸브에 대한 설명으로 옳은 것은?

① 유체를 배출함으로써 미리 설정된 값 이하로 압력을 제한하는 밸브
② 과도하게 유체 흐름이 증가하여 밸브를 통과하는 압력이 떨어지는 경우 자동으로 차단
③ 모든 방향의 유체 흐름을 허용하거나 차단할 수 있는 양방향 수동밸브
④ 한 방향으로만 유체를 흐르게 하는 밸브

해설및용어설명 | 릴리프 밸브는 일정 압력 이상일 때 바이패스 회로를 열어 기름을 탱크로 돌려보내서 압력상승을 방지하는 역할을 한다.

34

직류엘리베이터의 속도제어 방식에서 발전기의 계자전류를 제어하는 방식은 무엇인가?

① VVVF 방식
② 귀환 전압제어 방식
③ 워드 레오나드 방식
④ 정지 레오나드 방식

해설및용어설명 | 워드 레오나드 방식은 전동기-발전기-전동기를 연결하여 발전기의 계자전류로 자속을 변화시켜 전동기로 공급되는 전압을 제어하여 속도를 변화시키는 방법이다.

35

구름 베어링이 회전 중에 견딜 수 있는 최대 하중을 무엇이라 하는가?

① 정정격하중
② 동정격하중
③ 정등가하중
④ 동등가하중

해설및용어설명 |
- 기본 정격 하중 : 구름 베어링이 정지상태에서 견딜 수 있는 최대 하중
- 기본 동정격 하중 : 구름 베어링이 회전 중에 견딜 수 있는 최대 하중

36

엘리베이터의 가이드 레일에 대한 점검 중 연결부에 대한 점검 항목이 아닌 것은?

① 브라켓트 고정상태 점검
② 클립 비틀림 및 볼트 조임 상태 점검
③ 연결부위 단차 및 면차는 규정값 이하인지 점검
④ 로프텐션의 균일상태 확인

해설및용어설명 | 로프텐션의 균일상태는 메다는 장치의 점검사항에 속한다.

37

에스컬레이터 자체점검항목 중 조명에서 점검하는 항목에 해당하는 것은?

① 콤 교차점 바닥에서의 조도
② 작동 및 운행방향 표시상태
③ 야간조명의 작동상태
④ 이동케이블 연결 콘센트의 설치상태

해설및용어설명 | 조명에서 점검하는 항목은 콤 교차점 바닥에서의 조도, 구동·순환 장소 및 기기 공간의 조명 점등상태 및 조도가 있다.

38

3상 유도전동기의 회전 방향을 바꾸는 방법으로 옳은 것은?

① 3상 전원의 주파수를 바꾼다.
② 3상 전원 중 순차적으로 상 전원선을 바꾼다.
③ 3상 전원에 사이리스터를 접속시킨다.
④ 3상 전원 중 임의의 2상의 접속을 바꾼다.

해설및용어설명 | 3상 유도전동기의 역회전은 3상(3선) 중 임의의 2상(2선)의 접속을 반대로 한다.

39

전기회로에 관한 내용으로 틀린 것은?

① 전류이동방향과 전자이동방향은 서로 반대이다.
② 전류계를 연결할 경우에 전원과 부하에 대하여 병렬로 연결한다.
③ 전류는 단위시간에 이동한 전하량이다.
④ 전류의 흐름은 전자의 이동현상이다.

해설및용어설명 | 전류계는 직렬로 연결하고, 전압계는 병렬로 연결한다.

40

안전점검 중에서 5S 활동 생활화가 아닌 것은?

① 청소   ② 정리
③ 불결   ④ 정돈

해설및용어설명 | 5S는 정리, 정돈, 청소, 청결, 습관화이다.

41

감전의 위험이 있는 장소의 전기를 차단하여 수리, 점검 등의 작업을 할 경우에 작업 중 스위치에 어떤 장치를 하여야 하는가?

① 통전장치   ② 시건장치
③ 접지장치   ④ 복개장치

해설및용어설명 | 시건장치는 잠금장치로 스위치가 켜지는 것을 방지한다.

42

유압엘리베이터의 작동유의 적정온도 범위는?

① 5℃ 이상 90℃ 이하   ② 30℃ 이상 60℃ 이하
③ 30℃ 이상 90℃ 이하   ④ 5℃ 이상 60℃ 이하

해설및용어설명 | 유압엘리베이터의 작동유의 적정온도 범위는 5 ~ 60도 범위로 유지해야 한다.

43

튀어오름 방지장치(록다운 비상정지장치)에 대한 내용으로 틀린 것은?

① 비상정지장치 작동 시 필요하다.
② 균형로프 사용 시 필요하다.
③ 순간작동식으로 작동되어야 한다.
④ 비상정지장치 작동 시 카의 상승을 막기 위해 필요하다.

해설및용어설명 | 튀어오름 방지장치(록다운 비상정지장치)는 비상정지장치 작동 시 균형추와 로프의 급격한 상승을 방지한다.

44

엘리베이터의 전동기 소요전력을 산출하기 위해 필요한 요소가 아닌 것은?

① 정격속도
② 로프의 하중(자중)
③ 정격하중
④ 오버밸런스율

해설및용어설명 |

전동기 용량 $P = \dfrac{M \cdot V \cdot S}{6120\eta}$ (kw)

- M : 정격 적재량(kg)
- V : 정격속도(m/min)
- S : 1-F(F : 오버밸런스율%)
- η : 종합효율

45

모듈이 4, 잇수가 각각 20, 30인 두 개의 표준 스퍼기어가 맞물려 있을 때 축간거리는 몇 mm인가?

① 100
② 110
③ 88
④ 78

해설및용어설명 |

두 축간거리는 $m(Z_1 + Z_2)/2$ = 모듈×(잇수 1 + 잇수 2)÷2
$= 4 \times (20 + 30) \div 2 = 100$

46

승강기에서 카의 위치를 숫자로 표시하지 않고 접근하는 승강기를 램프로 표시하여 승객을 안내하는 것은?

① 홀랜턴
② 사일런서
③ 제어판
④ 스피커

해설및용어설명 | 층별 위치를 표시하지 않고 상승하강의 램프만으로 표시하는 건 홀랜턴이다.

47

무빙워크(수평보행기)의 구조물이 아닌 것은?

① 내측판
② 스텝
③ 균형추
④ 핸드레일

해설및용어설명 | 균형추는 엘리베이터의 구조물에 속한다.

48

카 상부에서의 작업 시 안전수칙으로 잘못된 것은?

① 외부인이 접근하지 못하도록 해야 한다.
② 운전 선택 스위치는 자동으로 설치한다.
③ 로프를 손으로 잡지 않도록 한다.
④ 신발은 미끄러지지 않는 작업화를 신어야 한다.

해설및용어설명 | 사고방지를 위해서 운전 선택 스위치를 자동으로 해서는 안 된다.

49

균형체인(Compensating Chain)의 설치 목적은?

① 카의 진동을 방지하기 위해서 설치한다.
② 카의 추락을 방지하기 위해서 설치한다.
③ 이동 케이블과 로프의 이동에 따라 변화되는 하중을 보상하기 위해서 설치한다.
④ 균형추의 추락을 방지하기 위해서 설치한다.

해설및용어설명 | 균형로프와 균형체인의 설치 목적은 이동 케이블과 로프의 이동에 따라 변화되는 하중을 보상하기 위해서이다.

50

재해원인의 분석방법 중 개별적 원인분석은?

① 각각의 재해원인을 규명하면서 하나하나 분석하는 것이다.
② 사고의 유형, 기인물 등을 분류하여 큰 순서대로 도표화하는 것이다.
③ 특성과 요인관계를 도표로 하여 물고기 모양으로 세분화하는 것이다.
④ 월별 재해 발생수를 그래프화하여 관리선을 선정하여 관리하는 것이다.

해설및용어설명 | 개별적 원인분석은 통계적 원인분석의 기초자료로 활용되며 재해원인을 상세하게 규명하는 것으로서 특별재해나 중대재해의 원인 분석에 적합한 대표적 분석기법이다.

51

작업장에서 작업복을 착용하는 가장 큰 이유는?

① 방한
② 작업능률 향상
③ 작업 중 위험 감소
④ 복장 통일

해설및용어설명 | 작업복을 착용하므로써 사고의 위험을 줄일 수 있다.

52

엘리베이터에 공급되는 모든 전도체의 전원을 차단할 수 있는 주개폐기의 설치 위치로 알맞은 곳이 아닌 것은?

① 제어반이 승강로에 위치할 경우, 비상운전 및 작동시험을 위한 패널
② 기계실이 있는 경우에는 기계실
③ 기계실이 없는 경우에는 제어반
④ 기계실이 있는 경우라도 기계실에서 가장 가까운 곳에 위치한 제어반

해설및용어설명 | 주개폐기의 위치는 기계실이 있는 경우에는 기계실, 기계실이 없는 경우에는 제어반(승강로에 위치할 경우는 제외), 제어반이 승강로에 위치할 경우, 비상운전 및 작동시험을 위한 패널(비상운전과 작동시험을 위한 패널이 떨어져 있을 경우 비상운전을 위한 패널)

53

에스컬레이터(무빙워크)의 자체점검사항에서 옥외 추가요건이 아닌 것은?

① 배수 및 정화시설의 작동상태
② 보조 브레이크의 설치 및 작동상태
③ 지지설비의 부식 상태
④ 난방시스템의 작동상태

해설및용어설명 | 옥외추가요건에는 지지설비의 부식 상태, 강수에 대한 보호조치 설치 및 작동상태, 난방시스템의 작동상태, 배수 및 정화시설의 작동상태, 야간조명의 작동상태가 있다. 보조 브레이크의 설치 및 작동상태는 보조브레이크의 항목이다.

54

완충기 점검 시 확인해야 하는 항목이 아닌 것은?

① 스프링 완충기는 녹 또는 부식 등이 없어야 한다.
② 완충기의 도르래 마모상태확인
③ 유입 완충기의 경우에는 유량이 적절하여야 한다.
④ 완충기 받침대 고정 및 설치상태

해설및용어설명 | 완충기는 스프링식과 유입식이 있고 도르래식은 없다.

55

정격하중을 적재한 카 또는 균형추/평형추가 자유 낙하할 때 점차 작동형 추락방지안전장치의 평균 감속도는 얼마정도 여야 하는가?

① $0.1g_n$에서 $0.5g_n$ 사이
② $0.1g_n$에서 $1g_n$ 사이
③ $0.2g_n$에서 $0.5g_n$ 사이
④ $0.2g_n$에서 $1g_n$ 사이

해설및용어설명 | 정격하중을 적재한 카 또는 균형추/평형추가 자유 낙하할 때 점차 작동형 추락방지안전장치의 평균 감속도는 $0.2 \sim 1g_n$ 사이에 있어야 한다.

56

중저속 엘리베이터의 기준은 얼마 이하이어야 하는가?

① 1m/s 이하
② 2m/s 이하
③ 3m/s 이하
④ 4m/s 이하

해설및용어설명 | 4m/s 초과는 고속 엘리베이터, 그 이하가 중저속에 해당한다.

57

소방구조용(비상용) 엘리베이터는 정전 시에는 보조 전원공급장치에 의하여 60초 이내에 엘리베이터 운행에 필요한 전력용량을 자동으로 발생시키도록 하되 수동으로 전원을 작동시킬 수 있어야 한다. 또한 그 운행가능시간은 얼마 이상 이어야 하는가?

① 1시간
② 2시간
③ 3시간
④ 4시간

해설및용어설명 | 정전 시에는 보조 전원공급장치에 의하여 엘리베이터를 다음과 같이 운행시킬 수 있어야 하다.
• 60초 이내에 엘리베이터 운행에 필요한 전력용량을 자동으로 발생시키도록 하되 수동으로 전원을 작동시킬 수 있어야 한다.
• 2시간 이상 운행시킬 수 있어야 한다.

58

엘리베이터에서 과부하인 경우는 청각 및 시각적인 신호에 의해 카 내 이용자에게 알려야 하며 정격하중의 몇 %(최소 75kg)를 초과하기 전에 검출되어야 하는가?

① 5%
② 10%
③ 15%
④ 20%

해설및용어설명 | 과부하는 정격하중의 10%(최소 75kg)를 초과하기 전에 검출되어야 한다.

59

산업안전보건표지판의 항목 중 금지표지항목에 해당하지 않는 것은?

① 출입금지 ② 차량통행금지
③ 적재금지 ④ 금연

해설및용어설명 | 금지표지항목에는 출입금지, 보행금지, 차량통행금지, 사용금지, 탑승금지, 금연, 화기금지, 물체이동금지가 있다.

60

비상정지장치(추락방지안전장치)가 작동될 때, 무부하 상태의 카 바닥 또는 정격하중이 균일하게 분포된 부하 상태의 카 바닥은 정상적인 위치에서 몇 %를 초과하여 기울어지지 않아야 하는가?

① 2 ② 3
③ 4 ④ 5

해설및용어설명 | 카 추락방지안전장치가 작동될 때, 무부하 상태의 카 바닥 또는 정격하중이 균일하게 분포된 부하 상태의 카 바닥은 정상적인 위치에서 5%를 초과하여 기울어지지 않아야 한다.

CBT 복원문제 2023 * 1

01

에스컬레이터(무빙워크 포함)에서 6개월에 1회 점검하는 사항이 아닌 것은?

① 추락방지장치의 고정 및 설치
② 에스컬레이터와 방화셔터의 연동 작동상태
③ 옥외 난방시스템의 작동상태
④ 출구여유공간확보

해설및용어설명 | 추락방지장치의 고정 및 설치는 1개월에 1회 점검이다.

02

유압장치의 보수 점검 및 수리 등을 할 때 사용되는 장치로서 이것을 닫으면 실린더의 기름이 파워유니트로 역류하는 것을 방지하는 장치는?

① 제지 밸브 ② 스톱 밸브
③ 안전 밸브 ④ 럽처 밸브

해설및용어설명 | 스톱 밸브는 보수점검을 위해 사용한다.

03

버니어캘리퍼스에 대한 설명으로 옳은 것은?

① 50m의 길이를 측정할 수 있다.
② 무게를 측정할 수 있다.
③ 각도를 측정할 수 있다.
④ 단차, 폭, 깊이를 측정할 수 있다.

해설및용어설명 | 버니어캘리퍼스는 폭(내경, 외경), 길이, 깊이 등이 측정 가능하다.

04

간접식 유압엘리베이터의 특징이 아닌 것은?

① 승강로에 플런저를 위한 추가공간이 필요하다.
② 비상정지장치가 필요 없다.
③ 실린더 설치를 위한 보호관이 필요하지 않다.
④ 실린더의 점검이 용이하다.

해설및용어설명 | 간접식 유압엘리베이터는 바닥의 빠짐이 크며, 실린더 설치를 위한 보호관이 불필요하고 실린더 점검이 용이하며, 비상정지장치가 필요하다.

05

사고예방을 위한 보호구 중에서 머리에 착용하는 보호구는?

① 안전모 ② 안전대
③ 안전화 ④ 안전장갑

해설및용어설명 | 머리에 쓰는 보호구는 안전모이다.

06

엘리베이터 자체점검항목 중 장애인용 엘리베이터 추가요건에서 해당하는 항목이 아닌 것은?

① 조작반, 통화장치 등에 점자표시 여부
② 신호장치, 표시장치 등의 작동상태
③ 트레드 홈의 설치상태
④ 문열림 대기시간

해설및용어설명 | 트레드 홈의 설치상태는 에스컬레이터의 디딤판 점검항목이다.

07

사고예방의 기본 4원칙이 아닌 것은?

① 원인계기의 원칙 ② 손실우연의 원칙
③ 예방가능의 원칙 ④ 개별분석의 원칙

해설및용어설명 | 산업재해 예방의 4원칙(하인리히의 재해예방 4원칙) 손실우연의 법칙, 원인계기의 원칙, 예방가능의 원칙, 대책선정의 원칙

08

엘리베이터의 추락방지안전장치(비상정지장치)에 대한 보수점검사항이 아닌 것은?

① 세이프티 링크 기구에 이완이나 용접이 벗겨지는 일은 없는지 점검
② 세이프티 링크 스위치와 캠의 간격 점검
③ 마찰 댐퍼의 스프링 및 볼트 변형 등 점검
④ 과속스위치의 접점 및 작동 점검

해설및용어설명 | 과속스위치의 접점 및 작동 점검은 과속조절기(조속기)의 보수 점검항목이다.

09

엘리베이터 자체점검항목 중 기계실의 감속기에서 점검하는 항목이 아닌 것은?

① 도르래홈의 마모상태
② 감속기 및 관련 부품의 노후 및 작동상태
③ 윤활유의 유량 및 노후상태
④ 이상 소음 및 진동 발생상태

해설및용어설명 | 감속기의 점검항목은 윤활유의 유량 및 노후상태, 감속기 및 관련 부품의 노후 및 작동상태, 이상 소음 및 진동 발생상태 등이 있다.

10

엘리베이터 자체점검항목 중 승강장문에서 점검하는 항목이 아닌 것은?

① 문짝과 문짝, 문틀 또는 문턱 사이의 틈새
② 승강장문 유리 사용 시 손상상태
③ 어린이 손끼임방지 수단 설치상태
④ 점검운전 제어시스템 작동상태

해설및용어설명 | 승강장문에서 점검하는 항목은 문짝과 문짝, 문틀 또는 문턱 사이의 틈새, 승강장문 유리 사용 시 손상상태, 어린이 손끼임방지 수단 설치상태, 승강장문 및 관련 부품의 설치 및 작동상태가 있다.

11

에스컬레이터에서 핸드레일(손잡이)은 정상운행 중 운행방향의 반대편에서 몇 N의 힘으로 당겨도 정지되지 않아야 하는가?

① 300 ② 350
③ 450 ④ 500

해설및용어설명 | 각 난간의 상부에는 정상운행 조건하에서 디딤판의 속도와 -0%에서 +2%의 허용오차로 같은 방향과 속도로 움직이는 손잡이가 설치되어야 한다. 손잡이는 정상운행 중 운행방향의 반대편에서 450N의 힘으로 당겨도 정지되지 않아야 한다.

12

에스컬레이터의 층고가 6m 이하이고, 공칭속도가 0.5m/s 이하인 경우에는 경사도를 몇 °까지 증가시킬 수 있는가?

① 30 ② 35
③ 40 ④ 45

해설및용어설명 | 에스컬레이터의 경사도 α는 30°를 초과하지 않아야 한다. 다만, 층고가 6m 이하이고, 공칭속도가 0.5m/s 이하인 경우에는 경사도를 35°까지 증가시킬 수 있다.

13

에스컬레이터의 구동체인이 규정치 이상으로 늘어났을 때 일어나는 현상은?

① 안전장치가 작동하여 하강은 되나 상승은 되지 않는다.
② 안전장치가 작동하지만 브레이크는 작동하지 않는다.
③ 안전장치가 작동하여 무부하 시에는 구동되나 부하 시에는 구동되지 않는다.
④ 안전장치가 작동하여 안전회로 차단으로 구동되지 않는다.

해설및용어설명 | 구동체인 안전장치에 의해 체인이 규정치 이상 늘어나거나 절단되면 즉시 동력이 차단되고 브레이크가 작동한다.

14

에스컬레이터의 모든 구동부품의 안전율은?

① 정적 계산으로 3 이상이어야 한다.
② 정적 계산으로 4 이상이어야 한다.
③ 정적 계산으로 5 이상이어야 한다.
④ 정적 계산으로 6 이상이어야 한다.

해설및용어설명 | 모든 구동부품의 안전율은 정적 계산으로 5 이상이어야 한다.

15

직류 전동기의 속도 제어 방법이 아닌 것은?

① 저항 제어법 ② 전압 제어법
③ 전류 제어법 ④ 계자 제어법

해설및용어설명 | 직류 전동기 속도제어 방법에는 저항 제어, 계자 제어, 전압 제어법이 있다.

16

다음 중 과중량 검출장치의 기능은?

① 과속 정지 ② 과부하 경보
③ 전도 방지 ④ 전원 차단

해설및용어설명 | 과부하는 정격하중의 10%(최소 75kg)를 초과하기 전에 검출되어야 한다. 과부하 검출 시 경보음이 울리며 도어가 열린다.

17

유압식 엘리베이터의 속도에 관한 내용으로 틀린 것은?

① 상승 또는 하강 정격속도는 1m/s 이하이어야 한다.
② 빈 카의 상승 속도는 상승 정격속도의 8%를 초과하지 않아야 한다.
③ 정격하중을 실은 카의 하강속도는 하강 정격속도의 8%를 초과하지 않아야 한다.
④ 모든 속도에서 10%를 초과하지 않아야 한다.

해설및용어설명 | 상승 또는 하강 정격속도는 1m/s 이하이어야 한다. 빈 카의 상승 속도는 상승 정격속도의 8%를 초과하지 않아야 하고 정격하중을 실은 카의 하강속도는 하강 정격속도의 8%를 초과하지 않아야 한다.

18

가변전압가변주파수 제어방식에서 교류를 직류로 변환하는 장치의 이름은?

① 인버터   ② 컨버터
③ PAM   ④ PWM

해설및용어설명 | VVVF는 교류를 직류로 변환하는 컨버터와 직류를 교류로 변환하는 인버터로 구성된다.

19

승강기의 레일의 녹이 생기는 것을 방지하거나 마찰을 줄이기 위해 레일의 기름상자의 위치는?

① 레일상부   ② 카 상하좌우
③ 카 상부체대의 중간스토퍼 ④ 카 상부

해설및용어설명 | 급유기[Lubricator(Oiler)]는 엘리베이터에서는 가이드레일에 윤활유를 도포하는 장치를 말하는데 일명 오일러라고도 한다. 통상 가이드 슈가 슬라이딩형인 경우에 이용되며 카 및 균형추의 상부 가이드 슈에 설치된다.

20

기계식 주차장치의 기초 및 시설 조건으로 틀린 것은?

① 브러시의 설치상태가 양호할 것
② 주차철골의 균열·파손 및 침하가 없을 것
③ 기초 콘크리트의 과도한 균열, 파손 및 침하가 없을 것
④ 볼트의 이완, 탈락 및 부식이 없을 것

해설및용어설명 | 기초 및 구조
- 기초콘크리트의 과도한 균열이나 파손 및 침하가 없을 것
- 볼트의 이완·탈락 및 부식이 없을 것
- 주차철골의 균열·파손 및 침하가 없을 것

21

리미트 스위치의 점검사항이 아닌 것은?

① 스위치간의 커플링의 연계상태
② 스위치의 롤러의 마모 및 작동상태
③ 스위치의 작동상태
④ 스위치의 위치 및 고정상태

해설및용어설명 | 리미트 스위치의 점검은 스위치 위치, 고정상태, 작동상태, 롤러의 마모상태 등을 점검한다.

정답 16 ② 17 ④ 18 ② 19 ④ 20 ① 21 ①

22

사고 중 감전사고의 원인과 거리가 먼 것은?

① 전동기의 빈번한 기동과 정지
② 전기기구나 공구의 절연 파괴가 된 경우
③ 방전코일이 없는 콘덴서의 사용한 경우
④ 정전작업 시 접지가 되지 않은 경우

해설및용어설명 | 전동기가 빈번하게 작동정지를 한다고 사고가 발생하는 것은 아니고 절연파괴나 접지가 되지 않은 경우가 주로 사고가 발생한다.

23

엘리베이터의 적재하중이 1,300kg, 정격속도 70m/min, 오버밸런스율 45%, 종합효율 82%일 때 전동기 소요전력을 산출하면?

① 6.85 ② 7.62
③ 8.69 ④ 9.97

해설및용어설명 | 전동기 용량

$$P = \frac{1,300 \times 70 \times (1 - 0.45)}{6,120 \times 0.82} \text{kW} \fallingdotseq 9.97$$

- M : 정격 적재량(kg)
- V : 정격속도(m/min)
- S : 1-F(F : 오버밸런스율%)
- η : 종합효율

24

중저속 엘리베이터의 기준은 얼마 이하이어야 하는가?

① 1m/s 이하 ② 2m/s 이하
③ 3m/s 이하 ④ 4m/s 이하

해설및용어설명 | 4m/s 초과는 고속엘리베이터, 그 이하가 중저속에 해당한다.

25

과속조절기(조속기)의 보수 점검항목에 해당되지 않는 것은?

① 과속조절기(조속기) 스위치의 접점 청결상태
② 세이프티 링크 스위치와 캠의 간격
③ 운전의 윤활성 및 소음 유무
④ 조속기 로프와 클립 체결상태

해설및용어설명 | 과속조절기의 점검항목에는 과속조절기 전기안전장치 작동상태, 인장 풀리 설치상태, 로프마모 및 파단상태 등이 있다.

26

나사의 호칭이 M10일 때, 다음 설명 중 옳은 것은?

① 미터 보통 나사로서 호칭 지름이 10m이다.
② 미터 사다리꼴 나사로서 호칭 지름이 10m이다.
③ 유니파이 보통 나사로서 호칭 지름이 10m이다.
④ 관용테이퍼 수나사로서 호칭 지름이 10m이다.

해설및용어설명 | 미터 보통 나사는 M, 미터 사다리꼴 나사는 Tr, 유니파이 보통 나사는 UNC, 관용테이퍼 수나사는 R로 표시된다.

27

안전상 허용할 수 있는 최대응력을 무엇이라 하는가?

① 안전율 ② 사용응력
③ 탄성한도 ④ 허용응력

해설및용어설명 | 안전상 허용할 수 있는 최대응력은 허용응력이다.

28

엘리베이터가 최종단층을 과행(科行)하였을 때 엘리베이터를 정지시키며 상승, 하강 양방향 모두 운행이 불가능하게 하는 안전장치는?

① 리미트 스위치
② 비상정지장치
③ 피트 정지스위치
④ 파이널 리미트 스위치

해설및용어설명 | 최단층을 통과하면 파이널 리미트 스위치가 자동하여 카를 정지시킨다.

29

승강기 자체점검사항에서 유압시스템의 점검에 포함되지 않는 것은?

① 소화설비 비치 및 표기상태
② 도르래홈의 마모상태
③ 잭 및 관련 부품의 설치 및 작동상태
④ 유압유의 온도감지장치 작동상태

해설및용어설명 | 유압시스템 점검항목에는 유압시스템 관련 밸브 설치 및 작동상태, 로프 체인 이완감지장치 설치 및 작동 상태, 유압유의 온도감지장치 작동상태, 유압탱크 설치상태 및 유량상태, 배관, 밸브 등의 이음/고정 및 부식/누유상태, 수동펌프 설치 및 작동상태, 소화설비 비치 및 표기상태, 잭 및 관련 부품의 설치 및 작동상태 등이 있다.

30

안전점검 및 진단순서가 맞는 것은?

① 실태파악 → 결함발견 → 대책결정 → 대책실시
② 실태파악 → 대책결정 → 결함발견 → 대책실시
③ 결함발견 → 실태파악 → 대책실시 → 대책결정
④ 결함발견 → 실태파악 → 대책결정 → 대책실시

해설및용어설명 | 안전점검 및 진단순서는 실태파악 → 결함발견 → 대책결정 → 대책실시 순이다.

31

도르래의 관한 내용으로 틀린 것은?

① 도르래의 직경은 로프직경에 비해 50배 크게 한다.
② 로프의 마찰계수의 순서는 U홈 < 언더컷홈 < V홈 순이다.
③ 과속조절기의 도르래 피치 직경과 과속조절기 로프의 공칭 직경 사이의 비는 30 이상이어야 한다.
④ 안전로프의 도르래는 매다는 장치(로프, 체인 등)를 지지하는 축 또는 도르래 부품과는 독립적으로 설치되어야 한다.

해설및용어설명 | 권상 도르래·풀리 또는 드럼의 피치직경과 로프(벨트)의 공칭 직경 사이의 비율은 로프(벨트)의 가닥수와 관계없이 40 이상이어야 한다. 다만, 주택용 엘리베이터의 경우 30 이상이어야 한다.

32

다음 중 작동되어도 운행이 가능한 것은 무엇인가?

① 과부하감지장치
② 조속기(과속조절기) 캣치
③ 주브레이크
④ 통신장치

해설및용어설명 | 통신장치는 작동되어도 운행이 가능하다. 반면 브레이크 등은 작동되면 운행이 불가능해진다.

33

자계 내에서 운동도체의 의해 발생하는 기전력과 관련 있는 법칙은?

① 플레밍의 왼손법칙
② 플레밍의 오른손법칙
③ 렌츠의 법칙
④ 패러데이의 법칙

해설및용어설명 | 운동도체에 의한 기전력은 플레밍의 오른손법칙이고 자속의 시간적 변화에 의한 기전력은 패러데이법칙이다.

정답 28 ④ 29 ② 30 ① 31 ④ 32 ④ 33 ②

34

엘리베이터 도어 사이에 끼이는 물체를 검출하기 위한 안전장치로 틀린 것은?

① 광전 장치
② 도어클로저
③ 세이프티 슈
④ 초음파 장치

해설및용어설명 | 접촉식 검출장치인 세이프티 슈와 비접촉식인 초음파 장치와 광전 장치가 있다.

35

가이드 레일(guide rail)의 목적이 아닌 것은?

① 카 차체의 기울어짐을 방지
② 지진 등으로 비상정지장치가 작동 시 수직하중을 유지
③ 집중하중을 받을 경우 수평응력
④ 균형추의 승강로 내의 위치를 규제

해설및용어설명 | 가이드 레일의 역할은 카의 기울어짐을 방지, 카와 균형추의 승강로 내 위치규제, 비상정지장치 작동 시 수직하중을 유지가 있다.

36

전기장의 세기의 단위는 무엇인가?

① AT/m
② V/m
③ F/m
④ H/m

해설및용어설명 |
- AT/m = 자기장의 세기단위
- V/m = 전기장의 세기단위
- F/m = 유전율단위
- H/m = 투자율단위

37

전환 스위치가 있는 접지저항계를 이용한 접지저항 측정 방법으로 틀린 것은?

① 전환 스위치를 저항 값에 두고 검류계의 밸런스를 잡는다.
② 전환 스위치를 이용하여 E, P간의 전압을 측정한다.
③ 전환 스위치를 이용하여 절연저항과 접지저항을 비교한다.
④ 전환 스위치를 이용하여 내장 전지의 양부(+, −)를 확인한다.

해설및용어설명 | 접지저항의 측정 방법
- 측정하고자 하는 접지극(E)과 일직선으로 10m 간격에 P, C보조전극을 지면에 설치
- 리드선을 접지저항계의 접지극단자(E)와 보조전극(P, C)에 접속
- 접지저항계의 스위치 조작으로 지전압을 10V 미만인지 확인
- 스위치를 저항값으로 한 후 검류계의 지시값이 "0"일 때 눈금판 값을 직독

38

무빙워크의 경사도는 몇 도 이하 이어야 하는가?

① 30
② 20
③ 15
④ 12

해설및용어설명 | 무빙워크의 경사도는 12° 이하이어야 한다.

39

유도전동기에서 슬립이 1이란 전동기의 어느 상태인가?

① 유도 제동기의 역할을 한다.
② 유도 전동기가 전부하 운전 상태이다.
③ 유도 전동기가 정지 상태이다.
④ 유도 전동기가 동기속도로 회전한다.

해설및용어설명 | 슬립은 회전손실로 슬립이 1이라면 100%손실이므로 회전하지 않는 상태, 즉 정지 시나 기동 시를 말한다.

40

직류전동기 중에서 부하의 변동에 대해서 속도의 변동이 가장 큰 전동기는 무엇인가? (단, 전압은 동일하다)

① 직권전동기
② 분권전동기
③ 평복권전동기
④ 차동복권전동기

해설및용어설명 | 직권전동기는 부하 변동에 대해서 가장 큰 속도변동율을 가진다.

41

산업안전에 관한 규정에서 다음 표지판의 의미는?

① 사용금지
② 비상구
③ 출입금지
④ 이동금지

해설및용어설명 |

42

10Ω의 저항이 연결되어 있는 회로에서 20A의 전류가 흐를 때 전압은 몇 V인가?

① 100
② 200
③ 300
④ 400

해설및용어설명 | 전압 = 전류×저항이므로 V = IR = 20×10 = 200V

43

18-8 스테인리스강의 특징에 대한 설명 중 틀린 것은?

① 내식성이 뛰어난다.
② 녹이 잘 슬지 않는다.
③ 자성체의 성질을 갖는다.
④ 크롬 18%와 니켈 8%를 함유한다.

해설및용어설명 | 18-8 스테인리스강은 자성체의 성질을 갖지 않는다.

44

목표값과 시간과의 관계로 올바르게 연결되어 있는 것은?

㉠ 목표값이 시간에 따라 변화하지 않는다.
㉡ 목표값이 시간에 따라 변화한다.
㉢ 목표값이 일정한 순서대로 미리 정해진 시간적 변화를 한다.

ⓐ 추치제어 ⓑ 정치제어 ⓒ 프로그램제어

① ㉠ - ⓑ, ㉡ - ⓐ, ㉢ - ⓒ
② ㉠ - ⓐ, ㉡ - ⓒ, ㉢ - ⓑ
③ ㉠ - ⓒ, ㉡ - ⓑ, ㉢ - ⓐ
④ ㉠ - ⓑ, ㉡ - ⓒ, ㉢ - ⓐ

해설및용어설명 | 목표값이 시간에 따라 변하지 않으면 정치제어, 변하면 추치제어라고 한다. 추치제어 중 미리 정해진 시간적 변화를 하는 제어는 프로그램제어, 미지의 임의 시간적 변화를 하는 목표값에 추종하는 추종제어, 목표값이 있는 다른 양과 일정한 비율관계를 가지는 비율제어가 있다.

45

정속도 운전에 알맞은 전동기는?

① 직권전동기　　② 분권전동기
③ 차동복권전동기　　④ 가동복권전동기

해설및용어설명 | 정속도 전동기는 직류분권전동기가 대표적이다.

46

승강로의 벽 일부에 한국산업규격에 알맞은 유리를 사용할 경우 다음 중 적합한 것은?

① 일반유리　　② 강화유리
③ 접합유리　　④ 감광유리

해설및용어설명 | 카 벽 전체 또는 일부에 사용되는 유리는 KS L 2004에 적합한 접합유리이어야 한다.

47

감전의 위험이 있는 장소의 전기를 차단하여 수리, 점검 등의 작업을 할 경우에 작업 중 스위치에 어떤 장치를 하여야 하는가?

① 접지장치　　② 덮개장치
③ 시건장치　　④ 통전장치

해설및용어설명 | 스위치가 실수로 작동하는 것을 막는 시건장치를 해야 한다.

48

에스컬레이터의 역회전 방지장치가 아닌 것은?

① 구동체인 안전장치　　② 기계 브레이크
③ 조속기　　④ 스커트 가드

해설및용어설명 | 스커트 가드 안전장치는 승강구에서 사람, 이물질이 끼는 경우 구동 전동기 및 브레이크의 전원을 차단하는 장치로써 역회전을 방지하는 장치에 속하지 않는다.

49

경사도는 30° 이하인 경우 에스컬레이터의 속도는 일반적인 경우 몇 m/s인가?

① 0.5　　② 0.75
③ 1　　④ 1.2

해설및용어설명 | 에스컬레이터의 속도는 경사도 30° 이하이면 0.75m/s 이하이고 만일 30° 초과 35° 이하이면 0.5m/s 이하이다.

50

재해 누발자의 유형이 아닌 것은?

① 미숙성 누발자　　② 상황성 누발자
③ 습관성 누발자　　④ 자발성 누발자

해설및용어설명 | 자발성 누발자가 아니라 소질성 누발자

51

블리드 오프(Bleed off) 유압회로에 대한 설명으로 틀린 것은?

① 정확한 속도제어가 곤란하다.
② 유량제어 밸브를 주회로에서 분기된 바이패스회로에 삽입한 것이다.
③ 회전수를 가변하여 펌프에 가압되어 토출되는 작동유를 제어하는 방식이다.
④ 부하에 필요한 압력이상의 압력을 발생시킬 필요가 없어 효율이 높다.

해설및용어설명 | 블리드 오프(bleed-off)방식은 유량제어 밸브를 주회로에서 분기된 바이패스 회로에 삽입하여 효율이 높은 반면 정확한 속도제어가 곤란하다.

52

공칭속도 0.5m/s 무부하 및 부하상태의 양방향에 대한 수평형 무빙워크의 정지거리는?

① 0.5m에서 2.0m 사이 ② 0.2m에서 1.0m 사이
③ 0.02m에서 1.0m 사이 ④ 0.05m에서 2.0m 사이

해설및용어설명 | 무빙워크의 정지거리

공칭속도 v	정지거리
0.50m/s	0.20m부터 1.00m까지
0.65m/s	0.30m부터 1.30m까지
0.75m/s	0.40m부터 1.50m까지
0.90m/s	0.55m부터 1.70m까지

53

화재 시 조치사항에 대한 설명 중 틀린 것은?

① 비상용 엘리베이터는 소화활동 등 목적에 맞게 작동시킨다.
② 빌딩 내에서 화재가 발생할 경우 반드시 엘리베이터를 이용해 비상탈출을 시켜야 한다.
③ 승강로에서의 화재 시 전선이나 레일의 윤활유가 탈 때 발생되는 매연에 질식되지 않도록 주의한다.
④ 기계실에서의 화재 시 카 내의 승객과 연락을 취하면서 주전원 스위치를 차단한다.

해설및용어설명 | 승강로는 화재 시 굴뚝역할을 하므로 반드시 계단을 통해 비상탈출 해야 한다.

54

열쇠가 없으면 승강장문을 닫히도록 하는 도어안전장치는?

① 도어스위치 ② 도어록
③ 도어클로저 ④ 도어머신

해설및용어설명 | 도어록
카가 정지하고 있지 않는 층의 문은 전용의 열쇠로만 열리도록 한다.

55

휠체어리프트 이용자가 승강기의 안전운행과 사고방지를 위하여 준수해야 할 사항과 거리가 먼 것은?

① 전동휠체어 등을 이용할 경우에는 운전자가 직접 이용할 수 있다.
② 정원 및 적재하중의 초과는 고장이나 사고의 원인이 되므로 엄수하여야 한다.
③ 휠체어 사용자 전용이므로 보조자 이외의 일반인은 탑승하여서는 안 된다.
④ 조작반의 비상정지스위치 등을 불필요하게 조작하지 말아야 한다.

해설및용어설명 | 전동휠체어 등을 이용할 경우에는 보호자의 협조를 받아야 한다.

56

다음 회로에서 High 전압은 1, Low 전압은 0이라고 하면 Vi = 1이면 A, B, C, D의 출력은 얼마인가?

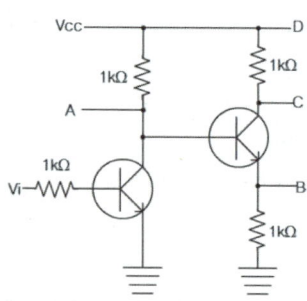

① 0011
② 0101
③ 1010
④ 1100

57

2진수의 1101을 10진수로 바꾸면?

① 11
② 12
③ 13
④ 14

해설및용어설명 | 2진수는 8421 순이므로
1101(2진수) = 1(×8) + 1(×4) + 0(×2) + 1(×1) = 8 + 4 + 0 + 1 = 13(10진수)

58

3상 유도 전동기의 속도 제어 방법이 아닌 것은?

① 극수 제어법
② 주파수 제어법
③ 계자 제어법
④ 2차 저항 제어법

해설및용어설명 | 3상 유도 전동기의 속도 제어 방법에는 극수 제어, 주파수 제어, 2차 저항 제어, 2차 여자 제어 등이 있다.

59

플러깅이란 무슨 장치를 말하는가?

① 전동기의 속도를 빠르게 조절하는 장치
② 전동기의 기동을 빠르게 하는 장치
③ 전동기를 정지시키는 장치
④ 전동기의 속도를 조절하는 장치

해설및용어설명 | 플러깅이란 역제동으로 역회전을 통해 빠르게 정지시키는 방식이다.

60

안전율에 해당되는 것은?

① 허용응력 / 극한강도
② 극한강도 / 허용응력
③ 허용응력 / 탄성한도
④ 탄성한도 / 허용응력

해설및용어설명 | 안전율 = 극한강도 / 허용응력

CBT 복원문제 — 2023 * 3

01
에스컬레이터에서 핸드레일(손잡이)는 정상운행 중 운행방향의 반대편에서 몇 N의 힘으로 당겨도 정지되지 않아야 하는가?

① 300　　② 350
③ 450　　④ 500

해설및용어설명 | 각 난간의 상부에는 정상운행 조건하에서 디딤판의 속도와 -0%에서 +2%의 허용오차로 같은 방향과 속도로 움직이는 손잡이가 설치되어야 한다. 손잡이는 정상운행 중 운행방향의 반대편에서 450N의 힘으로 당겨도 정지되지 않아야 한다.

02
과속조절기(조속기)의 관련 내용이 아닌 것은?

① 과속조절기가 조정 가능한 경우, 최종 설정은 봉인의 파단 없이는 재조정을 할 수 없도록 봉인(표시)되어야 한다.
② 로프캐치의 원활한 동작을 위해서 윤활유를 충분히 도포하여야 한다.
③ 위험속도에 도달하기 전 과속조절기의 동작을 확실하게 하기 위하여 과속조절기의 작동 지점 간 최대 거리는 250mm를 초과하지 않도록 해야 한다.
④ 과속조절기에는 추락방지안전장치의 작동과 일치하는 회전방향이 표시되어야 한다.

해설및용어설명 | 로프캐치를 위해서 윤활유를 도포해서는 안 된다.

03
직류전동기 속도제어방식에 포함되지 않는 것은?

① 전압제어　　② 저항제어
③ 전류제어　　④ 계자제어

해설및용어설명 | 직류전동기 속도제어방식에는 전압제어, 계자제어, 저항제어가 있다.

04
사고 중 감전사고의 원인과 거리가 먼 것은?

① 전동기의 장시간 운전
② 전기기구나 공구의 절연 파괴가 된 경우
③ 방전코일이 없는 콘덴서의 사용한 경우
④ 정전작업 시 접지가 되지 않은 경우

해설및용어설명 | 전동기가 장시간운전을 한다고 사고가 발생하는 것은 아니고 절연파괴나 접지가 되지 않은 경우에 주로 사고가 발생한다.

05
다음 중 작동되어도 운행이 가능한 것은 무엇인가?

① 과부하감지장치　　② 조속기(과속조절기) 캣치
③ 주브레이크　　　　④ 통신장치

해설및용어설명 | 통신장치는 작동되어도 운행이 가능하다. 반면 브레이크 등은 작동되면 운행이 불가능해진다.

정답 01 ③　02 ②　03 ③　04 ①　05 ④

06

산업안전에 관한 규정에서 금지규정에 해당되지 않는 것은?

① 적재금지　　② 금연
③ 출입금지　　④ 차량통행금지

해설및용어설명 | 금지표지항목에는 출입금지, 보행금지, 차량통행금지, 사용금지, 탑승금지, 금연, 화기금지, 물체이동금지가 있다.

07

로프가 잘 미끄러지는 경우에 해당하는 것은?

① 권부각을 작게 한다.
② 로프와 도르래간의 마찰계수를 크게 한다.
③ 가감속도를 완만하게 한다.
④ 균형체인이나 균형로프를 설치한다.

해설및용어설명 | 잘 미끄러지는 경우는 권부각이 작고 마찰계수가 작으며 급격한 가감속을 할 때 등

08

감전의 위험이 있는 장소의 전기를 차단하여 수리, 점검 등의 작업을 할 경우에 작업 중 스위치에 어떤 장치를 하여야 하는가?

① 접지장치　　② 덮개장치
③ 시건장치　　④ 통전장치

해설및용어설명 | 스위치가 실수로 작동하는 것을 막는 시건장치를 해야 한다.

09

에스컬레이터의 역회전 방지장치가 아닌 것은?

① 구동체인 안전장치　　② 기계 브레이크
③ 조속기　　④ 스커트 가드

해설및용어설명 | 스커트 가드 안전장치는 승강구에서 사람, 이물질이 끼는 경우 구동 전동기 및 브레이크의 전원을 차단하는 장치로써 역회전을 방지하는 장치에 속하지 않는다.

10

플러깅 이란 무슨 장치를 말하는가?

① 전동기의 속도를 빠르게 조절하는 장치
② 전동기의 기동을 빠르게 하는 장치
③ 전동기를 정지시키는 장치
④ 전동기의 속도를 조절하는 장치

해설및용어설명 | 플러깅이란 역제동으로 역회전을 통해 빠르게 정지시키는 방식이다.

11

추락에 의한 위험방지 중 유의사항으로 틀린 것은?

① 승강로 내 작업 시에는 작업공구, 부품 등이 낙하하여 다른 사람을 해하지 않도록 할 것
② 카 상부 작업 시 중간층에는 균형추의 움직임에 주의하여 충돌하지 않도록 할 것
③ 카 상부 작업 시에는 신체가 카 상부 보호대를 넘지 않도록 하며 반드시 로프를 잡을 것
④ 승강장 도어 키를 사용하여 도어를 개방할 때에는 몸의 중심을 뒤에 두고 개방하여 반드시 카 유무를 확인하고 탑승할 것

해설및용어설명 | 작업위치의 높이가 2m 이상일 경우에는 작업발판을 설치하거나 안전대를 착용하게 하는 등 위험방지를 위하여 필요한 조치를 한다 (로프를 잡아서는 안 된다).

정답　06 ①　07 ①　08 ③　09 ④　10 ③　11 ③

12

3상 유도전동기에서 삐뚤어진 홈을 사용하는 이유가 아닌 것은?

① 소음감소 ② 파형개선
③ 속도조절 ④ 기동개선

해설및용어설명 | 3상 유도전동기에서 사슬롯(삐뚤어진 홈)을 사용하는 이유는 크라우닝현상에 의한 소음감소, 파형개선, 기동개선이 목적이다.

13

다음 중 전압과 주파수를 동시에 변화시켜 직류전동기와 동등한 제어성능을 얻을 수 있는 속도제어 방식은?

① 교류1단 제어 ② 워드레오나드 제어
③ 교류궤환 제어 ④ VVVF 제어

해설및용어설명 | VVVF는 유도전동기에 공급되는 전압과 주파수를 동시에 변화시켜 직류전동기와 동등한 제어성능을 가질 수 있다.

14

전압 100V 1상 부하 $Z = 3 + j4$인 △결선회로의 선전류는 몇 A인가?

① 20 ② $20\sqrt{3}$
③ 10 ④ $10\sqrt{3}$

해설및용어설명 | 상전압 = 상전류 × 임피던스이므로
상전류 = 상전압 ÷ 임피던스 = 100 ÷ 5 = 20,
선전류는 상전류 × $\sqrt{3}$ = $20\sqrt{3}$

15

에스컬레이터의 스텝(디딤판)은 스텝(디딤판)체인에 의해 연결되어 순환 되는데 이것을 안전하게 순환시키는 것은 스텝(디딤판) 자체의 구조와 그것에 설치되어 있는 것으로서 구동롤러와 가이드롤러를 안내하는 것은?

① 트러스 ② 레일
③ 스프링 ④ 라이저

해설및용어설명 | 롤러는 레일을 따라서 움직인다.

16

엘리베이터 자체점검항목 중 피트 내 작업공간에서 점검하는 항목이 아닌 것은?

① 기계적인 장치의 설치 및 작동상태
② 피트 출입문의 경우, 전기안전장치 작동상태
③ 점검문의 설치 및 작동상태
④ 피트 탈출 수직틈새의 확보상태

해설및용어설명 | 피트 내 작업 공간
• 기계적인 장치의 설치 및 작동상태
• 피트 출입문의 경우, 전기안전장치 작동상태
• 피트 탈출 수직틈새의 확보상태

정답 12 ③ 13 ④ 14 ② 15 ② 16 ③

17

승강로, 기계실·기계류 공간 및 풀리실 접근 및 출입에 대한 설명으로 틀린 것은?

① 사람이 기계실·기계류 공간 및 풀리실에 안전하게 접근 및 출입할 수 있는 통로는 사다리의 설치를 우선으로 한다.
② 승강로, 기계실·기계류 공간, 풀리실의 출입문에 인접한 접근 통로는 50lx 이상의 조도를 갖는 영구적으로 설치된 전기 조명에 의해 비춰야 한다.
③ 승강로, 기계실·기계류 공간, 풀리실 및 관련 작업구역은 접근이 가능해야 하며 카 내부를 제외하고 관계자만이 접근할 수 있게 해야 한다
④ 사람이 기계실·기계류 공간 및 풀리실에 안전하게 접근 및 출입할 수 있도록 계단 등의 통로가 있어야 한다.

해설및용어설명 | 사람이 기계실·기계류 공간 및 풀리실에 안전하게 접근 및 출입할 수 있도록 계단 등의 통로가 있어야 하며, 통로는 계단의 설치를 우선으로 한다.

18

유압식 엘리베이터 속도제어방식 중 유압 제어 방식에 속하는 것은 무엇인가?

① VVVF 방식
② 귀환 전압제어 방식
③ 미터인 방식
④ 워드 레오나드 방식

해설및용어설명 | 유압 제어는 미터인 방식과 블리드오프 방식 등이 있다.

19

엘리베이터 자체점검항목 중 승강로 내의 보호에서 점검하는 항목이 아닌 것은?

① 도르래, 풀리 및 스프로킷의 보호 조치상태
② 바닥 개구부 낙하방지수단의 설치상태
③ 승강로 환기상태
④ 출입문·비상문 및 점검문의 설치 및 작동상태

해설및용어설명 | 승강로 내의 보호
• 밀폐식 승강로 개구부 등 설치상태
• 균형추(평형추) 칸막이 설치상태
• 피트 내 카간 칸막이 설치상태
• 반-밀폐식 승강로 접근방지 및 보호수단
• 승강로 환기 상태
• 풀리의 로프 고정장치 설치상태
• 도르래, 풀리 및 스프로킷의 보호 조치상태
• 균형추(평형추) 추락방지안전장치 작동상태
• 타 설비 비치 여부
• 출입문·비상문 및 점검문의 설치 및 작동상태
• 편향 도르래 등의 추락방지안전장치 설치상태

20

다음 중 회전운동을 하는 유희시설이 아닌 것은?

① 회전목마
② 워터슈트
③ 비행탑
④ 옥토퍼스

해설및용어설명 | 놀이동산에서 모노레일과 워터슈트와 롤로코스터는 상하좌우로 움직이는 직선운동을 하며 비행탑, 옥토퍼스, 회전목마 등은 회전운동을 한다.

21

자기저항의 단위로 맞는 것은?

① Ω
② AT/Wb
③ Φ
④ Wb

해설및용어설명 | 자기저항은 기자력(AT)를 자속(Wb)로 나눈 것이다. 따라서 자기저항은 AT/Wb가 된다.

22

엘리베이터 로프의 점검사항으로 적절하지 않은 것은?

① 로프의 굵기 ② 마모의 정도
③ 절연저항측정 ④ 모래, 먼지 등의 부착여부

해설및용어설명 | 절연저항측정은 전기용품에 한한다.

23

승강기 와이어로프 중 실형의 호칭에 해당하는 것은?

① 8×S(19) ② 8×Fi(25)
③ 8×W(19) ④ 6×19

해설및용어설명 | 실형(×S)
- 스트랜드의 외층소선을 내층소선보다 굵게 하여 구성한 로프로 내마모성이 크다.
- 실형의 8꼬임은 엘리베이터 주로프에 가장 많이 사용된다.
- 호칭 : 실형 19개선 8꼬임
- 구성기호 : 8×S(19)
- 그 외 워링턴형(×W)와 필러형(×Fi)가 있다.

표 2.26 로프의 호칭, 구성기호 및 단면

호칭	7본선 6꼬임	12본선 6꼬임	19본선 6꼬임	24본선 6꼬임
구성번호	6×7	6×12	6×19	6×24
단면				

호칭	30본선 6꼬임	37본선 6꼬임	61본선 6꼬임	실형 19본선 6꼬임
구성번호	6×30	6×37	6×61	6×S(19)
단면				

호칭	실형 19본선 6본선 로프심	워링톤형 19본형 6꼬임	워링톤형 19본형 6꼬임 로프심	필러형 25본선 6꼬임
구성번호	IWRC 6×S(19)	6×W(19)	IWRC 6×W(19)	6×Fi(25)
단면				

호칭	필러형 19본선 6꼬임 로프심	워링톤실형 26본선 꼬임	워링톤실형 26본선 6꼬임 로프심	필러형 29본선 6꼬임
구성번호	IWRC 6×Fi(19)	6×WS(26)	IWRC 6×WS(26)	6×Fi(29)
단면				

24

과속조절기(조속기)의 부품안전인증 표시사항이 아닌 것은?

① 모델명 ② 캣치 작동속도
③ 로프의 길이 ④ 로프 인장력

해설및용어설명 | 표시사항은 모델명, 정격속도, 과속스위치 작동속도, 캣치 작동속도, 로프 인장력, 로프의 지름, 제조업자 또는 수입업자의 명(법인인 경우에는 법인의 명칭을 말한다), 제조연월 또는 로트번호, 기타 유의사항

25

장애인용 엘리베이터의 경우 호출버튼에 의하여 카가 정지하면 몇 초 이상 문이 열린 채로 대기하여야 하는가?

① 8초 이상 ② 10초 이상
③ 12초 이상 ④ 15초 이상

해설및용어설명 | 장애인용 엘리베이터는 호출버튼 또는 등록버튼에 의하여 카가 정지하면 10초 이상 문이 열린 채로 대기하여야 한다.

정답 22 ③ 23 ① 24 ③ 25 ②

26

유압식 엘리베이터의 속도제어에서 주회로에 유량제어 밸브를 삽입하여 실린더에 들어가는 유량을 직접 제어하는 회로는?

① 미터아웃 회로 ② 미터인 회로
③ 블리드오프 회로 ④ 블리드인 회로

해설및용어설명 | 미터인(meter-in) 회로
- 주회로에 유량 제어 밸브를 직렬로 부착하여 유량을 직접 제어하는 회로방식
- 직접 제어하는 회로로 속도제어가 확실
- 안전 밸브로 귀환하는 유량으로 효율은 낮은 편

27

승객용 승장도어의 보수점검에 대한 설명으로 틀린 것은?

① 도어가 잘 열릴 수 있도록 시건장치를 빼어 놓는다.
② 도어 롤러의 이상유무를 확인하여 불량품을 교체 한다.
③ 활동부는 주유하여 소음을 없애고 원활한 동작을 하게 한다.
④ 레일의 이물질을 제거한다.

해설및용어설명 | 시건장치를 빼놓으면 안 된다.

28

승강기에서 카의 위치를 숫자로 표시하지 않고 상승과 하강을 램프로 표시하는 것은?

① 홀랜턴 ② 사일런서
③ 제어판 ④ 스피커

해설및용어설명 | 층별 위치를 표시하지 않고 상승하강의 램프만으로 표시하는 것은 홀랜턴이다.

29

유압엘리베이터의 플런저에 관한 설명 중 틀린 것은?

① 상부에는 메탈이 설치되어 있다.
② 메탈 상부에는 패킹이 되어 있어 기름이 새지 않게 한다.
③ 플런저 표면은 약간 거칠게 되어 있어 메탈과의 마찰력을 크게 한다.
④ 플런저는 먼지나 이물질에 의해 상처받지 않게 주의 하여야 한다.

해설및용어설명 | 표면은 잘 미끄러져서 마찰력이 적어야 한다.

30

카가 정지하고 있지 않는 층의 문이 열리지 않도록 하고, 각 층의 문이 닫혀있지 않으면 운전을 불가능하게 하는 장치는?

① 도어인터록 ② 도어세이프티
③ 도어오픈 ④ 도어클로저

해설및용어설명 | 도어인터록은 카가 정지하고 있지 않는 층의 문은 전용의 열쇠로만 열리도록 하는 도어록과 문이 닫혀있지 않으면 운전이 불가능하게 하는 도어스위치로 구성된다.

31

정밀성을 요하는 판의 두께를 측정하는 것은?

① 줄자 ② 직각자
③ R게이지 ④ 마이크로미터

해설및용어설명 | 정밀한 판의 두께측정은 마이크로미터이다.

32

재료의 변형률이란?

① 변형된 길이 / 원래의 길이
② 하중 / 원래의 길이
③ 원래의 길이 / 변형된 길이
④ 하중 / 응력

해설및용어설명 | 변형률 = 변형된 길이 / 원래의 길이

33

도어머신(door machine) 장치가 갖추어야 할 요구조건이 아닌 것은?

① 소형, 경량이고 가격이 저렴하여야 한다.
② 대형이고 무거워야 한다.
③ 동작이 원활하고 소음이 적어야 한다.
④ 고빈도의 작동에 대한 내구성이 강해야 한다.

해설및용어설명 | 도어머신은 소형, 경량이어야 하므로 대형이고 무거우면 안 된다.

34

현장 내에 안전표지판을 부착하는 이유로 가장 적합한 것은?

① 작업환경을 표준화하기 위하여
② 작업방법을 표준화하기 위하여
③ 기계나 설비를 통제하기 위하여
④ 비능률적인 작업을 통제하기 위하여

해설및용어설명 | 안전표지판은 안전의식을 고취시키기 위한 그림이나 기호와 글자 등으로 만들어져 작업자로 하여금 예상되는 재해를 사전에 방지할 목적으로 작업환경을 표준화하기 위한 것이다.

35

여러 층으로 배치된 고정된 주차구획에 위아래로 이동할 수 있는 운반기에 의해서 자동차를 입출고하도록 하는 주차방식은 무엇인가?

① 수직순환식 주차방식
② 수평순환식 주차방식
③ 승강기식 주차방식
④ 2단식 주차방식

해설및용어설명 | 고정된 여러 층의 주차구획에 상하 이동하는 운반기로 자동차를 운반하면 승강기식이다.

36

카의 문을 열고 닫는 도어머신에서 성능상 요구되는 조건이 아닌 것은?

① 작동이 원활하고 정숙하여야 한다.
② 카 상부에 설치하기 위하여 소형이며 가벼워야 한다.
③ 어떠한 경우라도 수동조작에 의하여 카 도어가 열려서는 안 된다.
④ 작동 회수가 승강기 기동 회수의 2배이므로 보수가 쉬워야 한다.

해설및용어설명 | 사고 시 수동조작으로 카 도어를 열어야 하므로 수동조작으로 카 도어를 열 수 있도록 되어 있어야 한다.

37

조속기(과속조절기)의 로프의 마모와 파손상태에서 마모되지 않은 부분의 와이어로프의 지름이 원래 지름의 몇 % 미만이 되어야 교체하는가?

① 90
② 92
③ 85
④ 80

해설및용어설명 | 마모되지 않은 부분이 직경의 90% 이상이어야 하므로 90% 미만이면 교체해야 한다.

38

플러깅이란 무슨 장치를 말하는가?

① 전동기의 속도를 빠르게 조절하는 장치
② 전동기의 기동을 빠르게 하는 장치
③ 전동기를 정지시키는 장치
④ 전동기의 속도를 조절하는 장치

해설및용어설명 | 플러깅이란 역제동으로 역회전을 통해 빠르게 정지시키는 방식이다.

39

재해 발생 과정의 요건이 아닌 것은?

① 사회적 환경과 유전적인 요소
② 개인적 결함
③ 사고
④ 안전한 행동

해설및용어설명 | 안전한 행동은 재해를 방지한다.

40

다이얼 게이지에 대하여 바르게 설명한 것은?

① 움직임을 지침의 회전 변위로 변환시켜 눈금을 읽을 수 있는 길이 측정기이다.
② 작은 무게의 단위를 확대하여 1/100까지 확대하여 알 수 있는 측정기이다.
③ 소음을 10 ~ 10,000Hz까지 정확하게 알 수 있는 측정기이다.
④ 저항을 0.001 ~ 100Ω까지 정확하게 측정하는 측정기이다.

해설및용어설명 | 다이얼 게이지는 회전변위로 길이를 측정하며 아주 작은 단위로 측정이 가능하다.

41

승강기에서 카의 위치를 숫자로 표시하지 않고 접근하는 승강기를 램프로 표시하여 승객을 안내하는 것은?

① 홀랜턴 ② 사일런서
③ 제어판 ④ 스피커

해설및용어설명 | 층별 위치를 표시하지 않고 상승하강의 램프만으로 표시하는 건 홀랜턴이다.

42

안전율에 해당되는 것은?

① 허용응력 / 극한강도 ② 극한강도 / 허용응력
③ 허용응력 / 탄성한도 ④ 탄성한도 / 허용응력

해설및용어설명 | 안전율 = 극한강도 / 허용응력

43

다음 회로의 전달함수는 무엇인가?

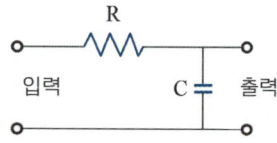

① $\dfrac{R}{RCs+1}$ ② $\dfrac{1}{RCs+1}$
③ $\dfrac{Cs}{RCs+1}$ ④ $\dfrac{RCs}{RCs+1}$

해설및용어설명 |

$$\dfrac{출력}{입력} = \dfrac{\dfrac{1}{Cs}}{R+\dfrac{1}{Cs}} = \dfrac{1}{RCs+1}$$

44

교류 엘리베이터의 제어방식 중 VVVF 제어방식이란?

① 가변전류 가변전압 제어방식
② 가변전압 가변주파수 제어방식
③ 가변전압 다이나믹브레이크 제어방식
④ 주파수 변화에 의한 제어방식

해설및용어설명 | VVVF는 유도전동기에 공급되는 전압과 주파수를 동시에 변화시켜 직류전동기와 동등한 제어성능을 가질 수 있다.

45

승강기 관리주체가 행하여야 할 사항으로 틀린 것은?

① 안전관리자를 선임하여야 한다.
② 사고 또는 고장 내용을 즉시 보고한다.
③ 고장 시 직접 수리를 진행한다.
④ 승강기 안전검사의 신청을 한다.

해설및용어설명 | 직접 수리는 유지관리업체에서 주로 담당한다.

46

안전점검 중에서 5S 활동 생활화가 아닌 것은?

① 청소　　　② 정리
③ 불결　　　④ 정돈

해설및용어설명 | 5S는 정리, 정돈, 청소, 청결, 습관화이다.

47

그림과 같은 논리회로는?

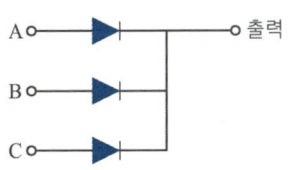

① (A + B)C
② ABC
③ A + B + C
④ A(B + C)

해설및용어설명 | A, B, C 중 하나의 입력만 들어와도 출력이 나오므로 OR회로이다.

48

재해원인의 분석방법 중 개별적 원인분석은?

① 각각의 재해원인을 규명하면서 하나하나 분석하는 것이다.
② 사고의 유형, 기인물 등을 분류하여 큰 순서대로 도표화하는 것이다.
③ 특성과 요인관계를 도표로 하여 물고기 모양으로 세분화 하는 것이다.
④ 월별 재해 발생수를 그래프화 하여 관리선을 선정하여 관리하는 것이다.

해설및용어설명 | 개별적 원인분석은 통계적 원인분석의 기초자료로 활용되며 재해원인을 상세하게 규명하는 것으로서 특별재해나 중대재해의 원인분석에 적합한 대표적 분석기법

49

작업장에서 보호구을 착용하는 가장 큰 이유는?

① 방한
② 작업능률 향상
③ 재해나 작업 중 사고위험 감소
④ 복장 통일

해설및용어설명 | 보호구을 착용하므로써 사고의 위험을 줄일 수 있다.

50

엘리베이터에서 매다는 장치(현수)의 특징이 아닌 것은?

① 로프는 공칭 직경이 5mm 이상이어야 한다.
② 로프 또는 체인 등의 가닥수는 2가닥 이상이어야 한다.
③ 매다는 장치는 독립적이어야 한다.
④ 간접 유압식 엘리베이터의 경우에는 간접 작동 잭당 2가닥 이상 이어야 한다.

해설및용어설명 | 로프의 공칭 직경이 8mm 이상이어야 한다.

51

에스컬레이터와 무빙워크의 자체점검기준에서 디딤판 항목의 점검사항이 아닌 것은?

① 연속되는 2개의 스텝/팔레트의 틈새
② 디딤판과 스커트 각 측면의 틈새
③ 트레드 홈의 설치상태
④ 전동기 및 관련 부품의 노후·작동상태

해설및용어설명 | 에스컬레이터와 무빙워크의 자체점검기준에서 디딤판 항목의 점검사항은 연속되는 2개의 스텝/팔레트의 틈새, 디딤판과 스커트 각 측면의 틈새, 트레드 홈의 설치상태 이 있다.

52

승강기 정밀검사기준에서 검사항목이 잘못된 것은?

① 제어반(열화상태)
② 브레이크(전동력 및 감속도)
③ 개문출발방지장치(제동력 및 감속도)
④ 전동기(운전 및 절연상태)

해설및용어설명 | 브레이크(제동력 및 감속도)가 맞는 내용이다.

53

비상정지장치가 없는 균형추의 가이드 레일 검사 시 최대 허용 휨의 양은 양방향으로 몇 mm인가?

① 5   ② 10
③ 15   ④ 20

해설및용어설명 | 가이드 레일에 대해 계산된 최대 허용 휨은 다음과 같다.
- 비상정지장치가 작동하는 카, 균형추 또는 평형추의 가이드 레일 : 양방향으로 5mm
- 비상정지장치가 없는 균형추 또는 평형추의 가이드 레일 : 양방향으로 10mm

54

수직에 대해 15° 이하의 경사진 주행안내 레일 사이에서 권상 이나 포지티브 구동장치 또는 유압 장치에 의해 로프(벨트) 또는 체인으로 매달아 사람이 출입할 수 없도록 정격하중이 300kg 이하이고, 정격속도가 1m/s 이하인 운송장치는?

① 소형화물용 엘리베이터(덤웨이트)
② 승객용 엘리베이터
③ 소방구조용 엘리베이터
④ 승객화물용 엘리베이터

해설및용어설명 | 소형화물용 엘리베이터(덤웨이터)는 수직에 대해 15° 이하의 경사진 주행안내 레일 사이에서 권상이나 포지티브 구동장치 또는 유압 장치에 의해 로프(벨트) 또는 체인으로 매달아 소형화물을 수송하기 위한 카를 정해진 승강장으로 운행시키기 위하여 설치되고 사람이 출입할 수 없도록 정격하중이 300kg 이하이고, 정격속도가 1m/s 이하이다.

55

직류발전기의 기본 3대 구성요소에 속하지 않는 것은?

① 계자 ② 보극
③ 전기자 ④ 정류자

해설및용어설명 | 직류기의 기본 3대 구성요소 : 전기자, 계자, 정류자

56

2단주차, 다단주차 등 운반기가 수평이동할 때 그 진행방향의 일정범위 안에 위에서 아래로 내려오거나 아래에서 위로 올라가는 운반기가 있을 때 정지시키는 안전장치는 무엇인가?

① 수평이동 안전장치 ② 승하강 안전장치
③ 자연하강 보정장치 ④ 승강기식 주차장치

해설및용어설명 | 수평이동 안전장치
운반기가 수평이동할 때 그 진행방향의 위험범위 내에 아래층으로 내려오는 위층의 운반기 또는 위층으로 올라오는 아래층의 운반기 등이 있는 경우에는 수평으로 이동하고자 하는 당해 운반기의 작동이 불가능하도록 하는 안전장치를 설치하여야 한다.

57

에스컬레이터의 역회전 방지장치로 틀린 것은?

① 조속기 ② 스커트 가드
③ 기계 브레이크 ④ 구동체인 안전장치

해설및용어설명 | 스커트 가드는 옷 등이 끼이는 것을 방지하는 안전장치이다.

58

정전기로 인한 화재폭발 방지에 필요한 조치는?

① 개폐기 설치 ② 전선은 단선 사용
③ 접지설비 ④ 역률 개선

해설및용어설명 | 정전기 방지대책
① 가습 ② 제전기사용 ③ 도전성 재료사용 ④ 접지 ⑤ 대전방지제 사용

59

엘리베이터에 필요 없는 안전장치는?

① 도어 인터록
② 조속기(과속조절기)
③ 핸드레일(손잡이) 안전장치
④ 비상정지장치(추락방지안전장치)

해설및용어설명 | 핸드레일 안전장치는 에스컬레이터에 있는 장치이다.

60

무부하 에스컬레이터 또는 무빙워크의 속도는 공칭주파수 및 공칭전압에서 공칭속도로부터 몇 %를 초과하지 않아야 하는가?

① ±2 ② ±3
③ ±5 ④ ±8

해설및용어설명 | 무부하 에스컬레이터 또는 무빙워크의 속도는 공칭주파수 및 공칭전압에서 공칭속도로부터 ±5%를 초과하지 않아야 한다.

CBT 복원문제 2024 * 1

01

카의 실속도와 지령속도를 비교하여 사이리스터의 점호각을 바꿔 유도전동기의 속도를 제어하는 방식은?

① 교류 귀환 제어
② 워드레오나드 속도제어
③ VVVF 속도제어
④ 정지레오나드 속도제어

해설및용어설명 | 실제 카의 속도와 주어진 지령속도를 비교하여 유도전동기의 속도를 제어하는 방식은 교류 귀환제어방식이다.

02

에너지 분산형 완충기에 대한 설명으로 틀린 것은?

① 카의 복귀속도는 1.5m/s 이하이어야 한다.
② 작동 후에는 영구적인 변형이 없어야 한다.
③ 카에 정격하중을 싣고 정격속도의 115%의 속도로 자유 낙하하여 완충기에 충돌할 때, 평균감속도는 $1g_n$ 이하이어야 한다.
④ $2.5g_n$ 초과하는 감속도는 0.04초 보다 길지 않아야 한다.

해설및용어설명 | 에너지 분산형 완충기의 카의 복귀속도는 1m/s 이하이어야 한다.

03

카의 추락방지안전장치는 점차 작동형이 사용되어야 하지만 정격속도가 최대 몇 m/s 이하인 경우에는 즉시 작동형이 사용될 수 있는가?

① 0.43　　　② 0.53
③ 0.63　　　④ 0.73

해설및용어설명 | 카의 추락방지안전장치는 점차 작동형이 사용되어야 한다. 다만, 정격속도가 0.63m/s 이하인 경우에는 즉시 작동형이 사용될 수 있다.

04

직접식 유압엘리베이터에 대한 설명 중 틀린 것은?

① 부하에 의한 카 바닥의 빠짐이 적다.
② 추락방지장치가 필요 없다.
③ 승강로 소요평면 치수가 작고 구조가 간단하다.
④ 실린더를 설치하기 위한 보호관을 지중에 설치하지 않아도 된다.

해설및용어설명 | 직접식은 보호관을 지중에 설치해야만 한다. 반면 간접식은 설치하지 않아도 된다.

05

엘리베이터용 가이드 레일의 역할이 아닌 것은?

① 카나 균형추의 승강로 내 위치를 규제한다.
② 비상정지장치 작동 시 수직하중을 유지해준다.
③ 카의 자중에 의한 카의 기울어짐을 방지해준다.
④ 승강로의 기계적 강도를 보강해 주는 역할을 한다.

해설및용어설명 | 가이드 레일의 역할은 카나 균형추의 위치를 규제하고 비상정지장치 작동 시 수직하중을 지지하며 카의 기울어짐을 방지하는 역할을 한다.

06

전동기의 공칭회로 전압이 380V일 때 시험전압 500V 기준으로 절연 저항은 몇 MΩ 이상이어야 하는가?

① 0.3　　② 0.5
③ 1.0　　④ 1.5

해설및용어설명 | 500V이하의 전압에서 절연저항은 시험전압 500V 기준으로 1.0MΩ 이상이다.

07

엘리베이터의 카에는 자동으로 재충전되는 비상전원공급장치에 의해 5lx 이상의 조도로 얼마 동안 전원이 공급되는 비상등이 있어야 하는가?

① 30분　　② 40분
③ 50분　　④ 60분

해설및용어설명 | 카에는 자동으로 재충전되는 비상전원공급장치에 의해 5lx 이상의 조도로 1시간 동안 전원이 공급되는 비상등이 있어야 한다.

08

트랙션식 권상기 도르래와 로프의 미끄러짐 관계에 대한 설명으로 틀린 것은?

① 권부각이 클수록 미끄러지기 쉽다.
② 카의 가속도와 감속도가 클수록 미끄러지기 쉽다.
③ 로프와 도르래 사이의 마찰계수가 작을수록 미끄러지기 쉽다.
④ 카측과 균형추측에 걸리는 중량비가 클수록 미끄러지기 쉽다.

해설및용어설명 | 잘 미끄러지는 경우는 권부각이 작고 마찰계수가 작으며 급격한 가감속을 할 경우 등이 있다.

09

카틀 및 카바닥을 설계할 때 카틀 및 카바닥에 작용하는 비상시 하중에 해당되지 않는 것은?

① 지진 시 하중　　② 적재 중 하중
③ 완충기 동작 시 하중　　④ 장치 작동 시 하중

해설및용어설명 | 적재하중은 정상적인 하중에 속한다.

10

권상 드럼에 로프를 연결하여 드럼을 회전시키면 드럼에 로프가 감기거나 풀리면서 운행되도록 설치한 승강기는?

① 유압식　　② 포지티브식
③ 리프트식　　④ 트랙션식

해설및용어설명 | 포지티브 구동 엘리베이터(positive drive lift)는 드럼과 로프 또는 스프로킷과 체인에 의해 직접 구동(마찰과 관계없이)되는 엘리베이터를 의미한다.

11

에스컬레이터(무빙워크 포함)에서 6개월에 1회 점검하는 사항이 아닌 것은?

① 추락방지장치의 고정 및 설치
② 에스컬레이터와 방화셔터의 연동 작동상태
③ 옥외 난방시스템의 작동상태
④ 출구 여유공간 확보

해설및용어설명 | 추락방지장치의 고정 및 설치는 1개월에 1회 점검이다.

12

완충기의 구성이 아닌 것은?

① 스프링   ② 완충고무(우레탄)
③ 플런저   ④ 유압조절레버

해설및용어설명 | 완충기 종류에는 스프링완충기, 우레탄완충기, 유압식 완충기가 있다.

13

에스컬레이터의 구동체인이 규정치 이상으로 과도하게 늘어났을 때 일어나는 현상은?

① 안전장치가 작동하여 하강은 되나 상승은 되지 않는다.
② 안전장치가 작동하여 브레이크가 작동하지 않는다.
③ 안전장치가 작동하여 무부하 시는 구동되나 부하 시는 구동되지 않는다.
④ 안전장치가 작동하여 안전회로 차단으로 구동되지 않는다.

해설및용어설명 | 구동체인 안전장치에 의해 체인이 규정치 이상 늘어나거나 절단되면 즉시 동력이 차단되고 브레이크가 작동한다.

14

자동제어계의 상태를 교란시키는 외적인 신호는?

① 동작신호   ② 외란
③ 목표량   ④ 피드백신호

해설및용어설명 | 외란은 제어량을 변화시키는 외적 요인에 해당한다.

15

엘리베이터 자체점검항목 중 장애인용 엘리베이터 추가요건에서 해당하는 항목이 아닌 것은?

① 조작반, 통화장치 등에 점자표시 여부
② 신호장치, 표시장치 등의 작동상태
③ 트레드 홈의 설치상태
④ 문열림 대기시간

해설및용어설명 | 트레드 홈의 설치상태는 에스컬레이터의 디딤판 점검 항목이다.

16

사고예방의 기본 4원칙이 아닌 것은?

① 원인 계기의 원칙   ② 손실 우연의 원칙
③ 예방 가능의 원칙   ④ 개별 분석의 원칙

해설및용어설명 | 산업재해 예방의 4원칙(하인리히의 재해예방 4원칙)은 손실우연의 법칙, 원인계기의 원칙, 예방가능의 원칙, 대책선정의 원칙

17

버니어캘리퍼스에 대한 설명으로 옳은 것은?

① 50m의 길이를 측정할 수 있다.
② 무게를 측정할 수 있다.
③ 각도를 측정할 수 있다.
④ 단차, 폭, 깊이를 측정할 수 있다.

해설및용어설명 | 버니어캘리퍼스는 폭(내경, 외경), 길이, 깊이를 측정가능하다.

18

전류계를 사용하는 방법으로 옳지 않은 것은?

① 부하전류가 클 때에는 배율기를 사용하여 측정한다.
② 전류가 흐르므로 인체가 접촉되지 않도록 주의하면서 측정한다.
③ 전류값을 모를 때에는 높은 값에서 낮은 값으로 조정하면서 측정한다.
④ 부하와 직렬로 연결하여 측정한다.

해설및용어설명 | 부하전류가 클 때에는 분류기를 사용한다.

19

간접식 유압엘리베이터의 특징이 아닌 것은?

① 부하에 의한 카 바닥의 빠짐이 비교적 작다.
② 비상정지장치가 필요하다.
③ 실린더 설치를 위한 보호관이 필요하지 않다.
④ 실린더의 점검이 용이하다.

해설및용어설명 | 간접식 유압엘리베이터는 바닥의 빠짐이 크며, 실린더 설치를 위한 보호관이 불필요하고 실린더 점검이 용이하며, 비상정지장치가 필요하다.

20

현장 내에 안전표지판을 부착하는 이유로 가장 적합한 것은?

① 작업방법을 표준화하기 위하여
② 작업환경을 표준화하기 위하여
③ 기계나 설비를 통제하기 위하여
④ 비능률적인 작업을 통제하기 위하여

해설및용어설명 | 안전표지판은 안전의식을 고취시키기 위한 그림이나 기호와 글자 등으로 만들어져 작업자로 하여금 예상되는 재해를 사전에 방지할 목적으로 작업환경을 표준화하기 위한 것이다.

21

안전대의 등급과 사용구분이 올바르게 짝지어진 것은?

① 1종 : U자걸이 전용
② 2종 : 1개걸이 U자걸이 공용
③ 3종 : 안전블록
④ 4종 : 1개걸이 전용

해설및용어설명 | 1종은 U걸이 전용, 2종은 1개걸이전용, 3종은 U걸이와 1개걸이, 4종은 안전블록이다.

22

고압전력선의 활선작업 시 사고예방을 위해서 취해야 하는 사항이 아닌 것은?

① 절연된 배선장비를 사용한다.
② 개폐기에 표찰을 부착한다.
③ 활선작업용 기구를 사용한다.
④ 활선작업용 공구를 사용한다.

해설및용어설명 | 고압활선 작업 시 안전대책으로 절연용 보호구, 방호구 설치, 활선작업용 기구 및 공구 사용, 접촉방지용 방채설치 및 감시인배치 등이 있다.

23

플러깅이란 무슨 장치를 말하는가?

① 전동기의 속도를 빠르게 조절하는 장치
② 전동기의 기동을 빠르게 하는 장치
③ 전동기를 정지시키는 장치
④ 전동기의 속도를 조절하는 장치

해설및용어설명 | 플러깅이란 역제동으로 역회전을 통해 빠르게 정지시키는 방식이다.

24

엘리베이터의 추락방지안전장치(비상정지장치)에 대한 보수점검 사항이 아닌 것은?

① 세이프티 링크 기구에 이완이나 용접이 벗겨지는 일은 없는지 점검
② 세이프티 링크 스위치와 캠의 간격 점검
③ 마찰 댐퍼의 스프링 및 볼트 변형 등 점검
④ 과속스위치의 접점 및 작동 점검

해설및용어설명 | 과속스위치의 접점 및 작동 점검은 과속조절기(조속기)의 보수 점검항목에 해당한다.

25

스프링 재료를 숏 피닝하는 이유는?

① 인장강도를 높이기 위하여
② 탄성한도를 높이기 위하여
③ 피로한도를 높이기 위하여
④ 경도를 증가시키기 위하여

해설및용어설명 | 쇼트피닝 가공이란 금속 부품의 표면에 쇼트볼(shot ball)이라는 강구를 고속으로 금속의 표면에 투사하여 금속의 표면을 해머링(hammering)하는 일종의 냉간 가공이다. 쇼트피닝 가공은 쇼트볼이 금속 표면에 고속 충돌하면서 이때 쇼트볼의 운동에너지가 순간적으로 재료의 표면에 소성변형(plastic deformation)을 주고 표면에서 이탈한다. 쇼트볼과 충돌 후 표면층은 요철이 발생하며 표면에 얇은 소성 변형층을 형성하며 탄소성층의 경계를 형성하게 된다. 이 층은 늘어난 표면층을 늘어나기 전의 상태로 유지하려는 힘이 작용하게 되어 표면은 잔류압축응력, 내부는 인장응력을 갖고 평형을 이루게 된다. 이러한 쇼트피닝 가공으로 재료의 표면에 압축잔류응력을 남게 함으로써 반복인장이 작용할 때 압축잔류응력은 점점 상쇄되어 압축잔류응력이 사라지게 될 때까지 피로수명을 연장하게 된다.

26

유압식 엘리베이터에 주로 사용되는 펌프는?

① 기어 펌프   ② 베인 펌프
③ 스크류 펌프   ④ 릴리프 펌프

해설및용어설명 | 유압식 엘리베이터에서 주로 사용되는 것은 스크류펌프이다.

27

균형체인(Compensating Chain)의 설치 목적은?

① 카의 진동을 방지하기 위해서 설치한다.
② 카의 추락을 방지하기 위해서 설치한다.
③ 이동 케이블과 로프의 이동에 따라 변화되는 하중을 보상하기 위해서 설치한다.
④ 균형추의 추락을 방지하기 위해서 설치한다.

해설및용어설명 | 균형로프와 균형체인은 이동 케이블과 로프의 이동에 따라 변화되는 하중을 보상하기 위해서이다.

23 ③   24 ④   25 ③   26 ③   27 ③

28

엘리베이터의 안정된 사용 및 정지를 위하여 승강장·중앙관리실 또는 경비실 등에 설치되어 카 이외의 장소에서 엘리베이터 운행의 정지조작과 재개조작이 가능한 안전장치는?

① 자동/수동 전환스위치 ② 도어 안전장치
③ 파킹스위치 ④ 카 운행정지스위치

해설및용어설명 | 파킹스위치는 엘리베이터의 사용정지를 시켜 기준층에 대기시키는 기능을 한다. 주로 관리실이나 경비실 등에서 작동시킨다.

29

승강기 자체점검에서 승강장문의 점검사항이 아닌것은?

① 승강장 문이 유리로 된 문인 경우 파손 점검
② 어린이 손끼임방지장치 작동점검
③ 문짝과 문짝, 문틀 또는 문턱 사이의 틈새 점검
④ 출입문·비상문 및 점검문의 설치 및 작동상태

해설및용어설명 | 승강장문의 자체점검항목은 문짝과 문짝, 문틀 또는 문턱 사이의 틈새, 승강장문 유리 사용 시 손상상태, 어린이 손끼임방지 수단 설치상태 승강장문 및 관련 부품의 설치 및 작동상태가 해당한다.

30

안전점검의 목적에 해당되지 않는 것은?

① 합리적인 생산관리
② 생산위주의 시설 가동
③ 결함이나 불안전 조건의 제거
④ 기계·설비의 본래 성능 유지

해설및용어설명 | 안전점검의 목적
- 장비, 시설, 기계 등의 물리적, 기능적 결함이나 위험요인 제거
- 신속, 적절한 보수·조치로 본래 성능을 유지
- 안전에 관한 제반사항을 점검하여 합리적인 생산관리에 기여

31

전자접촉기의 구성요소가 아닌 것은?

① 제어장치 ② 접점
③ 전자코일 ④ 철심

해설및용어설명 | 전자 접촉기는 전자 릴레이처럼 내부에 있는 전자코일에 의해서 접점의 개폐가 이루어집니다. 주요 구성 부분으로는 코일, 주접점(RST-UVW), 보조접점(a접점, b접점)이 있습니다.

32

표시하는 방식이 다른 것은?

① 음향신호장치 ② 인디케이터
③ 층표시장치 ④ 홀랜턴

해설및용어설명 | 인디케이터, 홀랜턴은 층표시장치의 일종이다.

33

2단식 주차장치의 특징이 아닌 것은?

① 대규모 주차시설에 적합하다.
② 입출고 시간이 적다.
③ 시설비용이 작다.
④ 주로 소형건물 등에 적용된다.

해설및용어설명 | 2단식 주차장치는 주로 소형건물에 좁은 공간에 사용된다.

34

소형화물용엘리베이터(덤웨이터)의 적재하중은 얼마 이하이어야 하는가?

① 100kg
② 200kg
③ 300kg
④ 400kg

해설및용어설명 | 덤웨이터는 300kg 이하, 1m/s 이하의 소형화물용 엘리베이터이다.

35

아파트등의 엘리베이터에서 야간의 범죄예방을 위해 사용하는 방식은?

① 워드레오나드방식
② 종단층 강제속도장치방식
③ 록다운 비상정지방식
④ 각층 강제 정지운전방식

해설및용어설명 | 각층강제정지운전방식
공동주택에서 방범 목적으로 야간에 사용되는 것으로 각 층마다 정지하도록 되어있다.

36

로프 특징에 해당되지 않는 것은?

① 로프는 균일하게 꼬여있어야 하며, 느슨하거나, 변형된 가닥 및 기타 불규칙한 와이어가 없어야 한다.
② 매다는 장치와 매다는 장치 끝부분 사이의 연결은 매다는 장치의 최소 파단하중의 70% 이상을 견딜 수 있어야 한다.
③ 로프를 풀 때, 무부하에서 로프는 기복이 없어야 한다.
④ 한 가닥 내의 모든 와이어는 같은 방향의 꼬임이어야 한다.

해설및용어설명 | 한 가닥 내의 모든 와이어는 같은 방향의 꼬임이어야 한다. 제강기에서 인장상태인 새로운 로프는 외측 연선 사이에 틈이 있어야 한다. 완성된 로프는 균일하게 꼬여있어야 하며, 느슨하거나 변형된 가닥 및 기타 불규칙한 와이어가 없어야 한다. 로프를 풀 때 무부하에서 로프는 기복이 없어야 한다. 다른 방법으로 규정되지 않는 한, 로프는 광택이 나는 와이어이어야 한다. 아연도금 로프는 해당되는 경우 강재 심선의 와이어를 포함한 모든 와이어는 아연도금 되어있어야 한다. 매다는 장치와 매다는 장치 끝부분 사이의 연결은 매다는 장치의 최소 파단하중의 80% 이상을 견딜 수 있어야 한다.

37

엘리베이터 자체점검항목 중 기계실의 감속기에서 점검하는 항목이 아닌 것은?

① 도르래 홈의 마모상태
② 감속기 및 관련 부품의 노후 및 작동상태
③ 윤활유의 유량 및 노후상태
④ 이상 소음 및 진동 발생상태

해설및용어설명 | 감속기의 점검항목은 윤활유의 유량 및 노후상태, 감속기 및 관련 부품의 노후 및 작동상태, 이상 소음 및 진동 발생상태 등이 있다.

38

직류 전동기에서 전기자 반작용의 원인이 되는 것은?

① 계자 전류
② 전기자 전류
③ 와류손 전류
④ 히스테리시스손의 전류

해설및용어설명 | 전기자반작용이란 전기자에 흐르는 전류가 기자력이 되어 주자속에 영향을 주는 현상을 말한다.

39

다음 회로에서 AB간의 합성저항은 몇 Ω인가?

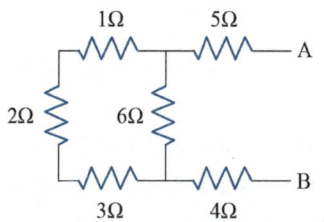

① 8
② 10
③ 12
④ 14

해설및용어설명 | 직렬부분은 더하고 병렬부분은 곱하기/더하기를 활용하면

$$5 + \frac{(1+2+3) \times 6}{(1+2+3) + 6} + 4 = 12$$

40

직류 전동기의 속도 제어 방법에 해당하는 것은?

① 2차 저항 제어법
② 1차 주파수 제어법
③ 2차 여자 제어법
④ 1차 계자 제어법

해설및용어설명 | 직류전동기의 속도 제어법에는 저항제어, 전압제어, 계자제어가 있다. 반면 3상유도전동기의 속도 제어법에는 1차 주파수 제어, 극수제어, 2차 저항 제어, 2차 여자 제어가 있다.

41

승강기의 조작방식 중 주로 자동차용에 주로 사용되는 조작방식은?

① 하강승합 전자동식
② 단식 자동식
③ 복식 자동식
④ 승합 전자동식

해설및용어설명 | 단식자동식
가장 먼저 눌러진 호출에만 응답하고 운행중 다른 호출에는 응답하지 않는다.

42

그림과 같은 활차장치의 옳은 설명은?

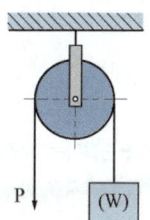

① 힘의 방향만 변환시키고, 크기는 P = W이다.
② 힘의 방향만 변환시키고, 크기는 P = W/2이다.
③ 힘의 크기만 변환시키고, 크기는 P = W/3이다.
④ 힘의 크기만 변환시키고, 크기는 P = W/4이다.

해설및용어설명 | 고정활차이므로 크기는 변화시키지 않고 방향만 변화시킨다.

43

추락방지를 위한 물적 측면의 안전대책과 관련이 없는 것은?

① 발판, 작업대 등은 파괴 및 동요되지 않도록 견고하고 안정된 구조이어야 한다.
② 안전교육훈련을 통해 작업자에게 추락의 위험을 인식시킴과 동시에 자율적 규제를 촉구한다.
③ 작업대와 통로는 미끄러지거나 발에 걸려 넘어지지 않게 평평하고 미끄럼 방지성이 뛰어난 것으로 한다.
④ 작업대와 통로 주변에는 난간이나 보호대를 설치해야 한다.

해설및용어설명 | 추락 방지조치로는 안전난간이나 손잡이를 설치하거나 덮개 등을 설치하거나 작업발판을 설치한다. 작업발판 설치가 곤란한 경우에는 안전망을 치거나 근로자에게 안전대를 착용하게 하고 통로는 미끄러지거나 발에 걸려 넘어지지 않게 평평하고 미끄럼 방지성을 가진 것으로 설치한다.

44

승강기에 사용되는 가이드레일 1본의 길이는 몇 m인가?

① 3　　　　　　　② 5
③ 8　　　　　　　④ 10

해설및용어설명 | T형 가이드레일의 표준길이는 5m이다.

45

승강기의 안전장치에 해당되는 것은 어느 것인가?

① 파이널 리미트 스위치　② 가이드레일
③ 권상기　　　　　　　④ 릴레이

해설및용어설명 | 파이널 리미트 스위치는 카가 종단층을 현저하게 지나치지 않도록 하기위해서 설치된 안전장치이다.

46

에스컬레이터에서 핸드레일(손잡이)은 정상운행 중 운행방향의 반대편에서 몇 N의 힘으로 당겨도 정지되지 않아야 하는가?

① 300　　　　　　② 350
③ 450　　　　　　④ 500

해설및용어설명 | 각 난간의 상부에는 정상운행 조건하에서 디딤판의 속도와 -0%에서 +2%의 허용오차로 같은 방향과 속도로 움직이는 손잡이가 설치되어야 한다. 손잡이는 정상운행 중 운행방향의 반대편에서 450N의 힘으로 당겨도 정지되지 않아야 한다.

47

산업보건환경에서 인간공학적 작업장 설계의 개선 항목에 해당하지 않는 것은?

① 앉아서 작업하는 작업자에게는 적당하게 조절할 수 있는 등받이 의자를 제공할 것
② 작업구역마다 안전하고 견고한 다목적용 작업발판대를 설치할 것
③ 더 많은 빛이 필요하면 벽이나 천장에 밝은 색상을 사용할 것
④ 기계의 조명이나 기계에서 나는 소음은 대상이 아니므로 고려하지 않을 것

해설및용어설명 | 기계의 조명이나 기계에서 나는 소음도 개선항목 대상이다.

48

다음 회로의 합성저항은 몇 Ω 인가?

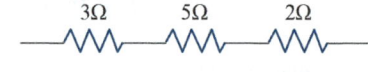

① 5　　　　　　② 8
③ 10　　　　　　④ 12

해설및용어설명 | 직렬회로이므로 모든 저항을 더하면 된다.
따라서 3 + 5 + 2 = 10

49

다음에서 설명하는 법칙에 해당하는 것은?

> 비례한도 내에서 응력과 변형률은 비례한다.

① 뉴튼의 법칙　　　② 가우스의 법칙
③ 후크의 법칙　　　④ 옴의 법칙

해설및용어설명 | "비례한도 내에서 응력과 변형률은 비례한다"는 후크의 법칙이다.

50

재해의 발생 형태별 종류에 해당하지 않는 것은?

① 협착 ② 전도
③ 감전 ④ 골절

해설및용어설명 | 재해발생형태별 분류에는 추락, 충돌, 전도, 낙하, 협착, 감전 등이 해당된다.

51

에스컬레이터의 층고가 6m 이하이고, 공칭속도가 0.5m/s 이하인 경우에는 경사도를 몇 °까지 증가시킬 수 있는가?

① 30 ② 35
③ 40 ④ 45

해설및용어설명 | 에스컬레이터의 경사도 α는 30°를 초과하지 않아야 한다. 다만, 층고가 6m 이하이고, 공칭속도가 0.5m/s 이하인 경우에는 경사도를 35°까지 증가시킬 수 있다.

52

유압기기에서 릴리프 밸브의 설명으로 옳은 것은?

① 설정 압력 이상으로 유압이 계속 높아질 때 폭발을 방지하는 안전 밸브이다.
② 기름을 통과시키거나 정지시키거나 혹은 방향을 바꾸는 밸브이다.
③ 유량을 조절하고 정지시키는 밸브이다.
④ 압유의 유량(흐르는 속도)을 바꿈으로서 유압모터가 실린더의 움직이는 속도를 바꾸는 밸브이다.

해설및용어설명 | 릴리프 안전 밸브는 과도하게 압력을 상승하는 것을 방지하며 전부하 압력의 140%까지 제한하도록 조절한다.

53

유압식 엘리베이터의 속도에 관한 내용으로 틀린 것은?

① 상승 또는 하강 정격속도는 1m/s 이하이어야 한다.
② 빈 카의 상승 속도는 상승 정격속도의 8%를 초과하지 않아야 한다.
③ 정격하중을 실은 카의 하강속도는 하강 정격속도의 8%를 초과하지 않아야 한다.
④ 모든 속도에서 10%를 초과하지 않아야 한다.

해설및용어설명 | 상승 또는 하강 정격속도는 1m/s 이하이어야 한다. 빈 카의 상승 속도는 상승 정격속도의 8%를 초과하지 않아야 하고 정격하중을 실은 카의 하강속도는 하강 정격속도의 8%를 초과하지 않아야 한다.

54

다음 중 절연저항을 측정하는 계기는?

① 회로시험기 ② 메거
③ 훅온미터 ④ 휘트스톤브리지

해설및용어설명 | 절연저항(고저항) 측정은 메거를 사용한다.

55

에스컬레이터의 모든 구동부품의 안전율은?

① 정적계산으로 3 이상이어야 한다.
② 정적계산으로 4 이상이어야 한다.
③ 정적계산으로 5 이상이어야 한다.
④ 정적계산으로 6 이상이어야 한다.

해설및용어설명 | 모든 구동부품의 안전율은 정적 계산으로 5 이상이어야 한다.

56

트랙션권상기의 특징으로 틀린 것은?

① 소요동력이 작다.
② 행정거리의 제한이 없다.
③ 주로프 및 도르래의 마모가 일어나지 않는다.
④ 권과(지나치게 감기는 현상)를 일으키지 않는다.

해설및용어설명 |
- 권동식
  - 균형추를 사용하지 않아 소비전력이 크다.
  - 승강행정이 변화할 때마다 다른 권동이 필요하며, 높은 행정에 적용은 어렵다.
  - 지나치게 많이 감기는 현상이 생길 수 있다.
- 트렉션식
  - 소요동력이 작다.
  - 행정거리의 제한이 없다.
  - 주로프 및 도르래의 마모가 심하다.
  - 권과(지나치게 감기는 현상)를 일으키지 않는다.

57

도르래(시브)의 균열을 검사하는 시험이 아닌 것은?

① 유색오일을 도포하여 균열을 검사한다.
② 비파괴검사를 실시한다.
③ 테스트해머를 사용한다.
④ 전압계를 사용한다.

해설및용어설명 | 전압계는 전압을 측정하는 기구이다.

58

마찰차의 종류가 아닌 것은?

① 원통 마찰차　　② 무단변속 마찰차
③ 홈 마찰차　　　④ 이붙이 마찰차

해설및용어설명 | 마찰차의 종류는 원통 마찰차, 홈 마찰차, 홈붙이 마찰차, 무단변속 마찰차, 원추 마찰차 등이 있다.

59

다음 중 과부하 감지장치의 작동에 따른 연계 작동에 포함되지 않는 것은?

① 카가 움직이지 않는다.
② 경보음이 울린다.
③ 통화장치가 작동된다.
④ 문이 닫히지 않는다.

해설및용어설명 | 과부하감지장치가 작동되면 카는 정지상태를 유지하고 문은 개방되며 경보음이 울린다.

60

카 상부 작업 시의 안전수칙으로 옳지 않은 것은?

① 작업개시 전에 작업등을 켠다.
② 이동 중에 로프를 손으로 잡아서는 안 된다.
③ 운전 선택스위치는 자동으로 설치한다.
④ 안전스위치를 작동시켜 안전회로를 차단시킨다.

해설및용어설명 | 카 위의 안전스위치 및 수동운전스위치의 작동상태는 양호하여야 한다. 또한 운전 선택스위치는 자동으로 해서는 안된다.

CBT 복원문제 2024 * 3

01

엘리베이터의 점검위치에 있는 점검운전 스위치가 동시에 만족해야 하는 작동조건에 대한 설명으로 틀린 것은?

① 정상 운전 제어를 무효화 한다.
② 종단의 정지 위치를 초과하여 운행되지 않아야 한다.
③ 카 지붕 또는 피트 내부의 작업자가 서있는 공간 위로 수직거리가 2.0m 이하일 때, 카 속도는 0.3m/s 이하이어야 한다.
④ 카 속도는 0.8m/s 이하이어야 한다.

해설및용어설명 | 점검 위치에 있는 점검 운전 스위치는 다음의 작동조건을 동시에 만족되어야 한다.
- 정상 운전 제어를 무효화한다.
- 전기적 비상운전을 무효화한다.
- 착상 및 재-착상이 불가능해야 한다.
- 동력 작동식 문의 어떠한 자동 움직임도 방지되어야 한다.
- 카 속도는 0.63m/s 이하이어야 한다.
- 카 지붕 또는 피트 내부의 작업자가 서있는 공간 위로 수직거리가 2.0m 이하일 때, 카 속도는 0.3m/s 이하이어야 한다.
- 정상 운행시의 주행 한계 즉, 종단의 정지 위치를 초과하여 운행되지 않아야 한다.
- 엘리베이터의 운행은 안전장치에 좌우되어야 한다.
- 두 개 이상의 점검운전 조작반이 "점검" 위치에 있는 경우, 동일한 누름버튼이 동시에 조작되지 않는 한, 하나의 점검운전 조작반으로 카를 움직이는 것은 불가능해야 한다.

02

에스컬레이터의 특징으로 틀린 것은?

① 하중이 건축물의 각 층에 분담되어 있다.
② 기다림 없이 연속적으로 승객 수송이 가능하다.
③ 일반적으로 엘리베이터에 비해 수송능력이 높다.
④ 사용 전력량이 많지만 전동기의 구동 횟수는 엘리베이터에 비해 극히 적다.

해설및용어설명 | 전동기의 구동횟수는 에스컬레이터가 더 많다.

03

과속조절기 로프 풀리의 피치 직경과 과속조절기 로프의 공칭 직경 사이의 비는 최소 얼마 이상이어야 하는가?

① 10
② 20
③ 30
④ 40

해설및용어설명 | 과속조절기의 도래 피치 직경과 과속조절기 로프의 공칭 직경 사이의 비는 30 이상이어야 한다.

04

카의 구조 중 카틀의 구성요소에 포함되지 않는 것은?

① 상부 체대
② 브레이스 로드(Brace Rod)
③ 카주
④ 기계대

해설및용어설명 | 카틀의 구성요소는 상부체대, 하부체대, 카주, 브레이스 로드 등으로 구성되어있다.

정답 01 ④ 02 ④ 03 ③ 04 ④

05

승강장 도어에 설치한 도어인터록 장치에 대한 설명으로 옳은 것은?

① 카 도어와 외부출입구 도어가 연결되어 동작하는 장치이다.
② 외부출입문의 전용열쇠로 열 수 있는 장치이다.
③ 카 도어 내부의 전기안전스위치이다.
④ 카가 정지하지 않은 층의 도어는 전용열쇠이외에는 열 수 없는 장치이다.

해설및용어설명 | 도어인터록은 카가 정지하고 있지 않는 층의 문은 전용의 열쇠로만 열리도록 하는 도어록과 문이 닫혀있지 않으면 운전이 불가능하게 하는 도어스위치로 구성된다.

06

매다는 장치에 대한 설명으로 틀린 것은?

① 로프 또는 체인 등의 가닥수는 2가닥 이상이어야 한다.
② 로프는 공칭 직경이 8mm 이상이어야 한다.
③ 매다는 장치와 매다는 장치 끝부분 사이의 연결은 매다는 장치의 최소 파단하중의 70% 이상을 견딜 수 있어야 한다.
④ 권상 도르래·풀리 또는 드럼의 피치직경과 로프(벨트)의 공칭 직경 사이의 비율은 로프(벨트)의 가닥수와 관계없이 40 이상이어야 한다.

해설및용어설명 | 매다는 장치와 매다는 장치 끝부분 사이의 연결은 매다는 장치의 최소 파단하중의 80% 이상을 견딜 수 있어야 한다.

07

$2k\Omega$의 저항에 25mA의 전류를 흘리는 데 필요한 전압(V)은?

① 50 ② 100
③ 160 ④ 200

해설및용어설명 | 전압 = 전류×저항 이므로 전류 25mA에 저항 $2k\Omega$을 곱하면 전압 50V가 된다.

08

하중이 작용하는 시간에 따른 분류 중 동하중에 해당되지 않는 것은?

① 반복하중 ② 교번하중
③ 충격하중 ④ 집중하중

해설및용어설명 | 하중의 시간적변화의 분류에는 정하중과 동하중이 있고 동하중에는 충격하중, 반복하중, 교번하중, 이동하중 등이 해당된다. 반면 하중의 분포상태의 분류에는 집중하중과 분포하중이 있다.

09

스프링 재료가 갖추어야 할 가장 중요한 성질은?

① 소성 ② 탄성
③ 가단성 ④ 전성

해설및용어설명 | 스프링은 탄성으로 원래의 상태로 되돌아가려는 힘을 이용하는 특성을 가진다.

10

엘리베이터 자체점검 항목 중 과부하감지장치 설치 및 작동상태 점검주기(회/월)는 얼마인가?

① 1/1 ② 1/3
③ 1/6 ④ 1/9

해설및용어설명 |

1.3.1 카	가) 유리가 사용된 카 벽의 손잡이 고정 설치상태	육안	1/3
	나) 카 내부의 표기상태	육안	1/3
	다) 비상통화장치의 작동상태	시험	1/1
	라) 조명의 점등상태 및 조도	측정	1/3
	마) 비상등 조도 및 작동상태	측정	1/1
	바) 과부하감지장치 설치 및 작동상태	시험	1/1
	사) 에이프런 고정 및 설치상태	육안	1/3
	아) 카 내 버튼의 설치 및 작동상태	시험	1/1
	자) 카 내 층 표시장치 등 작동상태	육안	1/1

정답 05 ④ 06 ③ 07 ① 08 ④ 09 ② 10 ①

11

엘리베이터 자체점검 기준에서 전동기의 점검항목에 해당되는 것은?

① 이상 소음 및 진동 발생상태
② 윤활유의 유량 및 노후상태
③ 베어링 및 관련 부품의 노후 및 작동상태
④ 도르래 홈의 마모상태

해설및용어설명 |

| 1.1.1.11 | 가) 전동기 및 관련 부품의 노후·작동상태 | 육안 | 1/1 |
| 전동기 | 나) 이상 소음 및 진동 발생상태 | 육안 | 1/3 |

12

재해가 발생되었을 때의 조치순서로 가장 알맞은 것은?

① 긴급처리 → 재해조사 → 원인강구 → 대책수립 → 실시 → 평가
② 긴급처리 → 원인강구 → 대책수립 → 실시 → 평가 → 재해조사
③ 긴급처리 → 재해조사 → 대책수립 → 실시 → 원인강구 → 평가
④ 긴급처리 → 재해조사 → 평가 → 대책수립 → 원인강구 → 실시

해설및용어설명 | 재해발생 시 조치순서
긴급처리 → 재해조사 → 원인강구 → 대책수립 → 실시 → 평가

13

승강기에 적용하는 가이드 레일의 규격을 결정하는데 관계가 가장 적은 것은?

① 정격속도에서의 충격하중
② 비상정지 발생 시 레일에 걸리는 좌굴하중
③ 지진발생 시 건물의 수평 진동력
④ 불균형한 큰 하중을 내리고 올릴 때 카에 발생하는 회전모멘트

해설및용어설명 | 가이드레일의 결정요소는
1. 비상정지장치가 작동했을 때 좌굴하중에 좌굴하는가
2. 지진발생 시 수평진동력으로 레일에서 이탈하는가
3. 카 내 불균형한 큰 하중적재 시 걸리는 회전모멘트에 레일이 견디는가 이므로 정격속도에서의 충격하중과는 무관하다.

14

과속조절기(조속기)가 작동될 때, 과속조절기(조속기)에 의해 발생되는 과속조절기(조속기) 로프의 인장력은 얼마 이상이어야 하는가?

① 300N이나 추락방지안전장치가 작동되는데 필요한 힘의 1.5배 중에서 큰 값
② 400N이나 추락방지안전장치가 작동되는데 필요한 힘의 1.5배 중에서 큰 값
③ 300N이나 추락방지안전장치가 작동되는데 필요한 힘의 2배 중에서 큰 값
④ 400N이나 추락방지안전장치가 작동되는데 필요한 힘의 2배 중에서 큰 값

해설및용어설명 | 과속조절기가 작동될 때, 과속조절기에 의해 발생되는 과속조절기 로프의 인장력은 다음 두 값 중 큰 값 이상이어야 한다.
1) 추락방지안전장치가 작동되는데 필요한 힘의 2배
2) 300N

15

엘리베이터가 최종단층을 과행(科行)하였을 때 엘리베이터를 정지시키며 상승, 하강 양방향 모두 운행이 불가능하게 하는 안전장치는?

① 리미트 스위치
② 비상정지장치
③ 피트 정지스위치
④ 파이널 리미트 스위치

해설및용어설명 | 최단층을 통과하면 파이널 리미트 스위치가 작동하여 카를 정지시킨다.

16

무빙워크(수평보행기)가 이용되지 않는 곳은?

① 공항내의 교통시설
② 터미널의 연락용
③ 백화점의 상하층간의 연락용
④ 상업시설의 보도

해설및용어설명 | 백화점은 상하층간은 엘리베이터가 주로 사용된다.

17

그림은 승강기 VVVF 제어회로의 일부이다. 회로의 설명 중 옳은 것은?

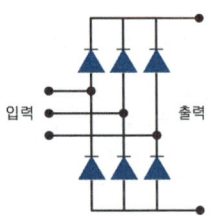

① 교류를 직류로 변환하는 회로이다.
② 교류의 PWM 제어회로이다.
③ 교류의 주파수를 변환하는 회로이다.
④ 교류의 전압을 변환하는 회로이다.

해설및용어설명 | 3상 정류회로로 교류를 직류로 변환하는 회로이다.

18

지혈시킬 때 구혈대로 가장 좋은 것은?

① 나무   ② 철선
③ 끈   ④ 고무줄

해설및용어설명 | 지혈은 피가 흐르지 못하는 고무줄 등으로 동여매는 것이 좋다.

19

엘리베이터 제어반 등의 회로 절연에 있어서 절연저항의 최소값은 얼마 이상인가?

① 0.1MΩ   ② 0.5MΩ
③ 0.25MΩ   ④ 0.75MΩ

해설및용어설명 | 절연저항값

공칭회로전압(V)	시험전압(직류)(V)	절연저항(MΩ)
SELV, PELV > 100VA	250	0.5 이상
≤ 500	500	1.0 이상
> 500	1000	1.0 이상

20

주차구획을 평면상에 배치하여 운반기의 왕복이동에 의하여 주차를 행하는 주차설비방식은?

① 승강기 슬라이드식   ② 수평순환식
③ 평면왕복식   ④ 다층순환식

해설및용어설명 | 주차구획을 평면상에 배치하여 운반기의 왕복이동에 의하여 주차를 행하는 주차설비방식은 평면왕복식이다

21

기계식 주차설비를 할 때 승강기식인 경우 도르래 또는 드럼의 지름은 로프 지름의 몇 배 이상으로 하는가?

① 10배   ② 15배
③ 20배   ④ 30배

해설및용어설명 | 주차장치에 사용하는 시브 또는 드럼의 직경은 와이어로프가 시브 또는 드럼과 접하는 부분이 4분의 1 이하일 경우에는 와이어로프 직경의 12배 이상으로, 4분의 1을 초과하는 경우에는 와이어로프직경의 20배 이상으로 하여야 한다. 다만, 승강기식주차장치·승강기슬라이드식 주차장치 또는 평면왕복식 주차장치의 경우에는 승강구동용은 이를 와이어로프

직경의 30배 이상으로 하고, 수평이동용은 이를 와이어로프직경의 20배 이상으로 하여야 하며, 트랙션시브의 직경은 승강구동용의 경우 와이어로프 직경의 40배 이상으로 하고, 수평이동용의 경우 와이어로프직경의 30배 이상으로 하여야 한다.〈개정 2000. 11. 29.〉

22

엘리베이터를 동력매체별로 구분한 것이 아닌 것은?

① 로프식 ② 유압식
③ 스크루식 ④ 시그널식

해설및용어설명 | 동력매체별로 구분한 것은 로프식, 유압식, 스크루식 등이 있다.

23

문이 열려있는 경우 카의 운행을 불가능하게 하는 장치는?

① 도어 머신 ② 도어록
③ 도어스위치 ④ 도어 클로저

해설및용어설명 | 도어인터록은 카가 정지하고 있지 않는 층의 문은 전용의 열쇠로만 열리도록 하는 도어록과 문이 닫혀있지 않으면 운전이 불가능하게 하는 도어스위치로 구성된다.

24

엘리베이터 도어 사이에 이물질이 끼이는 것을 검출하기 위한 안전장치로 틀린 것은?

① 광전 장치 ② 도어클로저
③ 세이프티 슈 ④ 초음파 장치

해설및용어설명 | 접촉식 검출장치인 세이프티 슈와 비접촉식인 초음파 장치와 광전 장치가 있다.

25

비선형 특성을 갖는 에너지 축적형 완충기에 대한 설명으로 틀린 것은?

① 정격속도의 115%의 속도로 완충기에 충돌할 때 감속도는 $1g_n$ 이하이어야 한다.
② $2.5g_n$를 초과하는 감속도는 0.02초 보다 길지 않아야 한다.
③ 카 또는 균형추의 복귀속도는 1m/s 이하이어야 한다.
④ 작동 후에는 영구적인 변형이 없어야 한다.

해설및용어설명 | $2.5g_n$를 초과하는 감속도는 0.04초 보다 길지 않아야 한다.

26

사이리스터의 위상각을 제어하여 속도를 제어하는 방법은?

① 교류 1단 제어 ② 교류 2단 제어
③ 교류 궤환 제어 ④ VVVF 제어

해설및용어설명 | 교류 궤환 제어는 케이지(카)의 실속도와 지령속도를 비교하여 사이리스터의 점호각을 바꿔 유도전동기의 속도를 제어한다.

27

키르히호프의 제1법칙은 어느 것인가?

① $I = \dfrac{E}{R}$ ② $\sum I = 0$
③ $\sum IR = \sum E$ ④ $\sum I = W$

해설및용어설명 | 키르히호프의 제1법칙은 유입전류합 = 유출전류합으로 벡터로 보면 전체전류합 = 0이 된다.

28

회전운동을 직선운동, 왕복운동, 진동 등으로 변환하는 기구로써 2가지 기구로 구성된 것은?

① 링크기구 ② 슬라이더
③ 캠 ④ 크랭크

해설및용어설명 | 캠은 회전운동을 직선운동, 왕복운동 등으로 변화하며 2가지 기구의 조합으로 구성된다.

29

그림과 같은 게이지의 명칭은?

① 틈새게이지 ② 피치게이지
③ 와이어게이지 ④ 센터게이지

해설및용어설명 | 와이어게이지로 전선의 굵기 등을 측정한다.

30

사고원인에 대한 사항이 옳지 않은 것은?

① 교육적인 원인 : 안전지식 부족
② 인적원인 : 불안전한 행동
③ 간접적인 원인 : 불안정한 상태
④ 직접적인 원인 : 불안정한 행동

해설및용어설명 | 불안정한 상태와 불안정한 행동은 직접적인 원인에 속한다.

31

다음 그림과 같은 입력과 출력을 가지는 정류방식은 무엇인가?

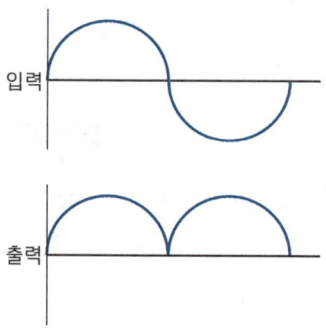

① 단상전파정류 ② 3상반파정류
③ 3상전파정류 ④ 단상반파정류

해설및용어설명 | 입력파형이 전부 출력으로 나왔으니 전파정류이고 1상으로 되어있으니 단상전파정류이다.

32

기계식 주차장치에 있어서 자동차 중량의 전륜 및 후륜에 대한 배분 비는?

① 4 : 6 ② 5 : 5
③ 6 : 4 ④ 7 : 3

해설및용어설명 | 자동차 중량의 전륜 및 후륜에 대한 배분은 6 : 4로 하고 계산하는 단면에는 큰 쪽의 중량이 집중하중으로 작용하는 것으로 가정하여 계산하여야 한다.

33

제어에 대한 용어의 설명 중 옳지 않은 것은?

① 제어량이란 제어대상의 출력과 기준 입력과의 차이 값을 말한다.
② 신호란 물리량의 종류에는 관계하지 않고, 크기 및 변화 상태만을 고려한 것을 말한다.
③ 목표값이란 외부에서 제어계에 주어지는 값을 말한다.
④ 제어명령이란 제어대상의 출력을 원하는 상태로 하기 위한 입력 신호를 말한다.

해설및용어설명 | 제어량이란 제어대상의 양, 시스템의 출력을 말한다.

34

균형추와 카(car)와의 균형이 이루어지는 카의 위치는? (단, 카에 균형부하를 실었을 경우임)

① 카가 최하층에 있을 때
② 카가 균형추와 마주치는 위치일 때
③ 카가 최상층에 있을 때
④ 균형추가 완충기에 닿아 있을 때

해설및용어설명 | 같은 높이에서 균형이 이루어진다.

35

유압엘리베이터의 플런저에 관한 설명 중 틀린 것은?

① 상부에는 메탈이 설치되어 있다.
② 메탈 상부에는 패킹이 되어 있어 기름이 새지 않게 한다.
③ 플런저 표면은 약간 거칠게 되어 있어 메탈과의 마찰력을 크게 한다.
④ 플런저는 먼지나 이물질에 의해 상처받지 않게 주의하여야 한다.

해설및용어설명 | 플런저가 움직이는데 마찰력이 크면 좋지 않습니다.

36

한 건물 내의 여러 카 중에서 마이크로컴퓨터가 분담하는 기능이 아닌 것은?

① 카스위치 방식　　② 운전관리
③ 속도지시　　　　④ 운행관리

해설및용어설명 | 마이크로컴퓨터가 주로 하는 기능은 프로그램으로 작성된 여러가지 사항을 수행한다. 따라서 스위치는 승객이 누르는 기능이므로 프로그램하고는 무관하다.

37

메인로프를 통해 카와 반대반향에 설치되어 있으며, 카의 움직임이 부드럽게 해주며 카의 자중에 적재용량의 약 40~50%를 더한 중량을 보상해주는 역할을 하는 것은?

① 리미트 스위치　　② 파이널 리미트 스위치
③ 브레이크　　　　④ 균형추

해설및용어설명 | 균형추는 메인로프를 통해 카와 반대반향에 설치되어 있으며, 카의 움직임이 부드럽게 해주며 엘리베이터 카의 자중에 적재용량의 약 40~50%를 더한 중량을 보상시키기 위하여 엘리베이터 카와 연결된 권상로프의 반대편에 연결된 중량물이다.

38

자계 내에서 운동도체의 의해 발생하는 기전력과 관련 있는 법칙은?

① 플레밍의 왼손법칙　　② 플레밍의 오른손법칙
③ 렌츠의 법칙　　　　　④ 패러데이의 법칙

해설및용어설명 | 운동도체에 의한 기전력은 플레밍의 오른손법칙이고 자속의 시간적 변화에 의한 기전력은 패러데이법칙이다.

39

엘리베이터 자체점검 중 안전접점 및 회로에 관한 점검사항이 아닌 것은?

① 정지장치의 설치 및 작동상태
② 강제감속장치의 설치 및 작동상태
③ 전기안전장치 작동상태
④ 인장 풀리 설치상태

해설및용어설명 | 안전접점 및 회로의 자체점검사항
- 파이널 리미트 스위치의 설치 및 작동상태
- 정지장치의 설치 및 작동상태
- 강제감속장치의 설치 및 작동상태
- 전기안전장치 작동상태

40

길이 1m의 봉이 인장력을 받고 0.2mm만큼 늘어났다. 인장 변형률은 얼마인가?

① 0.0001 ② 0.0002
③ 0.0004 ④ 0.0005

해설및용어설명 |
변형률 = 변형량 ÷ 원래길이 = 0.0002m ÷ 1m = 0.0002

41

3상 유도전동기의 회전 방향을 바꾸는 방법으로 옳은 것은?

① 3상 전원의 주파수를 바꾼다.
② 3상 전원 중 1상을 단선시킨다.
③ 3상 전원 중 2상을 단락시킨다.
④ 3상 전원 중 임의의 2상의 접속을 바꾼다.

해설및용어설명 | 3상유도전동기의 역회전 3상중 임의의 2상의 접속을 반대로 한다.

42

엘리베이터 시설에서 기계실의 구성요소가 아닌 것은?

① 가이드레일 ② 조명시설
③ 통화장치   ④ 콘센트

해설및용어설명 | 기계실에는 주개폐기, 권상기, 조속기, 조명시설, 통화장치, 콘센트 등이 있다.

43

플런저 위에 도르레를 설치하여 플런저의 움직임을 2배 또는 4배로 증폭하여 카로 전달할 수가 있기 때문에 플런저의 행정은 승강행정의 1/2 또는 1/4로 작아도 되고 실린더를 매설할 필요가 없는 유압식 엘리베이터는?

① 간접식   ② 직접식
③ 실린더식   ④ 팬터그래프식

해설및용어설명 | 플런저위에 카가 설치되는 경우는 직접식이고, 플런저위에 도르래가 설치되는 경우는 간접식이다.

44

다음 중 에스컬레이터를 수리할 때 지켜야 할 사항으로 적절하지 않은 것은?

① 상부 및 하부에 사람이 접근하지 못하도록 단속한다.
② 상부와 하부에 기술자가 있으면 작업을 해도 괜찮다.
③ 작업 중 움직일 때는 반드시 상부 및 하부를 확인하고 복명복창을 한 후 움직인다.
④ 주행하고자 할 때는 작업자가 안전한 위치에 있는지 확인한다.

해설및용어설명 | 상부 및 하부에 사람이 접근하지 못하도록 단속해야 하므로 기술자가 있다고 해도 단속해야 한다.

45

옥외에 설치된 승강기의 승강로 탑 및 가이드레일 지지탑의 조립 및 해체작업을 할 때, 안전조치에 해당되지 않는 것은?

① 작업 지휘자를 선임하여 작업을 지휘한다.
② 작업자가 위험이 없다고 판단되면 작업을 개시한다.
③ 관계 근로자외의 출입을 금지시킨다.
④ 근로자에게 위험이 미칠 우려가 있을 때는 작업을 중지시킨다.

해설및용어설명 | 산업안전보건기준에 관한 규칙
제162조(조립 등의 작업) ① 사업주는 사업장에 승강기의 설치·조립·수리·점검 또는 해체 작업을 하는 경우 다음 각 호의 조치를 하여야 한다.
1. 작업을 지휘하는 사람을 선임하여 그 사람의 지휘 하에 작업을 실할 것
2. 작업을 할 구역에 관계 근로자가 아닌 사람의 출입을 금지하고 그 취지를 보기 쉬운 장소에 표시할 것
3. 비, 눈, 그 밖에 기상상태의 불안정으로 날씨가 몹시 나쁜 경우에는 그 작업을 중지시킬 것

46

기계식주차장치의 안전기준 및 검사기준 등에 관한 규정에서 규정하는 내용에 해당되지 않는 것은?

① 감속기 – 감속기의 치차 및 커플링의 손상이나 이상 진동 및 발열이 없을 것
② 유압장치 – 유압전동기·실린더 등은 누유가 될 정도로 윤활유를 공급하며, 실린더의 굴곡·변형·손상이 없을 것
③ 운반기 – 운반기는 심한 부식이나 천공이 없고, 처짐에 의한 변형, 손상 등이 없을 것
④ 구동장치 – 구동축의 변형이나 마모가 없으며, 축 정렬상태가 양호할 것

해설및용어설명 | 유압장치는 유압전동기·실린더 등의 누유가 없고, 실린더의 굴곡·변형·손상이 없을 것

47

승강기 사고 또는 고장 발생 시 승강기 안전관리자의 임무가 아닌 것은?

① 유지관리업자로 하여금 자체점검을 대행하게 한 경우 유지관리업자에 대한 관리·감독을 한다.
② 승강기 사고 또는 고장 발생 시 고장원인을 파악하고 직접 원인을 수리한다.
③ 승강기 운행 및 관리에 관한 규정의 작성 및 유지관리를 한다.
④ 승강기 사고 또는 고장 발생에 대비한 비상연락망의 작성 및 관리를 한다.

해설및용어설명 | 승강기 안전관리자의 직무범위
- 승강기 운행 및 관리에 관한 규정 작성
- 승강기 사고 또는 고장 발생에 대비한 비상연락망의 작성 및 관리
- 유지관리업자로 하여금 자체점검을 대행하게 한 경우 유지관리업자에 대한 관리·감독
- 중대한 사고 또는 중대한 고장의 통보
- 승강기 내에 갇힌 이용자의 신속한 구출을 위한 승강기 조작(해당 승강기 관리교육을 받은 경우만 해당한다)
- 피난용 엘리베이터의 운행(해당 승강기관리교육을 받은 경우만 해당한다)
- 그 밖에 승강기 관리에 필요한 사항으로서 행정안전부장관이 정하여 고시하는 업무

48

직류전동기에서 보극을 설치하는 이유는 무엇인가?

① 전동기의 속도를 증가 한다.
② 전기자의 회전속도가 증가한다.
③ 브러시에서 불꽃이 발생하는 것을 감소시킨다.
④ 전동기의 힘을 2배로 증가시킨다.

해설및용어설명 | 보극은 전기자반작용을 줄이고 불꽃정류현상을 감소시킨다. 즉, 브러시에서 발생하는 스파크를 줄여준다.

49

승강기의 점검운전 시 속도는 얼마이하 이어야 하는가?

① 0.63m/s
② 0.67m/s
③ 0.75m/s
④ 0.79m/s

해설및용어설명 | 점검운전 스위치, 점검 위치에 있는 점검 운전 스위치는 카속도 0.63m/s 이하이어야 한다.

50

표시장치 중 다른 것은?

① 홀랜턴
② 인디케이터
③ 방향등
④ 통화장치

해설및용어설명 | 통화장치는 음향장치, 나머지는 시각표시장치

51

정전 시 예비전원에 의하여 비상용엘리베이터를 가동하여야 하는데 정전 후 몇 초 이내에 운행에 필요한 전력용량을 자동적으로 발생시켜야 하는가?

① 15초
② 20초
③ 40초
④ 60초

해설및용어설명 | 정전 시에는 보조 전원공급장치에 의하여 엘리베이터를 다음과 같이 운행시킬 수 있어야 하다.
• 60초 이내에 엘리베이터 운행에 필요한 전력용량을 자동으로 발생시키도록 하되 수동으로 전원을 작동시킬 수 있어야 한다.
• 2시간 이상 운행시킬 수 있어야 한다.

52

유압장치의 보수 점검 및 수리 등을 할 때 사용되는 장치로서 이것을 닫으면 실린더의 기름이 파워유니트로 역류하는 것을 방지하는 장치는?

① 제지 밸브
② 스톱 밸브
③ 안전 밸브
④ 럽처 밸브

해설및용어설명 | 스톱 밸브는 보수점검을 위해 사용한다.

53

엘리베이터의 도어시스템을 분류할 때 1S, 2S, 3S 등으로 분류 하였다. 여기에서 S가 의미하는 것은?

① 가로열기
② 상하열기
③ 외짝문
④ 2짝문

해설및용어설명 |
가로 열기식 문 : 승객용, 침대용 또는 화물용으로 사용(1SO, 2SO),
• 중앙 열기식 문 : 승객용 또는 침대용으로 사용(2CO, 4CO)
• 상승 열기식 문 : 대형 화물 또는 자동차용으로 사용(1UP, 2UP)
• 상하 열기식 문 : 주로 덤 웨이터 사용(2UD, 4UD)

54

나사의 호칭이 M10일 때, 다음 설명 중 옳은 것은?

① 미터 보통 나사로서 호칭 지름이 10m이다.
② 미터 사다리꼴 나사로서 호칭 지름이 10m이다.
③ 유니파이 보통 나사로서 호칭 지름이 10m이다.
④ 관용테이퍼 수나사로서 호칭 지름이 10m이다.

해설및용어설명 | 미터보통나사는 M, 미터사다리꼴나사는 Tr, 유니파이 보통나사는 UNC, 관용테이퍼수나사는 R로 표시된다.

55

유압엘리베이터의 작동유의 적정온도의 범위는?

① 5℃ 이상 90℃ 이하
② 30℃ 이상 60℃ 이하
③ 30℃ 이상 90℃ 이하
④ 5℃ 이상 60℃ 이하

해설및용어설명 | 유압엘리베이터의 작동유의 적정온도범위는 5~60도 범위로 유지해야 한다.

56

엘리베이터에 공급되는 모든 전원을 차단할 수 있는 주개폐기의 설치 위치로 알맞은 곳이 아닌 것은?

① 제어반이 승강로에 위치할 경우, 비상운전 및 작동시험을 위한 패널
② 기계실이 있는 경우에는 기계실
③ 기계실이 없는 경우에는 제어반
④ 기계실이 있는 경우라도 기계실에서 가장 가까운 곳에 위치한 제어반

해설및용어설명 | 주개폐기의 위치는 기계실이 있는 경우에는 기계실, 기계실이 없는 경우에는 제어반(승강로에 위치할 경우는 제외), 제어반이 승강로에 위치할 경우, 비상운전 및 작동시험을 위한 패널(비상운전과 작동시험을 위한 패널이 떨어져 있을 경우 비상운전을 위한 패널)

57

승강기 정밀검사기준에서 검사항목이 잘못된 것은?

① 제어반(열화상태)
② 브레이크(전동력 및 감속도)
③ 개문출발방지장치(제동력 및 감속도)
④ 전동기(운전 및 절연상태)

해설및용어설명 | 브레이크(제동력 및 감속도)가 되어야 한다.

58

데마케이션(스텝 트레드에 있는 홈 등)은 승강장에서 스텝 뒤쪽 끝부분을 일반적으로 어떤 색상으로 표시하여 설치되어야 하는가?

① 적색
② 황색
③ 청색
④ 녹색

해설및용어설명 | 스텝에 황색의 안전표시선이 데마케이션이다.

59

제동기의 구조 중 브레이크 슈의 특징이 아닌 것은?

① 윤활작용이 좋아야 한다.
② 높은 동작빈도에 잘 견디어야 한다.
③ 마찰계수가 안정되어 있어야 한다.
④ 라이닝에는 청동철사와 석면사를 넣어야 한다.

해설및용어설명 | 브레이크 슈는 마찰에 의해서 정지시키므로 마찰이 커야 하므로 윤활작용이 있으면 안된다.

60

VVVF 제어방식에서 전동기에 가하는 전원의 주파수를 2배로 하였을 때 전동기의 속도는 몇 배가 되는가?(단, 전압은 변함이 없다고 한다)

① 1/4배
② 1/2배
③ 2배
④ 4배

해설및용어설명 | 동기속도 N_s와 주파수 f는 서로 비례한다. 따라서 주파수가 2배가 되면 속도도 2배가 된다.

CBT 복원문제　　2025 * 1

01

유압식 엘리베이터에서 유압회로의 압력이 설정값 이상으로 되면 밸브를 열어 오일을 탱크로 돌려보내어 압력이 과도하게 상승하는 것을 방지하는 밸브는?

① 스톱 밸브
② 체크 밸브
③ 릴리프 밸브
④ 유량제어 밸브

해설및용어설명 | 릴리프 안전 밸브는 과도하게 압력을 상승하는 것을 방지하며 전부하 압력의 140%까지 제한하도록 조절한다.

02

무빙워크의 경사도는 일반적으로 얼마 이하이여야 하는가?

① 8°
② 10°
③ 12°
④ 15°

해설및용어설명 | 에스컬레이터의 경사도는 30° 이하, 무빙워크의 경사도는 12° 이하이다.

03

카 천장에 비상구출문이 설치된 경우, 유효개구부의 크기는 얼마 이상이어야 하는가?

① 0.2m×0.3m
② 0.3m×0.4m
③ 0.4m×0.5m
④ 0.5m×0.6m

해설및용어설명 | 카 천장에 비상구출문이 설치된 경우, 유효 개구부의 크기는 0.4m×0.5m 이상이어야 한다. 다만, 카 벽에 설치된 경우 제외될 수 있다. 비고 공간이 허용된다면, 유효 개구부의 크기는 0.5×0.7m가 바람직하다.

04

소방구조용(비상용) 엘리베이터는 소방관 접근 지정층에서 소방관이 조작하는 경우 운행속도는 몇 m/s 이상이어야 하는가?

① 0.3
② 0.5
③ 1
④ 2

해설및용어설명 | 소방구조용 엘리베이터는 소방관 접근 지정층에서 소방관이 조작하여 엘리베이터 문이 닫힌 이후부터 60초 이내에 가장 먼 층에 도착되어야 한다. 다만, 운행속도는 1m/s 이상이어야 한다.

05

유압식엘리베이터에서 펌프의 토출압력이 떨어져서 실린더의 기름이 역류하여 카가 자유낙하하는 것을 방지하는 역할을 하는 밸브는?

① 안전 밸브
② 체크 밸브
③ 럽처 밸브
④ 스톱 밸브

해설및용어설명 | 체크 밸브는 펌프와 차단밸브 사이의 회로에 설치되어 실린더의 기름이 역류하는걸 방지하여 공급압력이 최소 작동 압력 아래로 떨어질 때 정격하중을 실은 카를 어떤 위치에서든지 유지할 수 있어야 한다.

06

간접식 유압엘리베이터에 대한 설명으로 틀린 것은?

① 실린더의 점검이 쉽다.
② 추락방지안전장치(비상정지장치)가 필요 없다.
③ 플런저의 길이가 직접식에 비하여 짧기 때문에 설치가 간단하다.
④ 오일의 압축성 때문에 부하에 따른 카 바닥의 빠짐이 크다.

해설및용어설명 | 추락방지안전장치(비상정지장치)가 필요 없는 건 직접식이고 간접식은 필요하다.

07

"엘리베이터에는 브레이크 시스템은 전자-기계 브레이크(마찰형식)가 있어야 한다. 이 브레이크는 자체적으로 카가 정격속도로 정격하중의 (　)%를 싣고 하강방향으로 운행될 때 구동기를 정지시킬 수 있어야 한다." (　) 안에 알맞은 내용은?

① 115　　② 120
③ 125　　④ 130

해설및용어설명 | 브레이크는 자체적으로 카가 정격속도로 정격하중의 125%를 싣고 하강방향으로 운행될 때 구동기를 정지시킬 수 있어야 한다.

08

엘리베이터 승강로에 모든 출입문이 닫혔을 때 밝히기 위한 승강로 전 구간에 걸쳐 영구적으로 설치되는 전기조명의 조도 기준으로 틀린 것은?

① 카 지붕과 피트를 제외한 장소 : 20lx
② 카 지붕에서 수직 위로 1m 떨어진 곳 : 50lx
③ 사람이 서 있을 수 있는 공간의 바닥에서 수직 위로 1m 떨어진 곳 : 50lx
④ 작업구역 및 작업구역 간 이동 공간의 바닥에서 수직 위로 1m 떨어진 곳 : 80lx

해설및용어설명 | 승강로에는 모든 출입문이 닫혔을 때 승강로 전 구간에 걸쳐 영구적으로 설치된 다음의 구분에 따른 조도 이상을 밝히는 전기조명이 있어야 한다.
- 카 지붕에서 수직 위로 1m 떨어진 곳 : 50lx
- 피트(사람이 서 있을 수 있는 공간, 작업구역 및 작업구역 간 이동 공간) 바닥에서 수직 위로 1m 떨어진 곳 : 50lx
- 위의 따른 장소 이외의 장소[카 또는 부품에 의한 그림자 제외] : 20lx

09

승강로 출입구에 대한 설명으로 잘못된 것은?

① 승강장문 및 카문의 출입구 유효 높이는 2m 이상이어야 한다.
② 승강장문 및 카문이 닫혔을 때, 필수적인 틈새를 제외하고 승장장 출입구 및 카 출입구를 완전히 닫아야 한다.
③ 2개 이상의 카문이 있는 경우, 어떠한 경우라도 2개의 문이 동시에 열리지 않아야 한다.
④ 승강장문 및 카문에는 구멍이 있어도 된다.

해설및용어설명 | 승강장문 및 카문의 출입구 유효 높이는 2m 이상이어야 한다. 다만, 주택용 엘리베이터의 경우에는 1.8m 이상으로 할 수 있으며, 자동차용 엘리베이터의 경우에는 제외한다. 또한 승강장문 및 카문이 닫혔을 때, 필수적인 틈새를 제외하고 승장장 출입구 및 카 출입구를 완전히 닫아야 한다. 다만, 2개 이상의 카문이 있는 경우, 어떠한 경우라도 2개의 문이 동시에 열리지 않아야 하고 승강장문 및 카문에는 구멍이 없어야 한다.

10

재해 발생 과정의 요건이 아닌 것은?

① 사회적 환경과 유전적인 요소
② 개인적 결함
③ 사고
④ 안전한 행동

해설및용어설명 | 안전한 행동은 재해를 방지한다.

11

균형추 또는 평형추에 추락방지안전장치(비상정지장치)를 설치해야 하는 경우로 맞는 것은?

① 균형추의 무게가 2,000kg을 초과하는 경우
② 균형추측에 유입완충기의 설치가 불가능한 경우
③ 승강로의 피트 하부 상시 출입 통로로 사용하는 경우
④ 엘리베이터의 정격속도가 300m/min를 초과하는 초고속 엘리베이터

해설및용어설명 | 승강로 피트 바닥 직하부에 사람이 상주하는 공간 또는 상시 출입하는 통로나 공간이 있는 경우, 균형추 또는 평형추에 추락방지안전장치가 설치되어야 한다.

12

기계실 작업공간의 바닥 면은 몇 lx 이상을 밝히는 영구적으로 설치된 전기조명이 있어야 하는가?

① 5　　　　　　② 50
③ 100　　　　　④ 200

해설및용어설명 | 기계실·기계류 공간 및 풀리실에는 다음의 구분에 따른 조도 이상을 밝히는 영구적으로 설치된 전기조명이 있어야 한다.
• 작업공간의 바닥 면 : 200lx
• 작업공간 간 이동 공간의 바닥 면 : 50lx

13

권상능력 또는 승강시키는 전동기의 힘을 충분히 확보하기 위해 현수로프의 무게를 보상하는 수단이 사용될 경우 적용되는 사항으로 정격속도가 몇 m/s를 초과하는 경우에는 추가로 튀어오름 방지장치가 설치되어야 하는가?

① 3.5　　　　　② 4
③ 4.5　　　　　④ 5

해설및용어설명 | 적절한 권상능력 또는 전동기의 동력을 확보하기 위해 매다는 로프의 무게에 대한 보상 수단은 다음과 같은 조건에 따라야 한다.
• 정격속도가 3m/s 이하인 경우에는 체인, 로프 또는 벨트와 같은 수단이 설치될 수 있다.
• 정격속도가 3m/s를 초과한 경우에는 보상 로프가 설치되어야 한다.
• 정격속도가 3.5m/s를 초과한 경우에는 추가로 튀어오름 방지장치가 있어야 한다.
• 정격속도가 1.75m/s를 초과한 경우, 인장장치가 없는 보상수단은 순환하는 부근에서 안내봉 등에 의해 안내되어야 한다.

14

엘리베이터의 추락방지안전장치(비상정지장치)에 대한 보수점검 사항이 아닌 것은?

① 세이프티 링크 기구에 이완이나 용접이 벗겨지는 일은 없는지 점검
② 세이프티 링크 스위치와 캠의 간격 점검
③ 마찰 댐퍼의 스프링 및 볼트 변형 등 점검
④ 과속스위치의 접점 및 작동 점검

해설및용어설명 | 과속스위치의 접점 및 작동 점검은 과속조절기(조속기)의 보수 점검항목

15

습도가 높은 환경에 주로 사용하는 로프의 종류는?

① A종　　　　　② B종
③ F종　　　　　④ G종

해설및용어설명 |
• E종(1,320N/mm^{2}으로 주로 엘리베이터용)
• B종(1,770N/mm^{2}으로 강도·경도가 A종보다 높아 엘리베이터에는 잘 사용하지 않음)
• G종(1,470N/mm^{2}으로 표면에 아연도금하여 습기에 강함)
• A종(1,620N/mm^{2}으로 피단강도가 높아 초고층이나 로프본수를 줄일 경우 사용)

16

승강로 벽의 내측과 카 문턱, 카 문틀 또는 카문의 닫히는 모서리 사이의 수평거리는 승강로 전체에 걸쳐서 기본적으로 몇 m 이하이어야 하는가? (단, 특별한 경우를 제외한 일반적인 조건을 말한다)

① 0.1
② 0.12
③ 0.15
④ 0.2

해설및용어설명 | 승강로 내측과 카 문턱, 카 문틀 또는 카문의 닫히는 모서리 사이의 수평거리는 승강로 전체 높이에 걸쳐 0.15m 이하이어야 한다.

17

승강기 정의에 대한 설명으로 가장 올바른 것은?

① 전용 승강로 내를 레일을 따라 동력에 의해 좌·우로 움직이는 카로 사람 또는 물건을 운반하는 기계장치
② 전용 승강로 내를 레일에 따라 중력에 의해 상·하로 움직이는 카로 사람 또는 물건을 운반하는 기계장치
③ 전용 승강로 내를 레일을 따라 동력에 의해 상·하로 움직이는 카로 사람 또는 물건을 운반하는 기계장치
④ 전용 승강로 내를 레일 없이 동력에 의해 상·하로 움직이는 카로 사람 또는 물건을 운반하는 기계장치

해설및용어설명 | 승강기는 전용 승강로 내를 레일을 따라 동력에 의해 상하로 움직이는 카로 사람 또는 물건을 운반하는 기계장치이다.

18

다음 엘리베이터 조명에 대한 설명 중 괄호 안에 들어갈 수치는?

> 카에는 자동으로 재충전되는 비상전원공급장치에 의해 (   )lx 이상의 조도로 1시간 동안 전원이 공급되는 비상등이 있어야 한다.

① 0.5
② 1
③ 3
④ 5

해설및용어설명 | 카에는 자동으로 재충전되는 비상전원공급장치에 의해 5lx 이상의 조도로 1시간 동안 전원이 공급되는 비상등이 있어야 한다. 이 비상등은 다음과 같은 장소에 조명되어야 하고, 정상 조명전원이 차단되면 즉시 자동으로 점등되어야 한다.

- 카 내부 및 카 지붕에 있는 비상통화장치의 작동 버튼
- 카 바닥 위 1m 지점의 카 중심부
- 카 지붕 바닥 위 1m 지점의 카 지붕 중심부

19

엘리베이터 자체점검항목 중 장애인용 엘리베이터 추가요건에서 해당하는 항목이 아닌 것은?

① 조작반, 통화장치 등에 점자표시 여부
② 신호장치, 표시장치 등의 작동상태
③ 트레드 홈의 설치상태
④ 문열림 대기시간

해설및용어설명 | 트레드 홈의 설치상태는 에스컬레이터의 디딤판 점검항목이다.

20

엘리베이터에 비상등이 조명되어야 하는 장소의 기준이 아닌 것은?

① 카 내부 및 카 지붕에 있는 비상통화장치의 작동 버튼
② 카 바닥 위 1m 지점의 카 중심부
③ 카 지붕 바닥 위 1m 지점의 카 지붕 중심부
④ 풀리실에는 작업공간의 바닥 면에 영구적으로 설치된 전기조명

해설및용어설명 | 카에는 자동으로 재충전되는 비상전원공급장치에 의해 5lx 이상의 조도로 1시간 동안 전원이 공급되는 비상등이 있어야 한다. 이 비상등은 다음과 같은 장소에 조명되어야 하고, 정상 조명전원이 차단되면 즉시 자동으로 점등되어야 한다.
- 카 내부 및 카 지붕에 있는 비상통화장치의 작동 버튼
- 카 바닥 위 1m 지점의 카 중심부
- 카 지붕 바닥 위 1m 지점의 카 지붕 중심부

21

카 내부에 있는 사람에 의한 카문의 개방을 제한하기 위하여 카가 운행 중일 때, 카문을 개방하기 위해 필요한 힘은 최소 몇 N 이상이어야 하는가?

① 30
② 50
③ 75
④ 100

해설및용어설명 | 승강장문 및 카문은 카 내부에서 손으로 승강장문 및 카문을 열 수 있어야 하고, 그 힘은 300N을 초과하지 않아야 하며, 카 내부에 있는 사람에 의한 카문의 개방을 제한하기 위하여 카가 운행 중일 때, 카문의 개방은 50N 이상의 힘이 요구되어야 한다.

22

비선형 특성을 갖는 에너지 축적형 완충기에 대한 설명으로 틀린 것은?

① 정격속도의 115%의 속도로 완충기에 충돌할 때 감속도는 $0.5g_n$ 이하이어야 한다.
② $2.5g_n$를 초과하는 감속도는 0.04초 보다 길지 않아야 한다.
③ 카 또는 균형추의 복귀속도는 1m/s 이하이어야 한다.
④ 작동 후에는 영구적인 변형이 없어야 한다.

해설및용어설명 | 비선형 특성을 갖는 에너지 축적형 완충기는 카의 질량과 정격하중, 또는 균형추의 질량으로 정격속도의 115%의 속도로 완충기에 충돌할 때의 다음 사항에 적합해야 한다.
- 감속도는 $1g_n$ 이하이어야 한다.
- $2.5g_n$를 초과하는 감속도는 0.04초 보다 길지 않아야 한다.
- 카 또는 균형추의 복귀속도는 1m/s 이하이어야 한다.
- 작동 후에는 영구적인 변형이 없어야 한다.

23

장애인용 엘리베이터의 호출버튼, 조작반, 통화장치 등 승강기의 안팎에 설치되는 모든 스위치의 높이는 바닥면으로부터 몇 m 이상, 몇 m 이하에 설치하여야 하는가?

① 0.5m 이상, 1.5m 이하
② 0.6m 이상, 1.5m 이하
③ 0.7m 이상, 1.2m 이하
④ 0.8m 이상, 1.2m 이하

해설및용어설명 | 장애인용 엘리베이터에는 호출버튼·조작반·통화장치 등 승강기의 안팎에 설치되는 모든 스위치의 높이는 바닥면으로부터 0.8m 이상 1.2m 이하의 위치에 설치되어야 한다.

24

로프 마모상태를 판정할 때 소선의 파단이 균등하게 분포되어 있는 경우, 로프 사용한도 기준으로 옳은 것은?

① 스트랜드의 1피치내에서 소선의 파단수가 4이하
② 스트랜드의 1피치내에서 소선의 파단수가 3이하
③ 스트랜드의 1피치내에서 소선의 파단수가 2이하
④ 스트랜드의 1피치내에서 소선의 파단수가 1이하

해설및용어설명 | 소선의 파단이 균등하게 분포되어 있는 경우 1구성꼬임(스트랜드)의 1꼬임피치내의 파단수는 4이하이다.

※ 로프의 마모 및 파손상태에 대한 기준

마모 및 파손상태	기준
소선의 파단이 균등하게 분포되어 있는 경우	1구성 꼬임(스트랜드)의 1꼬임 피치 내에서 파단 수 4 이하
파단 소선의 단면적이 원래의 소선 단면적의 70% 이하로 되어 있는 경우 또는 녹이 심한 경우	1구성 꼬임(스트랜드)의 1꼬임 피치 내에서 파단 수 2 이하
소선의 파단이 1개소 또는 특정의 꼬임에 집중되어 있는 경우	소선의 파단총수가 1꼬임 피치 내에서 6꼬임 와이어로프이면 12 이하, 8꼬임 와이어로프이면 16 이하
마모부분의 와이어로프의 지름	마모되지 않은 부분의 와이어로프 직경의 90% 이상

25

관성에 의한 전동기의 회전을 자동적으로 제지하는 안전장치는 무엇인가?

① 브레이크   ② 조속기
③ 완충기   ④ 비상정지장치

해설및용어설명 | 전동기를 멈추게 하는 건 브레이크의 기능이다.

26

카 틀(Car Frame)의 구성요소가 아닌 것은?

① 상부체대   ② 하부체대
③ 도어체대   ④ 카주

해설및용어설명 | 카틀의 구성요소는 상부체대, 하부체대, 카주, 브레이스 로드 등으로 구성된다.

27

모듈이 4, 잇수가 각각 20, 30인 두 개의 표준 스퍼기어가 맞물려 있을 때 축간거리는 몇 mm인가?

① 100   ② 110
③ 88   ④ 78

해설및용어설명 |

평기어의 축간거리 $C = \dfrac{m(Z_1 + Z_2)}{2} = \dfrac{4(20+30)}{2} = 100$

여기서 C는 축간거리, m은 모듈, Z는 잇수

28

공작물을 회전시키고, 공구는 직선운동으로 공작물을 가공하는 공작기계는?

① 드릴   ② 밀링
③ 연삭   ④ 선반

해설및용어설명 | 공작물을 회전시키고, 공구는 직선운동을 하여 공작물의 옆이나 앞면을 가공하는 공작기계는 선반이다.

29

피드백 제어에서 반드시 필요한 장치는?

① 구동장치
② 응답속도를 빠르게 하는 장치
③ 안정도를 좋게 하는 장치
④ 입력과 출력을 비교하는 장치

해설및용어설명 | 피드백 제어는 입력값과 출력값을 비교하여 오차를 줄여야 하므로 비교하는 장치가 반드시 있어야 한다.

30

논리식 $X = \overline{A} \cdot B + \overline{A} \cdot \overline{B}$ 를 간단히 하면?

① $\overline{A}$
② A
③ 1
④ B

해설및용어설명 | 배분법칙, 분배법칙에 의해
$\overline{A} \cdot B + \overline{A} \cdot \overline{B} = \overline{A} \cdot (B + \overline{B}) = \overline{A} \cdot 1 = \overline{A}$

31

승강기 자체점검사항에서 유압시스템의 점검에 포함되지 않는 것은?

① 소화설비 비치 및 표기상태
② 도르래 홈의 마모상태
③ 잭 및 관련 부품의 설치 및 작동상태
④ 유압유의 온도감지장치 작동상태

해설및용어설명 | 유압시스템점검항목에는 유압시스템 관련 밸브 설치 및 작동상태, 로프 체인이완감지장치 설치 및 작동 상태, 유압유의 온도감지장치 작동상태, 유압탱크 설치상태 및 유량상태, 배관, 밸브 등의 이음/고정 및 부식/누유상태, 수동펌프 설치 및 작동상태, 소화설비 비치 및 표기상태, 잭 및 관련 부품의 설치 및 작동상태 등이 있다.

32

2Ω의 저항 10개를 직렬로 연결했을 때는 병렬로 연결했을 때의 몇 배인가?

① 10
② 50
③ 100
④ 200

해설및용어설명 | 저항 10개 직렬로 연결하면 저항이 10배 증가한다. 병렬로 연결하면 10배 감소한다. 따라서 둘의 차이는 10배×10배 = 100배 차이가 난다. 즉, 직렬이 병렬보다 100배 크며 병렬은 직렬보다 1/100 작아진다.

33

그림과 같은 도르래 장치에서 W의 하중이 작용할 때 P와의 관계는? (단, 움직이는 도르래의 무게와 마찰손실은 무시한다)

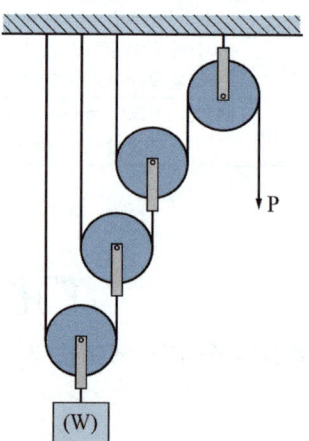

① W = 2P
② W = 3P
③ W = 4P
④ W = 8P

해설및용어설명 |
- 고정 도르래 : 도르래 자체는 움직이지 않으며, 힘의 방향만 바꿔준다. 위 그림에서는 맨위의 1개가 있다.
- 움직 도르래 : 도르래가 물체와 함께 이동하며, 힘의 크기를 절반으로 줄일 수 있다. 위 그림에서 아래쪽의 3개에 해당된다.

따라서 $W = 2^3 \times P$ 가 된다.

34

주행안내(가이드)레일의 역할이 아닌 것은?

① 승강로의 기계적 강도 보강과 수평방향의 이탈을 방지한다.
② 카와 균형추를 승강로 내의 위치로 규제한다.
③ 카의 자중이나 화물에 의한 카의 기울어짐을 방지한다.
④ 비상정지장치가 작동했을 때 수직하중을 유지해 준다.

해설및용어설명 | 가이드 레일의 역할은 카의 기울어짐을 방지, 카와 균형추의 승강로 내 위치규제, 비상정지장치 작동 시 수직하중을 유지가 있다.

35

사이리스터를 사용하여 교류를 직류로 변환시켜 전동기에 공급하고 사이리스터의 점호각을 바꿈으로써 직류전압을 바꿔 직류전동기의 회전수를 변경하는 승강기의 제어방식은?

① 워드레오나드방식
② 정지레오나드방식
③ 교류궤환제어방식
④ PWM인버터제어방식

해설및용어설명 | 정지레오나드방식은 반도체소자로 정류(교류를 직류로 변환)와 동시에 점호각을 변경하여 직류전압 크기를 변화시켜 직류전동기의 속도를 제어한다.

36

엘리베이터의 제동기에 대한 설명으로 틀린 것은?

① 마찰계수가 안정적이어야 한다.
② 기어식 권상기에서는 축에 직접 고정시켜야한다.
③ 브레이크 라이닝은 가연재료로 높은 동작빈도에 견딜 수 있어야 한다.
④ 브레이크 시스템은 마찰 형식의 전자-기계 브레이크로 구성하여야 한다.

해설및용어설명 | 브레이크 라이닝은 마찰력을 이용하여 감속 및 제동역할을 하므로 불연성이어야 한다.

37

와이어 로프의 구성요소가 아닌 것은?

① 소선
② 심강
③ 킹크
④ 스트랜드

해설및용어설명 | 와이어로프는 심강, 스트랜드, 소선으로 구성되며 킹크는 로프가 꼬인 상태로 힘이 가해져서 단선 및 풀림 현상이 발생하여 손상된 형태를 말한다.

38

유압잭 구성요소가 아닌 것은?

① 사이렌서
② 실린더
③ 플런저
④ 플런저이탈방지장치

해설및용어설명 | 유압잭의 구성은 실린더와 플런저, 패킹, 더스트와이퍼 등으로 구성된다. 사이렌서는 진동, 소음을 감소시키는 역할을 한다.

39

전압 220V, 전류 20A, 역률 0.6인 3상 회로의 전력은 약 몇 kW인가?

① 4.6
② 4.8
③ 5.0
④ 5.2

해설및용어설명 | 3상의 전력 $PW = \sqrt{3}\,VI\cos\theta$ 이므로
$P = \sqrt{3} \times 220 \times 20 \times 0.6 = 4,572.6W$가 된다. 약 4.6kW

정답 34 ① 35 ② 36 ③ 37 ③ 38 ① 39 ①

40

사고예방의 기본 4원칙이 아닌 것은?

① 원인 계기의 원칙 ② 손실 우연의 원칙
③ 예방 가능의 원칙 ④ 개별 분석의 원칙

해설및용어설명 | 산업재해 예방의 4원칙(하인리히의 재해예방 4원칙)
- 손실 우연의 법칙
- 원인 계기의 원칙
- 예방 가능의 원칙
- 대책 선정의 원칙

41

구름 베어링(Rolling Bearing)이 미끄럼 베어링(Sliding Bearing)에 비해 좋지 않은 점은?

① 신뢰성   ② 윤활방법
③ 마멸   ④ 기동저항

해설및용어설명 | 구름 베어링은 점접촉을 하지만 미끄럼 베어링은 면접촉을 하므로 하중에 대해 훨씬 안정성과 신뢰성이 양호하다.

42

카와 승강로 벽의 일부를 유리로 하여 밖을 내다볼 수 있게 한 엘리베이터는?

① 경사 엘리베이터   ② 전망용 엘리베이터
③ 더블데크 엘리베이터 ④ 로터리식 엘리베이터

해설및용어설명 | 카와 승강로의 벽의 일부를 유리로 하여 밖을 내다볼 수 있는 건 전망용 엘리베이터이다.

43

주행안내(가이드)레일의 종류중 일반적으로 승강기의 가이드 레일에 사용되는 것은?

① Y형   ② H형
③ I형   ④ T형

해설및용어설명 | 승강기에서 일반적으로 사용되는 가이드레일은 T형이다.

44

에스컬레이터와 층 바닥이 교차하는 곳에 손이나 머리가 끼거나 충돌하는 것을 방지하기 위한 안전장치는?

① 스커트가드 안전장치
② 삼각부 보호판
③ 스텝체인 안전장치
④ 리미트 스위치

해설및용어설명 | 에스컬레이터와 윗층 바닥이 만나는 지점에는 삼각부를 막는 조치를 취해서 머리나 손등이 끼이지 않도록 한다.

45

층고가 6m를 초과하는 경우 에스컬레이터의 경사도는 몇 도를 초과하지 않아야 하는가?

① 30°   ② 35°
③ 40°   ④ 45°

해설및용어설명 | 에스컬레이터의 경사도는 30°를 초과하지 않아야 한다. 다만, 층고가 6m 이하이고, 공칭속도가 0.5m/s 이하인 경우에는 경사도를 35°까지 증가시킬 수 있다.

46

3~8대의 엘리베이터가 병설될 때 개개의 카를 합리적으로 운행하는 방식으로 교통수요의 변화에 따라 카의 운전내용을 변화시켜서 가장 적절하게 대응하게 하는 방식은?

① 군관리방식　　② 군승합전자동식
③ 양방향승합전자동식　　④ 단식자동식

해설 및 용어설명 | 군관리방식은 3~8대의 승강기를 병설로 할 때 카의 불필요한 동작 없이 운영하는 조작방식으로 수요의 변화에 따라 카의 운전내용을 변화시켜 즉각 대응(예 출퇴근, 점심시간식당 등)하는 방식이다.

47

카, 균형추 또는 평형추를 운반하기 위해 로프에 연결된 철구조물을 의미하는 용어로 옳은 것은?

① 슬링　　② 에이프런
③ 보상체인　　④ 이동케이블

해설 및 용어설명 | 슬링(sling)은 카, 균형추 또는 평형추를 주행하기 위해 매다는 장치에 연결된 철 구조물(카의 둘레와 일체형으로 할 수 있다)을 말한다.

48

건물에 에스컬레이터를 배열할 때 고려할 사항 중 관계가 가장 적은 것은?

① 엘리베이터 가까운 곳에 설치한다.
② 바닥 점유 면적을 되도록 작게 한다.
③ 탄 채로 지나간 승객의 보행거리를 줄인다.
④ 건물의 지지보, 기둥위치를 고려하여 하중을 균등하게 분산시킨다.

해설 및 용어설명 | 에스컬레이터는 건물의 동선 중심에 배치하는 것이 좋다. 엘리베이터 가까이에 설치하면, 엘리베이터와 에스컬레이터를 번갈아 이용하기 때문에, 동선이 복잡해질 수 있다.

49

엘리베이터의 카 벽으로 사용할 수 있는 유리는?

① 망유리　　② 강화유리
③ 복층유리　　④ 접합유리

해설 및 용어설명 | 접합유리(laminated glass)는 플라스틱 필름 등을 사용하여 2겹 이상으로 조립된 유리를 말하며, 카 벽 전체 또는 일부에 사용되는 유리는 접합유리이어야 한다.
높이 500mm에서 떨어지는 것과 동등한 충격에너지의 경질 진자충격장치 및 높이 700mm에서 떨어지는 것과 동등한 충격에너지의 연질 진자충격장치를 카 벽의 유리판 중심선의 바닥 위로 높이 1m의 타격지점에 충격을 가할 때 또는 카 벽의 일부에 유리가 있는 경우 유리부품 중앙의 타격지점에 충격을 가할 때, 카 벽의 구성요소에는 균열이 없어야 하며, 유리 표면에는 지름 2mm 이하의 흡집을 제외하고 손상이 없어야 하고, 또한 카 벽의 완전성에 손실이 없어야 한다.

50

과속조절기(조속기) 로프 인장 풀리의 피치직경과 과속조절기 로프의 공칭 지름의 비는 얼마 이상이어야 하는가?

① 20　　② 30
③ 36　　④ 40

해설 및 용어설명 | 과속조절기의 도르래 피치 직경과 과속조절기 로프의 공칭 직경 사이의 비는 30 이상이어야 한다.

51

다음 응력에 대한 설명 중 옳은 것은?

① 단면적이 일정한 상태에서 외력이 증가하면 응력은 작아진다.
② 단면적이 일정한 상태에서 하중이 증가하면 응력은 증가한다.
③ 외력이 일정한 상태에서 단면적이 작아지면 응력은 작아진다.
④ 외력이 증가하고 단면적이 커지면 응력은 증가한다.

해설및용어설명 | 응력 = $\dfrac{하중}{단면적}$ 이므로 하중에 비례하고 단면적에 반비례한다.

52

축에 키 홈을 파지 않고 보스에만 키 홈을 파서 마찰에 의해 회전력을 전달시킬 수 있는 키는?

① 안장 키 ② 접선 키
③ 납작 키 ④ 반달 키

해설및용어설명 | 축에는 키 홈을 파지 않고 보스에만 키 홈을 파서 만든 키는 안장(새들) 키라고 한다.

53

다음 중 버니어캘리퍼스로 측정할 수 없는 것은?

① 구멍의 내경 ② 구멍의 깊이
③ 축의 편심량 ④ 공작물의 두께

해설및용어설명 | 버니어캘리퍼스는 외경, 내경, 두께, 깊이를 측정할 수 있다.

54

그림과 같이 게이지의 명칭은?

① 틈새게이지 ② 피치게이지
③ 와이어게이지 ④ 센터게이지

해설및용어설명 | 와이어게이지는 와이어의 굵기를 측정한다.

55

다음 중 기계 구조물을 콘크리트 바닥 등에 고정시키기 위해 사용되는 특수 볼트는?

① 아이 볼트 ② 스테이 볼트
③ 기초 볼트 ④ 나비 볼트

해설및용어설명 | 구조물과 기초부분을 연결하기 위해 사용되는 볼트를 앵커 볼트(기초 볼트)라고 한다.

56

단상유도전동기에서 기동토크의 순서가 옳은 것은?

① 반발기동형 < 반팔유도형 < 콘덴서전동기 < 분상기동형 < 세이딩코일형
② 세이딩코일형 < 분상기동형 < 콘덴서전동기 < 반발유동형 < 반발기동형
③ 반발유도형 < 반발기동형 < 콘덴서전동기 < 세이딩코일형 < 분상기동형
④ 분상기동형 < 세이딩코일형 < 콘덴서전동기 < 반발기동형 < 반발유도형

해설및용어설명 | 기동토크가 큰 순서는 가장 큰 반발기동형부터 반발유도형 > 콘덴서기동형 > 분상기동형 > 세이딩코일형 순서로 되어있다.

57

전자력 $F = BIL$(N)과 관계되는 법칙은?

① 패러데이의 법칙
② 플레밍의 오른손법칙
③ 오른나사법칙
④ 플레밍의 왼손법칙

해설및용어설명 | $F = BIL$(N)의 전자력은 플레밍의 왼손법칙이고, $E = BLV$(V)의 기전력은 플레밍의 오른손법칙이다.

58

도르래의 회전을 베벨기어에 의해 수직축의 회전으로 바꾸어 축의 회전으로 링크기구에 매달린 구형의 진자에 작용하는 원심력으로 작동하는 과속조절기(조속기)는?

① 디스크형 과속조절기(조속기)
② 플라이 볼형 과속조절기(조속기)
③ 롤 세프티형 과속조절기(조속기)
④ 슬라이드형 과속조절기(조속기)

해설및용어설명 |
- 디스크형 과속조절기(조속기) : 엘리베이터가 설정된 속도에 달하면 원심력에 의해 진자(振子)가 움직이고 가속 스위치를 작동시켜서 정지시키는 과속조절기, 중저속 엘리베이터에 사용된다.
- 플라이 볼(Fly Ball)형 과속조절기(조속기) : 과속조절기 도르래의 회전을 베벨기어에 의해 수직축의 회전으로 변환하고, 이 축의 상부에서부터 링크기구에 의해 매달린 구형(球形)의 진자에 작용하는 원심력으로 추락방지 안전장치를 작동시킨다. 구조가 복잡하나 속도검출 정밀도가 높아서 고속 엘리베이터에 많이 사용된다.

59

작업자가 감전되었을 경우의 대처방법으로 틀린 것은?

① 절연봉 등을 이용하여 사고자를 전로로부터 떼어 놓는다.
② 전원을 차단한 후 사고자를 떼어놓는다.
③ 감전시간이 증가하면 생명이 위험하므로 즉시 맨손으로 직접 떼어놓는다.
④ 관리자등에게 연락하여 전원을 차단한 후 구출한다.

해설및용어설명 | 즉시 맨손으로 직접 잡을 경우 같이 감전될 위험이 있으므로 절연봉등으로 사고자를 분리시킨다.

60

안전진단에 있어서 작업위험의 분석방법이 아닌 것은?

① 기준방식   ② 면접방식
③ 관찰방식   ④ 혼합방식

해설및용어설명 | 작업위험의 분석방법에는 면접, 관찰, 설문방식 및 상기 방법을 혼합하여 분석한다.

CBT 복원문제 2025 * 3

01

적절한 권상능력 또는 전동기의 동력을 확보하기 위해 매다는 로프의 무게에 대한 보상수단을 적용해야 하는데, 이러한 보상수단 중 하나인 튀어오름 방지장치를 설치해야 하는 엘리베이터 정격속도의 기준은?

① 1.75m/s를 초과한 경우
② 2.5m/s를 초과한 경우
③ 3.0m/s를 초과한 경우
④ 3.5m/s를 초과한 경우

해설및용어설명 | 적절한 권상능력 또는 전동기의 동력을 확보하기 위해 매다는 로프의 무게에 대한 보상 수단은 다음과 같은 조건에 따라야 한다.
- 정격속도가 3m/s 이하인 경우에는 체인, 로프 또는 벨트와 같은 수단이 설치될 수 있다.
- 정격속도가 3m/s를 초과한 경우에는 보상 로프가 설치되어야 한다.
- 정격속도가 3.5m/s를 초과한 경우에는 추가로 튀어오름 방지장치가 있어야 한다.
- 정격속도가 1.75m/s를 초과한 경우, 인장장치가 없는 보상수단은 순환하는 부근에서 안내봉 등에 의해 안내되어야 한다.

02

간접식 유압 엘리베이터의 특징으로 옳은 것은?

① 일반적으로 실린더의 점검이 곤란하다.
② 부하에 의한 카 바닥의 빠짐이 작다.
③ 승강로 소요평면 치수가 작고 구조가 간단하다.
④ 실린더 보호관이 필요 없다.

해설및용어설명 | 직접식이 실린더 보호관이 필요하고 실린더 점검이 곤란하며 부하로 인한 카 바닥의 빠짐이 작고 소요면적이 작다.

03

에너지 분산형 완충기가 스프링식 또는 중력 복귀식일 경우, 최대 몇 초 이내에 완전히 복귀되어야 하는가?

① 30
② 50
③ 90
④ 120

해설및용어설명 | 정상 위치로 완충기의 복귀 확인은 각 시험 후 완충기는 완전히 압축한 위치에서 5분 동안 유지되어야 한다. 그 다음 완충기를 놓아 정상적으로 확장된 위치로 복귀되도록 해야 한다. 이때 완충기가 스프링식 또는 중력 복귀식일 경우, 최대 120초 이내에 완전히 복귀되어야 한다.

04

카와 균형추 또는 평형추는 매다는 장치에 의해 매달려야 한다. 이때 매다는 장치에 사용되는 로프 또는 체인 등의 가닥수는 몇 가닥 이상이어야 하는가?

① 6
② 5
③ 3
④ 2

해설및용어설명 | 로프 또는 체인 등의 가닥수는 2가닥 이상이어야 한다.

05

소방구조용(비상용) 엘리베이터는 소방관 접근 지정층에서 소방관이 조작하는 경우 운행속도는 몇 m/s 이상이어야 하는가?

① 0.3
② 0.5
③ 1
④ 2

해설및용어설명 | 소방구조용 엘리베이터는 소방관 접근 지정층에서 소방관이 조작하여 엘리베이터 문이 닫힌 이후부터 60초 이내에 가장 먼 층에 도착되어야 한다. 다만, 운행속도는 1m/s 이상이어야 한다.

06

보상로프(균형로프)와 보상체인(균형체인)의 설치 목적은?

① 카의 진동을 방지하기 위해서 설치한다.
② 카의 추락을 방지하기 위해서 설치한다.
③ 카와 균형추 상호간의 위치 변화에 따른 무게를 보상하기 위해서 설치한다.
④ 균형추의 추락을 방지하기 위해서 설치한다.

해설및용어설명 | 보상로프(균형로프)와 보상체인(균형체인)은 이동 케이블과 로프의 이동에 따라 변화되는 하중을 보상하기 위해서 설치한다.

07

승강로가 갖추어야 할 조건이 아닌 것은?

① 특수목적의 가스배관은 통과할 수 있다.
② 벽면은 불연재로 마감 처리되어야 한다.
③ 승강로에는 1대 이상의 엘리베이터 카가 있을 수 있다.
④ 엘리베이터의 균형추 또는 평형추는 카와 동일한 승강로에 있어야 한다.

해설및용어설명 | 승강로, 기계실·기계류 공간 및 풀리실은 엘리베이터 전용으로 사용되어야 한다. 엘리베이터와 관계없는 배관, 전선 또는 그 밖에 다른 용도의 설비는 승강로, 기계실·기계류 공간 및 풀리실에 설치되어서는 안 된다.

08

유압엘리베이터의 오일(에)의 온도는 약 몇 ℃ 정도로 유지하는 것이 가장 적정한가?

① 5℃ 이상 90℃ 이하
② 30℃ 이상 60℃ 이하
③ 30℃ 이상 90℃ 이하
④ 5℃ 이상 60℃ 이하

해설및용어설명 | 유압엘리베이터의 작동유의 적정온도범위는 5 ~ 60도 범위로 유지해야 한다.

09

3상 교류의 단속도 전동기에 전원을 공급하는 것으로 기동과 전속운전을 하고, 정지는 전원을 차단한 후 제동기가 작동하여 기계적으로 브레이크를 작동시키는 속도 제어방식은?

① 교류 귀환제어
② 교류 2단 속도제어
③ 교류 일단 속도제어
④ VVVF제어

해설및용어설명 | 한가지 속도만을 가지며 정지는 전원 차단 후 브레이크를 작동시키는 방식은 교류 1단속도 제어방식이다.

10

유압식 엘리베이터의 안전 릴리프 밸브는 회로의 압력이 상용 압력의 몇 % 이상 높아지게 되면 바리패스 회로를 열어 더 이상의 압력상승을 방지하는가?

① 75
② 100
③ 125
④ 150

해설및용어설명 | 안전 릴리프 밸브는 유압식 엘리베이터에서 유압회로의 압력이 설정값 이상으로 되면 밸브를 열어 오일을 탱크로 돌려보내어 압력이 과도하게 상승하는 것을 방지하는 밸브로 125%에서 회로를 열어 전 부하 압력의 140%까지 제한하도록 맞추어 조절된다.

정답 05 ③ 06 ③ 07 ① 08 ④ 09 ③ 10 ③

11

정지 레오나드 방식에서 정지형 반도체 소자를 이용하여 교류를 직류로 전환시킴과 동시에 무엇을 제어하여 직류전압을 변화시키는가?

① 점호각
② 주파수
③ 전압
④ 전류

해설및용어설명 | 정지레오나드방식은 반도체소자로 정류(교류를 직류로 변환)와 동시에 점호각을 변경하여 직류전압 크기를 변화시켜 직류전동기의 속도를 제어한다.

12

사이리스터의 위상각을 제어하여 속도를 제어하는 방법은?

① 교류 1단제어
② 교류 2단제어
③ 교류 궤환제어
④ VVVF 제어

해설및용어설명 | 교류 궤환제어는 케이지(카)의 실속도와 지령속도를 비교하여 사이리스터의 점호각을 바꿔 유도전동기의 속도를 제어한다.

13

피트 아래를 사무실이나 통로 등 사람이 출입하는 장소로 이용하는 경우에 균형추측에 설치하는 장치는?

① 완충기
② 2중 슬라브
③ 과속스위치
④ 추락방지안전장치(비상정지장치)

해설및용어설명 | 승강로 피트 바닥 직하부에 사람이 상주하는 공간 또는 상시 출입하는 통로나 공간이 있는 경우, 균형추 또는 평형추에 추락방지 안전장치가 설치되어야 한다.

14

다음 중 엘리베이터의 주행안내(가이드) 레일에 대한 설명으로 적절하지 않은 것은?

① 카의 기울어짐을 방지하는 장치이다.
② 엘리베이터의 안전한 운행을 보장하기 위해 부과되는 하중 및 힘에 견뎌야 한다.
③ 건물 구조의 움직임이 주행안내 레일 연결에 주는 영향이 최소화 되도록 해야 한다.
④ 추락방지안전장치(비상정지장치)의 제동력은 주행안내 레일의 특정 부분에 주는 영향이 최소화되도록 해야 한다.

해설및용어설명 | 주행안내(가이드)레일은 카의 운행을 안내하여 움직임을 제한하며 카의 기울어짐을 방지한다. 따라서 건물구조의 움직이는 레일에 주는 영향이 최소화 되도록 해야 한다.

15

에이프런의 수직 부분 높이는 몇 m 이상이어야 하는가? (단, 주택용 엘리베이터의 경우는 제외한다)

① 0.6
② 0.65
③ 0.7
④ 0.75

해설및용어설명 | 에이프런의 수직 부분 높이는 0.75m 이상이어야 한다. 다만, 주택용 엘리베이터의 경우에는 0.54m 이상이어야 한다.

16

카 천장에 비상구출문이 설치된 경우, 유효개구부의 크기는 얼마 이상이어야 하는가?

① 0.2m×0.3m
② 0.3m×0.4m
③ 0.4m×0.5m
④ 0.5m×0.6m

해설및용어설명 | 카 천장에 비상구출문이 설치된 경우, 유효 개구부의 크기는 0.4m×0.5m 이상이어야 한다. 다만, 카 벽에 설치된 경우 제외될 수 있다. 비고 공간이 허용된다면, 유효 개구부의 크기는 0.5×0.7m가 바람직하다.

17

에스컬레이터의 보조 브레이크는 속도가 공칭속도의 몇 배의 값을 초과하기 전에 유효해야 하는가?

① 1.2
② 1.4
③ 1.6
④ 1.8

해설및용어설명 | 보조 브레이크는 다음 조건 중 어느 하나에도 유효해야 한다.
- 속도가 공칭속도의 1.4배의 값을 초과하기 전
- 디딤판이 현재 운행 방향에서 바뀔 때

18

승강로의 카 출입구에 대한 설명으로 옳은 것은?

① 침대용은 2개의 출입구 문이 동시에 열려도 된다.
② 화물용은 하나의 층에 하나의 출입구만을 설치하여야 한다.
③ 승객용은 하나의 층에 2개의 출입구를 설치하고, 2개의 문은 동시에 열리는 구조이어야 한다.
④ 자동차용은 하나의 층에 2개의 출입구를 설치할 수 있으나 2개의 문이 동시에 열려 통로로 사용되어서는 아니 된다.

해설및용어설명 | 2개 이상의 카문이 있는 경우, 어떠한 경우라도 2개의 문이 동시에 열리지 않아야 한다.

19

에너지 분산형 완충기에 대한 설명으로 틀린 것은?

① 작동 후에는 영구적인 변형이 없어야 한다.
② $2.5g_n$을 초과하는 감속도는 0.04초보다 길지 않아야 한다.
③ 완충기 작동 후 완충기가 정상 위치에 복귀되기 전에 엘리베이터가 정상적으로 운행될 수 있어야 한다.
④ 카에 정격하중을 싣고 정격속도의 115%의 속도로 자유 낙하하여 완충기에 충돌할 때, 평균 감속도는 $1g_n$ 이하이어야 한다.

해설및용어설명 | 완충기 작동 후 완충기가 정상 위치에 복귀되어야만 엘리베이터가 정상적으로 운행될 수 있다.

20

로프식 엘리베이터에 비교할 때 유압식 엘리베이터의 특징이라고 할 수 없는 것은?

① 기계실을 승강로의 직상부에 설치할 필요가 없으므로 배치가 자유롭다.
② 건물의 꼭대기 부분에는 하중이 걸리지 않는다.
③ 꼭대기 틈새가 작아도 좋다.
④ 전동기의 소요동력과 소비전력이 작아진다.

해설및용어설명 | 로프식은 균형추를 이용하므로 소요동력과 소비전력이 적게 드는 편이다.

21

유압 엘리베이터의 기계실에 관한 설명으로 틀린 것은?

① 유압 엘리베이터 기계실은 전용실로 구획한다.
② 기계실의 위치는 최상층으로 하여야 한다.
③ 콘센트의 부착높이는 기름방벽보다 높게 한다.
④ 기계실은 내화구조로 하여야 한다.

해설및용어설명 | 유압식 엘리베이터의 기계실은 아래쪽에 위치한다.

22

유압엘리베이터의 플런저가 실린더내의 정상적인 상한 행정을 초과하지 않도록 제한하는 것은?

① 플런저 리미트 스위치 ② 사일런서
③ 필터 ④ 플런저 이탈 방지장치

해설및용어설명 | 플런저 리미트 스위치는 플런저가 정해진 행정거리를 초과하지 않도록 한계(리미트)를 넘지 않도록 한다.

23

압력 릴리프 밸브는 압력을 전 부하 압력의 몇 %까지 제한하도록 맞추어 조절되어야 하는가?

① 100 ② 115
③ 125 ④ 140

해설및용어설명 | 안전 릴리프 밸브는 유압식 엘리베이터에서 유압회로의 압력이 설정값 이상으로 되면 밸브를 열어 오일을 탱크로 돌려보내어 압력이 과도하게 상승하는 것을 방지하는 밸브로 125%에서 회로를 열어 전 부하 압력의 140%까지 제한하도록 맞추어 조절된다.

24

주택용 엘리베이터에 대한 설명으로 틀린 것은?

① 승강행정이 12m 이하이다.
② 화물용 엘리베이터를 포함한다.
③ 정격속도가 0.25m/s 이하이다.
④ 단독주택에 설치되는 엘리베이터에 적용한다.

해설및용어설명 | 주택용 엘리베이터는 수직에 대해 15° 이하의 경사진 주행안내 레일을 따라 단독주택의 거주자를 운송하기 위한 카를 정해진 승강장으로 운행시키기 위해 설치되는 정격속도 0.25m/s 이하, 승강행정 12m 이하인 단독주택에 설치되는 엘리베이터에 적용한다. 그리고 주택용 엘리베이터는 화물용 엘리베이터를 포함하지 않는다.

25

엘리베이터용 주행안내(가이드) 레일의 역할이 아닌 것은?

① 카나 균형추의 승강로내 위치를 규제한다.
② 비상정지장치 작동 시 수직하중을 유지해준다.
③ 카의 자중에 의한 카의 기울어짐을 방지해준다.
④ 승강로의 기계적 강도를 보강해 주는 역할을 한다.

해설및용어설명 | 가이드 레일의 역할은 카의 기울어짐을 방지, 카와 균형추의 승강로 내 위치규제, 비상정지장치 작동 시 수직하중을 유지가 있다.

26

엘리베이터의 매다는 장치(현수)에 관한 기준으로 틀린 것은?

① 로프 또는 체인 등의 가닥수는 2가닥 이상이어야 한다.
② 공칭 직경이 8mm 이상이고, 3가닥 이상의 로프에 의해 구동되는 권상 구동 엘리베이터의 경우 안전율이 12 이상이어야 한다.
③ 3가닥 이상의 6mm 이상 8mm 미만의 로프에 의해 구동되는 권상 구동 엘리베이터의 경우 안전율이 14 이상이어야 한다.
④ 매다는 장치 끝부분은 자체 조임 쐐기 형 소켓, 압착링 매듭법, 주물 단말처리에 의한 카, 균형추/평형추 또는 구멍에 꿰어 맨 매다는 장치 마감 부분의 지지대에 고정되어야 한다.

해설및용어설명 |

- 로프 또는 체인 등의 가닥수는 2가닥 이상이어야 한다. 로프는 공칭 직경이 8mm 이상이어야 한다.
- 매다는 장치의 안전율은 다음 구분에 따른 수치 이상이어야 한다.
  - 3가닥 이상의 로프(벨트)에 의해 구동되는 권상 구동 엘리베이터의 경우 : 12
  - 3가닥 이상의 6mm 이상 8mm 미만의 로프에 의해 구동되는 권상 구동 엘리베이터의 경우 : 16
  - 2가닥 이상의 로프(벨트)에 의해 구동되는 권상 구동 엘리베이터의 경우 : 16
  - 로프가 있는 드럼 구동 및 유압식 엘리베이터의 경우 : 12
  - 체인에 의해 구동되는 엘리베이터의 경우 : 10

정답 22 ① 23 ④ 24 ② 25 ④ 26 ③

27

과속조절기 로프에 대한 설명으로 틀린 것은?

① 과속조절기 로프의 최소 파단 하중은 권상 형식 과속조절기의 마찰 계수(μmax) 0.2를 고려하여 과속조절기가 작동될 때 로프에 발생하는 인장력에 8 이상의 안전율을 가져야 한다.
② 과속조절기의 도르래 피치 직경과 과속조절기 로프의 공칭 직경 사이의 비는 30 이상이어야 한다.
③ 과속조절기 로프 및 관련 부속부품은 추락방지안전장치가 작동하는 동안 제동거리가 정상적일 때보다 더 길더라도 손상되지 않아야 한다.
④ 과속조절기 로프는 추락방지안전장치로부터 쉽게 분리되지 않아야 한다.

해설및용어설명 |
- 과속조절기 로프의 최소 파단 하중은 권상 형식 과속조절기의 마찰 계수 μmax 0.2를 고려하여 과속조절기가 작동될 때 로프에 발생하는 인장력에 8 이상의 안전율을 가져야 한다.
- 과속조절기의 도르래 피치 직경과 과속조절기 로프의 공칭 직경 사이의 비는 30 이상이어야 한다.
- 과속조절기 로프는 인장 풀리에 의해 인장되어야 한다. 이 풀리(또는 인장추)는 안내되어야 한다. 과속조절기의 작동 값이 인장 장치의 움직임에 영향을 받지 않는다면 인장 장치의 일부가 될 수 있다.
- 과속조절기 로프 및 관련 부속부품은 추락방지안전장치가 작동하는 동안 제동거리가 정상적일 때보다 더 길더라도 손상되지 않아야 한다.
- 과속조절기 로프는 추락방지안전장치로부터 쉽게 분리될 수 있어야 한다.

28

다음 그림 중 승강행정을 나타내는 것은?

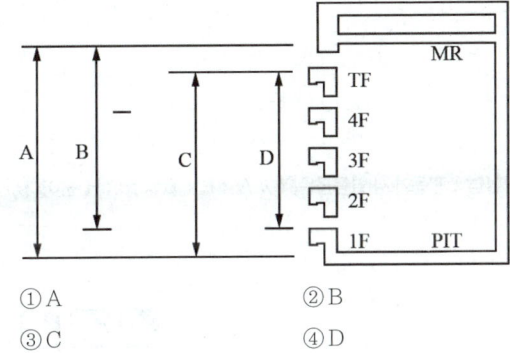

① A
② B
③ C
④ D

해설및용어설명 | 승강기 카의 바닥을 기준잡고 1F일 때부터 TF일 때까지의 바닥부분의 위치를 보면 된다.

29

소선의 표면에 아연도금을 하여 녹이 쉽게 나지 않기 때문에 습기가 많은 장소에 적합한 와이어로프는?

① A종
② B종
③ E종
④ G종

해설및용어설명 |
- E종(1,320N/mm² 으로 주로 엘리베이터용)
- B종(1,770N/mm² 으로 강도, 경도가 A종보다 높아 엘리베이터에는 잘 사용하지 않음)
- G종(1,470N/mm² 으로 표면에 아연도금하여 습기에 강함)
- A종(1,620N/mm² 으로 파단강도가 높아 초고층이나 로프본수를 줄일 경우 사용)

30

다음과 같은 전동기의 내열등급 중 가장 높은 온도까지 견딜 수 있는 것은?

① A종
② E종
③ H종
④ F종

해설및용어설명 | 전동기 내열등급은 Y < A < E < B < F < H 순이다.

31

엘리베이터 도어머신에 요구되는 특성 중 옳지 않은 것은?

① 소음이 작을수록 좋다.
② 감속기로는 웜기어 감속기가 주로 이용되고 있다.
③ 우수한 성능을 내기 위해서는 가벼워야 한다.
④ 구출 작업 시 닫혀 진 상태에서 정전 시 손으로 열 수 없어야 한다.

해설및용어설명 | 승강장문 및 카문은 카 내부에서 손으로 승강장문 및 카문을 열 수 있어야 하고, 그 힘은 300N을 초과하지 않아야 하며, 카 내부에 있는 사람에 의한 카문의 개방을 제한하기 위하여 카가 운행 중일 때, 카문의 개방은 50N 이상의 힘이 요구되어야 한다.

32

장애인용 승강기의 모든 스위치는?

① 바닥으로부터 0.8m 이상, 1.2m 이하의 높이에 설치
② 바닥으로부터 0.6m 이상, 1.1m 이하의 높이에 설치
③ 바닥으로부터 0.5m 이상, 1m 이하의 높이에 설치
④ 바닥으로부터 1m 이상, 1.3m 이하의 높이에 설치

해설및용어설명 | 장애인용 엘리베이터에는 호출버튼·조작반·통화장치 등 승강기의 안팎에 설치되는 모든 스위치의 높이는 바닥면으로부터 0.8m 이상 1.2m 이하의 위치에 설치되어야 한다.

33

사고 중 감전사고의 원인과 거리가 먼 것은?

① 전동기의 빈번한 기동과 정지
② 전기기구나 공구의 절연 파괴가 된 경우
③ 방전코일이 없는 콘덴서의 사용한 경우
④ 정전작업시 접지가 되지 않은 경우

해설및용어설명 | 전동기가 빈번하게 작동정지를 한다고 사고가 발생하는 것은 아니고 절연파괴나 접지가 되지 않은 경우에 주로 감전사고가 발생한다.

34

모듈(MODULE)이 4인 스퍼 외접기어의 잇수가 각각 30, 60이라고 할 때 양축간의 중심거리는 얼마인가?

① 90mm
② 180mm
③ 270mm
④ 360mm

해설및용어설명 |

평기어의 축간거리 $C = \dfrac{m(Z_1 + Z_2)}{2} = \dfrac{4(30+60)}{2} = 180$

여기서 C는 축간거리, m은 모듈, Z는 잇수

35

피치원 지름이 500mm, 잇수가 100개인 기어의 모듈은 얼마인가?

① m = 2
② m = 3
③ m = 4
④ m = 5

해설및용어설명 | 모듈 = 피치원지름 ÷ 잇수 = 500 ÷ 100 = 5

36

버니어 캘리퍼스의 종류에 속하는 것은?

① HB형 ② HM형
③ HT형 ④ CM형

해설및용어설명 | HT형, HM형, HB형는 하이트게이지의 종류이다. 반면 버니어캘리퍼스의 종류에는 M형, CM형, CB형이 있다.

37

전압, 전류, 주파수, 회전속도 등 전기적, 기계적 양을 주로 제어하는 것으로서 응답속도가 대단히 빨라야 하는 것이 특징인 제어는?

① 서보기구 ② 프로세스제어
③ 자동조정 ④ 비율제어

해설및용어설명 | 서보기구의 제어량에는 위치, 자세, 방위 등을 제어량으로 한다. 반면 전압, 주파수, 속도 등은 자동조정의 제어량이다. 또한 온도, 압력, 유량 등은 프로세스제어의 제어량이다.

38

에스컬레이터(무빙워크 포함)에서 6개월에 1회 점검하는 사항이 아닌 것은?

① 추락방지장치의 고정및 설치
② 에스컬레이터와 방화셔터의 연동 작동상태
③ 옥외 난방시스템의 작동상태
④ 출구여유공간확보

해설및용어설명 | 추락방지장치의 고정및 설치는 1개월에 1회 점검이다.

39

그림과 같은 활차장치의 옳은 설명은?

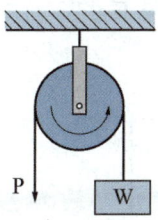

① 힘의 방향만 변환시키고, 크기는 P = W이다.
② 힘의 방향만 변환시키고, 크기는 P = W/2이다.
③ 힘의 크기만 변환시키고, 크기는 P = W/3이다.
④ 힘의 크기만 변환시키고, 크기는 P = W/4이다.

해설및용어설명 | 고정활차이므로 크기는 변화시키지 않고 방향만 변화시킨다.

40

전자유도현상에 의한 유기기전력의 방향을 정하는 것은?

① 플레밍의 오른손법칙
② 옴의 법칙
③ 플레밍의 왼손법칙
④ 렌츠의 법칙

해설및용어설명 | 패러데이의 전자유도법칙에서 기전력의 방향을 정하는 법칙은 렌츠의 법칙이다.

41

그림은 승강기 제어회로의 일부이다. 전동기가 최대 출력을 내기 위한 다이리스터의 점호각은 몇 도인가?

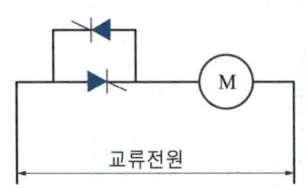

① 0 ② 30
③ 90 ④ 180

해설및용어설명 | 점호각만큼 전동기 전력이 손실되므로 전동기에 최대 출력을 내기 위해선 점호각이 0이어야 한다.

42

고속엘리베이터의 일반적인 기준속도는?

① 2m/s 이상 ② 3m/s 이상
③ 4m/s 이상 ④ 5m/s 이상

해설및용어설명 | 고속엘리베이터의 속도는 4m/s 이상

43

도어 인터록의 작동순서로 맞는 것은?

① 도어가 열릴 때 잠금장치 풀림 후 도어스위치 OFF
② 도어가 열릴 때 잠금장치와 도어스위치가 동시에 OFF
③ 도어가 닫힐 때 잠금장치 걸림 후 도어스위치 ON
④ 도어가 닫힐 때 도어스위치 ON 후에 잠금장치 걸림

해설및용어설명 | 도어 닫힘 시 도어록이 걸린 후 도어스위치가 들어간다.

44

다음 논리식 중 맞는 것은?

① $A + \overline{A} = 0$ ② $A \cdot \overline{A} = 1$
③ $A + 1 = A$ ④ $A(B + A) + A = A$

해설및용어설명 | $A(B + A) + A = A$는 흡수법칙이다. 즉, $A \cdot K + A = A$가 흡수법칙이고 K자리에 $(B + A)$가 들어가 있는 걸로 보면 된다.

45

기계식 주차장치에 있어서 자동차 중량의 전륜 및 후륜에 대한 배분 비는?

① 4 : 6 ② 5 : 5
③ 6 : 4 ④ 7 : 3

해설및용어설명 | 자동차 중량의 전륜 및 후륜에 대한 배분은 6 : 4로 하고 계산하는 단면에는 큰 쪽의 중량이 집중하중으로 작용하는 것으로 가정하여 계산하여야 한다.

46

출력 10kW, 전압 200V, 역률 0.85, 효율 0.85인 3상 유도전동기의 전류 A는?

① 10 ② 20
③ 30 ④ 40

해설및용어설명 |

3상 유도전동기의 출력식은
$PW = \sqrt{3} VI\cos\theta\eta = \sqrt{3} \times 전압 \times 전류 \times 역률 \times 효율$이므로
$10,000W = \sqrt{3} \times 200 \times 전류 \times 0.85 \times 0.85$이므로
전류를 구해보면 39.95가 나온다.

47

그림과 같은 논리회로의 논리식은?

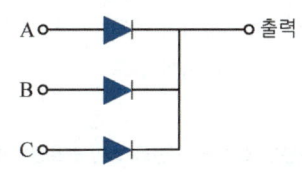

① $\overline{A+B+C}$
② $A+B+C$
③ $A \cdot B \cdot C$
④ $\overline{A \cdot B \cdot C}$

해설및용어설명 | OR 회로이므로 논리합(+)로 연결한다.

48

그림은 주시브(main sheave)에 대한 홈의 형상이다. 다음 설명 중 옳은 것은?

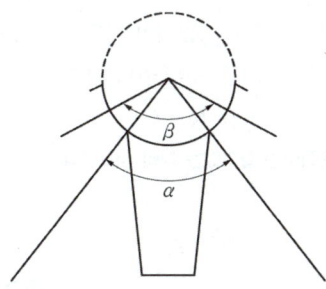

① α값이 클수록 마찰계수와 홈압력이 작아진다.
② α값이 클수록 마찰계수는 작아지나 홈압력이 커진다.
③ α값이 클수록 마찰계수는 커지나 홈압력이 작아진다.
④ α값이 클수록 마찰계수와 홈압력이 커진다.

해설및용어설명 | 권부각이 클수록 홈에 가해지는 압력이 커져서 마찰력이 커진다.

49

10Ω의 저항과 15Ω의 저항이 병렬로 연결되어 있는 회로에서 50A의 전류가 흐를 때 10Ω에 흐르는 전류는 몇 A인가?

① 10A
② 20A
③ 30A
④ 40A

해설및용어설명 | 병렬회로의 전류는 더해서 자기 것이므로

$$I_1 = \frac{R_2}{R_1+R_2}I = \frac{15}{10+15} \times 50 = 30A$$

50

주유를 하지 않아야 하는 곳은?

① 베어링
② 웜기어박스 내부
③ 조속기 축
④ 브레이크라이닝

해설및용어설명 | 브레이크라이닝은 마찰력으로 정지시키는 역할을 하므로 오일을 주유하면 미끄러짐이 발생하여 브레이크 역할을 못하게 된다.

51

다음 중 와이어로프의 구조에서 심강의 주요 기능으로 가장 적절한 것은?

① 로프의 경도를 낮춘다.
② 로프의 파단경도를 높인다.
③ 로프 굴곡 시 유연성을 극대화한다.
④ 소선의 방청과 굴곡 시 윤활을 돕는다.

해설및용어설명 | 심강의 목적은 로프의 형태를 유지하고 내부에 그리스를 저장하여 로프의 마모나 부식을 억제(방청)하고 유연성을 부여한다.

52
와이어로프의 구성요소가 아닌 것은?

① 소선　　② 심강
③ 스트레이너　　④ 스트랜드

해설및용어설명 | 와이어로프는 심강, 스트랜드, 소선으로 구성되며 스트레이너는 유압식 엘리베이터에서 실린더에 이물질이 들어가는 것을 방지하는 필터로 펌프의 흡입측에 부착되어있는 것을 말한다.

53
엘리베이터가 최종단층을 통과하였을 때 엘리베이터를 정지시키며 상승, 하강 양방향 모두 운행이 불가능하게 하는 안전장치는?

① 리미트 스위치　　② 비상정지장치
③ 피트 정지스위치　　④ 파이널 리미트 스위치

해설및용어설명 | 최단층을 통과하면 파이널 리미트 스위치가 정지시킨다.

54
유압잭의 부품이 아닌 것은?

① 사이렌서　　② 플런저
③ 패킹　　④ 더스트 와이퍼

해설및용어설명 | 유압잭의 구성은 실린더와 플런저, 패킹, 더스트 와이퍼 등으로 구성된다. 사이렌서는 진동, 소음을 감소시키는 역할을 한다.

55
물체를 달아 올리기 위해 훅(hook) 등을 걸 수 있는 볼트는?

① T홈 볼트　　② 나비 볼트
③ 기초 볼트　　④ 아이 볼트

해설및용어설명 | 머리 부분에 걸 고리 구멍을 붙인 볼트를 아이볼트라 한다.

56
그림은 무슨 너트인가?

① 나비 너트　　② 아이 너트
③ 슬리브 너트　　④ 손잡이 너트

해설및용어설명 | 손잡이가 달려있는 나비 너트이다.

57
다음 중 절연저항을 측정하는 계기는?

① 회로시험기　　② 메거
③ 훅온미터　　④ 휘트스톤브리지

해설및용어설명 | 절연저항 측정은 메거를 사용한다.

58

승강기 관리주체가 행하여야 할 사항으로 틀린 것은?

① 안전관리자를 선임하여야 한다.
② 사고 또는 고장 내용을 즉시 보고한다.
③ 고장 시 직접 수리를 진행한다.
④ 승강기 안전검사의 신청을 한다.

해설및용어설명 | 직접 수리는 유지관리업체에서 주로 담당한다.

59

데마케이션(스텝 트레드에 있는 홈 등)은 승강장에서 스텝 뒤쪽 끝부분을 일반적으로 어떤 색상으로 표시하여 설치되어야 하는가?

① 적색
② 황색
③ 청색
④ 녹색

해설및용어설명 | 스텝에 황색의 안전표시선이 데마케이션이다.

60

도어머신(door machine) 장치가 갖추어야 할 요구조건이 아닌 것은?

① 소형경량이고 가격이 저렴하여야 한다.
② 대형이고 무거워야 한다.
③ 동작이 원활하고 소음이 적어야 한다.
④ 고빈도의 작동에 대한 내구성이 강해야 한다.

해설및용어설명 | 도어머신은 소형경량이어야 하므로 대형이고 무거우면 안된다.

PART 06

승강기기능사
실기

01 공구선정 및 회로의 이해
02 시험에 나오는 세 가지 회로의 이해
03 공개도면 완전정복
04 와이어로프 작업

CHAPTER 01
공구선정 및 회로의 이해

01 도구 준비

승강기기능사 실기에 필요한 공구는 작업내용에 따라 3가지로 구분할 수 있으며, 그 외 검사장비 및 소도구가 있다.

전기 작업도구	와이어 작업도구	검사장비	그 외(소도구)
십자(양용)드라이버	플라이어	벨테스터	마킹테이프
스트리퍼	니퍼	램프테스터	색연필(네임펜)
무선전동드릴			자석
니퍼			
압착기			

1. 전기 작업도구(제어판제작)

1-1 십자드라이버

- 단자나사를 풀고 조이는데 사용한다.
- 행거롤러작업에서 일자드라이버가 사용되기 때문에 양용드라이버를 준비하는 것이 좋다.

1-2 스트리퍼

- 전선의 피복을 제거하는데 사용한다.
- 시험을 치른 후, 사용빈도가 낮다면 절대 비싼 제품을 사용할 필요가 없다(만원 이하의 제품 추천).

1-3 무선전동드릴

- 합판에 소켓을 고정하기 위해 사용한다.
- 시험을 치른 후, 사용빈도가 낮다면 절대 비싼 제품을 사용할 필요가 없다(단, 12V 이상으로 구매해야 하는 것이 좋다).

1-4 니퍼

- 제어판 마지막에 케이블 타이를 고정할 시 사용되며, 와이어로프 작업에서도 사용한다.
- 날이 무디면 로프의 심(코어) 자르는 작업이 힘들어지기 때문에 구매 시 날이 잘 드는지 확인하는 것이 좋다.

1-5 압착기

- 압착단자를 고정하기 위해 사용된다.
- 가격이 만원 이상이기 때문에 여러 종류 중에서 적당한 것을 고르는 것이 좋다. 2.5SQ 전선에 사용 가능한 것이면 된다.

스트리퍼 / 양용드라이버(십자, 일자) / 니퍼 / 압착툴(1.5와 2.5 가능)

2. 와이어로프 작업도구

2-1 플라이어 or 펜치

- 작업물을 쥐거나 고정하는데 사용한다. 주로 로프작업 시 스트랜드를 구부릴 때 사용된다.
- 펜치보다 플라이어가 작업하기 편하며, 저렴한 것으로 구매해도 된다.

플라이어 or 펜치

3. 검사장비

3-1 벨테스터

벨테스터는 제어판 작업에서 선로확인 및 버튼 테스트에 사용한다.

3-2 램프테스터

램프테스터는 램프의 이상 유무와 램프작동여부까지 검사한다.

벨테스터

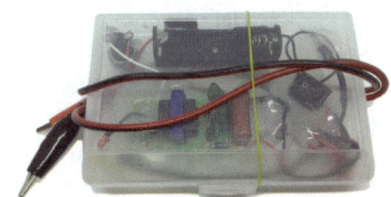

램프테스터

4. 그 외(소도구)

- 마킹테이프
- 색연필(네임펜)
- 자석

02 도면의 이해

1. 전류의 흐름

모든 전기제품은 전선에 전류가 흘러야 전구에 불이 켜지거나 제품이 작동하게 된다. 이 원리를 도면으로 표시하면 아래와 같다.

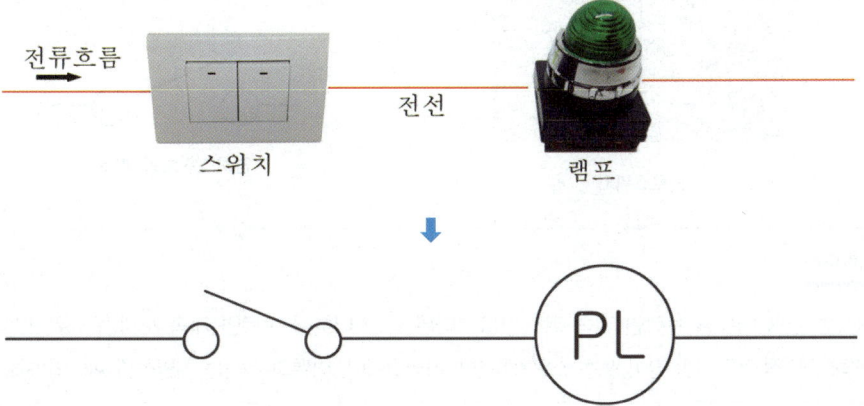

전선은 선으로, 스위치는 단로스위치기호로, 램프는 파일럿램프기호로 표시하면 실제 사진이랑 거의 똑같은 도면이 된다.

> **저자 어드바이스**
>
> 승강기기능사 실기시험은 도면보고, 위의 사진처럼 만드는 작업입니다. 따라서 도면을 보고 서로 어떻게 연결되는지 이해하면 쉬워집니다. 본문 흐름에 따라 이해하고 실습한다면, 단기간에 숙달될 것입니다.

03 버튼

1. 버튼의 이해

버튼은 가장 중요한 요소이고, 실내 전등을 켤 때 사용하는 스위치 또한 버튼의 한 종류이다.

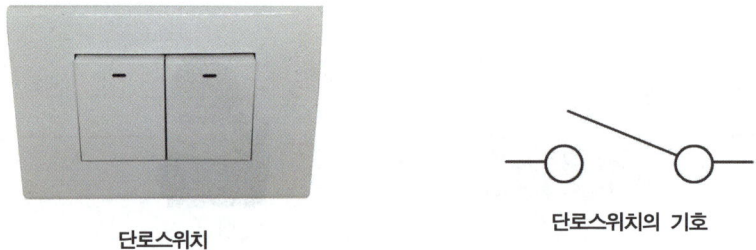

단로스위치　　　　　　　　　　단로스위치의 기호

> **저자 어드바이스**
>
> 단로스위치는 한쪽 버튼을 누르면 계속 켜져 있고, 다른 쪽의 버튼을 누르면 계속 꺼지는 스위치입니다. 버튼의 이해를 위해 일반적으로 가장 많이 쓰는 스위치를 첨부하였습니다. 버튼의 이해는 전반적인 회로의 이해를 돕습니다.

2. 누름버튼스위치(푸시버튼)

누름버튼스위치는 그림과 같이 각 모서리 끝(나사)에 전선을 연결하는 부분(4군데)이 있다. 그 중 2군데에 전선을 연결하면 작동하는 스위치이다.

푸시버튼과 기호

> **저자 어드바이스**
>
> 2025년 2회 실기시험에서 오른쪽 새로운 버튼으로 변경되어 나왔으며 2025년 3회 실기시험에서는 기존 버튼 1개와 새로운 버튼 1개가 섞여서 시험에 나왔으니 참고하자.
> 기존 버튼에는 선을 연결하는 부분에 NO와 NC가 표시되어있지만 새로운 버튼에는 글자표시가 없기 때문에 위의 그림처럼 파란색 부분이 NO이고 빨간색 부분이 NC라고 기억하거나, 벨테스터로 테스트했을 때 소리가 나지 않으면 NO이고, 소리가 나면 NC이니 기억해 두자.

2-1 NO(Normally Open) → a접점(Arbeit Contact)

아래쪽 나사 2군데에 전선을 연결하면 작동한다.
버튼을 누르면 전선이 연결되어 전류가 흘러 전구에 불이 들어온다. 그리고 누르고 있던 손을 떼면 버튼은 원래 위치로 되돌아오며, 전선의 연결이 끊어져 전구에 불이 꺼지게 된다.

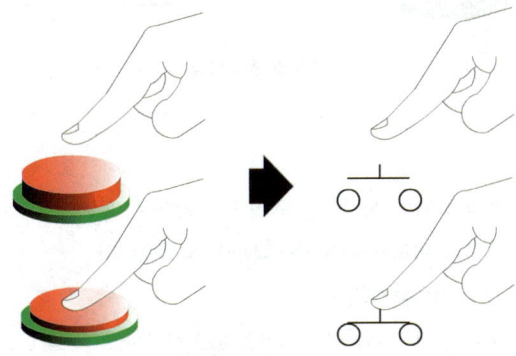

a접점의 동작특성

2-2 NC(Normally Close) → b접점(Break Contact)

위쪽 나사 2군데에 전선을 연결하면 작동한다.

버튼을 누르면 전선이 연결되어 전류가 흘러 전구의 불이 들어오는 a접점과는 반대로, 버튼을 누르면 연결되어 있던 전선이 떨어져 전구의 불이 꺼지게 되고, 버튼을 누르지 않으면 전선이 연결되어 전류가 흘러 전구의 불이 들어오는 상태를 유지하게 된다.

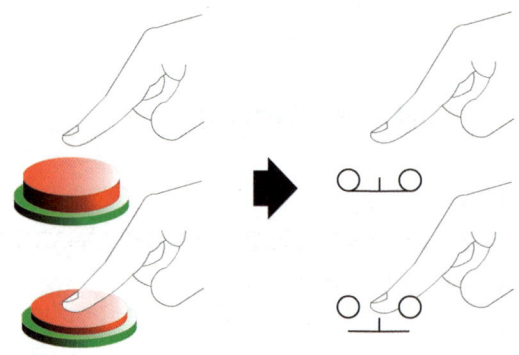

b접점의 동작특성

저자 어드바이스

a접점과 b접점의 이해는 전체 부품에서 작동하는 원리에 포함되며, 도면의 이해를 돕습니다. 앞으로는 〈언제 작동하는지〉와 〈어디에 필요한지〉 구별하는 과정이 되겠습니다.

a접점(NO) → 켤 때 사용   /   b접점(NC) → 끌 때 사용

보통 버튼 1개에 a접점을 사용하고 다른 버튼 1개에 b접점을 사용지만, 드물게는 1개 버튼에 a접점과 b접점을 모두 연결하여 2개의 동작이 가능하게 할 수 있습니다.

04 부품의 정리

1. 램프(전등)

나사로 전선을 연결하는 부분이 2군데이며 전선을 하나씩 연결한다. 램프의 불이 켜지는 것을 점등이라고 하며, 불이 꺼지는 것을 소등이라고 한다.

램프와 램프기호 　　　　　시험에 나오는 3가지 램프

색에 따른 램프의 용어	
PL	파일럿램프
RL	적색램프
GL	녹색램프
YL	황색램프
WL	흰색램프

> **저자 어드바이스**
>
> 실제 시험에는 RL, GL, YL과 같이 램프의 색별로 이름을 주는 경우와 PL1, PL2와 같이 이름을 준 다음에 문제에 PL1 - 적색램프, PL2 - 녹색램프와 같이 적어두기도 합니다. 시험에서는 어떤 색깔의 램프가 어디에 들어가는지 반드시 배치도를 확인해야 합니다.

2. 단자대

인입선과 인출선을 연결하는 부분으로 보통 주 회로를 구성할 때 사용한다. 단자대의 종류는 3핀단자대와 4핀단자대로 나뉜다.

3핀단자대

> **저자 어드바이스**
>
> 시험에는 3핀단자대를 2~3개 사용합니다. 4핀단자대는 리미트 스위치 대용으로 사용합니다.

3. 12핀 소켓

주로 EOCR(전자식과전류계전기)이나 MC(전자접촉기)를 연결할 때 사용한다. 위아래로 12개의 전선을 연결하는 부분이 있다.

12핀 소켓과 EOCR과 MC의 내부접속도

> **저자 어드바이스**
>
> 주의할 점은 가운데 동그라미에 홈이 있는데, 배치할 때 이 홈의 방향은 항상 아래 방향(9번 소켓과 10번 소켓 사이)으로 위치해야 하며 홈의 방향이 반대로 위치할 경우에는 불합격 처리됩니다. 소켓의 번호 순서는 고정이므로 순서를 암기할 필요는 없습니다.

4. 8핀 릴레이 소켓

현재는 주로 8핀 소켓 중 오른쪽의 타이머 소켓만 나오는 중이다.

 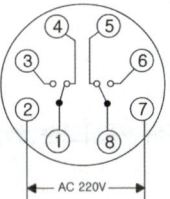   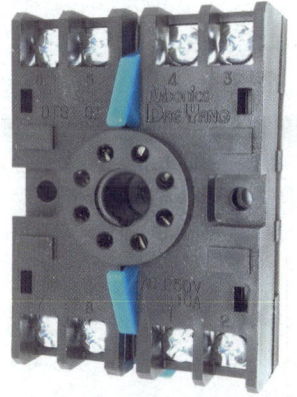 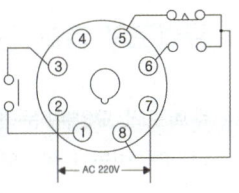

8핀소켓과 릴레이의 내부접속도   8핀 타이머 소켓과 타이머 내부접속도

> **저자 어드바이스**
>
> 12핀 소켓과 마찬가지로 가운데 동그라미의 홈이 아래 방향(1번 소켓과 8번 소켓 사이)으로 위치해야 합니다. 소켓 번호의 순서는 12핀과 다르게 헷갈릴 수가 있어서, 정확히 소켓 번호의 위치를 알아야 시험 중에 전선을 잘못 연결하여 불합격 처리가 되는 상황을 면할 수 있습니다.
> 또한 가운데 동그라미의 홈이 아래로 향한 상태에서 번호가 뒤집어져 보이는 경우도 있는데 번호가 바로 보이도록 할 경우 가운데 동그라미 홈이 위로 향할 수 있지만 위로 향하게 되면 안 됩니다. 소켓 표면에 인쇄된 숫자의 뒤집힘과 관계없이 무조건 가운데 동그라미 홈은 아래로 향해야 합니다.

05 주회로와 보조회로의 구별

1. 주회로의 연결

주회로의 모양은 운전회로, 정역회로, YD기동회로로 구분하며, 주회로는 L1, L2, L3로 전원이 들어와서 UVW로 나간다. 따라서 들어오는 부분에서 나가는 부분으로 선을 연결하면 된다.

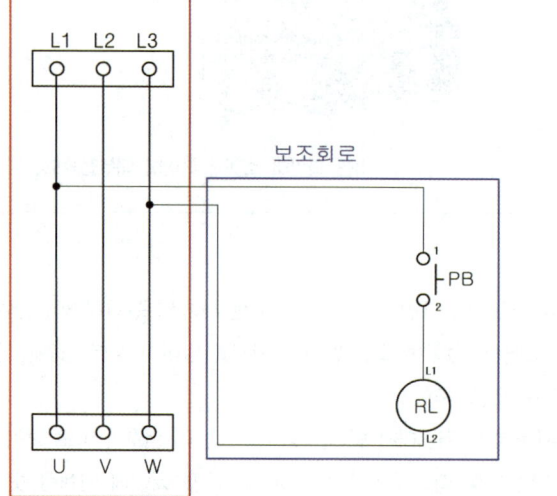
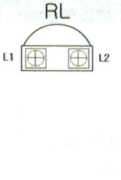
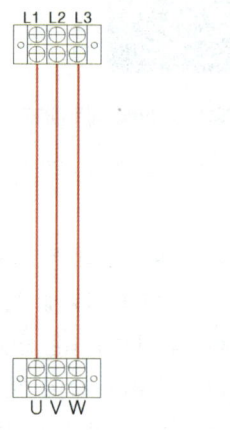

주회로의 연결

> **저자 어드바이스**
>
> 주회로의 연결을 설명하기 위해 MC의 연결 없이 다이렉트로 연결한 그림을 오른쪽에 적색 연결선을 통해 알 수 있습니다. 전선의 색깔은 시험마다 다를 수도 있는데 이 책에서는 주로 적색을 사용합니다. 실제 연결하는 모습과 동일하니 각자 따라서 그려보세요. 시험에서는 주회로는 색깔과 관계없이 2.5mm² 굵기의 전선이 사용됩니다.

2. 보조회로의 연결

그림에서 보조회로의 버튼은 a접점이며 PB버튼을 누르면 RL램프가 점등되고, PB버튼을 놓으면 RL램프가 소등되는 동작을 하게 된다. 버튼의 NO쪽의 2개 단자를 기준으로 선을 연결하면 된다.

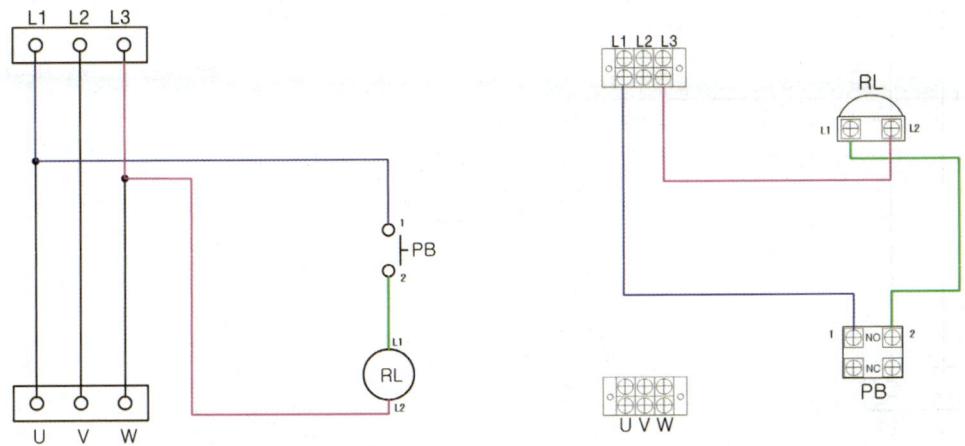

보조회로의 연결

> **저자 어드바이스**
>
> 보조회로는 $1.5mm^2$ 굵기의 전선으로 작업하지만, 그림에서는 편의상 여러 가지 색깔의 선을 써서 어디로 연결되는지 구분했습니다. 버튼은 NO쪽에는 1, 2(또는 N, O)를 주로 사용하며 램프는 L1, L2로 연결되는 부분을 표시하면 됩니다. 참고로 버튼의 NC쪽에는 3, 4(또는 N, C)가 주로 사용됩니다. 이건 전기기능사에서 배운 경우를 참고로 하여 정하였습니다. 무조건은 아니니 편한대로 사용하시면 됩니다.

연 습

도면을 보고 오른쪽의 버튼에 전선을 연결해보시오.

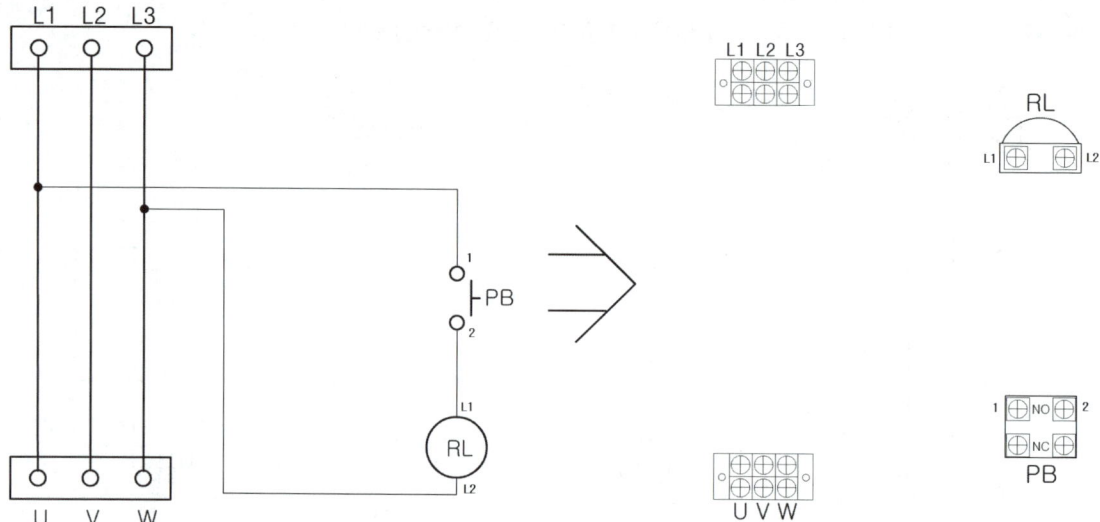

실제 작업에서의 전선을 연결해보시오.

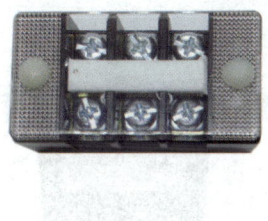

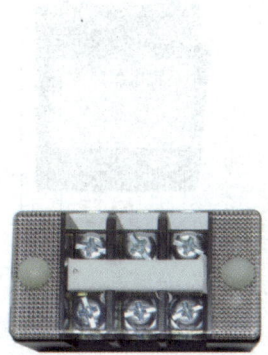

풀 이

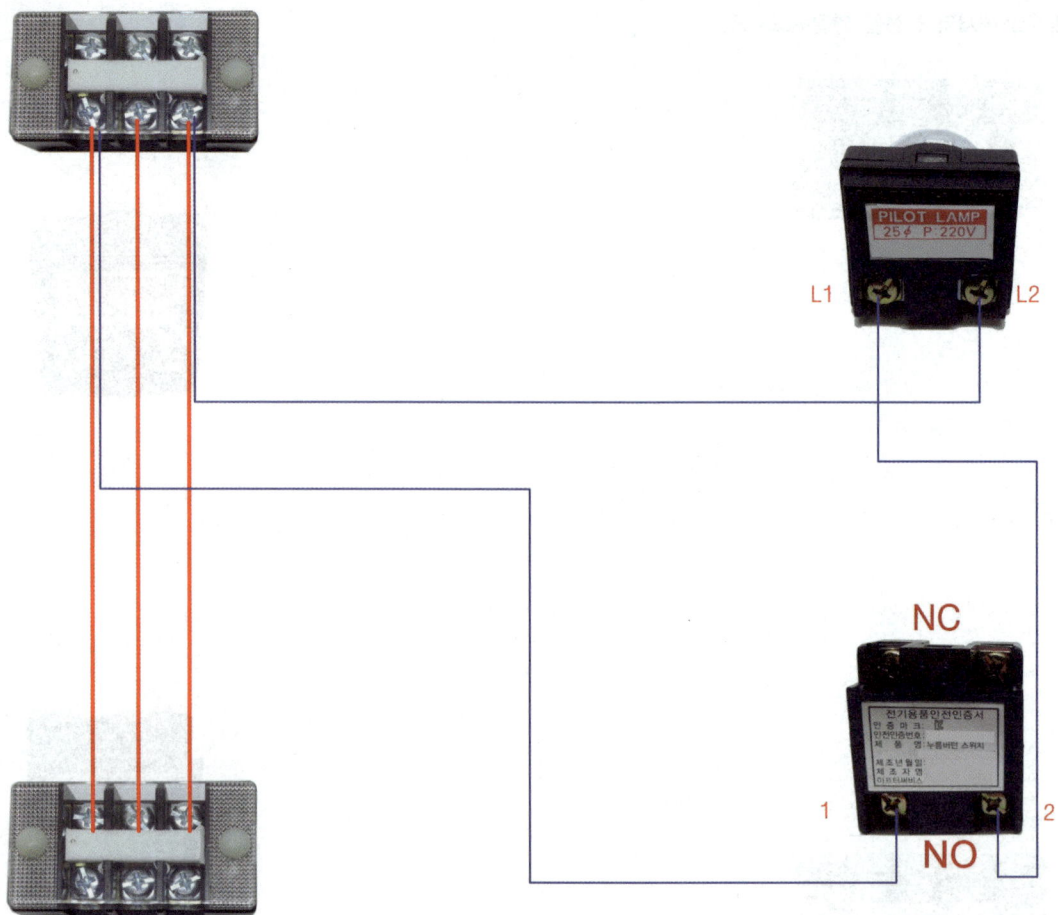

> **저자 어드바이스**
>
> 버튼은 반드시 a접점인지 b접점인지 꼭 구분해서 NO에 연결할지 NC에 연결할지 주의하셔야 합니다. 빨간색은 주회로로 2.5mm²을 사용하고 파란색은 보조회로로 1.5mm²을 사용합니다. 이 회로에서는 램프에 불이 들어오게 하려면 버튼을 계속 누르고 있어야 합니다.

06 자기유지

1. 릴레이

버튼과 기능이 동일하나 접점을 전기의 힘으로 유지시키는 역할을 한다.

> **저자 어드바이스**
>
> 누름버튼을 한번만 눌렀다 떼어도 램프에 불이 계속 들어오게 하려면, 릴레이가 있어야 합니다. 연결방법은 8핀 릴레이의 8개의 핀을 8핀 소켓과 결합시키면 됩니다. 시험장에서는 시험감독관이 통제하는 부품입니다.

8핀 릴레이

1-1 8핀 릴레이의 동작특성

2번핀과 7번핀으로 전원이 공급되면, a접점과 b접점이 동작하고 2번핀과 7번핀의 전원공급이 차단되면, a접점과 b접점이 원래대로 복귀한다.

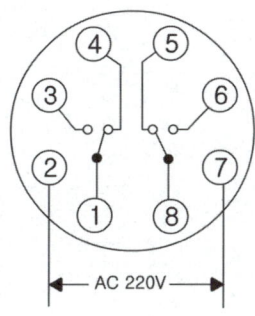

2번핀, 7번핀	전원선 연결
1번핀, 3번핀	a접점
1번핀, 4번핀	b접점
8번핀, 6번핀	a접점
8번핀, 5번핀	b접점

8핀 릴레이 내부접속도

2. 켜는 동작 회로

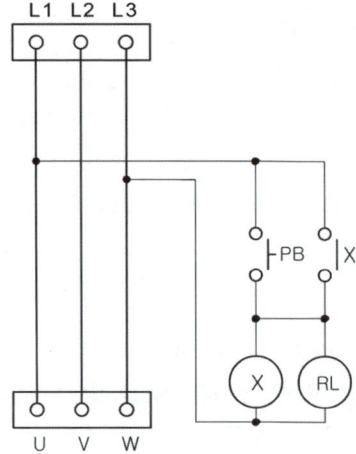

동작설명

- 전원을 투입하면 아무 반응이 없다.
- PB를 누르면 릴레이(X)에 전원이 공급되어 릴레이의 a접점이 연결되어 PB에서 손가락을 떼어도 계속 릴레이의 a접점으로 릴레이에 전원이 공급된다. 따라서 램프 RL에는 계속 전원이 공급되어 램프 RL은 계속 점등하게 된다.

※ 여기서 릴레이(X)의 전원이 공급되는 부분은 ⓧ 이고 릴레이(X)의 a접점은 ˚|× 이다.

※ 릴레이의 기호는 시험마다 조금씩 다를 수 있으며 보통 X나 R이나 Ry 등으로 표시된다.

> **저자 어드바이스**
>
> 도면에 번호를 붙이는 이유는 소켓의 전선을 어디에 연결해야 하는지를 알기 위한 겁니다. 번호를 잘못 붙여, 전선을 잘못 연결하면 불합격 처리됩니다.

3. 릴레이 연결

릴레이의 a접점에 8번핀과 6번핀을 사용했는데, 1번핀과 3번핀을 사용해도 된다. 또한 8번핀과 6번핀을 서로 바꾸어 6번핀과 8번핀으로 연결해도 된다. 릴레이의 전원부분도 마찬가지로 2번핀과 7번핀을 사용했지만 서로 바꾸어도 무방하다.

연 습

도면을 보고 오른쪽의 버튼에 전선을 연결해보시오.

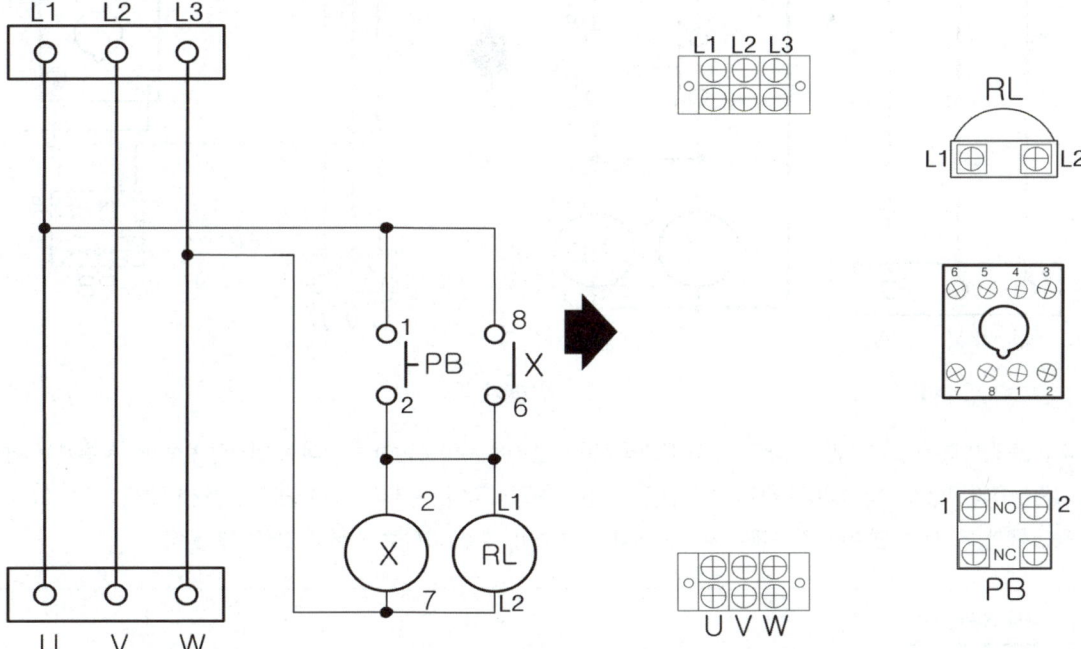

풀 이

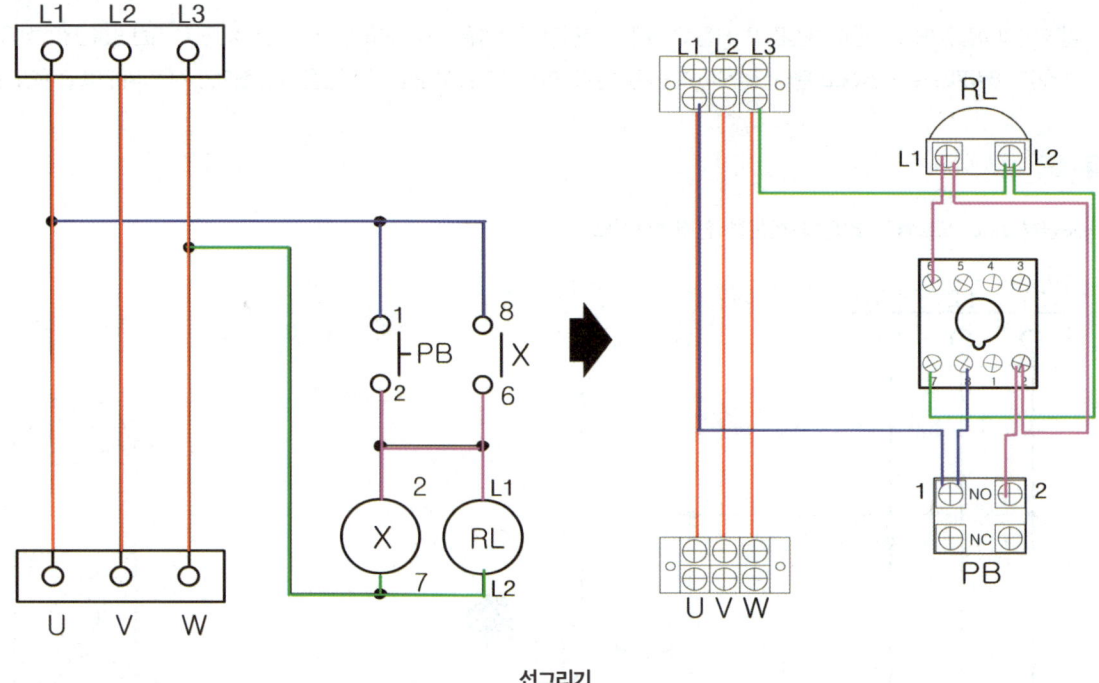

선그리기

파란선에 연결된 것은 3핀단자대의 L1과 PB의 1번과 릴레이(X)의 8번이 순서대로 연결된 반면에, 분홍선에 연결된 것은 PB의 2번과 릴레이(X)의 6번핀과 2번핀, 그리고 램프 RL의 L1인데, 제일 가까운 것부터 연결되어 있다. 즉, 동일한 선에 서로 연결된 경우에는 도면순서와 관계없이 제일 가까운 것부터 연결하면 된다.

> **저자 어드바이스**
>
> 시험에서 자석을 사용하는 이유는 실제 시험도면은 훨씬 복잡해서 하나의 전선에 접속되는 단자의 수가 최대 10개 가까이 되기 때문에 제일 가까운 것부터 연결하기 위함입니다. 도면의 순서보다는 제일 가까운 것부터 연결해야 재료와 시간이 절약됩니다. 시험장에서 처음 전선을 받아서 작업을 하다보면 전선이 부족한 경우가 드물게 있습니다. 그 이유는 회로도에 그려진 순서대로 연결하다보니 전선의 양이 증가하여 전선이 모자라게 된 것입니다.

연 습

실제 작업에서의 전선을 연결해보시오.

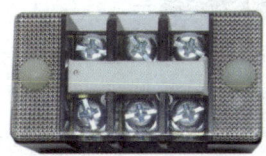

풀 이

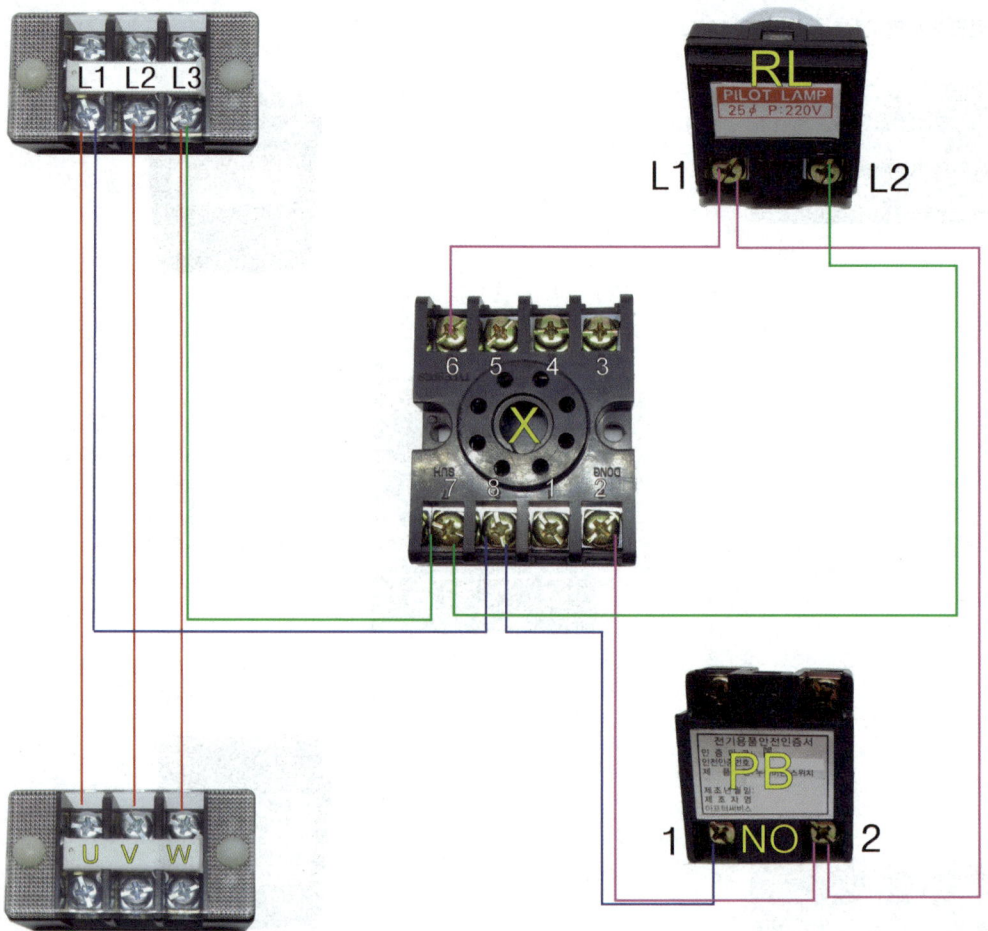

> **저자 어드바이스**
>
> 같은 선에 연결된 경우 순서와 관계없이 가장 가까운 것부터 연결되는 모습을 보여드리고자 앞선 내용과 다르게 그려본 것입니다. 다만, 하나의 연결단자에는 최대 2가닥의 선을 넣는다는 것과 소켓 사이에는 선이 통과하지 못한다는 것을 기억하면 좋습니다.

4. 끄는 동작 회로

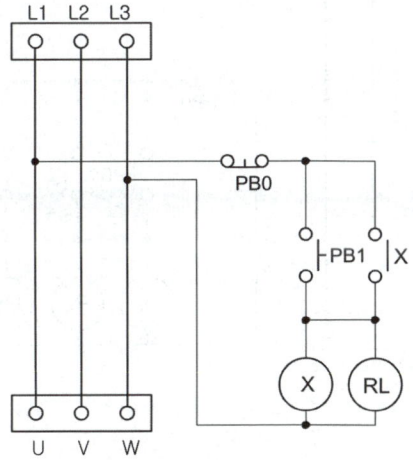

동작설명

- 전원을 투입하면 아무 반응이 없다.
- PB1를 누르면 릴레이(X)에 전원이 공급되어 릴레이의 a접점이 통전되어 PB1에서 손가락을 떼어도 계속 릴레이의 a접점으로 릴레이에 전원이 공급된다. 따라서 램프 RL에는 계속 전원이 공급되어 램프 RL은 계속 점등하게 된다.
- 점등 중에 PB0를 누르면 릴레이(X)로 공급되던 전원이 차단되면서 릴레이(X)의 a접점이 원위치로 복구되고 RL은 소등한다.

동작설명 정리

- PB1을 누르면 램프가 켜지고 PB0를 누르면 램프가 꺼진다.
- 켜는 때엔 a접점이 필요하지만 끄는 때엔 b접점이 필요하다. 모든 릴레이의 a접점과 b접점에도 동일하게 적용된다.

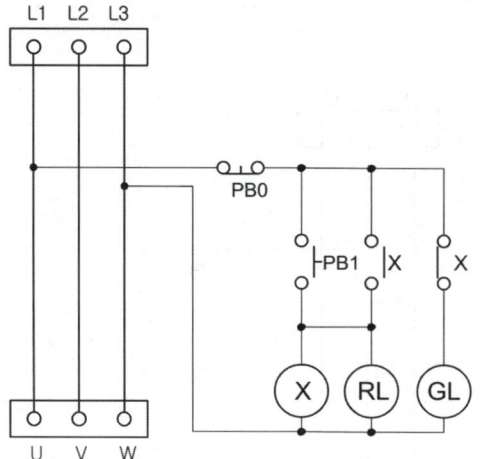

동작설명

- 전원을 투입하면 램프GL이 점등된다.
- PB1를 누르면 릴레이(X)에 전원이 공급되어 릴레이의 a접점이 통전되어 PB1에서 손가락을 떼어도 계속 릴레이의 a접점으로 릴레이에 전원이 공급된다. 따라서 램프 RL에는 계속 전원이 공급되어 램프 RL은 계속 점등하게 된다. 반면, 릴레이의 b접점으로 연결된 램프 GL은 릴레이 b접점이 열려 전원이 차단되므로 GL은 소등하게 된다.
- 점등 중에 PB0를 누르면 릴레이(X)로 공급되던 전원이 차단되면서 릴레이(X)의 a접점이 원위치로 복구되고 RL은 소등한다. 반면 릴레이의 b접점은 원래대로 복구되면서 GL이 점등하게 된다.

동작설명 정리

- 전원을 투입하면 녹색램프가 켜진다.
- 버튼 PB1을 누르면 녹색램프는 꺼지고, 적색램프는 켜진다.
- 버튼 PB0를 누르면 적색램프가 꺼지고, 녹색램프가 켜진다.

5. 전자접촉기(MC)

전자접촉기(MC)는 릴레이와 비슷하지만 주회로를 개폐하는 기능이 추가되어 있다.

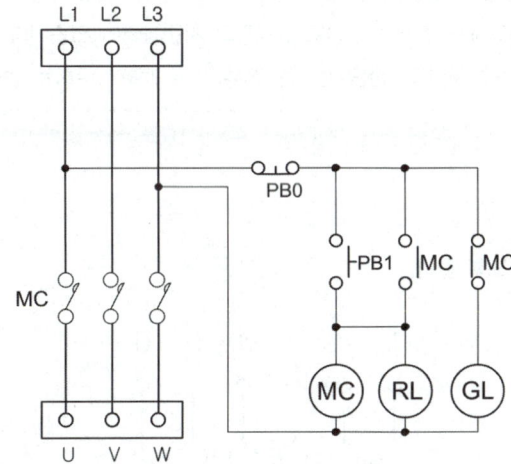

동작설명

- 전원을 투입하면 MC의 b접점으로 연결된 램프 GL이 점등된다. 주회로는 MC의 주접점이 열려있으므로 UVW에는 전원이 공급되지 않는다.
- PB1를 누르면 MC에 전원이 공급되어 MC의 a접점이 통전되어 PB1에서 손가락을 떼어도 계속 MC의 a접점으로 MC에 전원이 공급된다. 따라서 램프 RL에는 계속 전원이 공급되어 램프 RL은 계속 점등하게 된다. 반면, MC의 b접점으로 연결된 램프 GL은 MC의 b접점이 열려 전원이 차단되므로 GL은 소등하게 된다. 또한 주회로의 MC의 주접점은 연결되어 L1, L2, L3에 들어온 전원이 UVW까지 연결된다.
- 점등 중에 PB0를 누르면 MC로 공급되던 전원이 차단되면서 MC의 a접점이 원위치로 복구되고 RL은 소등한다. 반면, PB0를 눌렀다 놓으면 MC의 b접점은 원래대로 복구되면서 GL이 점등하게 된다. 또한 MC의 전원이 차단되어 주접점이 열려 UVW에 전원공급이 차단된다.
- ※ 위 회로도를 통해 릴레이를 제거하고, MC를 연결한 것을 알 수 있다. MC의 주접점을 주회로에 사용하여 주회로의 전원도 차단과 연결이 가능하게 되었다.

동작설명 정리

- 전원을 투입하면 녹색램프가 켜지지만, 전동기는 작동되지 않는다.
- 기동버튼인 PB1을 누르면 녹색램프가 꺼지면서, 적색램프가 켜지고 전동기가 작동한다.
- 정지버튼인 PB0를 누르면 전동기가 꺼지면서, 적색램프도 꺼지고, 녹색램프가 다시 켜지게 된다.

> **저자 어드바이스**
>
> 릴레이는 전동기를 가동할 만큼의 큰 전류를 연결하거나, 차단하는 동작을 못하기 때문에 MC를 사용하게 됩니다. MC는 전동기를 가동할 만큼 큰 전류를 연결하거나 차단하는 능력이 있습니다. 동작은 릴레이나 MC가 동일한 a접점과 b접점이 있지만, MC에는 추가로 주회로의 연결과 차단능력이 있습니다. 램프는 큰 전류가 필요 없기 때문에 a접점과 b접점으로 동작시키고, 전동기는 큰 전류가 필요해서 주회로 연결접점이 사용됩니다.

5-1 MC의 내부접속도

릴레이와 MC의 차이를 구분하도록 한다.

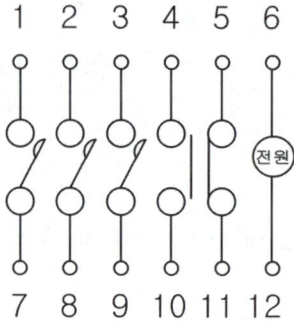

동작설명

- 1번, 2번, 3번 단자는 주회로의 L1, L2, L3에 연결되고 7번, 8번, 9번 단자는 전동기의 UVW단자에 연결되어 큰 전류의 연결과 차단을 하게 된다.
- 4번과 10번 단자는 a접점으로 동작하고 5번과 11번 단자는 b접점으로 동작한다.
- 6번과 12번 단자는 MC에 전원을 공급하여 MC가 동작하는데 필요한 전원을 공급하게 된다.

5-2 릴레이와 MC를 모두 사용한 회로 만들기

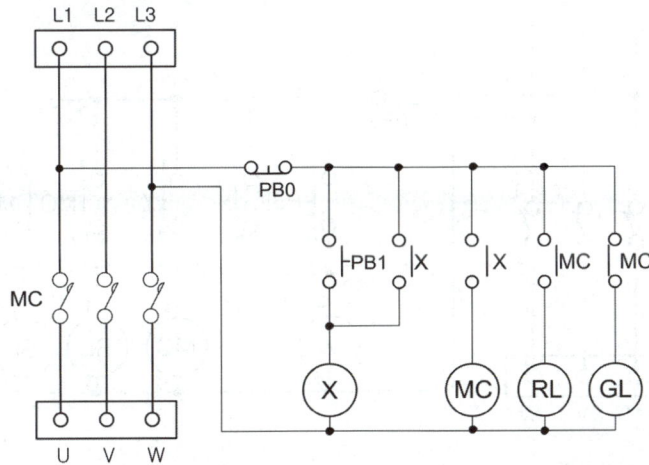

동작설명

- 전원을 투입하면 MC의 b접점으로 연결된 램프 GL이 점등된다. 주회로는 MC의 주접점이 열려있으므로 UVW에는 전원이 공급되지 않는다.
- PB1를 누르면 릴레이에 전원이 공급되어 릴레이(X)의 a접점이 연결되어 PB1에서 손가락을 떼어도 계속 릴레이(X)의 a접점으로 릴레이와 MC에 전원이 공급된다. MC의 a접점도 연결되어 램프 RL에는 계속 전원이 공급되어 램프 RL은 계속 점등하게 된다. 반면, MC의 b접점으로 연결된 램프 GL은 MC의 b접점이 열려 전원이 차단되므로 GL은 소등하게 된다. 또한 주회로의 MC의 주접점은 연결되어 L1, L2, L3에 들어온 전원이 UVW까지 연결된다.
- 점등 중에 PB0를 누르면 릴레이(X)로 공급되던 전원이 차단되어 릴레이는 복구되고 릴레이 a접점이 원래대로 복구되어 전원이 차단되므로 MC로 공급되던 전원이 차단되면서 MC의 a접점이 원위치로 복구되고 RL은 소등한다. 반면, PB0를 눌렀다 놓으면 MC의 b접점은 원래대로 복구되면서 GL이 점등하게 된다. 또한 MC의 전원이 차단되어 주접점이 열려 UVW에 전원공급이 차단된다.

동작설명 정리

- 전원을 투입하면 녹색램프가 켜지지만, 전동기는 작동되지 않는다.
- 기동버튼인 PB1을 누르면 녹색램프가 꺼지면서, 적색램프가 켜지고 전동기가 작동한다.
- 정지버튼인 PB0를 누르면 전동기가 꺼지면서, 적색램프도 꺼지고, 녹색램프가 다시 켜지게 된다.

> **저자 어드바이스**
>
> 앞서 만들어 본 회로와 동작이 동일합니다. 여기까지 이해하면 도면에 대한 이해가 90% 완성됩니다.
> 하지만 기능사는 도면에 대한 이해가 크게 중요하지 않기 때문에, 번호를 붙이고 선 연결을 잘하면 됩니다.

승강기기능사 실기

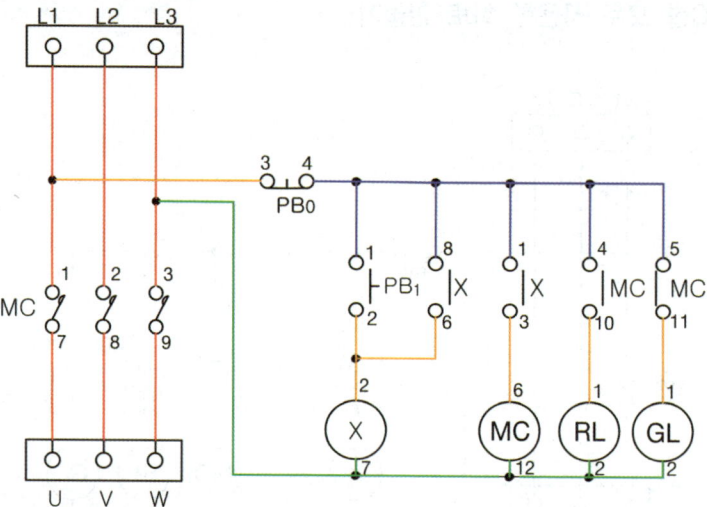

도면에서 적색선은 주회로이며 $2.5mm^2$ 선을 사용한다. 그 외의 색상은 전부 보조회로이고 $1.5mm^2$ 선을 사용한다. 주회로의 MC에 123과 789는 L1, L2, L3와 UVW에 각각 연결되어, 전원을 연결하거나 차단할 수 있는 기능을 한다. 보조회로에 ⓧ는 릴레이의 전원부이므로 2번과 7번으로 연결해야 한다.

> **저자 어드바이스**
>
> 이때 2번과 7번은 서로 바꾸어도 무관하나 번호 붙일 때 자주 바꾸면 실수가 생기므로 주로 아래쪽에 있는 전원부들은 2번과 7번으로 통일하는 것이 좋습니다. MC의 전원부인 ⓜⓒ도 6번과 12번으로 통일하면 좋습니다. 마찬가지로 램프인 RL과 GL은 L1, L2나 1, 2로 표시해두면 좋습니다(램프는 표면에 L1, L2라고 표시되어 있으나 전원부의 L1, L2, L3와 구분하기 위해 그냥 1, 2로 표시하도록 하겠습니다). 또는 버튼 PB0는 b접점을 사용하므로 a접점을 1, 2로 표시했다면 b접점은 3, 4로 표시하는 게 전기기능사에서 자주 사용하는 방법이라 여기서도 3, 4로 표시했습니다. 꼭 버튼을 1, 2, 3, 4로 표시해야 하는 것은 아니니 본인이 익숙한 방법을 사용하시면 됩니다. 1, 2, 3, 4를 N, O, N, C로 버튼 표면의 글자로 대체해서 사용하기도 합니다. 릴레이 X의 a접점이 2개가 있는데 한쪽에 8번핀과 6번핀을 사용했다면 다른 쪽에는 1번핀과 3번핀을 사용해야 합니다. 릴레이 하나에 사용할 수 있는 a접점이 2개이고 b접점이 2개인데, 각각 따로 사용해야 합니다. 마찬가지로 MC의 a접점과 b접점도 2개를 사용할 수 있으니 a접점은 4번핀, 10번핀에 연결하고, b접점은 5번핀과 11번핀에 연결하면 됩니다.

연 습

번호를 붙이고, 버튼에 전선을 연결해보시오.

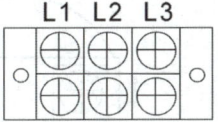 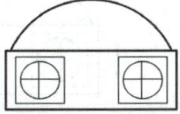 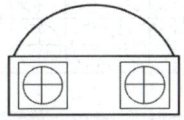

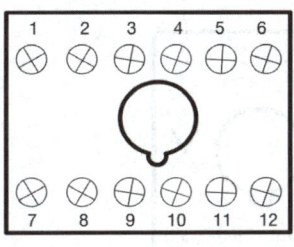 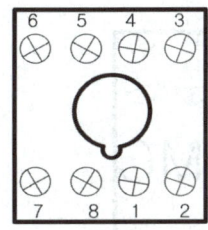

 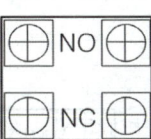 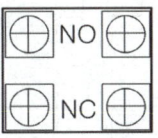

풀 이

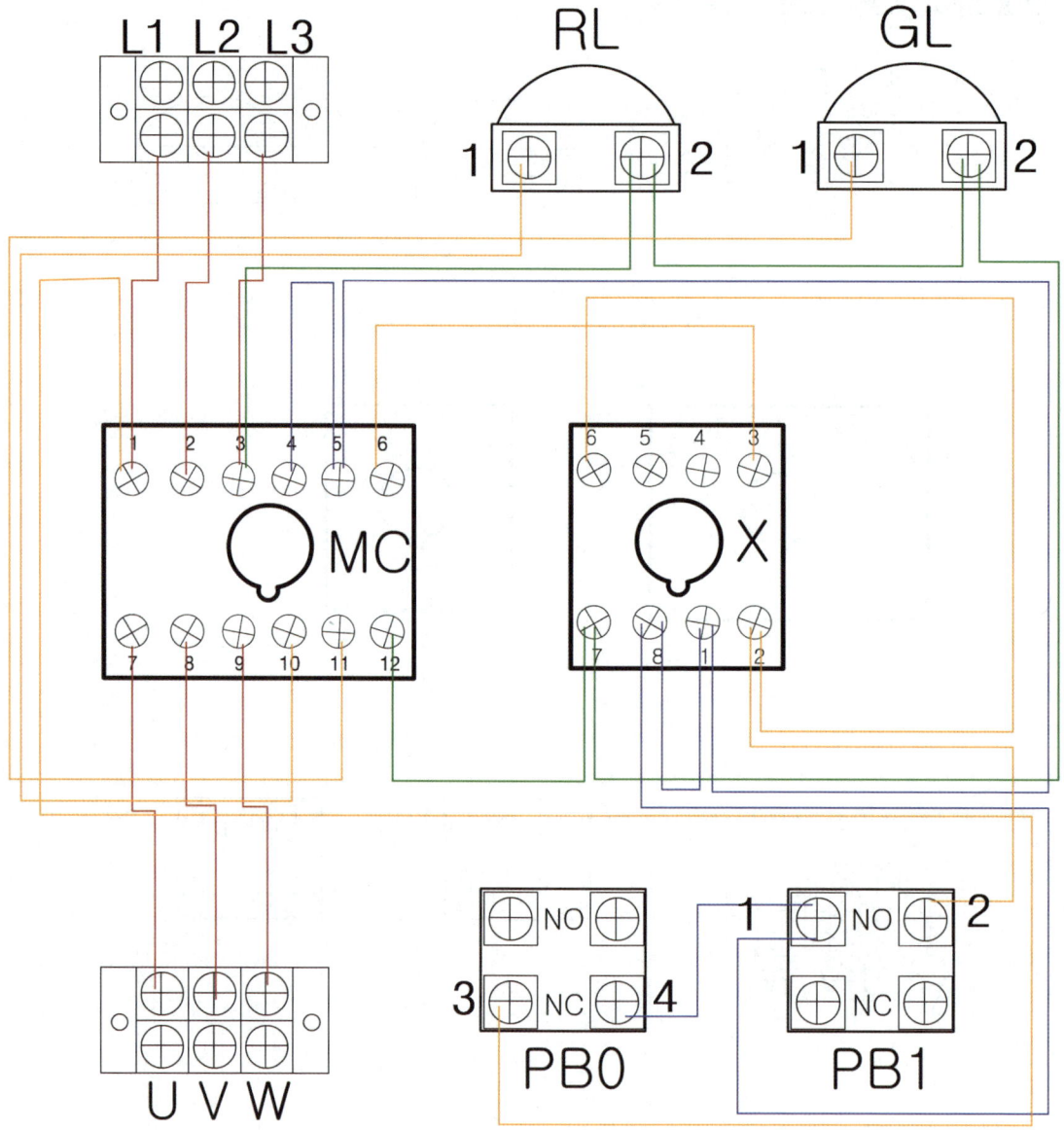

저자 어드바이스

선 연결만 제대로 했다면 모양이 조금 달라도 괜찮습니다. 주회로와 보조회로를 구분(적색선 - 주회로, 그 외 - 보조회로)할 수 있는지 확인하면서 실제 부품을 대신해서 선 연결을 해보도록 합시다.

연 습

실제 작업에서의 전선을 연결해보시오.

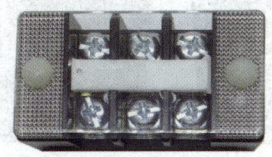

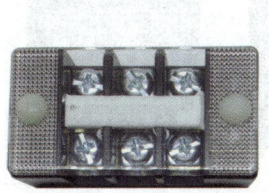

> **저자 어드바이스**
>
> 항상 실제 재료에 그릴 때는 반드시 이름과 번호를 표시하고 연습하도록 합니다. 실제 작업 시 주로 마킹테이프를 부품에 붙여서 명칭과 번호를 정확히 표시해 주면 작업 시 실수할 가능성이 줄어들게 됩니다.

풀 이

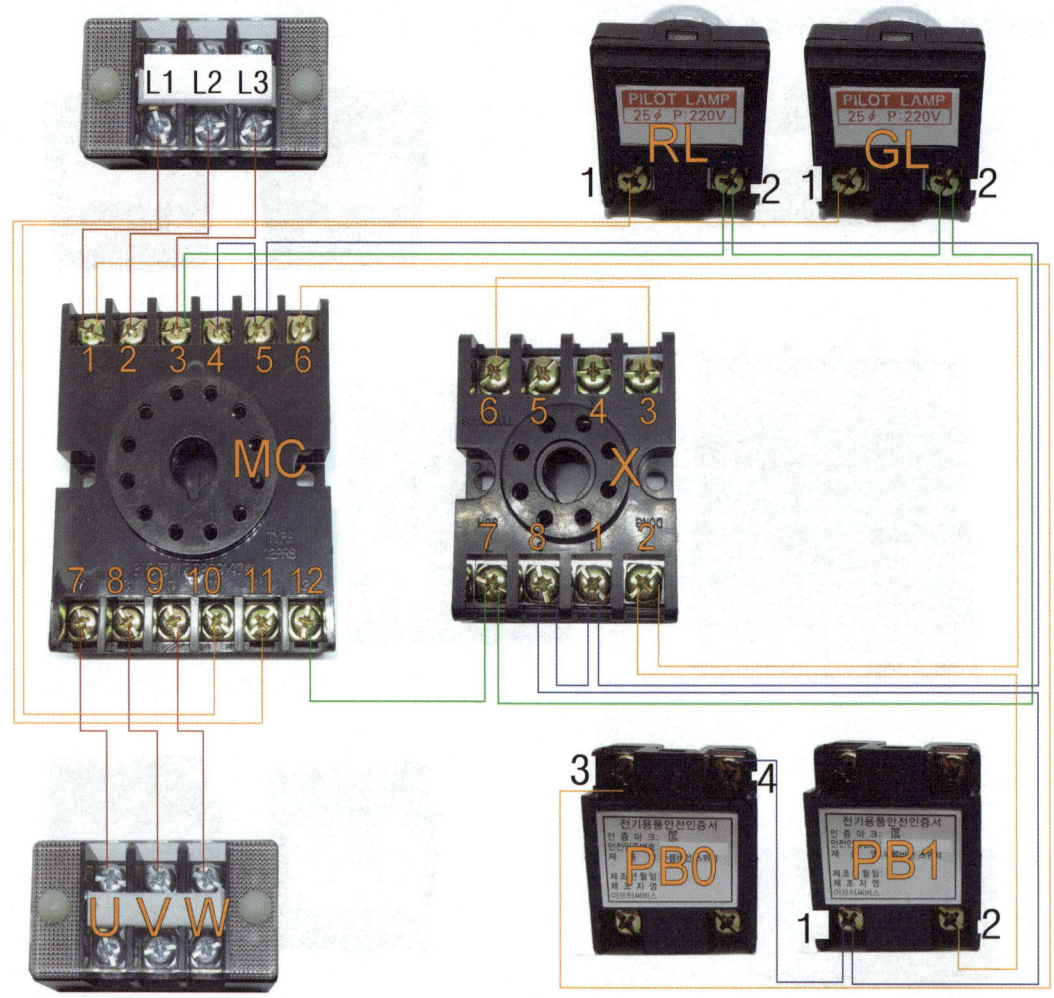

07 인터록

1. 인터록

인터록이란 동시동작금지라는 뜻이며, 병렬우선회로라고도 불린다.

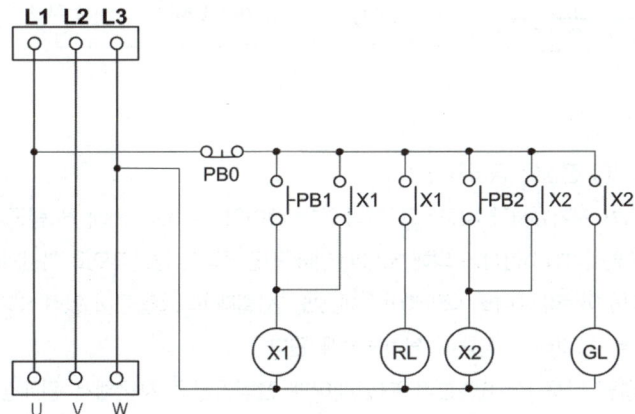

동작설명
- 기동버튼이 PB1과 PB2로 2개가 있다. 즉, 켜는 것이 두 개 있는 경우에 사용한다.
- 일단 PB1을 누르면 X1에 전원이 공급되고 RL램프가 점등된다.
- 이때 PB2를 누르면 X2에도 전원이 공급되고, GL램프도 점등된다.
- 그 후 PB0를 누르면, RL램프와 GL램프가 모두 소등된다.

> **저자 어드바이스**
>
> 위의 회로에서 만일 RL 램프와 GL 램프 중 하나만 켜지도록 해야 한다면 어떻게 될까요? 인터록이란 동시동작 금지라는 말에서 알 수 있듯이 둘 다 작동하면 안 되는 상황에서 필요합니다. 대표적인 예가 승강기의 정역회로 입니다. 승강기가 상승할 때, 하강하는 버튼을 눌러도 작동이 안 되며, 반대로 승강기가 하강할 때, 상승하는 버튼을 눌러도 작동이 안 됩니다. 이런 경우에 사용되는 것이 바로 인터록 회로입니다. 그럼 어떻게 만들면 될지 한번 알아봅시다.

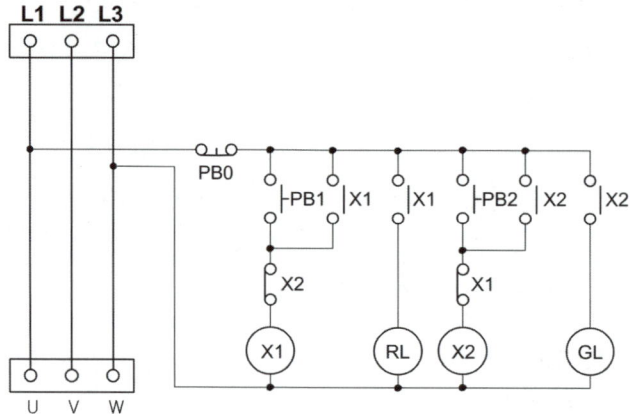

동작설명

- PB1을 누르면 X1릴레이에 전원이 공급된다.
- X1릴레이의 a접점에 의해 자기유지가 되고, 그 옆의 X1릴레이의 a접점에 의해 RL램프가 점등된다.
- X2릴레이 위에 있는 X1릴레이의 b접점에 의해 X2릴레이에 전원공급이 원천적으로 차단된다. 즉, X1릴레이에 전원이 공급되고 있는 경우 PB2를 아무리 눌러도 X2릴레이 위에 있는 X1릴레이의 b접점이 열려 있기 때문에 절대 X2릴레이에 전원공급이 되지 않아서 X2릴레이 작동이 불가능하게 된다.
- X2릴레이를 동작시키려면 바로 PB0을 눌러 X1릴레이에 전원공급을 차단해서 원래상태로 만들면 PB2를 누를 수가 있다.
- PB2를 먼저 누르면 X2릴레이에 전원이 공급되어 GL램프가 점등되고 X1릴레이 바로 위의 X2릴레이의 b접점이 열려 X1릴레이로 전원이 공급되는 것을 차단하여, PB1을 아무리 눌러도 X1릴레이가 작동하지 않는다.
- ※ 릴레이의 b접점이 각각 다른 쪽 릴레이 위에 추가된 사항을 잘 생각해보고, 동작상황을 이해한다.

동작설명 정리

- PB1을 누르면 적색램프가 켜지지만, PB2를 눌러도 녹색램프는 켜지지 않는다. 이때, PB0을 누르면 적색램프가 꺼진다.
- 그 후 PB2를 누르면 녹색램프가 켜지지만, PB1을 눌러도 적색램프는 켜지지 않는다.

저자 어드바이스

사실 위 회로의 8핀 릴레이로는 번호를 붙일 수 없습니다. (11핀 릴레이는 가능하지만 본 시험에는 나오지 않습니다) 왜냐하면 8핀 릴레이에는 a접점과 b접점이 각각 2개가 있지만 3개 이상을 단독으로 사용할 수 없기 때문입니다. 1번단자와 8번단자는 a접점과 b접점에 공통으로 사용하는 부분이기 때문에 단독으로 사용할 경우는 오직 2군데만 가능합니다. 즉, 위의 도면에서는 X1릴레이에 a접점이 2개, b접점이 1개 사용되어 총 3군데가 필요한데 공통으로 사용할 수 있는 부분이 없습니다.

연 습

다음과 같이 회로를 정리함으로써, 동작은 동일하고 8핀 릴레이로도 제작이 가능하게 되었습니다. 이제 번호를 기입해 봅시다.

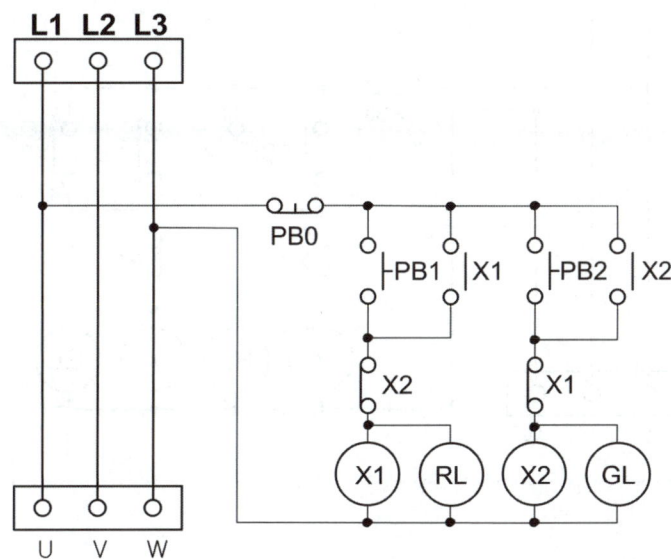

풀 이

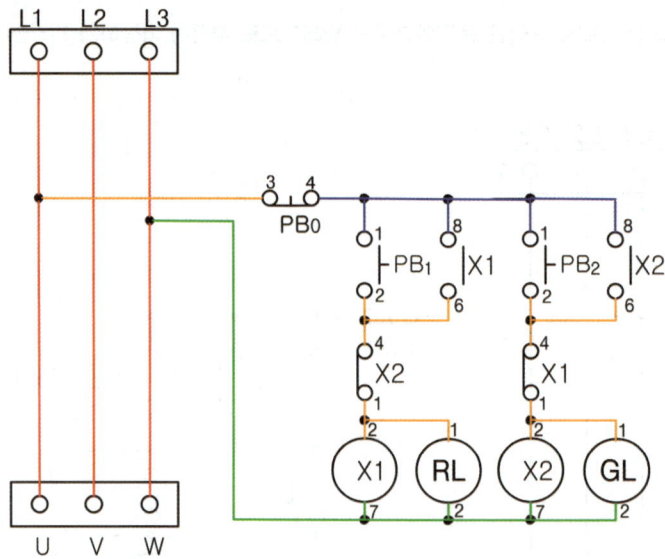

> **저자 어드바이스**
>
> 위의 번호에서 1번과 4번, 8번과 6번은 각각 8번과 5번, 1번과 3번으로 바꿔도 됩니다. 8번과 6번을 서로 바꿔도 되고, 1번과 4번을 서로 바꿔도 됩니다. 위 번호는 일부러 가까운 단자끼리 맞추기 위해 번호를 수정한 것입니다.

연 습

버튼에 전선을 연결해보시오.

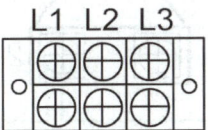

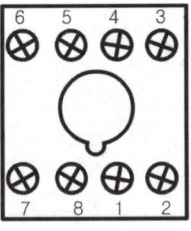
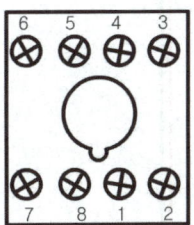

풀 이

연 습

실제 작업에서의 전선을 연결해보시오.

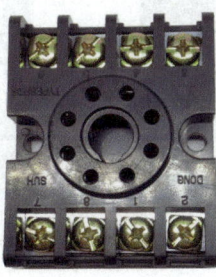 

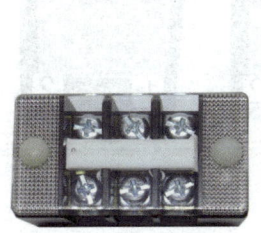 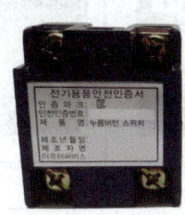  

승강기기능사 실기

풀 이

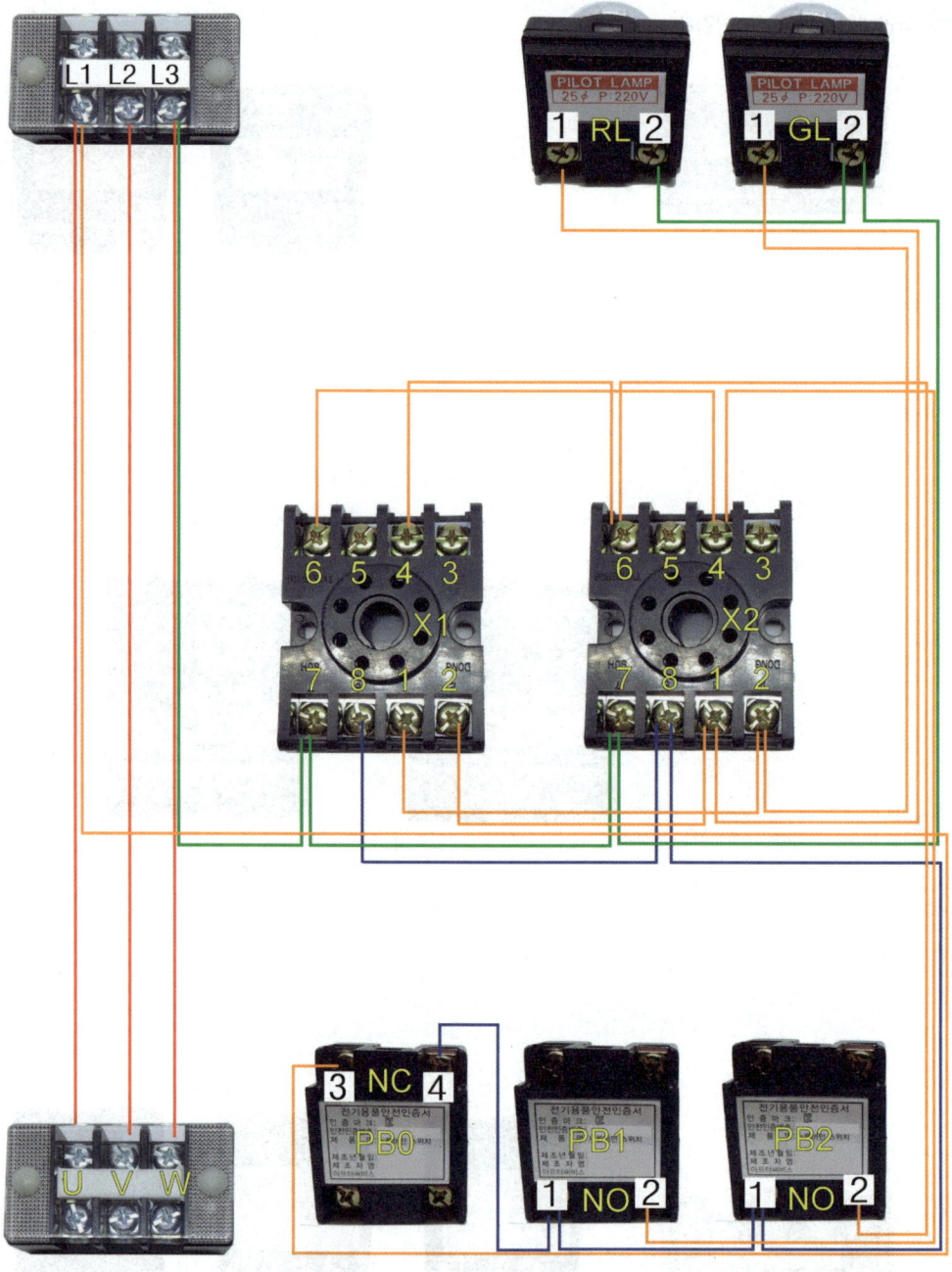

CHAPTER 02
시험에 나오는 세 가지 회로의 이해

01 운전회로

1. 타이머

시험에 나오는 회로는 크게 3가지로 구분된다. 첫째는 운전회로로 전동기를 작동과 정지를 반복하는 회로이다. 이때 필요한 것이 타이머인데, 타이머는 릴레이에 시간 후 동작이란 개념이 더해졌다.

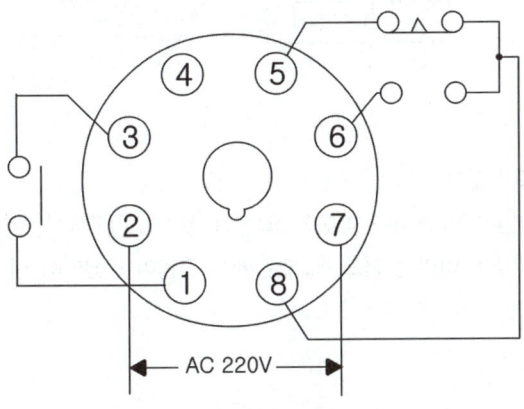

타이머의 내부접속도

전원공급은 2번과 7번으로 릴레이와 동일하다. a접점과 b접점이 8번단자를 공통으로 8번과 6번은 타이머 a접점이고, 8번과 5번이 타이머 b접점으로 릴레이와 동일하다. 다만, 타이머접점이라는 부분만 다르다(여기서 타이머접점이란 한시동작순시복귀접점으로 임의의 타이머접점이라고 쓰고 있다. 참고로 순시동작한시복귀접점도 있지만 시험엔 나온적이 없으니 생략한다).

> **저자 어드바이스**
>
> 1번과 3번은 릴레이와 동일한 a접점으로 타이머접점이 아닙니다. 이것이 중요한데 이 a접점의 사용용도는 타이머 자기유지용입니다. 타이머접점은 타이머에 입력된 시간이 경과한 후에 작동하게 하는 것으로 이해하면 됩니다.

2. 기본회로구성

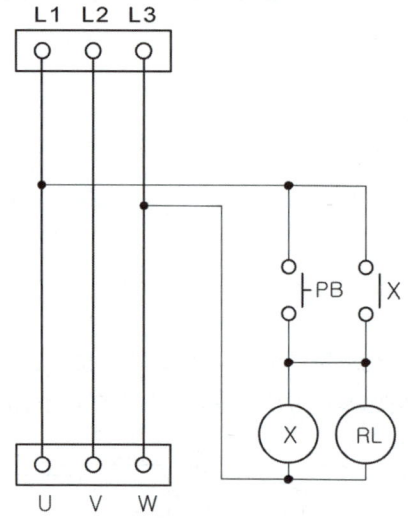

동작설명

- 전원을 투입하면 아무 반응이 없다.
- PB를 누르면 릴레이(X)에 전원이 공급되어 릴레이의 a접점이 통전되어 PB에서 손가락을 떼어도 계속 릴레이의 a접점으로 릴레이에 전원이 공급된다. 따라서 램프 RL에는 계속 전원이 공급되어 램프 RL은 계속 점등하게 된다.

3. 릴레이를 타이머로 변경한 회로구성

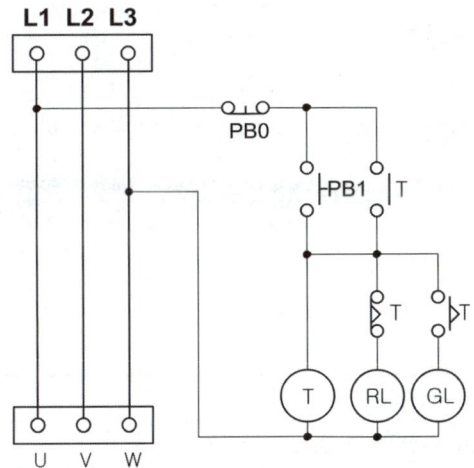

동작설명

- 전원을 투입하면 아무 반응이 없다.
- PB1을 누르면 타이머에 전원이 공급되어 타이머의 자기유지용 a접점이 연결되어 PB1에서 손가락을 떼어도 계속 타이머의 자기유지용 a접점으로 타이머에 전원이 공급된다. 이때 타이머접점은 동작하지 않으며 RL램프는 점등되고 GL램프는 점등되지 않는다.
- 타이머에 정해진 시간을 T라고 하면 T시간이 경과한 후에 타이머 a접점은 연결되어 GL램프가 점등한다. 이때 타이머 b접점은 연결이 끊어져 RL램프는 소등한다.
- PB0을 누르면 모든 램프가 꺼지고 타이머에 공급되는 전원이 차단되어 타이머접점들이 모두 원상태로 복구된다.

동작설명 정리

전원을 공급하고 PB1을 누르면 적색램프가 켜지고 일정시간(타이머에 설정된 시간)이 지나면 적색램프가 꺼지고 녹색램프가 켜지게 된다. 그리고 PB0을 누르면 리셋이 된다. 즉, 타이머접점은 타이머에 전원이 공급되어도 곧바로 작동하지 않고 일정시간이 지나면 작동하게 된다. 그래서 모양도 일반 릴레이접점모양에 삼각형이 하나 추가된 모양으로 되어 있다.

4. 접점모양정리

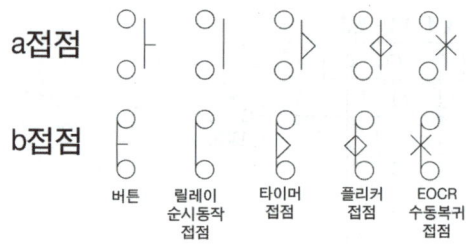

4-1 접점의 작동원리

버튼	눌러서 작동한다.
릴레이 순시동작접점	전원이 공급되는 순간 바로 작동한다.
타이머접점	타이머에 전원이 공급되어 바로 동작하지 않고 타이머에 설정된 시간 이후에 동작한다.
플리커접점	타이머와 같이 시간설정이 가능하며, 정해진 시간 설정값에 의해 작동과 정지를 반복한다. 예 깜빡이는 경고등
EOCR 수동복귀접점	작동 후 수동으로만 복구되는 접점이다. 예 전원 차단기

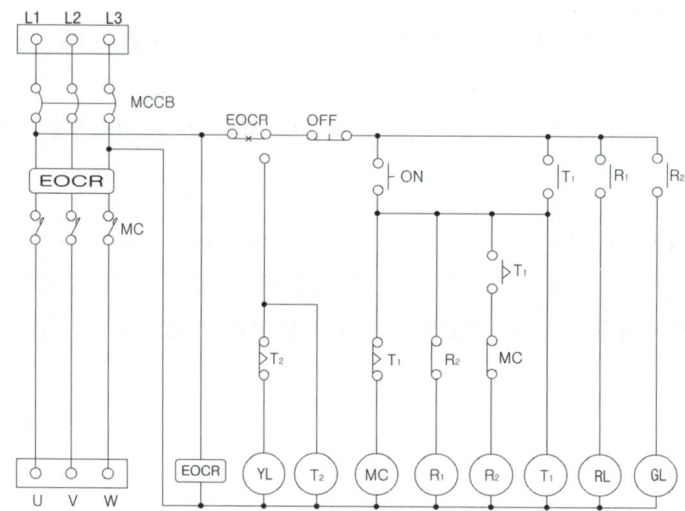

동작설명

- 전원을 투입하면 아무런 반응이 없다.
- ON버튼을 누르면 T1과 MC와 R1에 전원이 공급되고, T1의 자기유지 a접점에 의해 자기유지가 되어 버튼에서 손을 떼어도 계속 전원이 공급된다. 이때 MC의 주접점은 연결되어 전동기는 동작하게 되고 R1의 a접점도 연결되어 RL램프가 점등하게 된다.

- 타이머 T1에 설정된 시간이 경과하면 타이머 T1의 b접점이 차단되어 MC의 전원공급이 끊어져 주회로의 전동기는 정지하고 T1의 a접점은 연결되어 R2릴레이에 전원이 공급되고 R2릴레이의 b접점이 끊어져서 R1릴레이의 전원공급이 차단되어 RL램프가 소등하며 동시에 R2릴레이의 a접점이 연결되어 GL램프가 점등한다.
- OFF버튼을 누르면 MC, T1, R2의 전원공급이 모두 끊어지고 GL램프가 소등한다.
- 만일 과전류가 흘러 EOCR이 작동하게 되면 주회로의 연결이 끊어져 전동기는 정지하게 되고 EOCR의 b접점은 끊어지고 a접점이 연결되어 T2에 전원이 공급되고 YL램프는 점등하게 된다. 그리고 T2에 설정된 시간이 지나면 T2의 타이머 b접점에 의해 YL램프가 소등하게 된다.

> **저자 어드바이스**
>
> 실제 시험에서는 문제를 받으면 그림과 같이 3가지 도면(회로도, 내부접속도, 배치도)이 주어지는데, 이 3가지 도면을 실제 작품으로 만들어 제출하면 됩니다.
>
> 램프의 색상과 버튼의 색상은 도면상에 표시되어 있거나, 시험장에서 따로 공지하게 됩니다. 그럴 경우에는 지문을 잘 읽어보고 배치도에 색상을 적도록 합시다. 램프의 색상은 RL은 적색램프, GL은 녹색램프, YL은 황색램프입니다. 버튼은 기동버튼일 경우는 적색버튼, 정지버튼일 경우는 녹색버튼으로 임시로 정하겠습니다. 만일 회로도에 버튼 이름이 PB1, PB2로 되어 있고 기동버튼은 적색, 정지버튼은 녹색이라고 되어 있으면, 기동버튼은 a접점이고 정지버튼은 b접점이라는 것만 기억하면 됩니다. 따라서 회로도의 a접점 버튼은 기동버튼이고 회로도의 b접점 버튼은 정지버튼이 되겠죠? 시험에서는 램프의 색상이 바뀌거나 버튼의 색깔이 바뀌는 상황을 조심해야 합니다.
>
> 마지막으로 EOCR의 내부접속도는 MC랑 유사합니다. 다만, MC와는 다르게 a접점과 b접점이 서로 공통으로 붙어있습니다. 즉, 10번과 11번은 붙어있기 때문에 둘 중 하나만 사용하면 됩니다. MC의 목적이 전동기로 연결되는 전원의 연결과 차단이라면, EOCR의 목적은 차단뿐입니다. 과전류가 흐르면 EOCR의 주회로인 1, 2, 3번 단자와 7, 8, 9번 단자의 연결이 끊어지고, 4번과 10번의 b접점은 연결이 끊어지고, 5번과 10번의 a접점은 연결됩니다. 그리고 EOCR의 전원은 항상 연결되어야 합니다. 그래서 회로도의 보조회로에서 제일 왼쪽에 위치하여 전원을 투입하면 바로 전원이 공급되게 되어 있습니다. 즉, 전원이 공급되는 한 EOCR을 끌 수 없습니다.

번호붙이기 한 경우

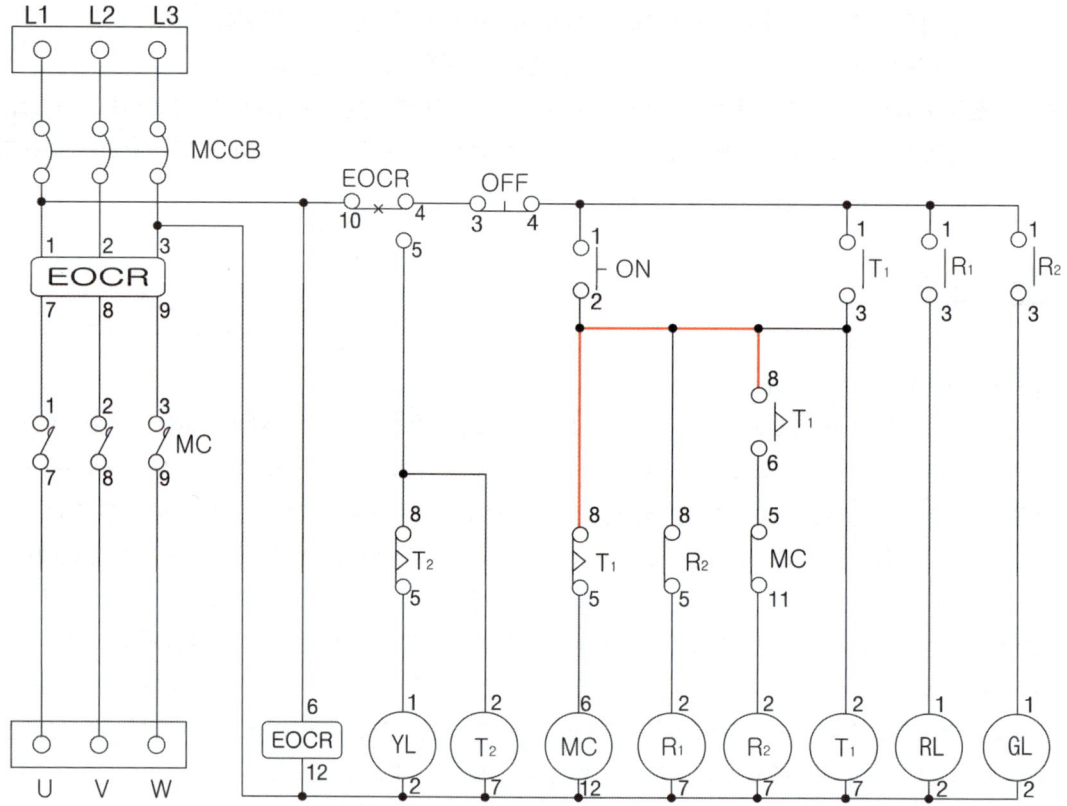

> **저자 어드바이스**
>
> 도면에서 빨간색으로 연결된 부분을 조심해야 합니다. 타이머접점에는 a접점과 b접점이 있는데 이 두 접점은 8번 단자에 같이 붙어있어서 따로 사용할 수가 없습니다. 즉, a접점이던 b접점이던 하나만 사용이 가능하다는 뜻입니다. 만일 두개의 접점을 모두 사용하려면 위의 빨간선처럼 선 하나에 붙어있는 경우만 가능하게 됩니다. 이런 경우에 빨간선으로 붙어있는 부분이 두 접점의 붙어있는 부분과 일치해야 하는데 바로 8번 단자가 이런 경우에 해당하므로 8번 단자의 번호는 바꾸어서는 안 됩니다. 즉, 타이머의 번호를 바꾸면 불합격이 됩니다. 이런 경우는 릴레이에서도 나타나는데 릴레이도 a접점과 b접점이 두 개씩 있지만 각각 서로 연결된 부분이 있기 때문에, 따로 사용할 경우에는 a접점 두 개와 b접점 두 개, 총 4개를 사용할 수 있는 것이 아니라 a접점이나 b접점 중 하나씩 사용해서 총 두 개를 사용할 수 있습니다. 만일 세 개 이상을 사용하려면 a접점과 b접점이 같은 선으로 연결된 부분이 있어야만 가능합니다.

5. 타이머와 릴레이 접점 번호 붙이기 비교

5-1 타이머

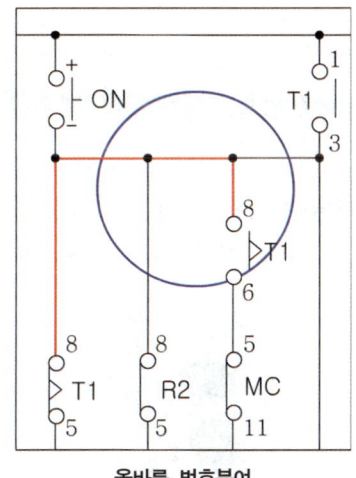 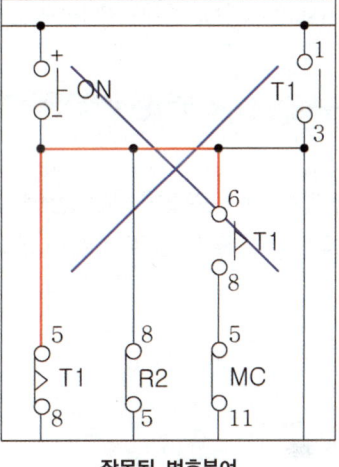

올바른 번호부여   잘못된 번호부여

5-2 릴레이

릴레이의 경우, 올바르게 번호를 부여한다면 한 개의 a접점과 b접점이 연결되어 같은 번호를 가지고 있는 경우에는 작동하지만, 잘못된 번호를 부여하면, a접점과 a접점은 연결할 수 없습니다.

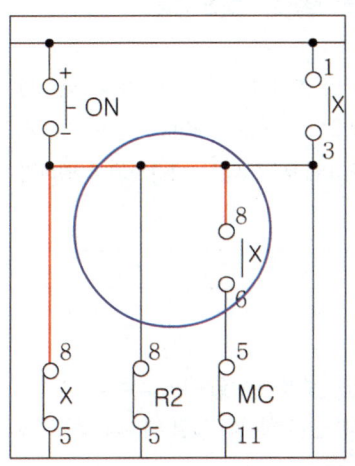 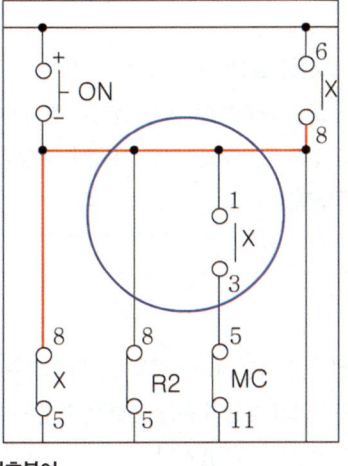 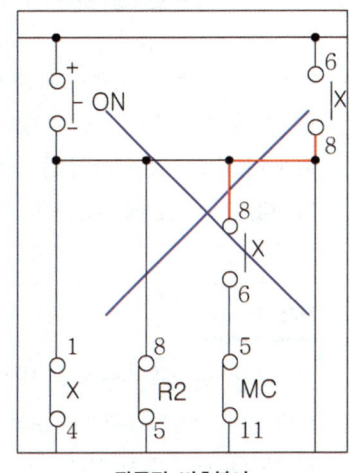

올바른 번호부여   잘못된 번호부여

> **저자 어드바이스**
>
> 하나의 릴레이(X)에서 같은 번호의 단자를 사용하면 안되지만, 같은 선으로 연결된 a접점과 b접점은 같은 번호(8번이나 1번만 가능)를 가질 수 있고 같은 선으로 연결된 부분 외의 다른 부분은 무조건 다른 번호를 사용해야만 합니다. 이런 것을 보통 공통선을 사용한다고 말합니다.

5-3 콘트롤박스

램프나 버튼을 결합할 때 사용한다. 콘트롤박스에는 전선을 넣을 수 있는 구멍이 위, 아래에 하나씩이 있는데 승강기기능사 실기시험에서는 한쪽만 사용하는 것이 좋다. 램프나 버튼을 결합할 때는 고무링 2개 중 하나만 풀어서 바깥쪽에 넣어주면 된다.

3구 콘트롤박스와 2구 콘트롤박스

콘트롤박스와 버튼, 램프를 결합한 모습

> 버튼이나 램프를 콘트롤박스에 조립하기 위해 풀어보면 생각보다 고무링이 잘 안 빠집니다. 처음에 버튼과 램프를 돌려서 풀 때, 고무링도 같이 돌리면서 풀면 생각보다 쉽게 풀리니 참고하세요. 회로도의 주회로 부분의 EOCR 위에 MCCB가 있는데 배선용차단기로 실제 시험에는 거의 나오지 않습니다. 따라서 없다고 생각하고 작업하면 됩니다. 만일 시험에 나올 경우 연결모양을 잘 보고 하면 됩니다.

> **저자 어드바이스**
>
> 콘트롤박스의 양쪽 구멍으로 전선을 넣어야 하는데, 한 쪽을 정해서 사용하는 것이 중요합니다. 그리고 소켓과 소켓 사이는 선이 지나가는 부분이 정해져 있기 때문에 선을 연결할 수 없습니다. 선을 하나씩 그릴 때마다 회로도에 꼭 표시를 해서 그린 선과 그릴 선을 구별하도록 합시다.
>
> 콘트롤박스는 작업 후 박스를 닫으므로 선 연결을 길게 할 필요가 없습니다. 밖으로 나오는 부분만 정리하면 됩니다. 다만 콘트롤박스를 닫고 나면 선이 빠져도 알 수가 없기 때문에 단자에 선을 단단히 고정하고 버튼은 벨테스터로 검사를 해서 확인을 합니다. 램프 역시 램프테스터가 있으면 콘트롤박스를 닫아도 검사가 가능합니다. 하지만 버저를 사용할 경우, 검사가 불가능하므로 조심해서 닫아야 합니다.

02 정역회로

1. 정역회로

정역회로는 정회전과 역회전을 해야 하므로 MC가 2개 필요하다. 그리고 각각 기동버튼이 하나씩 있어야 하며, 동시에 동작하면 안 되므로 인터록이 있어야 한다.

연 습

회로도의 번호 붙이기를 해보시오.

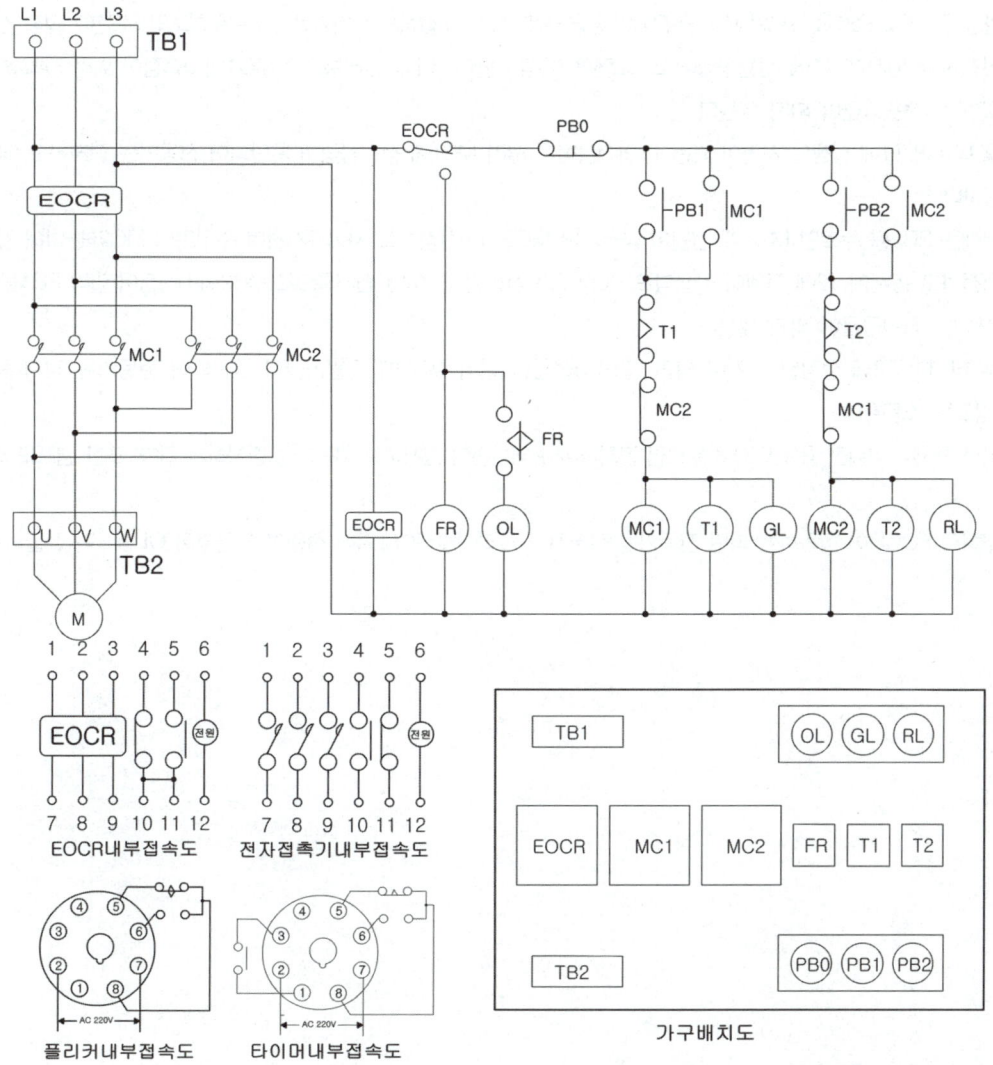

> **저자 어드바이스**
>
> 운전회로와 다른 점은 주회로에 MC가 2개 있는데 왼쪽의 MC1이 정회전이고 오른쪽의 MC2가 역회전입니다. 앞선 과목에서는 주회로가 L1, L2, L3, UVW였는데, 이제는 TB1, TB2로 나올 수 있습니다.
> UVW 아래에는 M기호(모터/전동기)가 추가되어 있는데 UVW 아래에는 아무것도 연결하지 않습니다. 회로에서도 UVW 아래는 무시하시기 바랍니다. 실제 전동기가 시험재료로 주어지지 않기 때문에 연결할 수 없습니다. 시험에 전동기가 주어진다거나 다른 방법을 사용하라고 한다면 감독관의 지시에 따르면 됩니다.
> 플리커릴레이(FR)도 추가되었습니다. 플리커릴레이는 타이머에서 1번, 3번 단자가 없다고 보시면 됩니다. 즉, 자기유지동작을 하지 않습니다. 도면상의 위치를 보면, EOCR 밑에 붙어있는 모양으로 나오는데, 항상 같이 자리에 위치합니다. 시험에서는 크게 중요하지 않지만 플리커 a접점과 b접점만 구분하면 됩니다.

동작설명

- 전원을 투입하고 PB1을 누르면 MC1에 전원이 공급되어 MC1의 a접점으로 자기유지하며 주회로의 MC1에 의해 전동기가 정회전하고 동시에 T1에 전원공급되고 GL램프가 점등한다. 이때 인터록으로 MC1의 b접점이 열려 PB2를 눌러도 MC2에는 전원공급이 되지 않는다.
- 이후 타이머 T1에 설정된 시간이 되면 T1의 b접점이 열려 MC1에 전원공급이 차단되어 전동기는 정지하고 GL램프는 소등한다.
- 이번에는 PB2를 누르면 MC2에 전원이 공급되어 MC2의 a접점으로 자기유지하며 주회로의 MC2에 의해 전동기가 역회전하고 동시에 T2에 전원이 공급되고 RL램프가 점등한다. 이때 인터록으로 MC2의 b접점이 열려 PB1을 눌러도 MC1에는 전원공급이 되지 않는다.
- 이후 타이머 T2에 설정된 시간이 되면 T2의 b접점이 열려 MC2에 전원공급이 차단되어 전동기는 정지하게 되고 RL램프는 소등한다.
- 정회전 중이나 역회전 중에 PB0을 누르면 정회전이나 역회전이 정지하고 전동기는 정지하게 된다. 또한 램프도 소등하게 된다.
- 과부하로 EOCR이 작동하게 되면 전동기는 정지하고 플리커릴레이 FR에 전원이 공급되어 OL램프가 점멸하게 된다.

풀 이

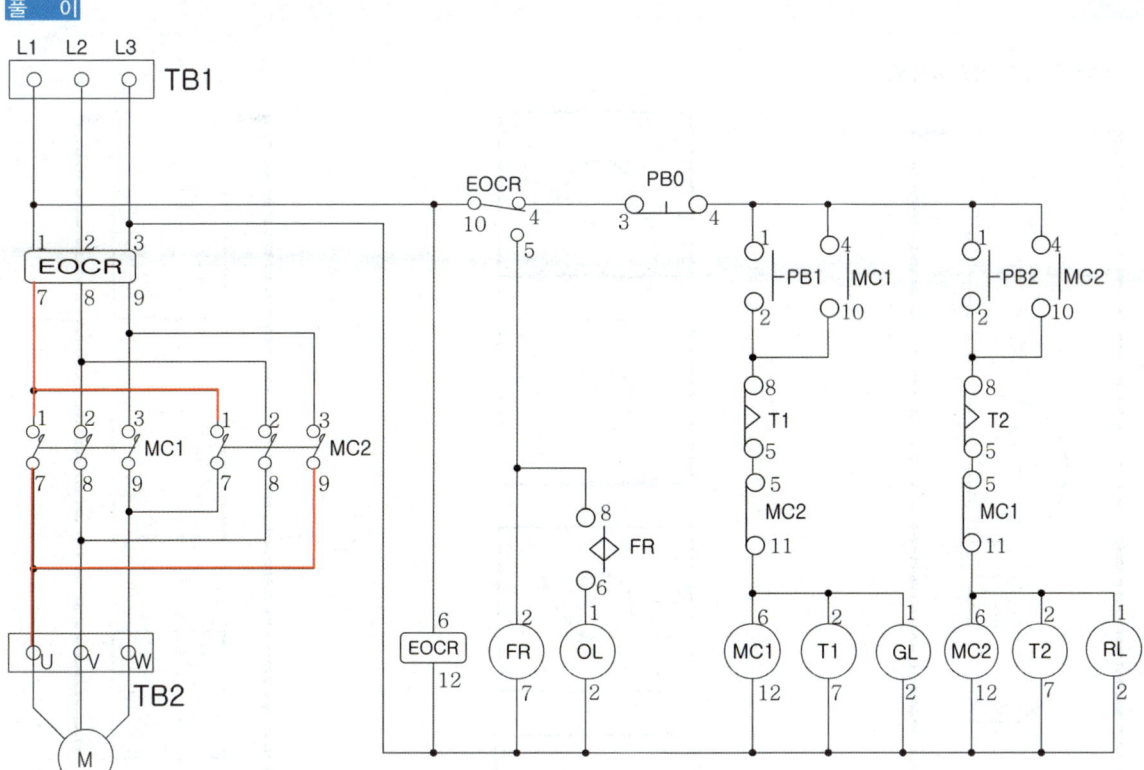

저자 어드바이스

중요한 것은 적색선으로 그려진 주회로인데, 지금까진 주회로와 좀 다릅니다. EOCR의 7번과 MC1의 1번과 MC2의 1번으로 MC1과 MC2의 단자가 동일하지만 아래쪽의 U단자와 MC1의 7번과 MC2의 9번이 연결되어 MC1과 MC2의 단자가 다릅니다. 3상 유도전동기는 3단자 중 하나만 접속을 반대로 하면 역회전을 하게 됩니다. 보통은 첫 번째와 세 번째를 반대로 연결합니다. 근데 접속을 반대로 하는 부분은 MC 아래쪽에서도 하지만 반대로 MC 위쪽에서도 할 수 있습니다. 즉, EOCR 7번과 MC1의 1번과 MC2의 3번을 연결하고 U단자와 MC1의 7번과 MC2의 7번을 연결하여 아래쪽을 동일하게 하고 위쪽을 서로 반대로 연결할 수 있으니, 반드시 빨간색 선으로 그리듯 연결부분을 표시하면서 작업하는 것이 좋습니다. 특히 실제 시험에서 작업물을 제출하면 동작검사를 하는데 이 부분은 동작검사 시 확인이 되지 않는 부분입니다. 때문에 동작이 되어 추후 불합격 처리가 되는 경우가 있는데, 이 부분을 잘못 연결하는 경우에 해당되기도 합니다. 꼭 점검과 확인을 하고, 위쪽과 아래쪽이 다르다고 기억하세요.

연 습

도면에 선을 연결하시오.

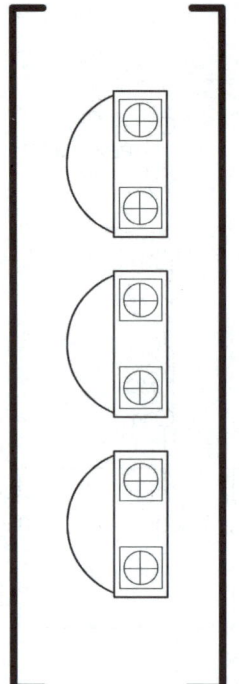
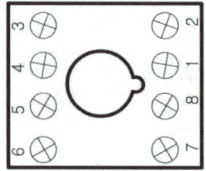
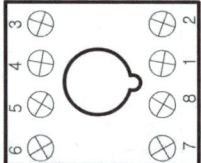
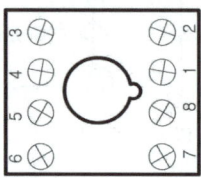
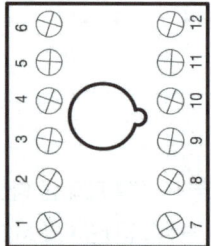
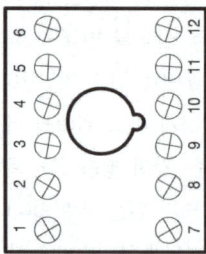
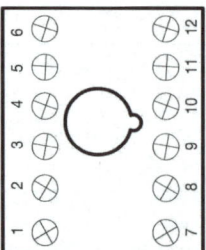
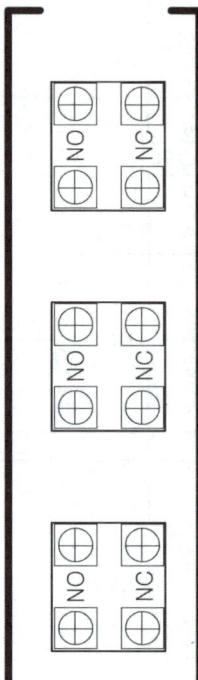
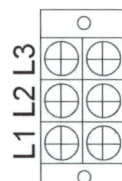
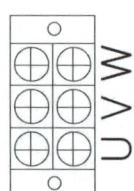

풀 이

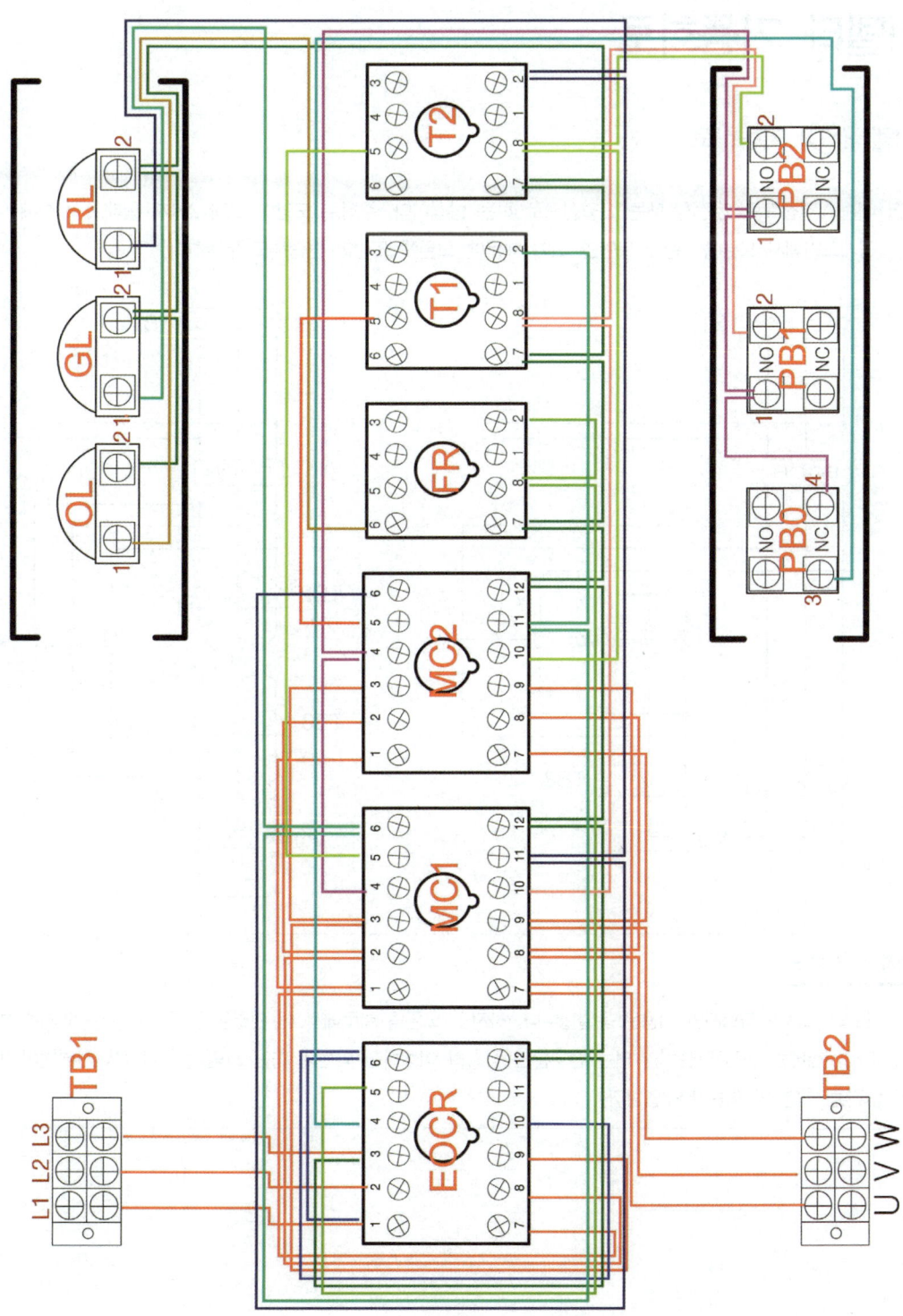

03 와이델타 기동회로

1. 와이델타(YD) 기동회로

기동할 때는 Y결선으로, 운전할 때는 △결선으로 하는 방식이다. 주회로 모양이 크게 2가지 형태로 시험에 나온다. 하지만 공개도면에서 오른쪽 2번째 도면만 있기 때문에 오른쪽 도면만 연습해도 무관하다.

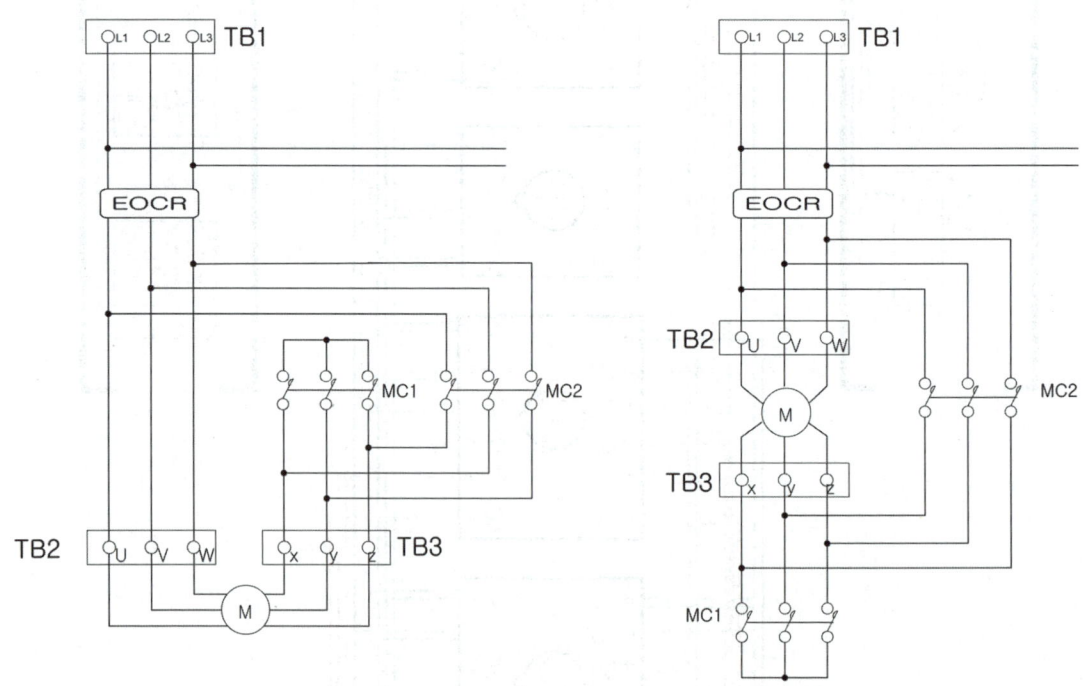

> **저자 어드바이스**
>
> 두 회로의 모습이 다르지만 내용은 동일합니다. 하지만 오른쪽 회로에서 선 연결을 잘못하는 실수가 자주 발생됩니다. 시험에는 연결해서는 안 되는 선부분만 정확히 이해하면 되는데 다음 그림에서 빨간색 선부분이 바로 선 연결을 하면 안 되는 부분입니다.

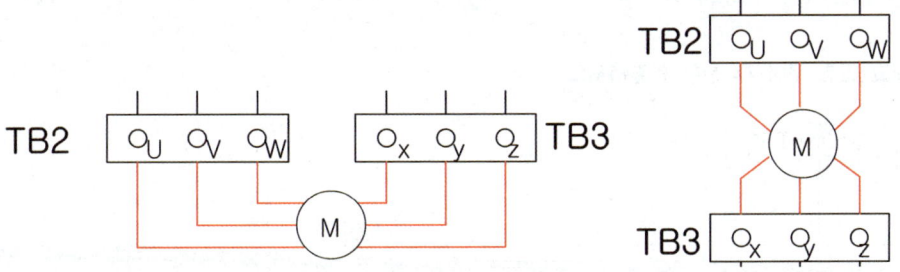

> **저자 어드바이스**
>
> M모터(전동기)는 시험재료로 주어지지 않기 때문에 왼쪽인 경우에는 단자대 UVW와 XYZ까지만 연결하면 끝이고, 그 아래는 없다고 생각하면 됩니다. 오른쪽인 경우는 M모터와 연결된 부분이 없는 것이니 가운데 부분이 없다고 생각하면 됩니다.

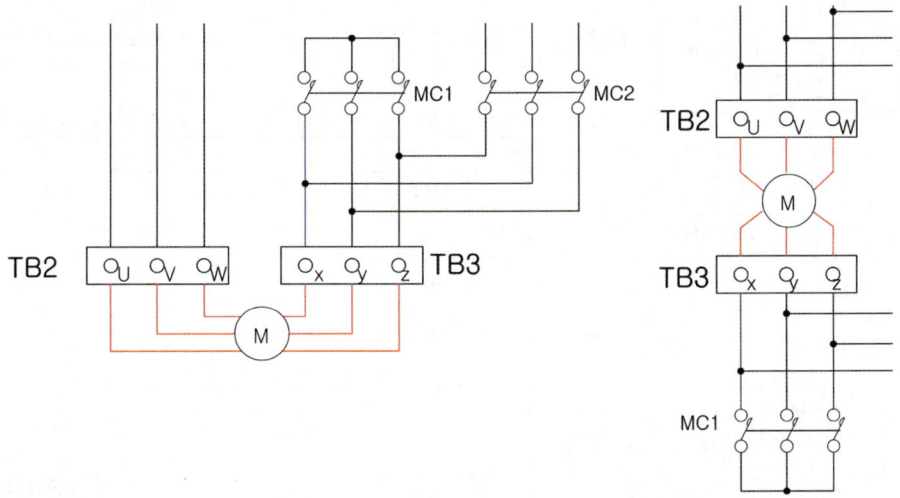

> **저자 어드바이스**
>
> 왼쪽 회로의 파란색 선이 오른쪽 회로의 파란색 선과 동일한 부분입니다. 빨간색 선은 작업을 하지 않는 부분이고 파란색 선은 작업해야 하는 부분입니다.

연 습

회로를 보고 번호 부여 후 선을 연결하시오.

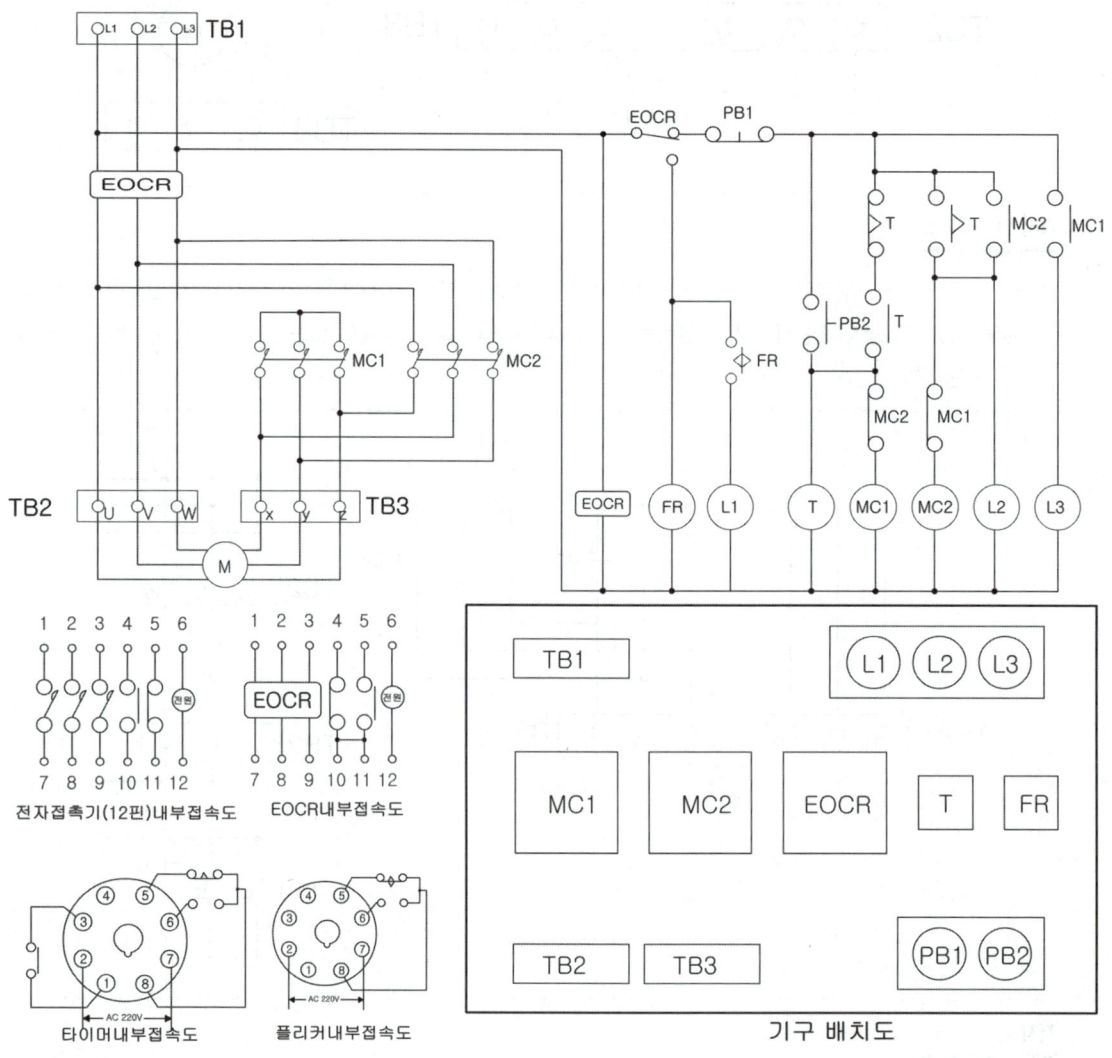

저자 어드바이스

시험장에서 제일 많이 발생하는 실수는 도면 내 EOCR의 위치입니다. 기구배치도가 앞에서 연습한 거랑은 다르게 위치가 왼쪽에서 3번째에 있습니다. 시험 시 MC1을 EOCR이라고 착각하고 MC1에 EOCR을 연결하는 경우가 많습니다. 반드시 EOCR과 MC의 위치를 확인하고 실수하지 않도록 주의하세요.

풀 이

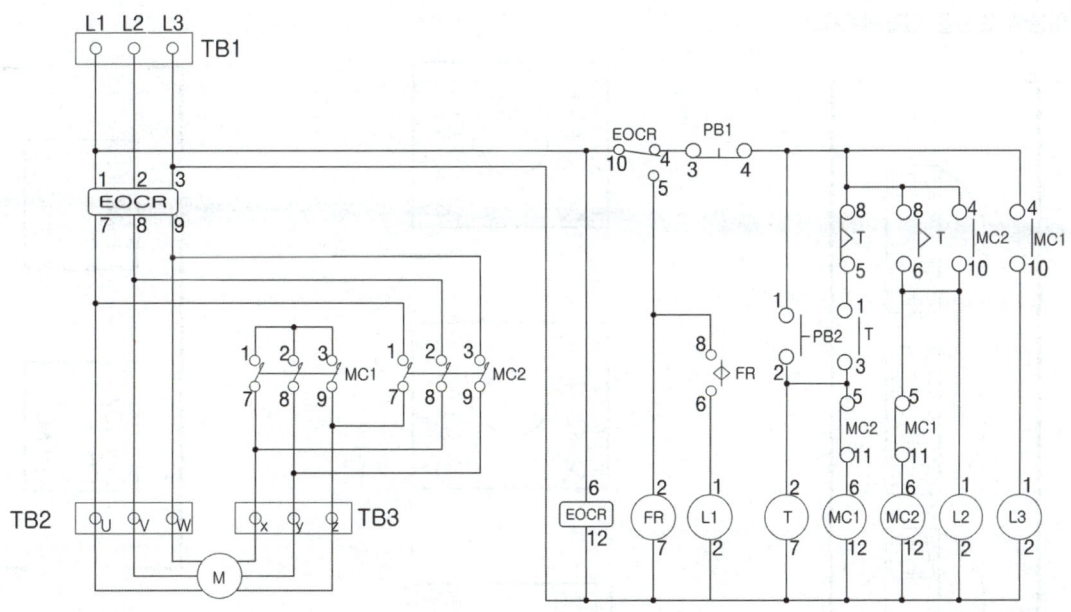

> **저자 어드바이스**
>
> 주회로 부분이 정역회로와 비슷하여 연결된 부분이 헷갈릴 가능성이 큽니다. 이 부분 역시 시험검사를 할 때는 동작이 되어도 확인이 안 되는 부분입니다. 따라서 실수할 경우도 있으니 꼭 확인하면서 작업하고 작업이 완료된 후에는 반드시 벨테스터로 검사해서 확인해야 합니다.

연 습

버튼에 전선을 연결해보시오.

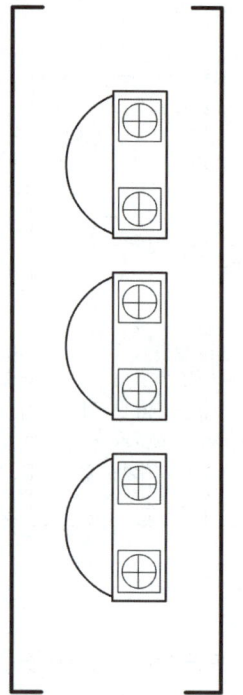
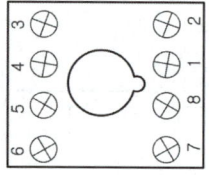
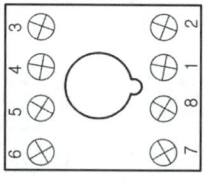
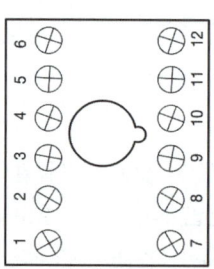
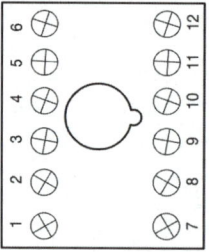
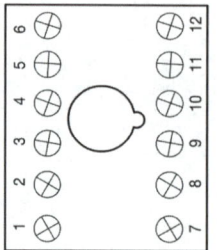
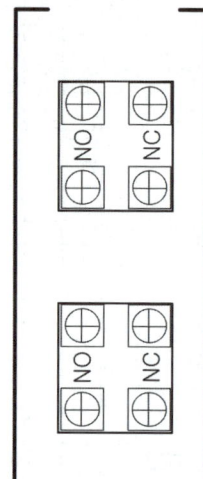
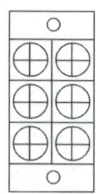
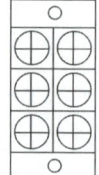

풀 이

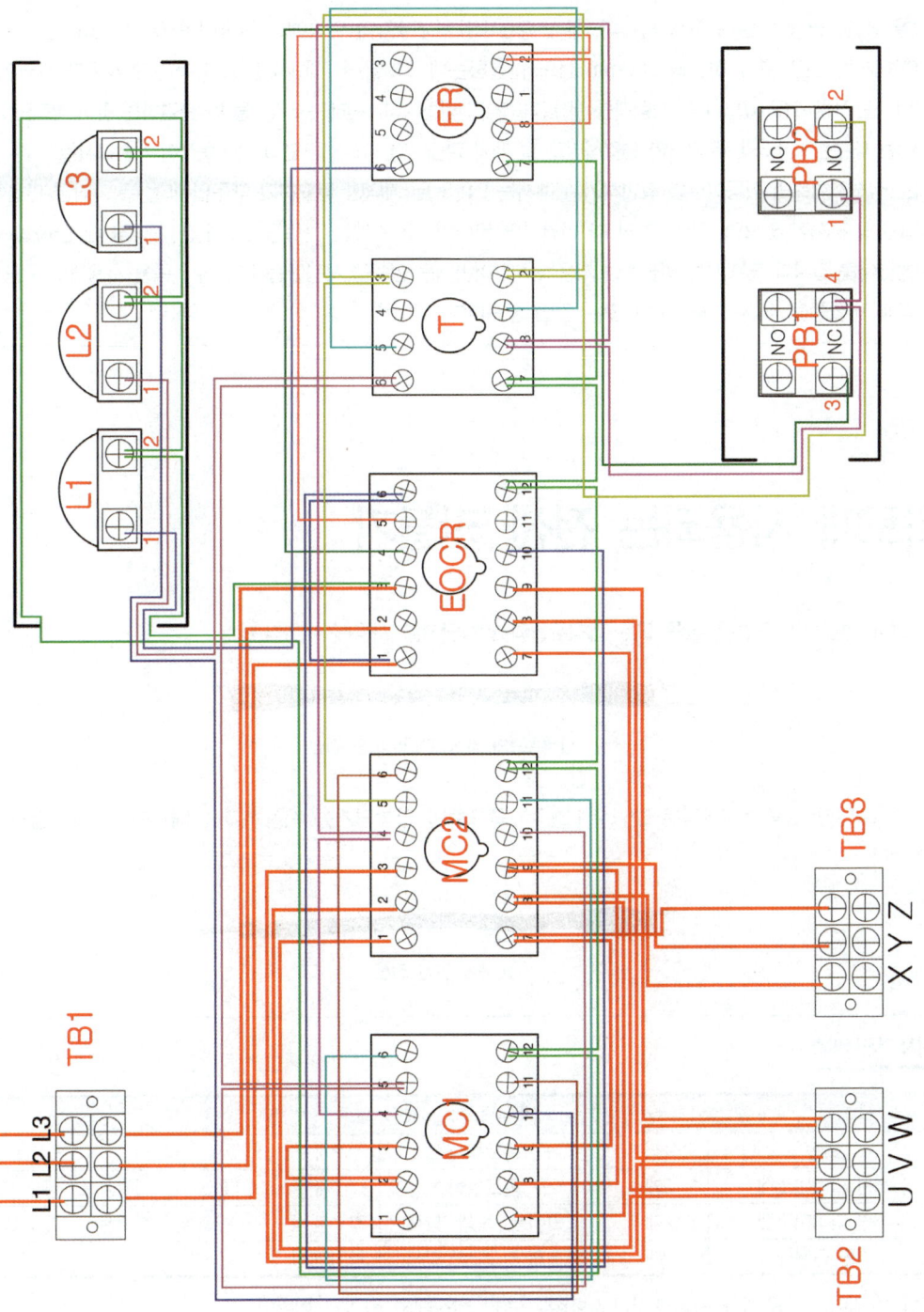

CHAPTER 02 시험에 나오는 세 가지 회로의 이해

> **저자 어드바이스**
>
> 답을 보면 2군데 다른 것이 있습니다. 첫 번째는 L1L2L3단자의 위쪽에도 전선이 연결되어 있다는 것입니다. 시험에서는 전원 측에 전선을 100mm 정도 연결하는데, 그 끝에 10mm 정도 피복은 벗겨두라고 되어 있을 겁니다(변경될 수도 있으니 꼭 시험지를 잘 읽어보시기 바랍니다). 원래는 3가닥을 다 연결하는 것이 맞지만 시험장에서는 대부분 L1L3의 두 가닥만 연결하라고 할 때가 많습니다. 이 선을 연결하는 목적이 시험검사를 위한 것이기 때문에 보조회로의 작동여부를 확인하기 위해서는 L1L3 두 가닥만 필요하기 때문입니다. 두 가닥만 연결하라는 감독관의 지시가 없으면 그냥 3가닥 다 연결하면 됩니다. 두 번째는 콘트롤박스에 선을 넣을 때 안쪽의 구멍을 사용했다는 겁니다. 앞에서는 바깥쪽을 사용했는데 이번에는 안쪽을 사용했습니다. 어느 쪽을 사용해도 무관하지만 안쪽과 바깥쪽을 섞어서 사용하지 않는 것이 좋습니다.

04 주회로에 사용되는 전선 만들기

- 주회로에 연결하는 전선은 양쪽 모두 압착튜브와 압착단자를 사용해야 한다.

압착튜브와 압착단자를 끼운 전선

- L1 L2 L3단자 위쪽의 3가닥은 L1 L2 L3단자 쪽으로만 압착단자를 사용하고 반대편은 10mm 정도의 피복만 벗겨둔다.

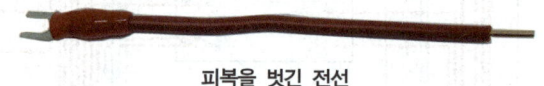

피복을 벗긴 전선

> **저자 어드바이스**
>
> | 재료실습 시 필요한 재료 | | | | | |
> |---|---|---|---|---|---|
> | 합판 | 1장 | 3구 콘트롤박스 | 2개 | 부저 | 1개 |
> | 8핀 릴레이소켓 | 3개 | 2구 콘트롤박스 | 1개 | 2.5mm² 적색선 | 10m |
> | 8핀 타이머소켓 | 2개 | 램프(적색, 녹색, 황색) | 각 1개씩 | 1.5mm² 황색선 | 20m |
> | 3핀 단자대 | 3개 | 버튼(적색, 녹색, 황색) | 각 1개씩 | | |
>
> 참고로 리미트 스위치가 나오면 3핀 단자대가 4핀 단자대로 바뀌면 됩니다.
> (리미트 스위치는 주로 정역회로에서 많이 나옵니다)

CHAPTER 03
공개도면 완전정복

01 정역회로 공개도면

정역회로는 전체 공개도면의 절반에 해당하므로 가장 출제빈도가 높은 도면이다.

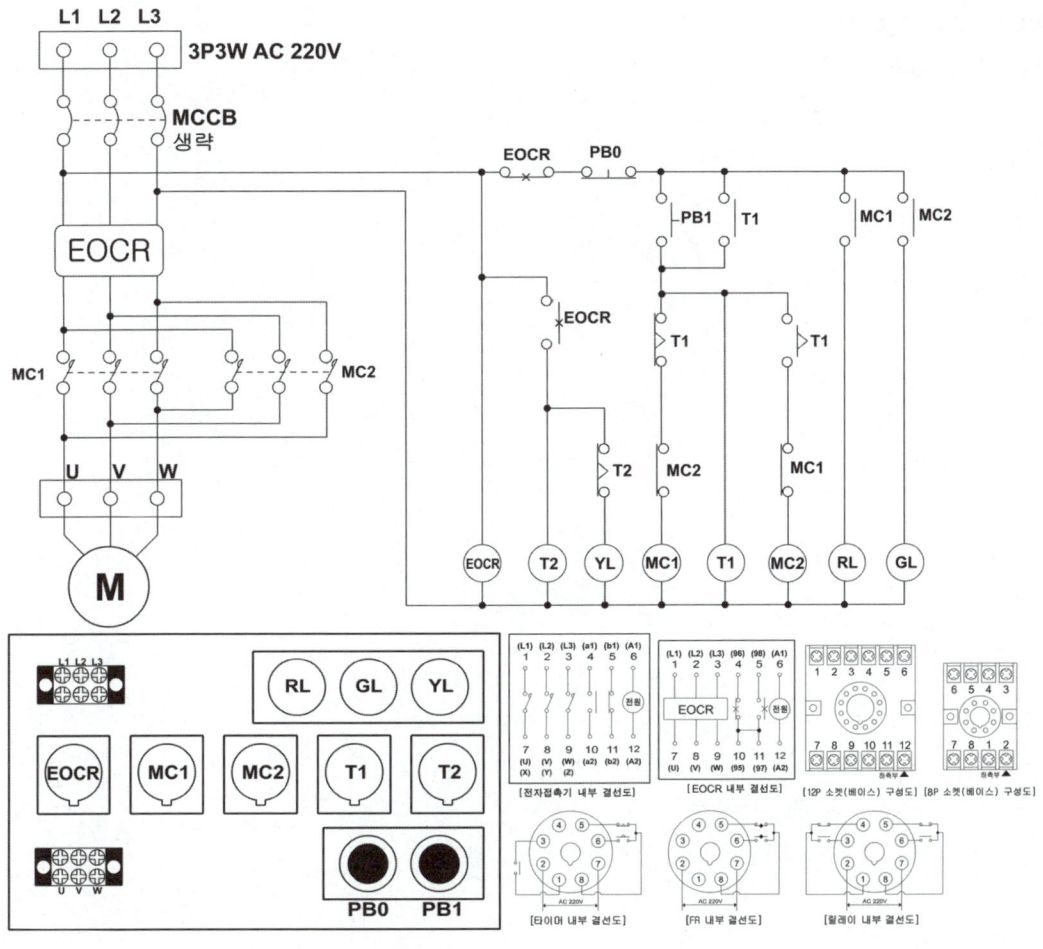

1. 동작상황

- 전원을 투입하고 버튼 PB1을 누르면 MC1이 여자되어 전동기가 정회전하고, T1이 여자되고 자기유지되며, 램프 RL이 점등한다.
- T1에 설정된 시간이 경과하면 MC1이 소자되어 MC2가 여자되어 전동기는 역회전한다. 동시에 램프 RL이 소등하고 GL이 점등한다.
- 운전 중 버튼 PB0를 누르면 전동기는 정지하며 램프는 소등하며 회로는 초기화한다.
- 과부하로 인해 EOCR이 동작하면 T2가 여자되고 램프 YL이 점등하며 T2 설정시간 이후에 소등한다.
- MC1과 MC2는 상호 인터록되어 있다.

2. 구성

- RL, GL, YL : 램프(적색, 녹색, 황색)
- PB0, PB1 : 푸시버튼
- EOCR : 전자식과전류계전기
- MC1, MC2 : 전자접촉기
- T1, T2 : 타이머

3. 풀이(번호 붙이기)

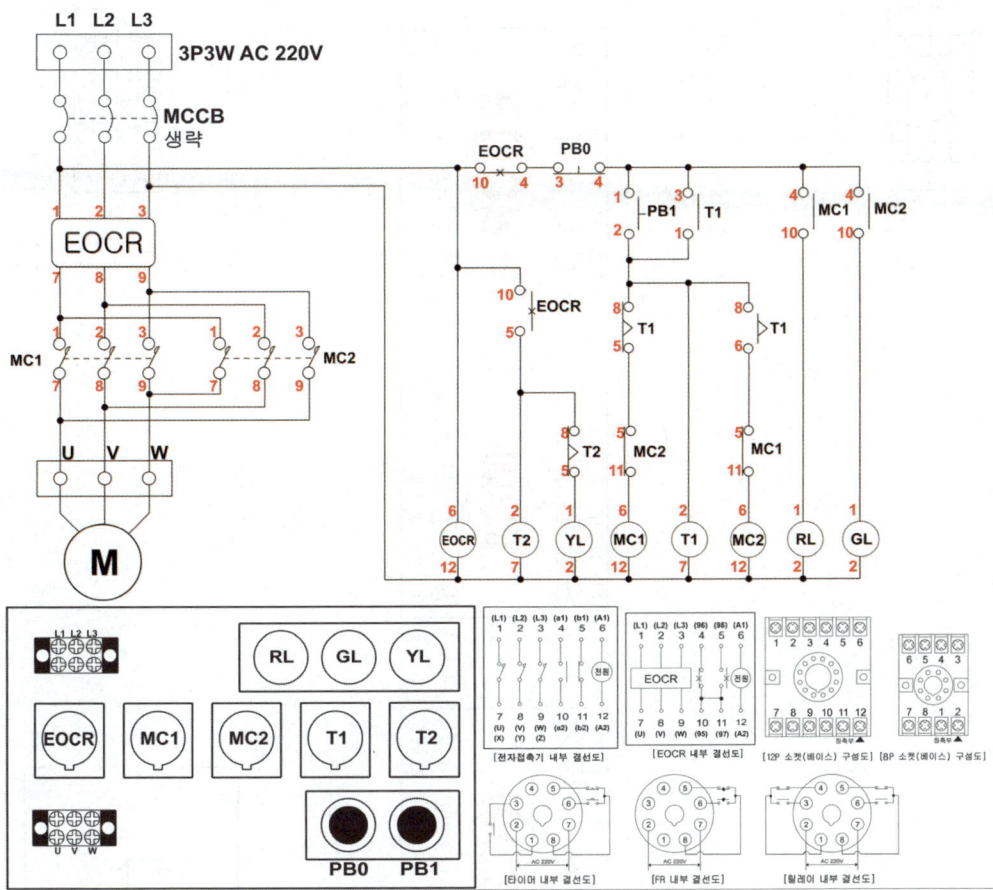

4. 배치도 작성하기(선을 그려서 도면을 작성해보세요)

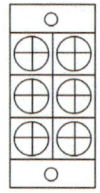
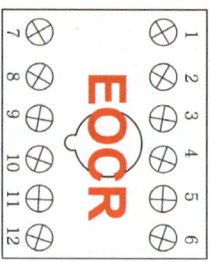
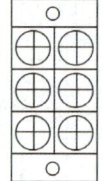

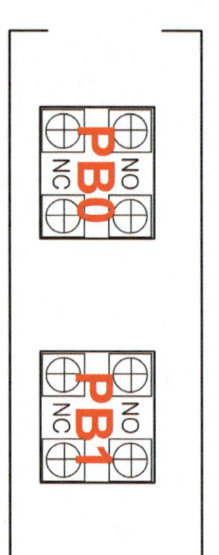

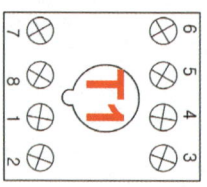
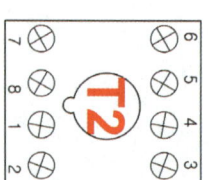
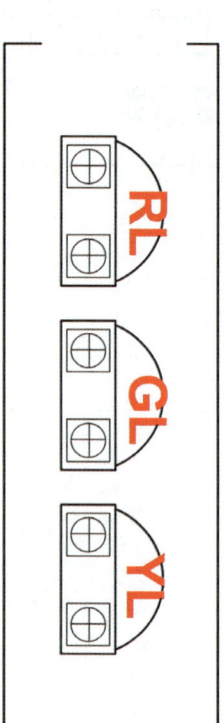

5. 풀이(배치도-주회로)

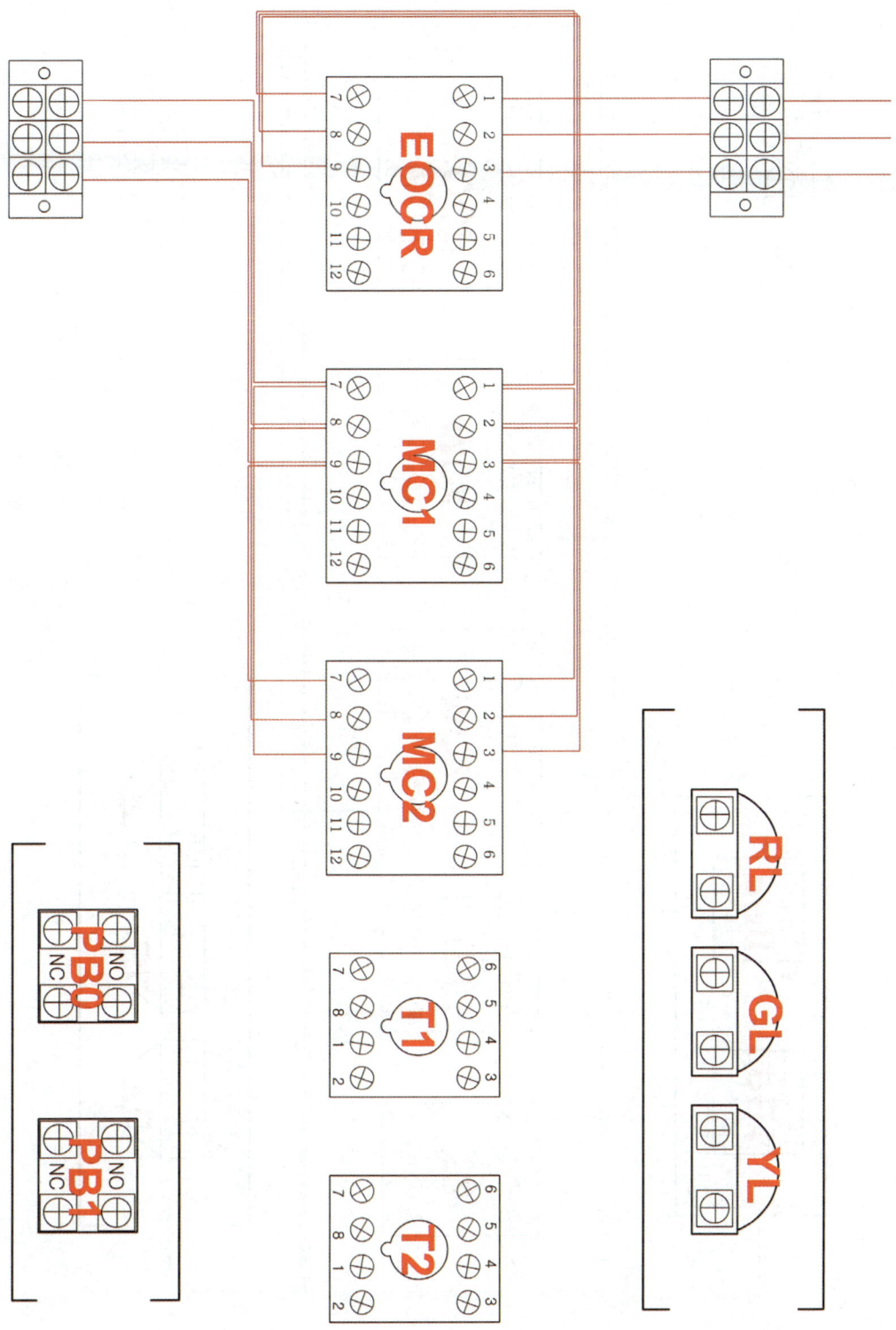

6. 풀이(배치도-보조회로)

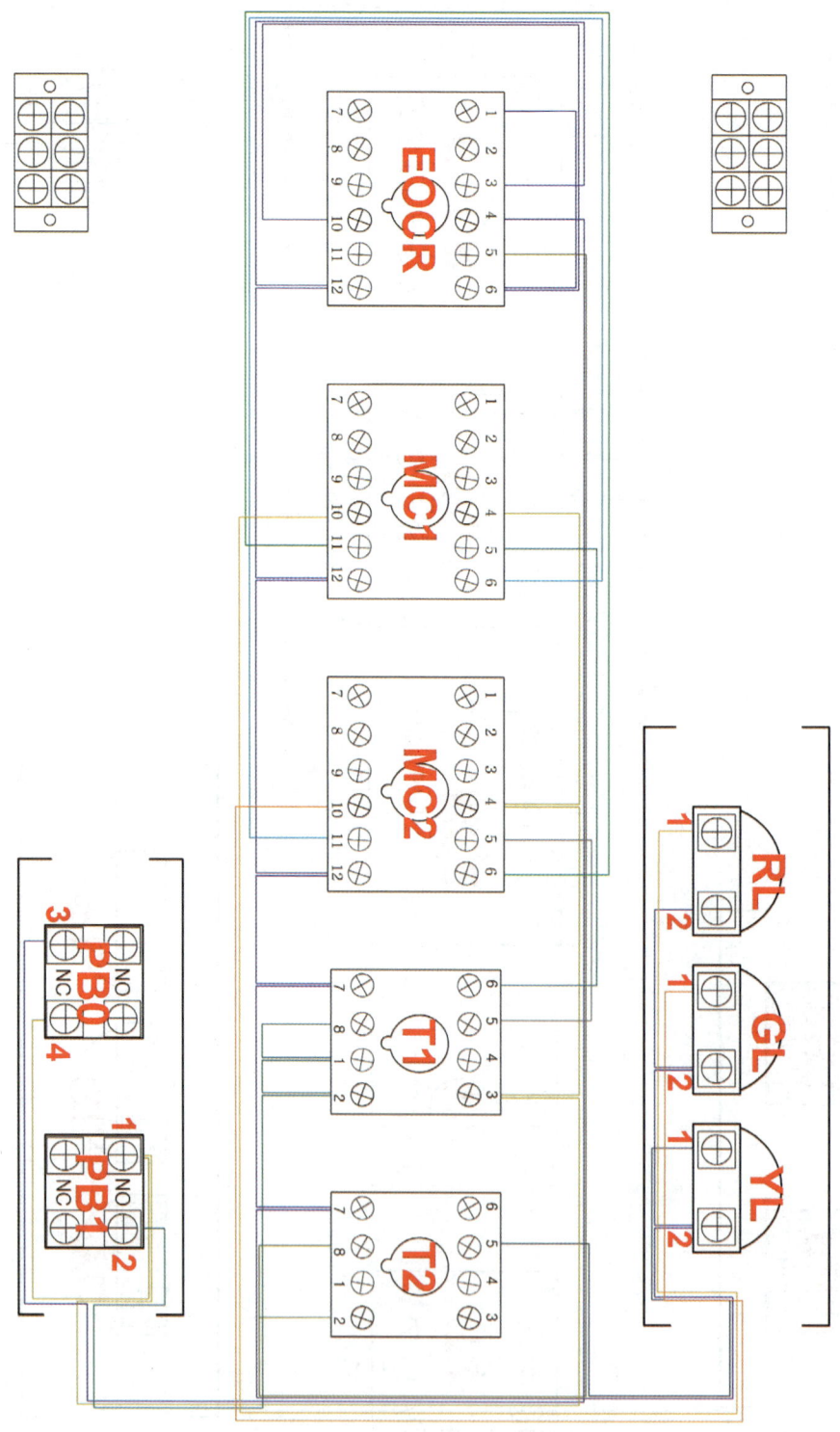

02 정역회로 공개도면

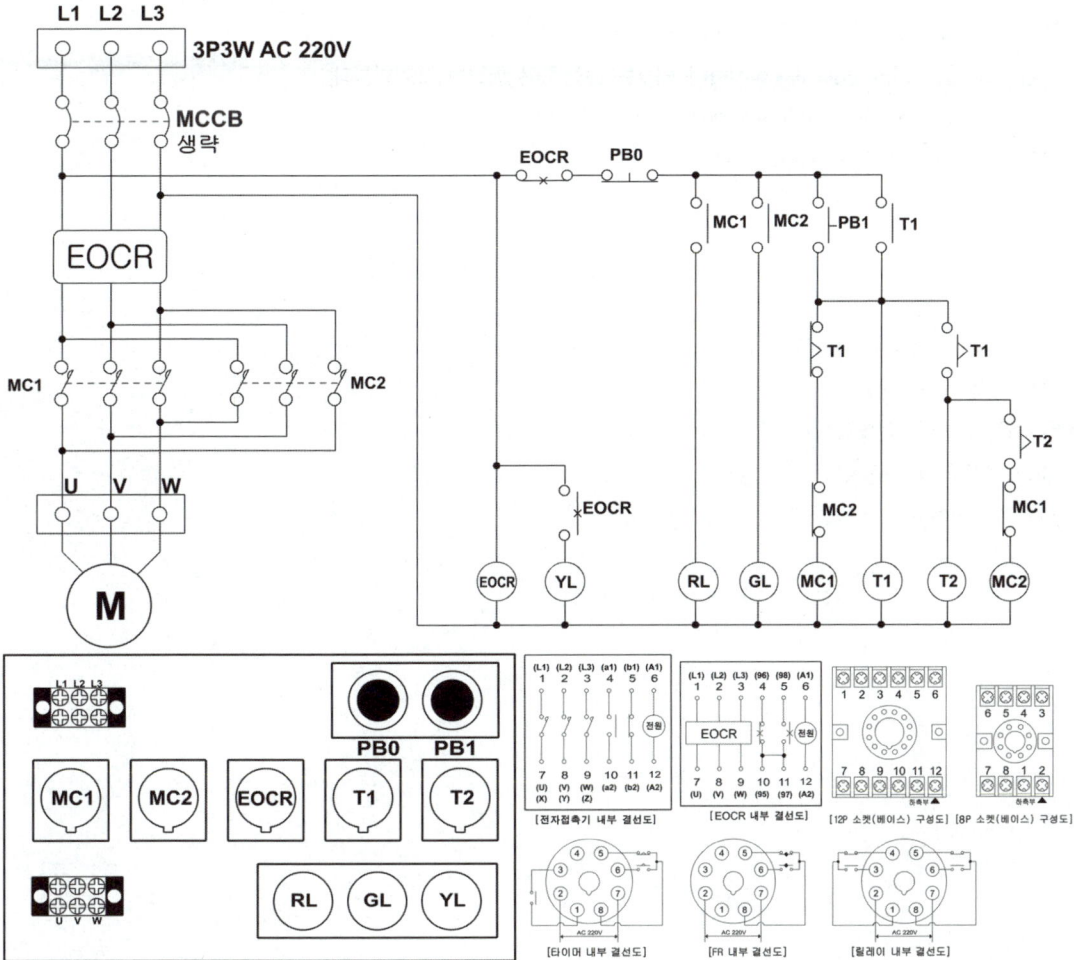

1. 동작상황

- 전원을 투입하고 버튼 PB1을 누르면 MC1이 여자되어 전동기가 정회전하고, T1이 여자되고 자기유지되며, 램프 RL이 점등한다.
- T1에 설정된 시간이 경과하면 T2가 여자되고 MC1이 소자되며 전동기는 정지하고 RL이 소등한다. T2 설정시간 이후 MC2가 여자되어 전동기는 역회전하고 램프 GL이 점등한다.
- 버튼 PB0를 누르면 전동기는 정지하며 램프는 소등하며 회로는 초기화한다.
- 과부하로 인해 EOCR이 동작하면 램프 YL이 점등한다.
- MC1과 MC2는 상호 인터록되어 있다.

2. 구성

- RL, GL, YL : 램프(적색, 녹색, 황색)
- PB0, PB1 : 푸시버튼
- EOCR : 전자식과전류계전기
- MC1, MC2 : 전자접촉기
- T1, T2 : 타이머

3. 풀이(번호 붙이기)

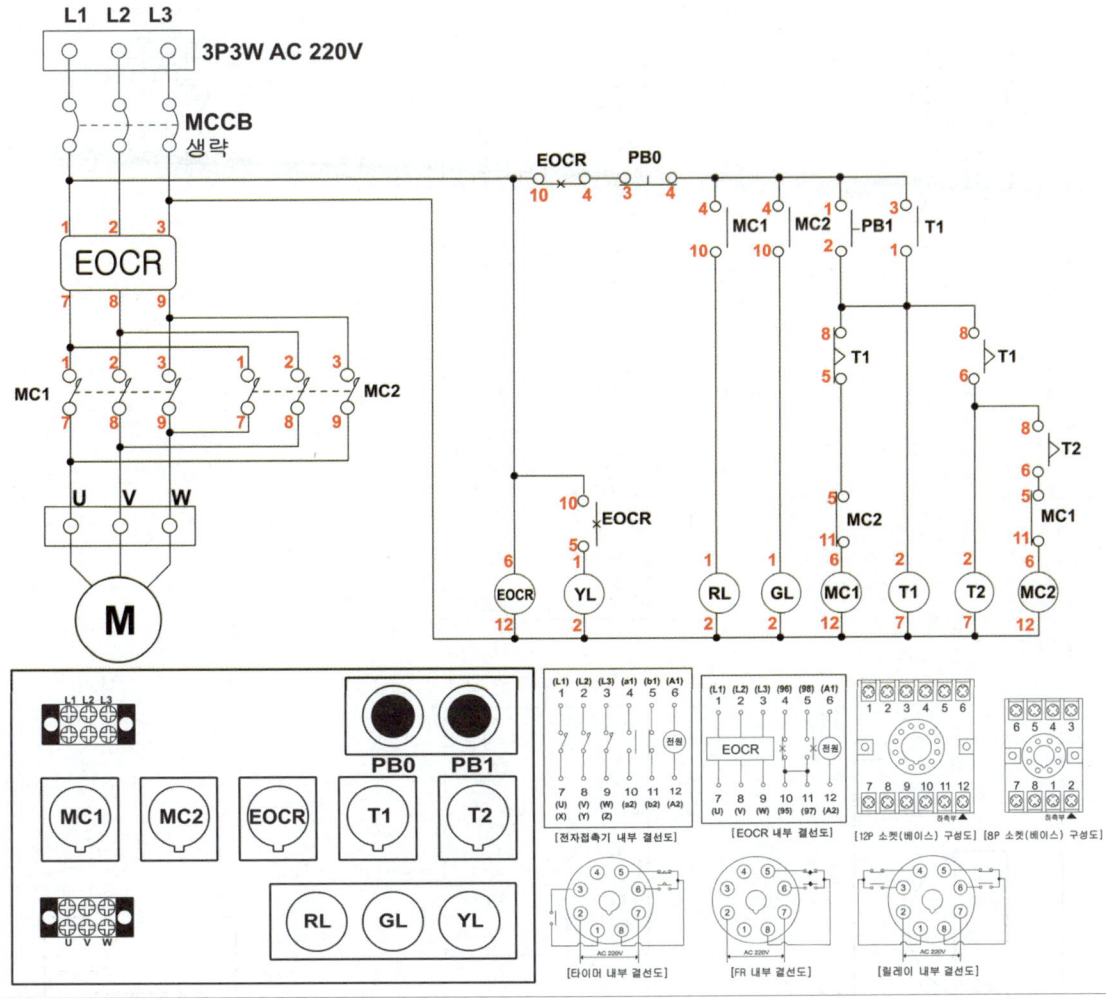

4. 배치도 작성하기(선을 그려서 도면을 작성해보세요)

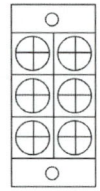
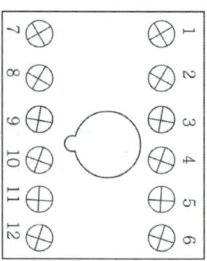
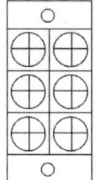
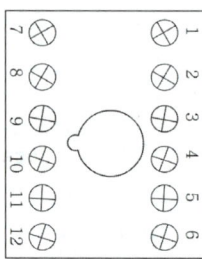
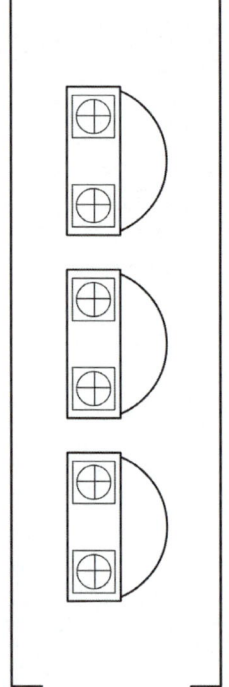
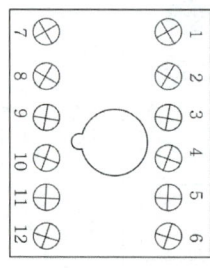
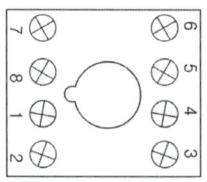
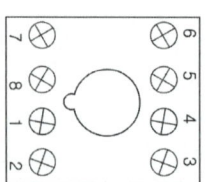
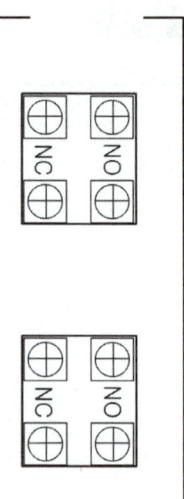

03 정역회로 공개도면

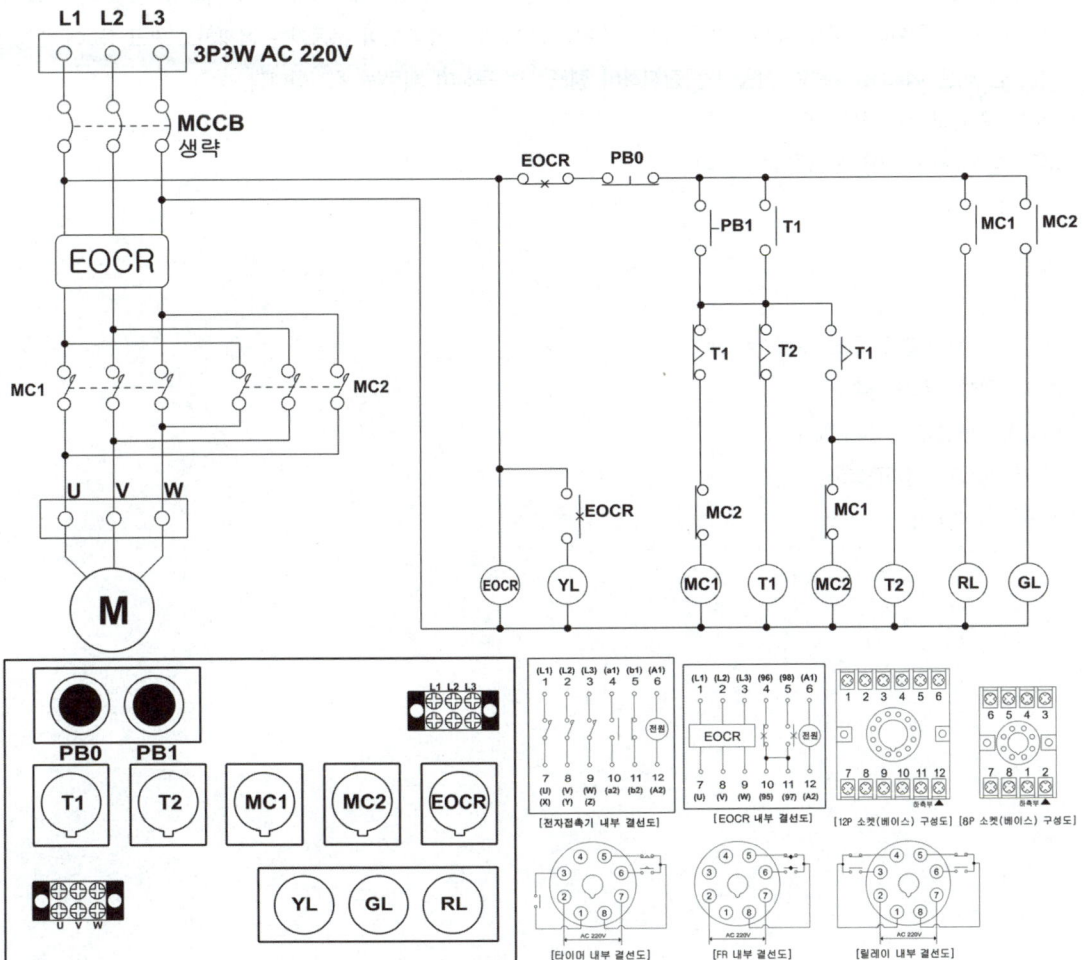

1. 동작상황

- 전원을 투입하고 버튼 PB1을 누르면 MC1이 여자되어 전동기가 정회전하고, T1이 여자되고 자기유지되며, 램프 RL이 점등한다.
- T1에 설정된 시간이 경과하면 MC1이 소자되며 RL이 소등하고 T2가 여자되고 MC2가 여자되어 전동기는 역회전하고 램프 GL이 점등한다. T2 설정시간 이후 T1이 소자되고 MC1도 소자되어 전동기는 정지하고 램프 GL이 소등한다.
- 운전 중 버튼 PB0를 누르면 전동기는 정지하며 램프는 소등하며 회로는 초기화한다.
- 과부하로 인해 EOCR이 동작하면 램프 YL이 점등한다.
- MC1과 MC2는 상호 인터록되어 있다.

2. 구성

- RL, GL, YL : 램프(적색, 녹색, 황색)
- PB0, PB1 : 푸시버튼
- EOCR : 전자식과전류계전기
- MC1, MC2 : 전자접촉기
- T1, T2 : 타이머

3. 풀이(번호 붙이기)

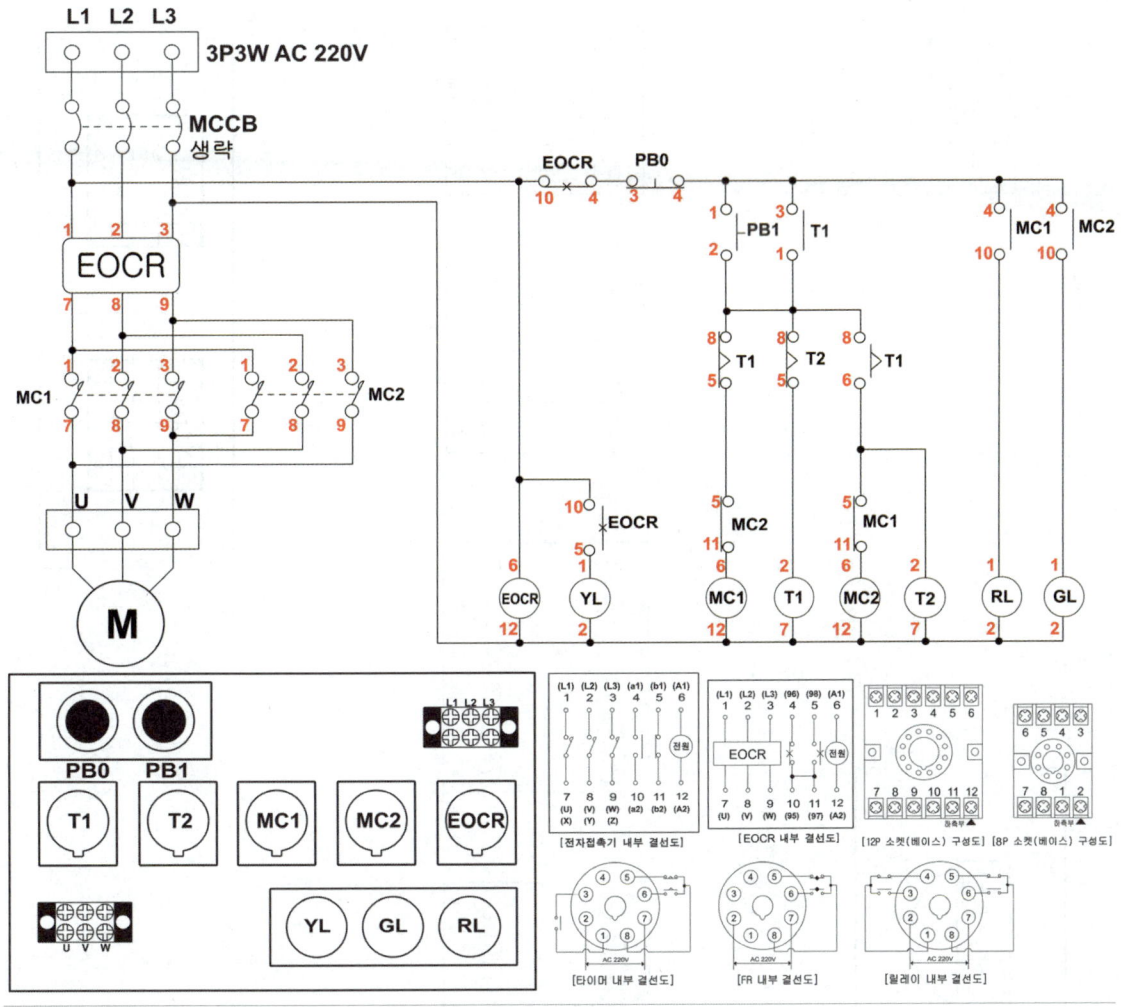

4. 배치도 작성하기(선을 그려서 도면을 작성해보세요)

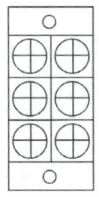
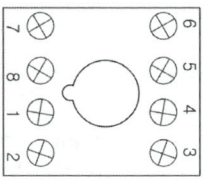
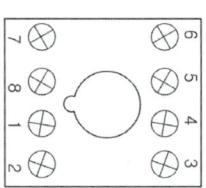
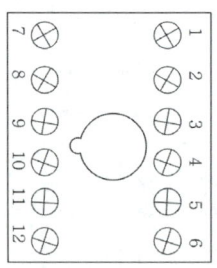
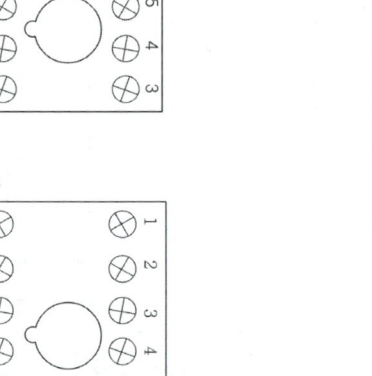
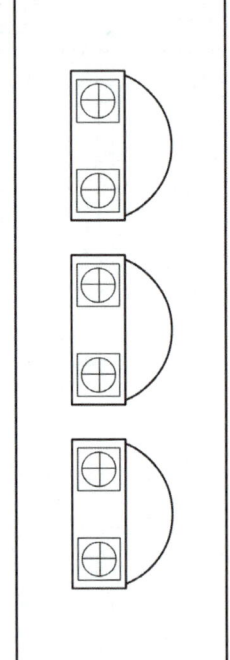
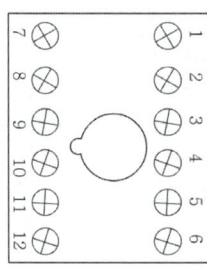
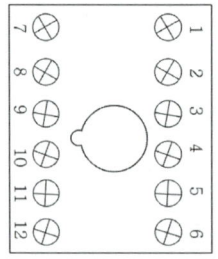

04
정역회로 공개도면

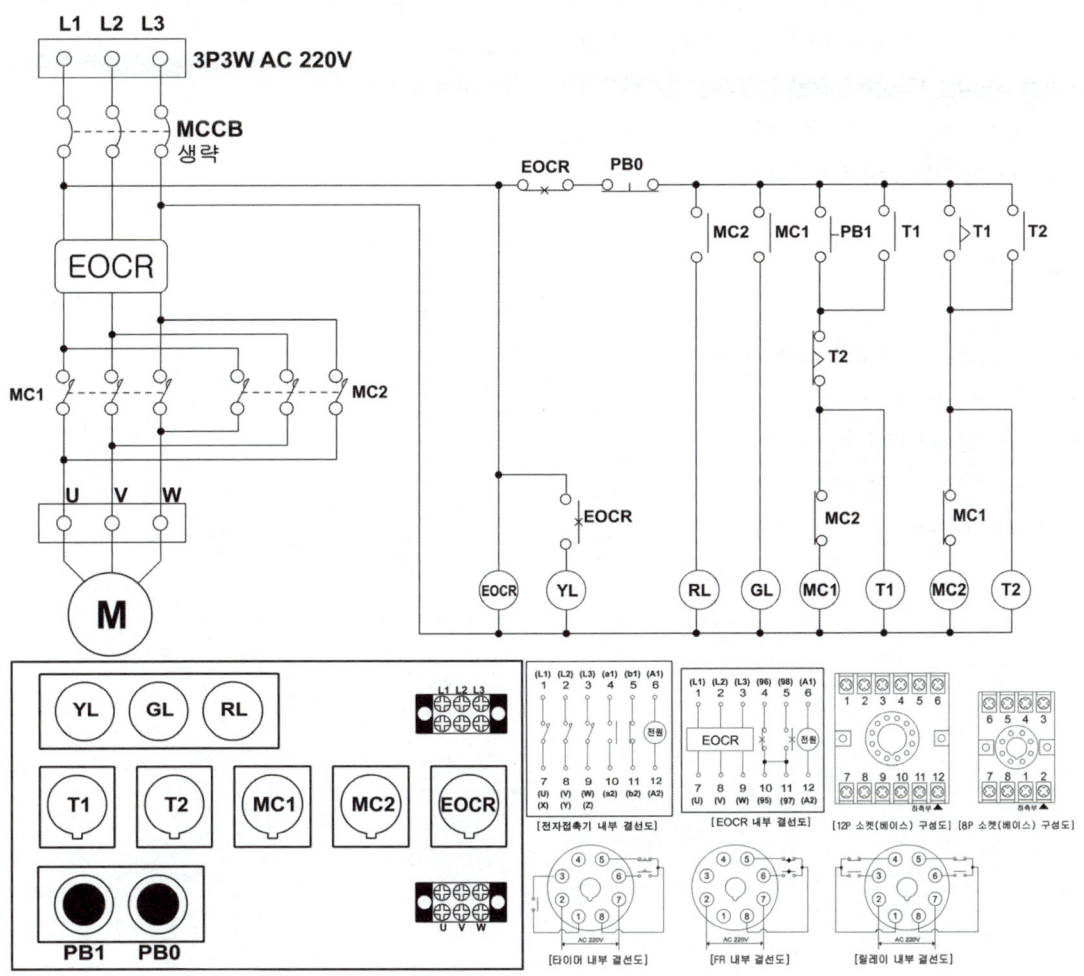

1. 동작상황

- 전원을 투입하고 버튼 PB1을 누르면 MC1이 여자되어 전동기가 정회전하고, T1이 여자되고 자기유지되며, 램프 GL이 점등한다.
- T1에 설정된 시간이 경과하면 T2가 여자되고 T2로 자기유지한다. T2 설정시간 이후 T1이 소자되고 MC1도 소자되며 MC1의 인터록이 해제되어 MC2가 여자되어 전동기는 역회전하며 램프는 GL이 소등하고 RL이 점등한다.
- 운전 중 버튼 PB0를 누르면 전동기는 정지하며 램프는 소등하며 회로는 초기화한다.
- 과부하로 인해 EOCR이 동작하면 램프 YL이 점등한다.
- MC1과 MC2는 상호 인터록되어 있다.

2. 구성

- RL, GL, YL : 램프(적색, 녹색, 황색)
- PB0, PB1 : 푸시버튼
- EOCR : 전자식과전류계전기
- MC1, MC2 : 전자접촉기
- T1, T2 : 타이머

3. 풀이(번호 붙이기)

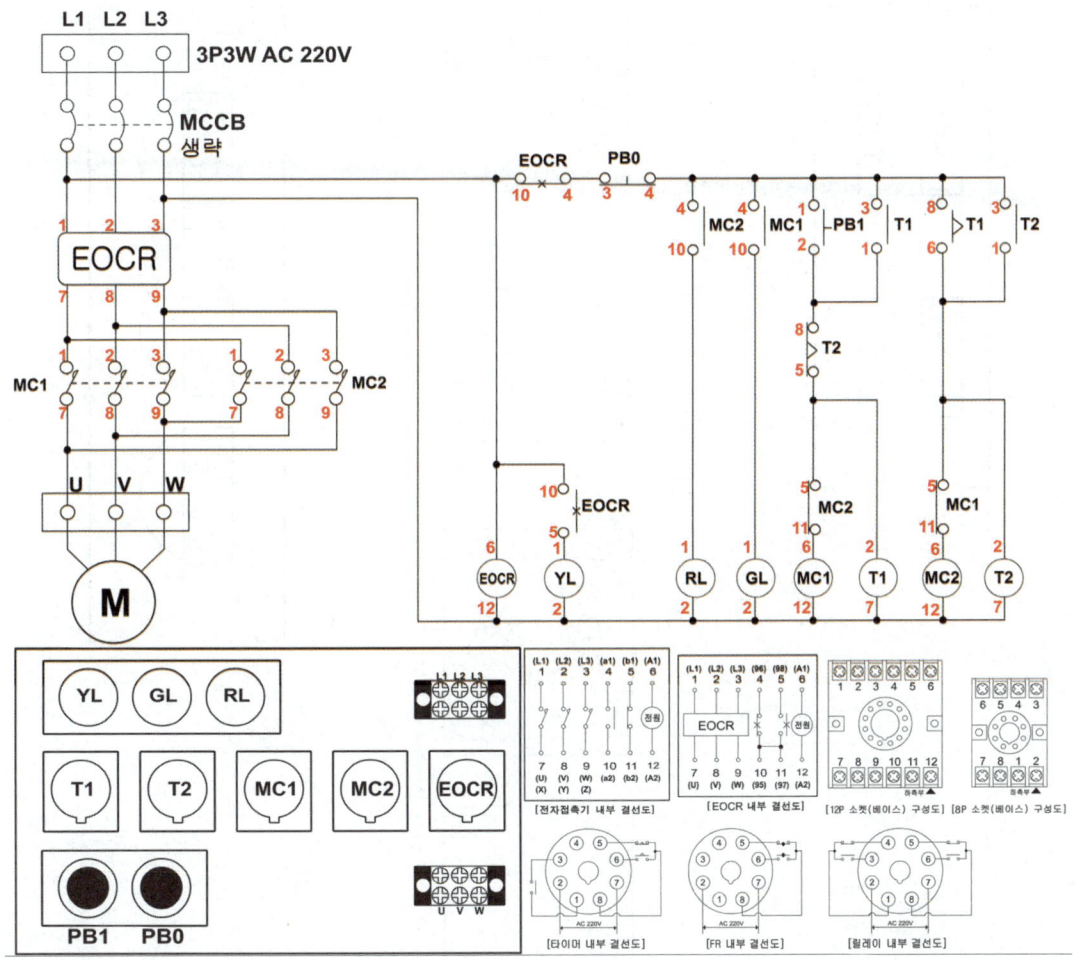

4. 배치도 작성하기(선을 그려서 도면을 작성해보세요)

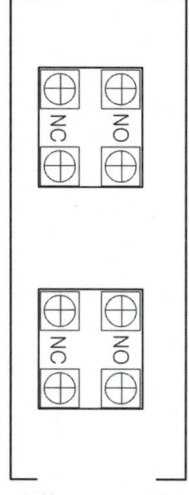
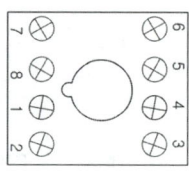
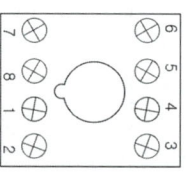
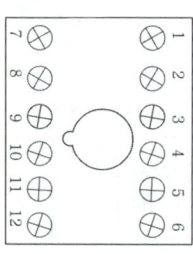
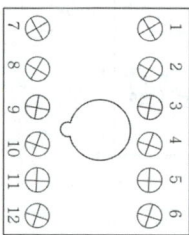
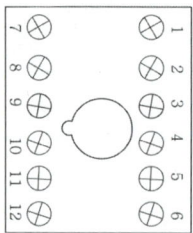
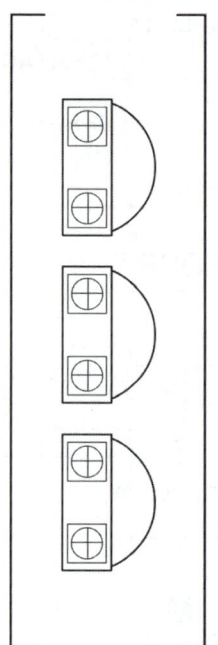

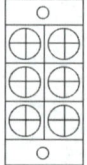

05 정역회로 공개도면

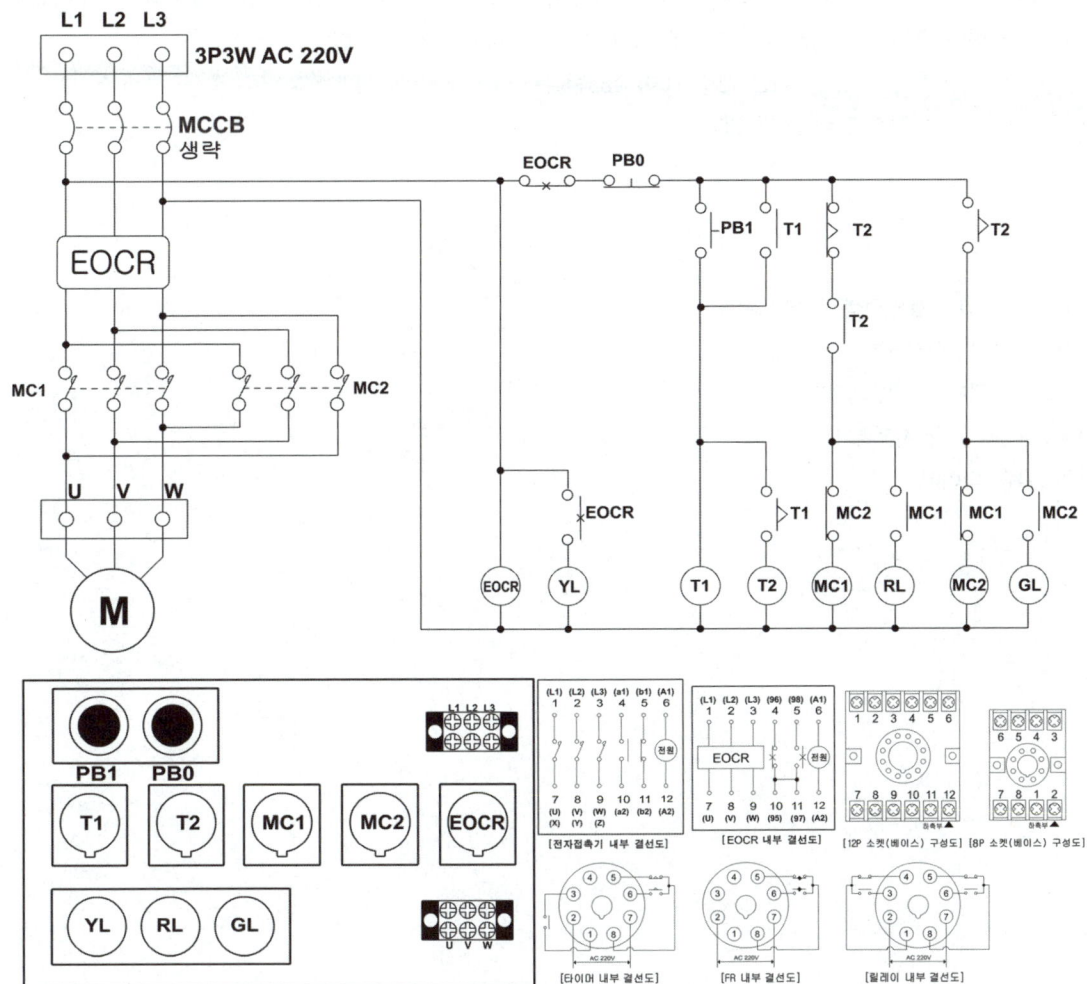

1. 동작상황

- 전원을 투입하고 버튼 PB1을 누르면 T1이 여자되고 자기유지된다.
- T1에 설정된 시간이 경과하면 T2가 여자되고 MC1이 여자되어 전동기는 정회전하며 램프 RL이 점등한다. 이후 T2 설정시간 이후 MC1이 소자되고 램프 RL이 소등하며 동시에 MC2가 여자되어 전동기는 역회전하며 램프 GL이 점등한다.
- 운전 중 버튼 PB0를 누르면 전동기는 정지하며 램프는 소등하며 회로는 초기화한다.
- 과부하로 인해 EOCR이 동작하면 램프 YL이 점등한다.
- MC1과 MC2는 상호 인터록되어 있다.

2. 구성

- RL, GL, YL : 램프(적색, 녹색, 황색)
- PB0, PB1 : 푸시버튼
- EOCR : 전자식과전류계전기
- MC1, MC2 : 전자접촉기
- T1, T2 : 타이머

3. 풀이(번호 붙이기)

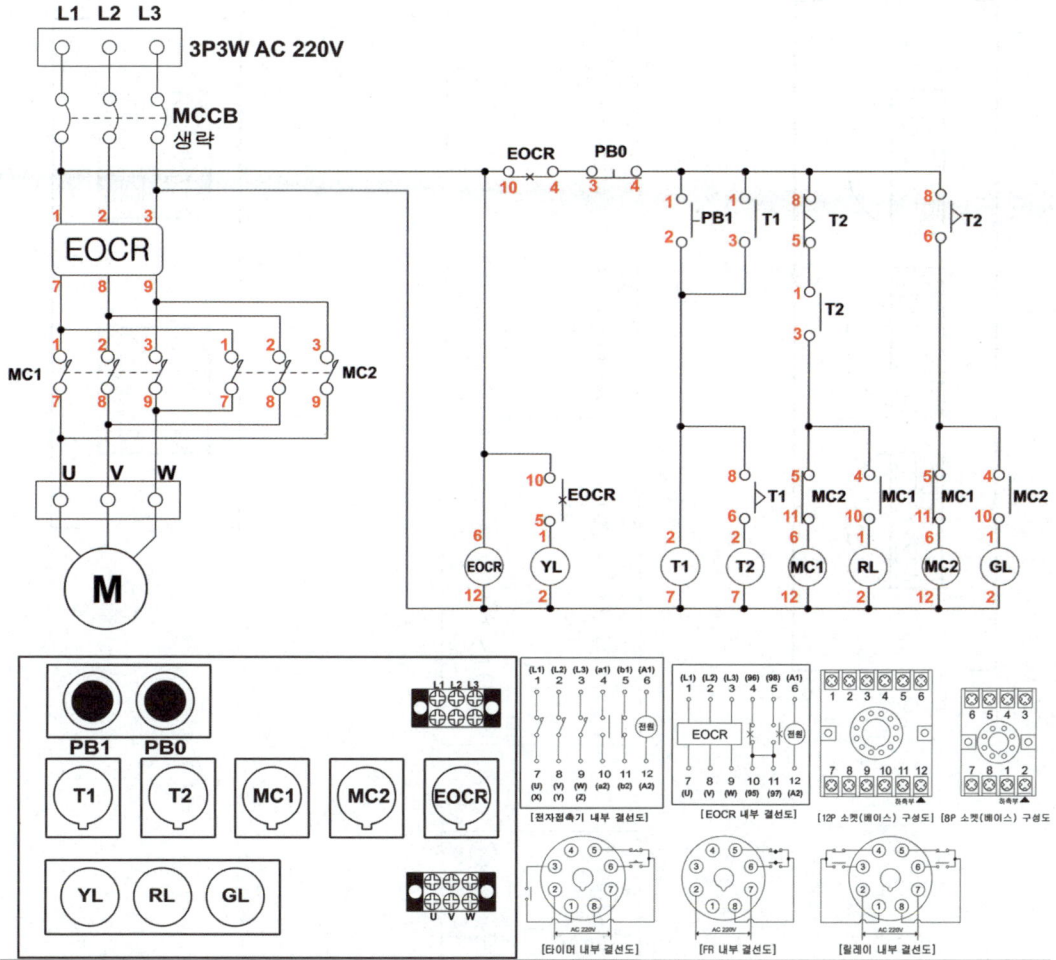

4. 배치도 작성하기(선을 그려서 도면을 작성해보세요)

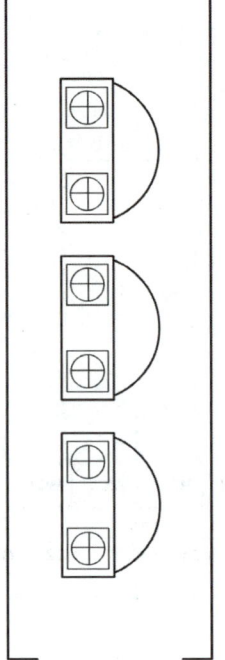
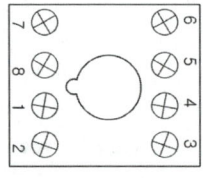
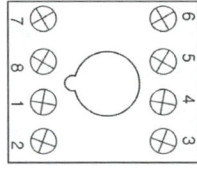
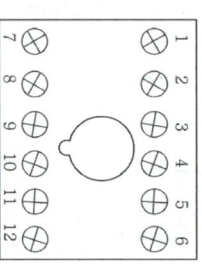
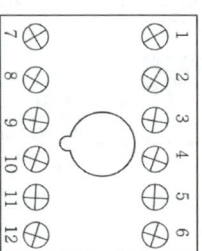
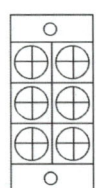
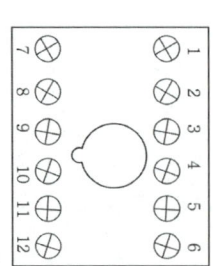
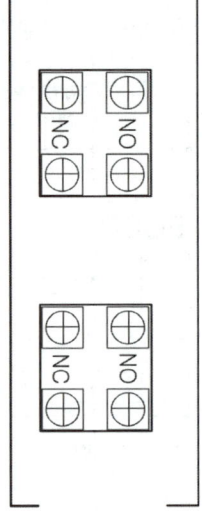
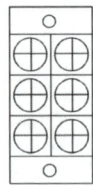

06 와이델타기동회로 공개도면

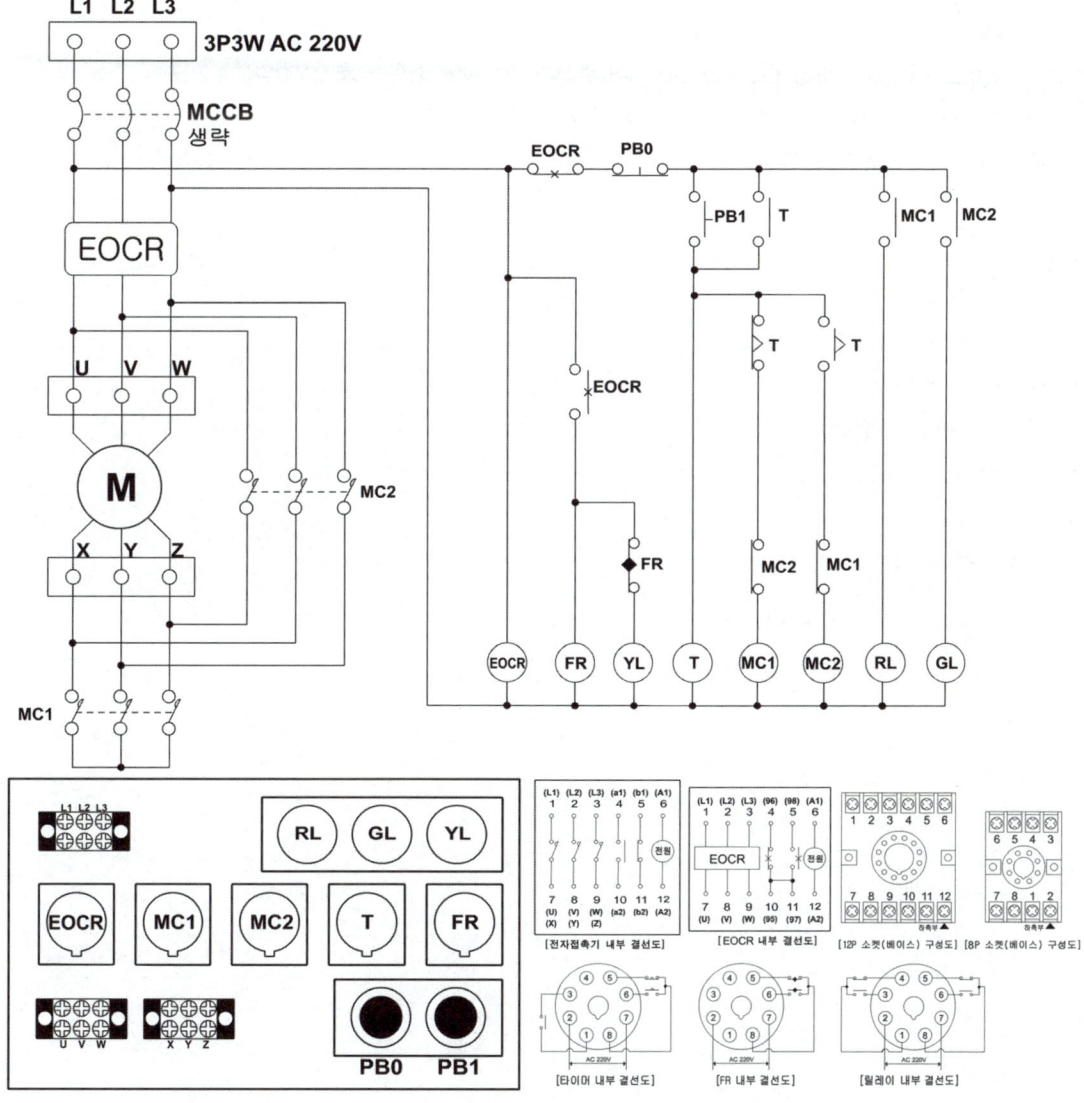

1. 동작상황

- 전원을 투입하고 버튼 PB1을 누르면 MC1이 여자되어 전동기가 Y기동하고, T가 여자되고 자기유지되며, 램프 RL이 점등한다.
- T에 설정된 시간이 경과하면 MC1이 소자되고 MC2가 여자되어 전동기는 델타운전하며 램프는 RL이 소등하고 GL이 점등한다.
- 운전 중 버튼 PB0를 누르면 전동기는 정지하며 램프는 소등하며 회로는 초기화한다.
- 과부하로 인해 EOCR이 동작하면 FR이 여자되고 램프 YL이 점멸한다.
- MC1과 MC2는 상호 인터록되어 있다.

2. 구성

- RL, GL, YL : 램프(적색, 녹색, 황색)
- PB0, PB1 : 푸시버튼
- EOCR : 전자식과전류계전기
- MC1, MC2 : 전자접촉기
- T : 타이머
- FR : 플리커릴레이

3. 풀이(번호 붙이기)

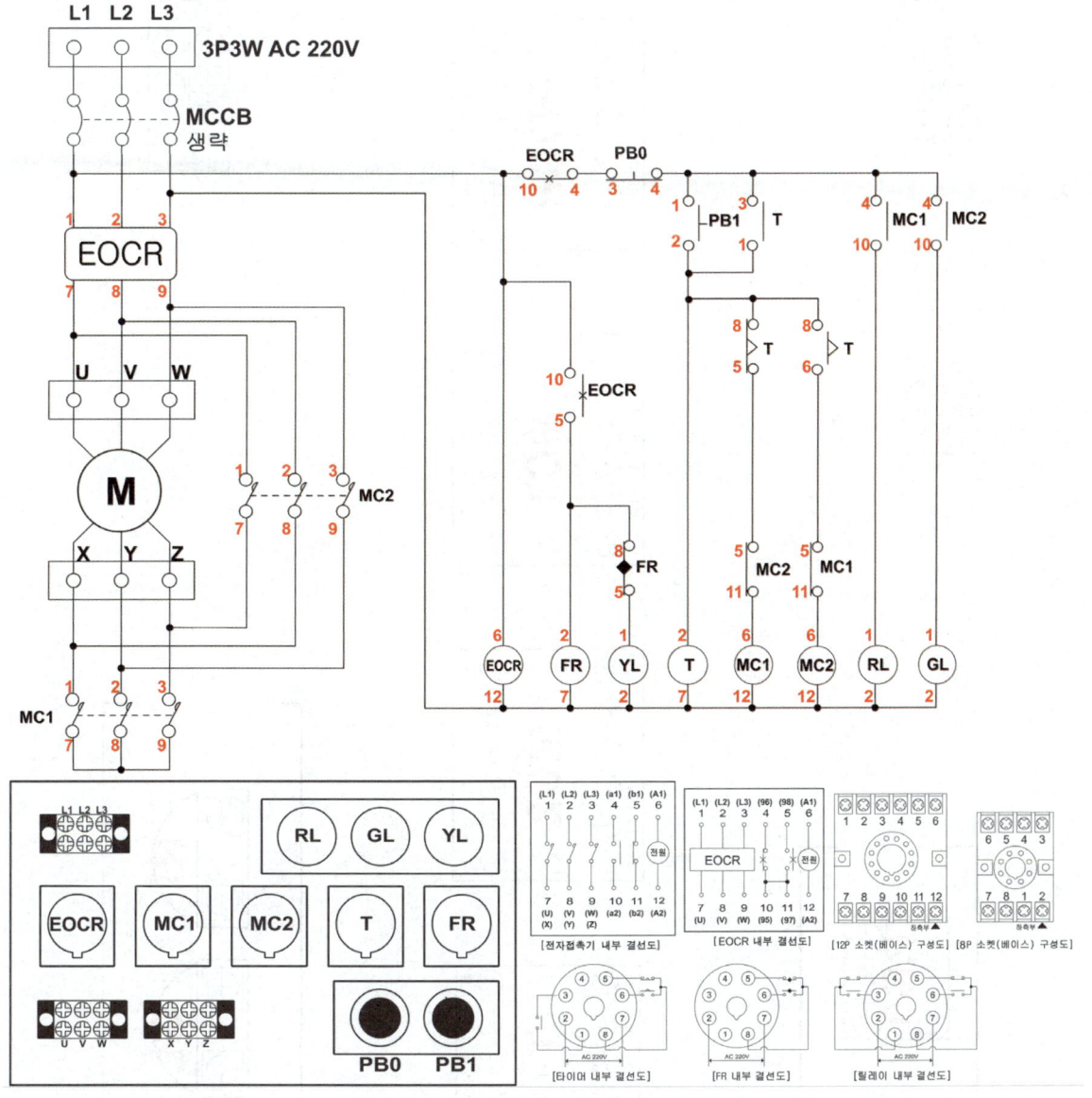

4. 배치도 작성하기(선을 그려서 도면을 작성해보세요)

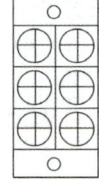
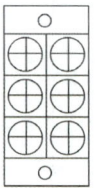
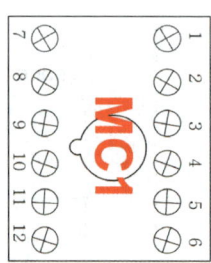

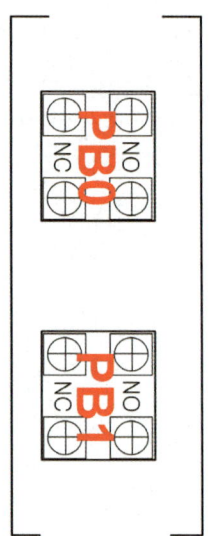
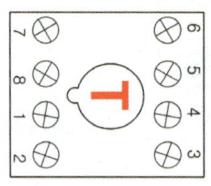

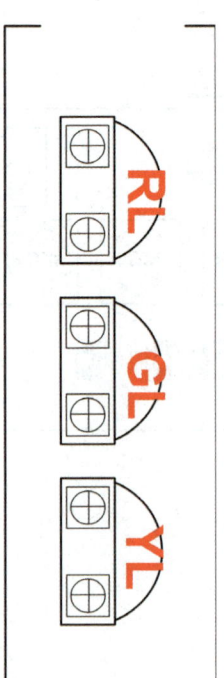

5. 풀이(배치도-주회로)

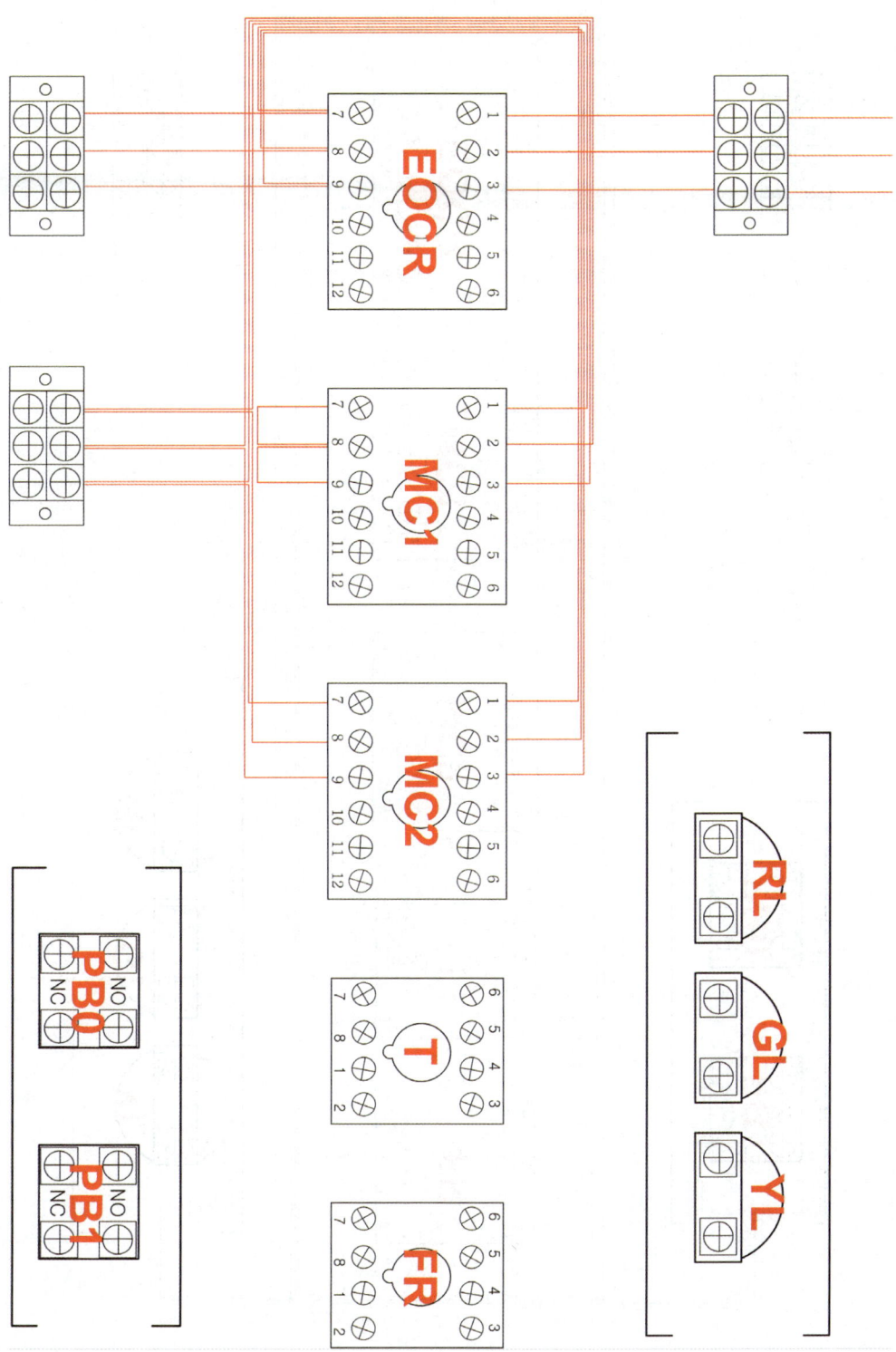

6. 풀이(배치도-보조회로)

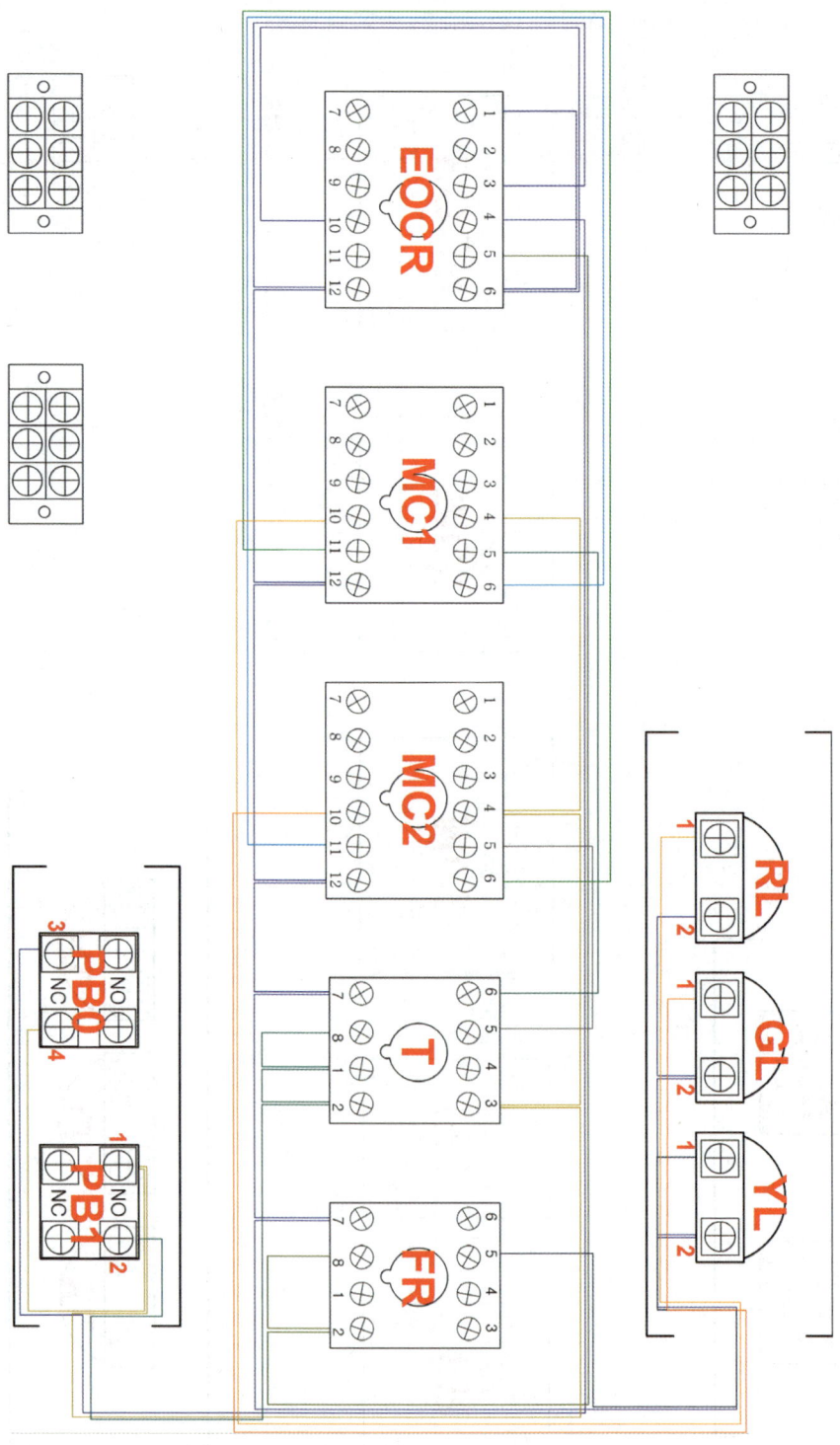

07 와이델타기동회로 공개도면

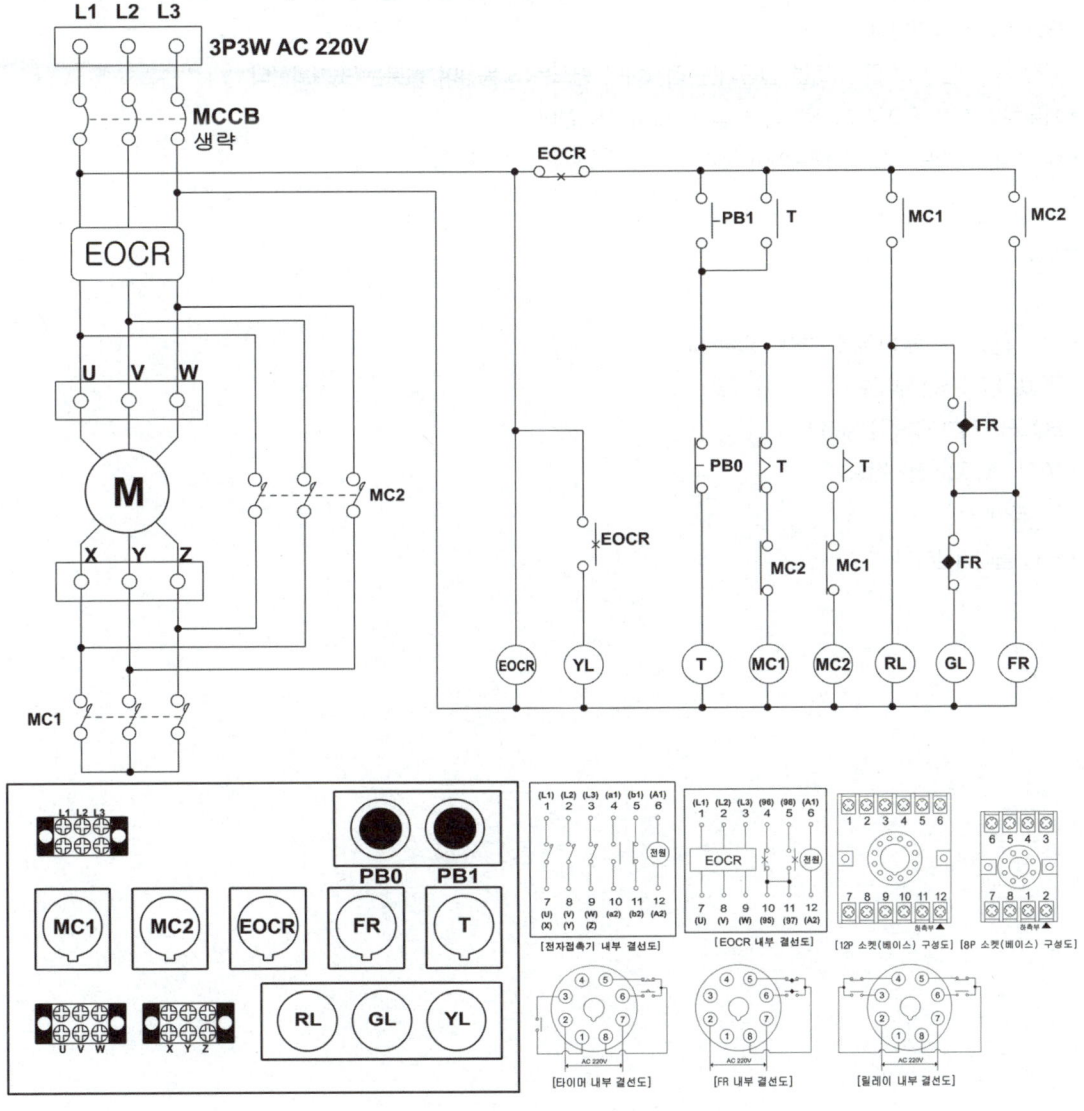

1. 동작상황

- 전원을 투입하고 버튼 PB1을 누르면 MC1이 여자되어 전동기가 Y기동하고, T가 여자되고 자기유지되며, 램프 RL이 점등한다.
- T에 설정된 시간이 경과하면 MC1이 소자되고 MC2가 여자되어 전동기는 델타운전하며 FR도 여자되어 램프는 RL과 GL이 교대 점멸한다.
- 운전 중 버튼 PB0를 누르면 전동기는 정지하며 램프는 소등하며 회로는 초기화한다.
- 과부하로 인해 EOCR이 동작하면 램프 YL이 점등한다.
- MC1과 MC2는 상호 인터록되어 있다.

2. 구성

- RL, GL, YL : 램프(적색, 녹색, 황색)
- PB0, PB1 : 푸시버튼
- EOCR : 전자식과전류계전기
- MC1, MC2 : 전자접촉기
- T : 타이머
- FR : 플리커릴레이

3. 풀이(번호 붙이기)

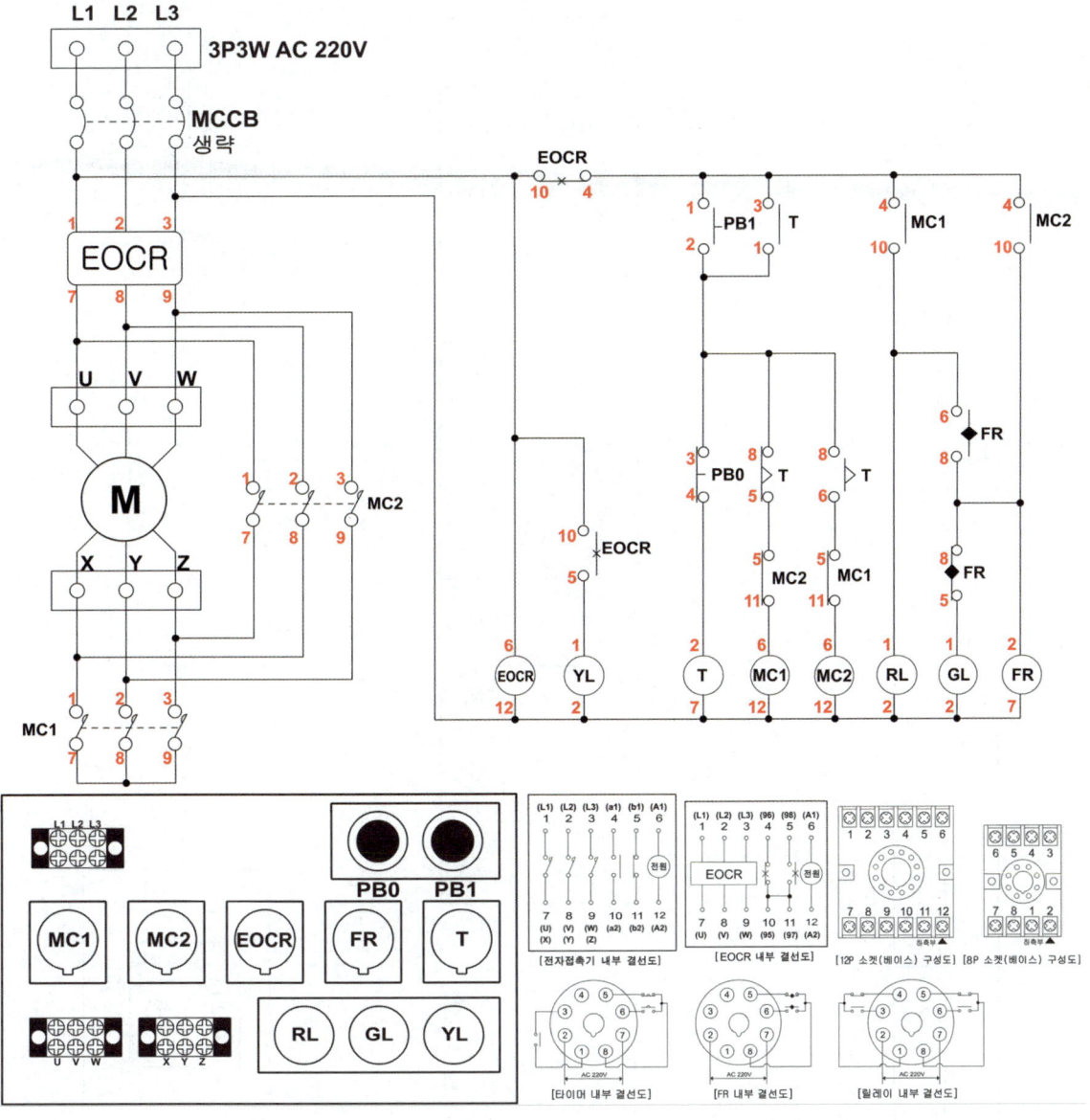

4. 배치도 작성하기(선을 그려서 도면을 작성해보세요)

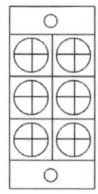
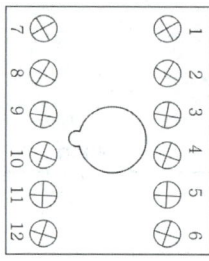
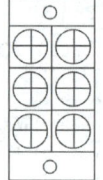
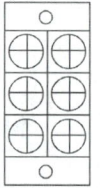
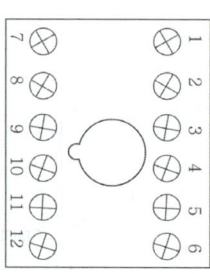
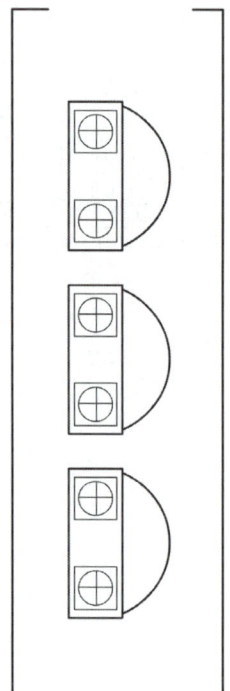
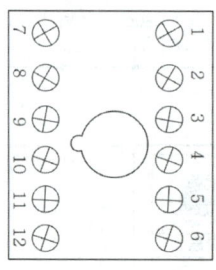
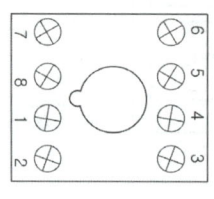
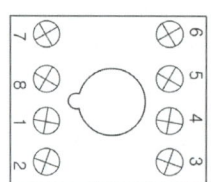
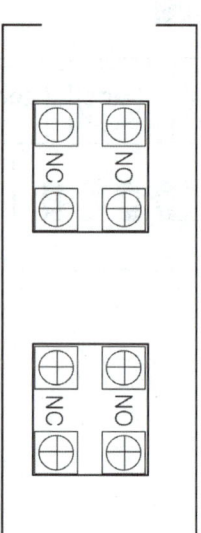

08 운전회로 공개도면

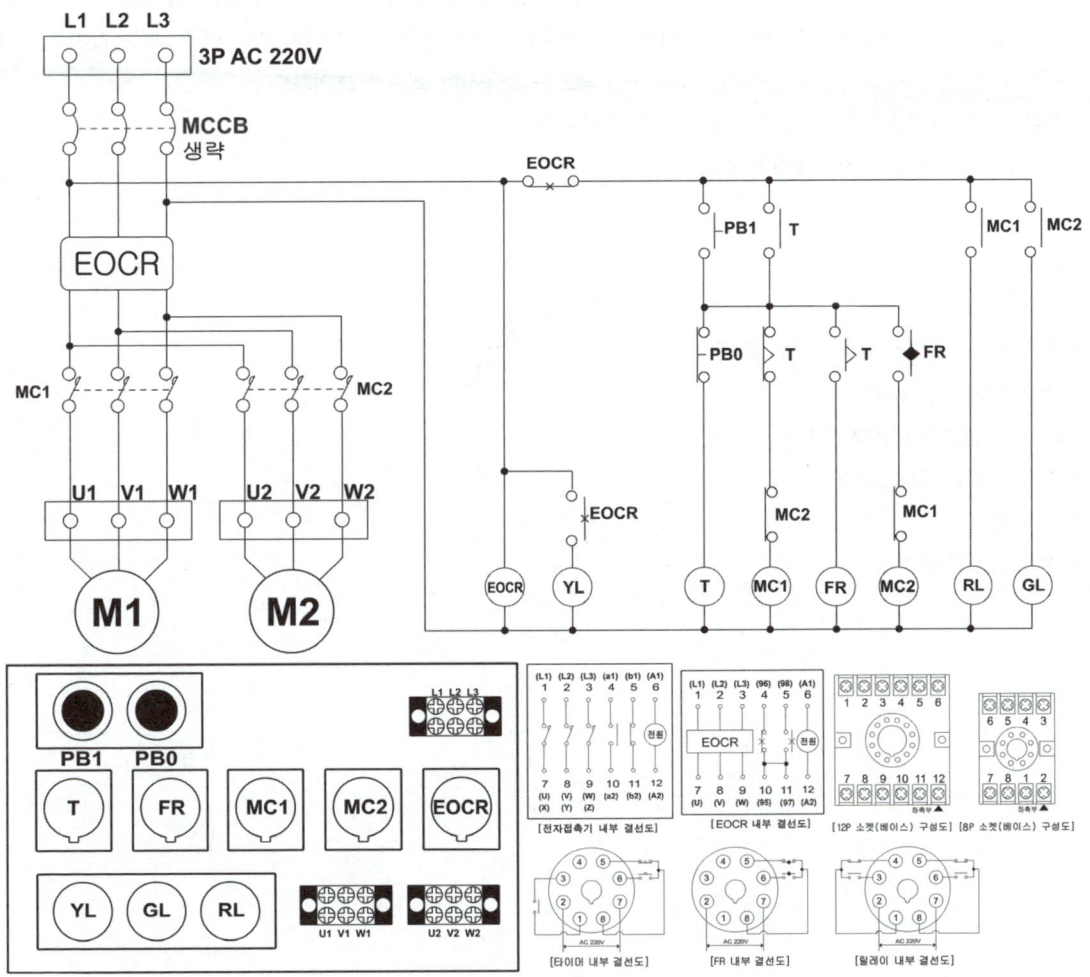

1. 동작상황

- 전원을 투입하고 버튼 PB1을 누르면 MC1이 여자되어 M1전동기가 동작하고, T가 여자되고 자기유지되며, 램프 RL이 점등한다.
- T에 설정된 시간이 경과하면 MC1이 소자되어 M1전동기는 정지하고 램프 RL이 소등한다. 동시에 FR가 여자되어 FR 설정시간 후에 MC2가 여자되어 M2전동기는 동작하고 정지하고를 반복한다. 또한 램프 GL도 같이 점멸한다.
- 운전 중 버튼 PB0를 누르면 전동기는 정지하며 램프는 소등하며 회로는 초기화한다.
- 과부하로 인해 EOCR이 동작하면 램프 YL이 점등한다.
- MC1과 MC2는 상호 인터록되어 있다.

2. 구성

- RL, GL, YL : 램프(적색, 녹색, 황색)
- PB0, PB1 : 푸시버튼
- EOCR : 전자식과전류계전기
- MC1, MC2 : 전자접촉기
- T : 타이머
- FR : 플리커릴레이

3. 풀이(번호 붙이기)

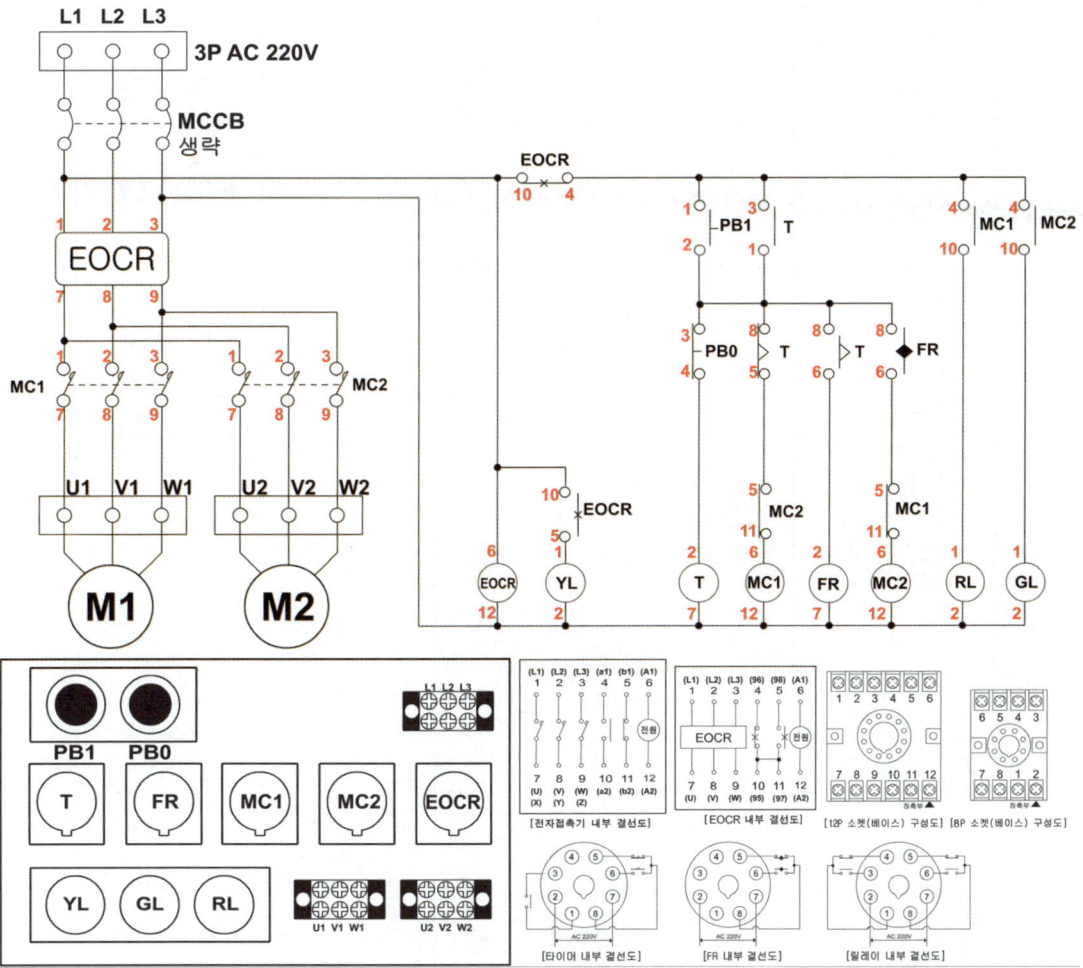

4. 배치도 작성하기(선을 그려서 도면을 작성해보세요)

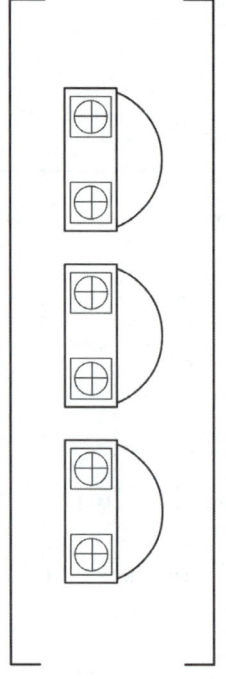
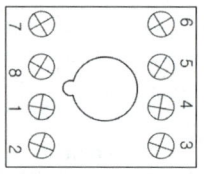
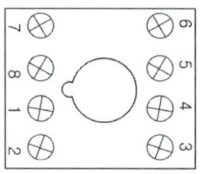
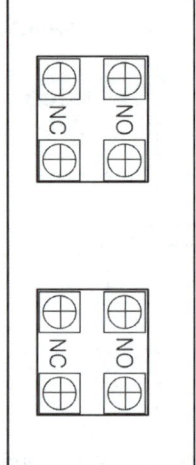
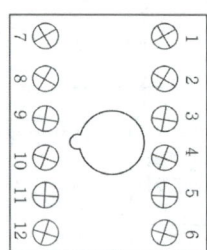

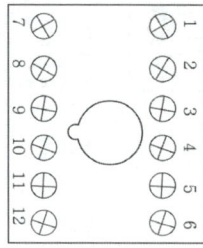

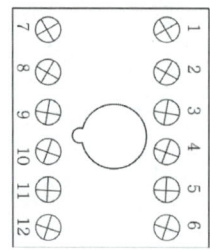
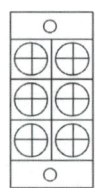

09 운전회로 공개도면

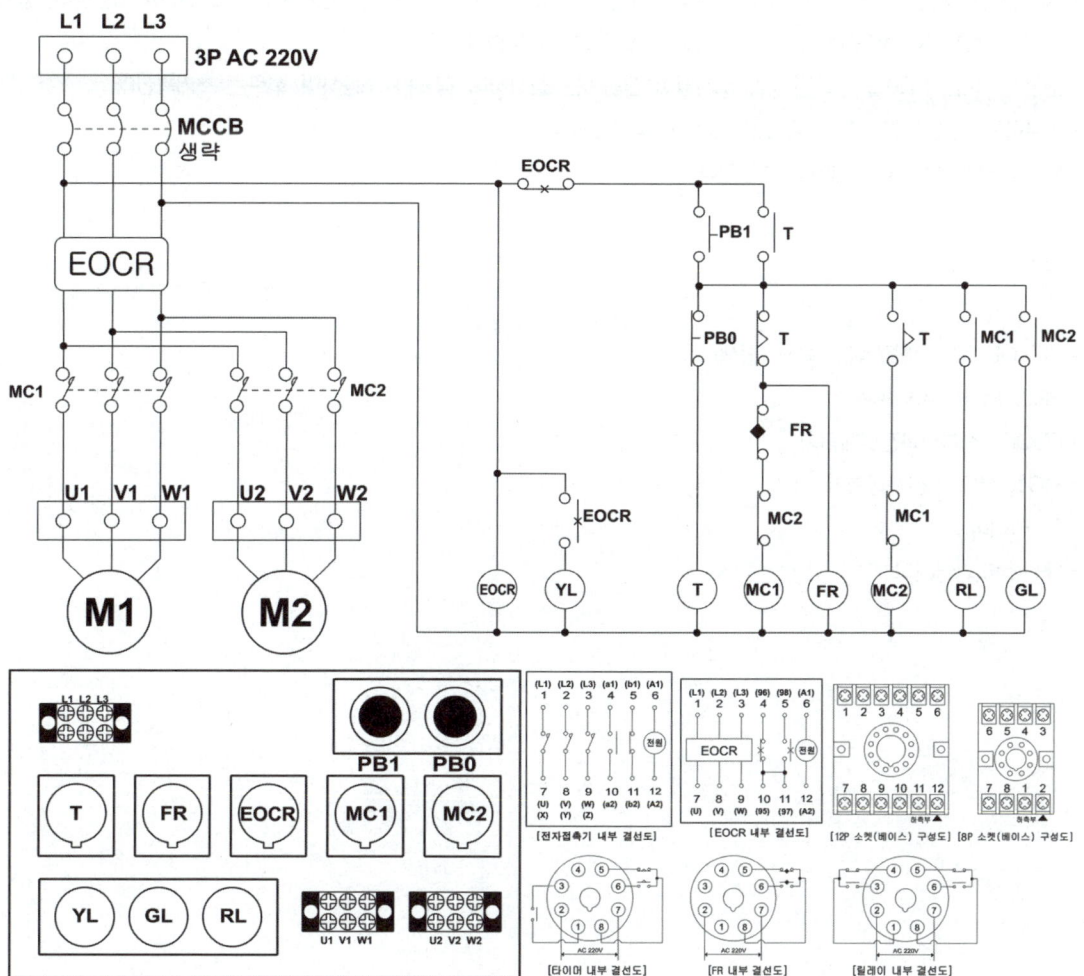

1. 동작상황

- 전원을 투입하고 버튼 PB1을 누르면 T가 여자되고 자기유지되며, FR이 여자되어 MC1이 여자되어 M1전동기가 동작하고 MC1이 소자되어 M1전동기가 정지하기를 반복한다. 동시에 램프 RL도 점등과 소등을 반복한다.
- T에 설정된 시간이 경과하면 FR이 소자되고 MC1이 소자되어 M1전동기는 정지하고 램프 RL이 소등한다. 동시에 MC2가 여자되어 M2전동기는 동작하고 램프 GL이 점등한다.
- 운전 중 버튼 PB0를 누르면 T가 소자되어 전동기는 정지하며 램프는 소등하며 회로는 초기화한다.
- 과부하로 인해 EOCR이 동작하면 램프 YL이 점등한다.
- MC1과 MC2는 상호 인터록되어 있다.

2. 구성

- RL, GL, YL : 램프(적색, 녹색, 황색)
- PB0, PB1 : 푸시버튼
- EOCR : 전자식과전류계전기
- MC1, MC2 : 전자접촉기
- T : 타이머
- FR : 플리커릴레이

3. 풀이(번호 붙이기)

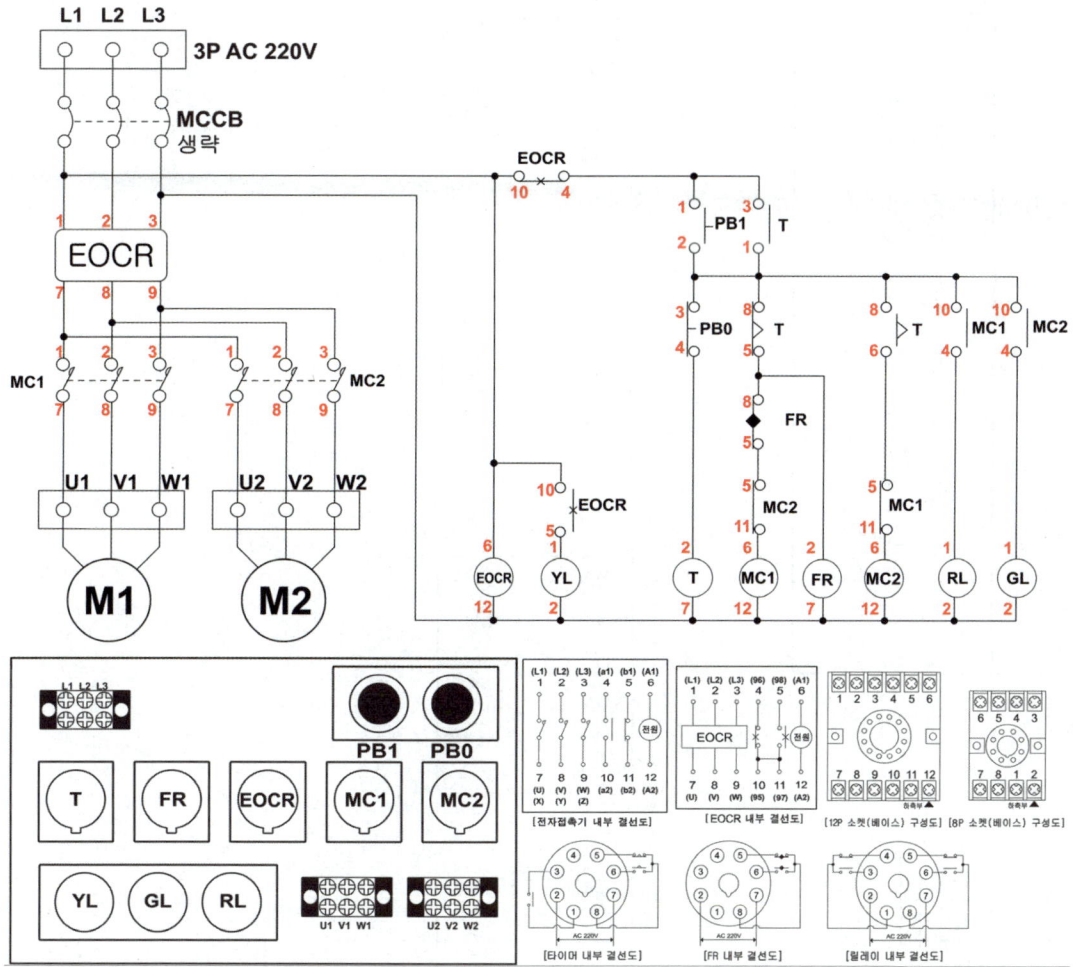

4. 배치도 작성하기(선을 그려서 도면을 작성해보세요)

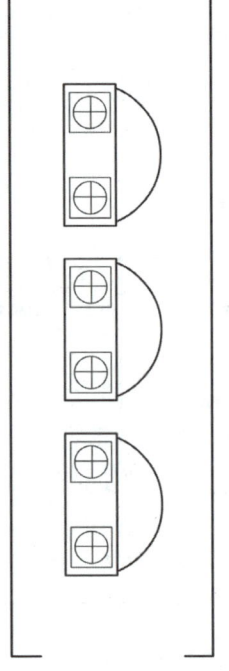

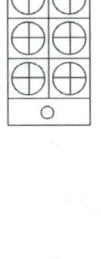
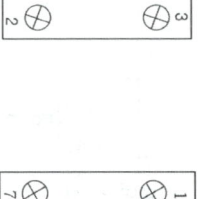
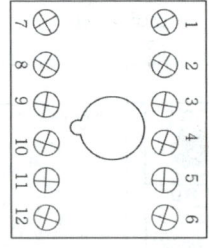
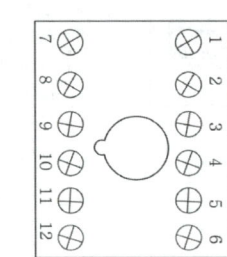
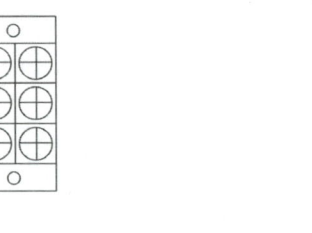
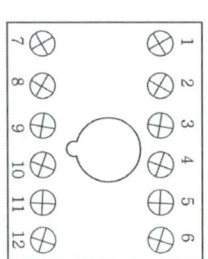
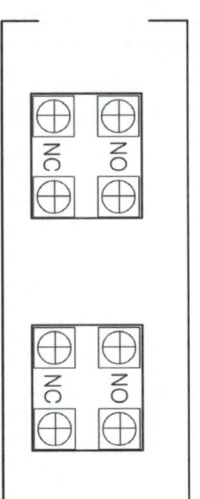

10 운전회로 공개도면

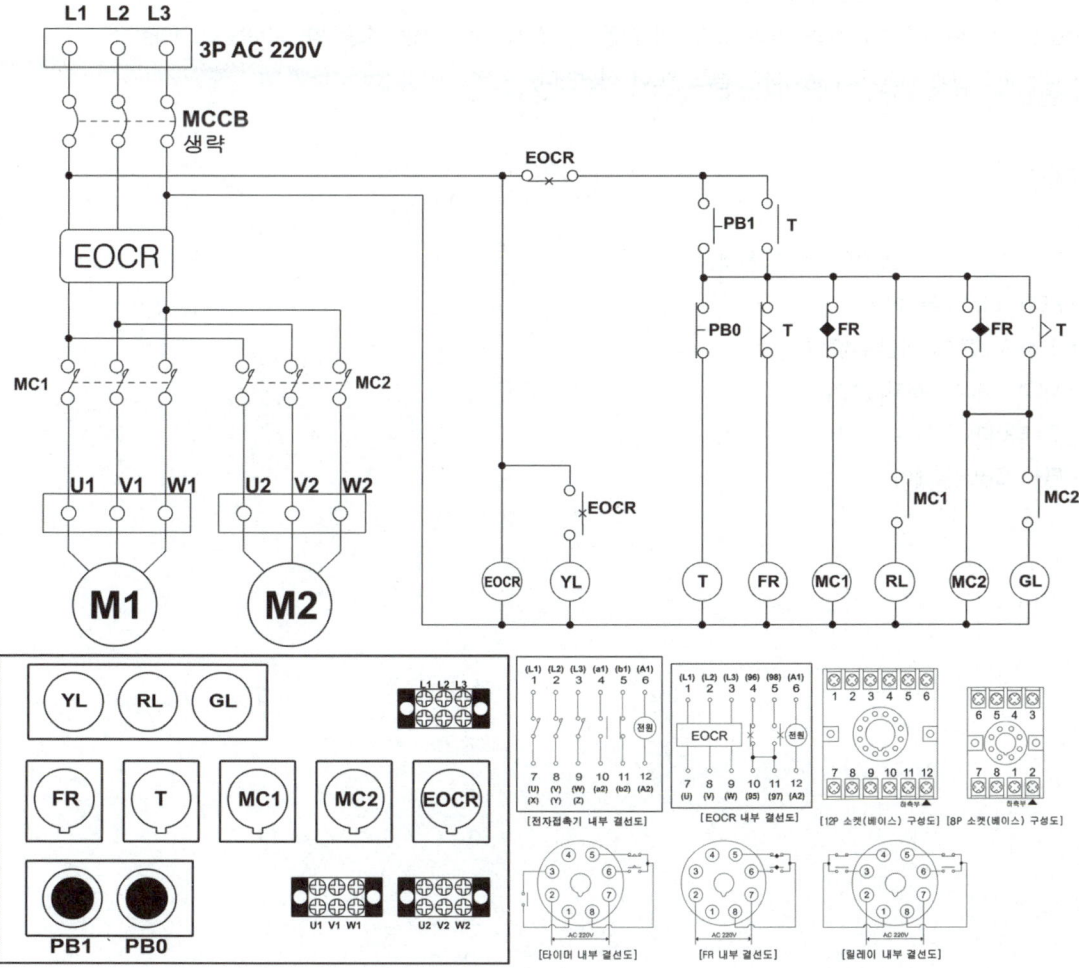

1. 동작상황

- 전원을 투입하고 버튼 PB1을 누르면 T가 여자되고 자기유지되며, FR이 여자된다.
- FR에 설정된 시간마다 MC1과 MC2가 교대로 여자되며 동시에 M1과 M2전동기가 교대로 동작과 정지하며 램프 RL과 GL도 교대로 점등과 소등한다.
- 운전 중 버튼 PB0를 누르면 T가 소자되어 전동기는 정지하며 램프는 소등하며 회로는 초기화한다.
- 과부하로 인해 EOCR이 동작하면 램프 YL이 점등한다.

2. 구성

- RL, GL, YL : 램프(적색, 녹색, 황색)
- PB0, PB1 : 푸시버튼
- EOCR : 전자식과전류계전기
- MC1, MC2 : 전자접촉기
- T : 타이머
- FR : 플리커릴레이

3. 풀이(번호 붙이기)

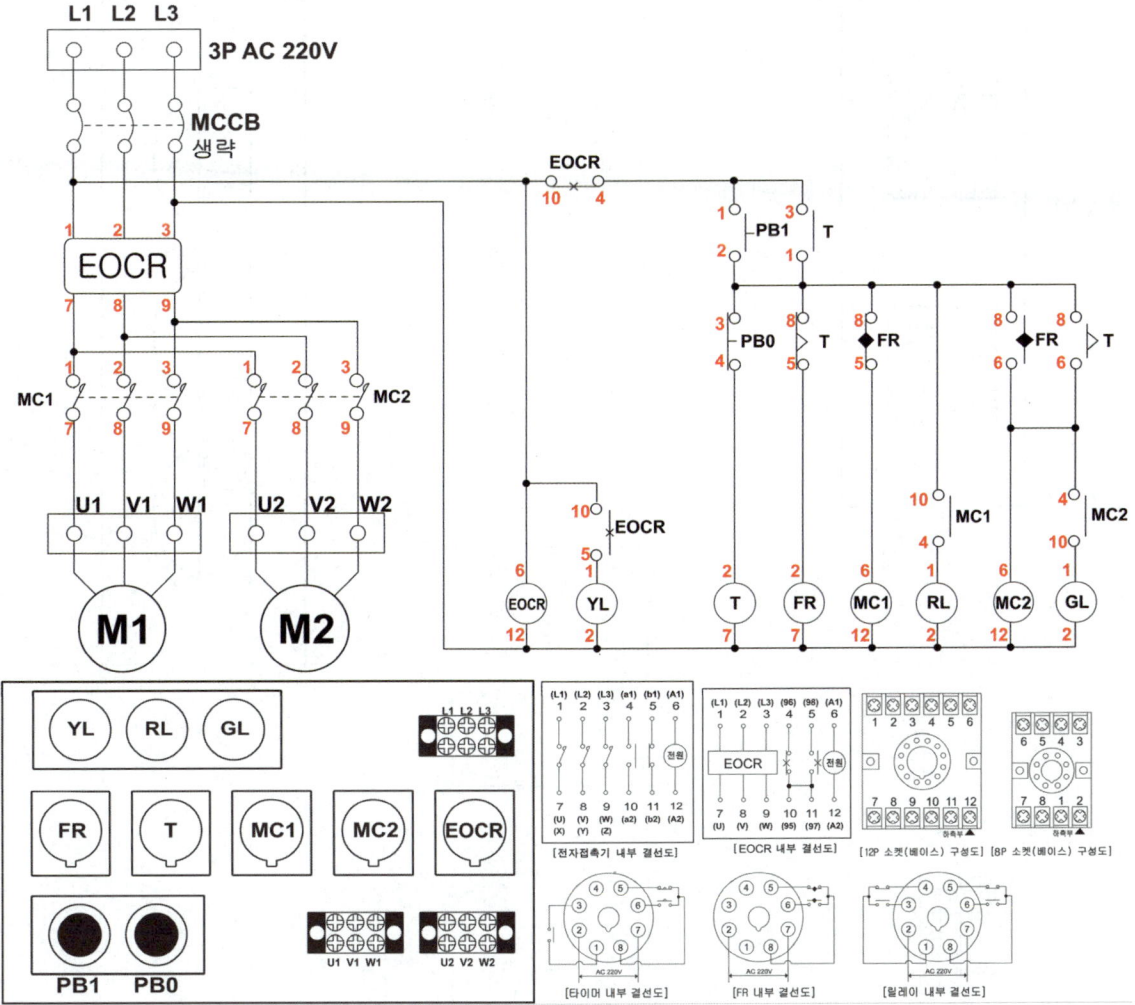

4. 배치도 작성하기(선을 그려서 도면을 작성해보세요)

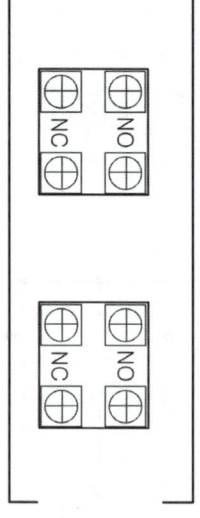
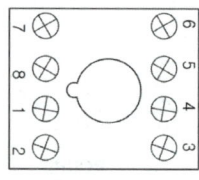
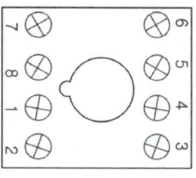
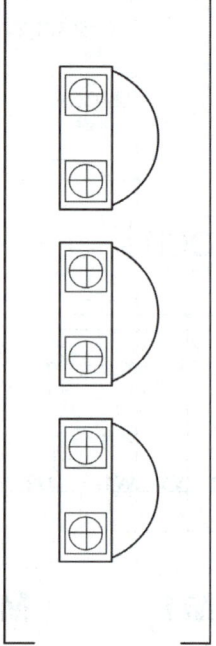
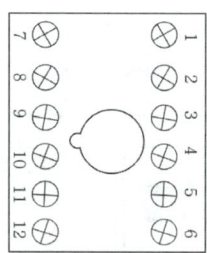
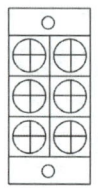
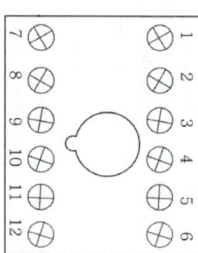

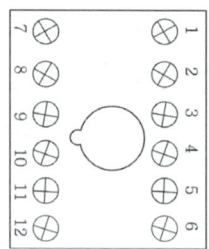
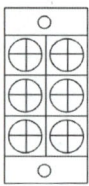

CHAPTER 04
와이어로프 작업

01
로프 조립에 필요한 도구들

와이어로프 작업에 필요한 도구는 니퍼나 가위, 전기테이프, 펜치나 플라이어이다.

니퍼   플라이어

02
로프에 바인더끈과 전기테이프 감기

바인더 끈은 검은색 철끈과 유사하며, 사용하지 않으면 불합격하는 경우도 있다. 그래서 바인더끈을 감고 작업을 해야 하는데 작업 시엔 바인더끈 만으로는 모자라서 전기테이프로 그 위에 2~3회 정도 추가로 감아주기도 한다. (단, 특정 시험장의 경우 감독관이 전기테이프 사용을 금지시킨 경우도 있고 바인더끈의 피복을 벗겨 안의 철선만으로 사용하도록 지시한 경우도 있으니 반드시 감독관의 지시를 잘 듣고 하기 바랍니다)

① 로프의 양쪽 끝에 감겨있는 청테이프를 제거한다 (없을 경우도 있다).

② 로프의 끝단에서 10~12cm정도 떨어진 부분을 측정한다.

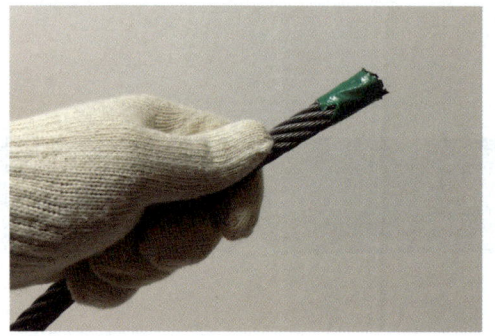

③ 측정한 부분에 바인더 끝을 묶는다.

시험장마다 감독관의 지시사항이 다를 수도 있으니 꼭 감독관의 지시사항을 잘 듣고 하도록 합니다.

저자 어드바이스

바인더끈과 테이프를 같이 사용해도 되는 시험장의 경우	바인더끈만 사용하고 테이프를 사용하지 못하는 시험장의 경우
바인더 끈을 1~2회 정도 감아서 양 끝을 잘라낸 뒤 / 풀리거나 미끄러지지 않게 테이프를 단단하게 2회 정도 감는다.	처음부터 바인더끈을 3~5회 정도 단단히 감아 풀리거나 미끄러지지 않게 한다. (나중에 소켓에 넣을 때 잘 안 들어가면 2회 정도 남기고 일부를 풀어서 잘라버리기도 한다)

시험장 환경에 따라 그림과 같이 작업하고, 추후 소켓에 와이어를 넣기 전, 바인더끈을 풀고 새로 감아도 된다.

시험준비물에 전기테이프가 없으며 시험장에서 전기테이프를 감독관이 허락하지 않으면 사용할 수 없는 상황이므로 시험장에 따라 전기테이프 사용이 불가능할 가능성도 있으므로 바인더끈만으로 묶는 경우가 발생할 수 있다. 카페에 등록하시면 바인더끈만으로 로프작업하는 동영상을 볼 수 있으니 참고하세요.

03 로프의 스트랜드와 코어의 분리

코어를 감싸고 있는 총 8가닥의 스트랜드를 분리할 때는 균등하게 분리되도록 간격을 잘 조절한다.

① 스트랜드를 분리하기 전에 끝을 시계방향으로 비틀어 주어 전체가 조금 풀리게 한다.

② 스트랜드를 한 가닥씩 시계방향으로 천천히 순서대로 풀어낸다.

③ 스트랜드 4가닥을 풀어낸 모양

④ 스트랜드 8가닥 전부를 풀어낸 모양, 가운데 코어가 보인다.

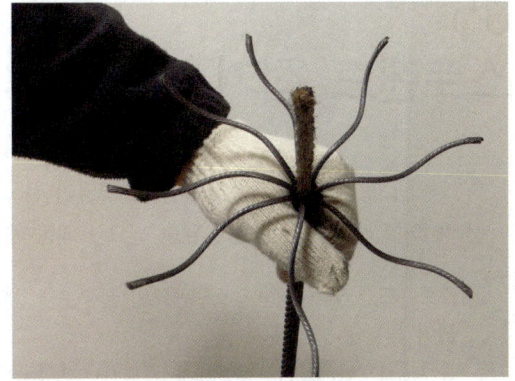

04 코어(심강)의 절단

코어를 자를 때에는 최대한 안쪽까지 깊이 잘라내도록 한다.

① 니퍼나 가위로 코어를 깊이 잘라낸다.

② 코어는 한 번에 잘리지 않으니, 여러 번에 걸쳐서 잘라내야 한다.

05 스트랜드 접기

8가닥의 스트랜드를 접을 때, 국화꽃 모양이 나오도록 한다. 숙련자가 아닌 경우 상당한 힘이 필요함으로, 펜치나 플라이어를 사용한다. 연습이 많이 필요한 과정이다.

① 스트랜드 1가닥을 접어 스트랜드의 끝부분을 잘라낸 코어 부분에 붙인다.

② 스트랜드 8가닥을 모두 접어 놓은 모습이다.

06 소켓에 넣기

접어놓은 스트랜드가 소켓 밖으로 삐져나가지 않도록 주의한다. 반대편 로프 끝에는 다시 전기테이프로 감는데, 간과하기 쉬운 부분이다.

① 반대편 끝의 청테이프를 벗겨내고 천천히 소켓에 밀어 넣는다.

② 와이어를 소켓에 통과시킨 모양이다.

③ 접어놓은 스트랜드를 소켓에 밀어넣기 전 모습. 풀리지 않도록 조심해서 넣는다.

④ 소켓에 밀어 넣은 모습. 소켓 안쪽에 스트랜드가 5~10mm 정도만 보이도록 한다. 반대편 로프 끝에는 반드시 테이핑을 해야 한다.

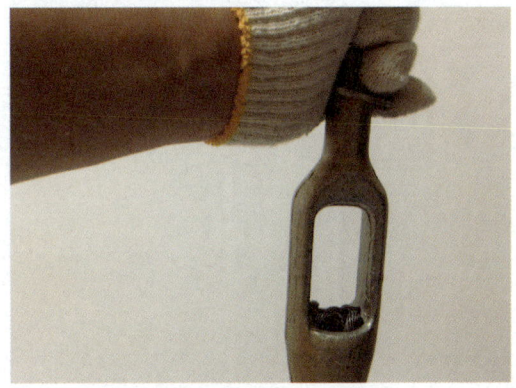

> **저자 어드바이스**
>
> 시험지에 적힌 지시내용을 꼭 읽어보도록 합시다. 사실 소켓 안쪽을 잘 보면 로프가 걸리도록 턱이 있는데 이 턱 안쪽에 들어가면 됩니다. 이 턱에 걸리면 잘 빠져나오지 않기 때문입니다. 일단 시험지에 빠지면 안 된다는 규정이 있을테니 꼭 확인해보고 잘 모르겠거든 감독관에게 정확히 물어보고 하도록 합시다. 또한 반대편 로프 끝 테이핑은 꼭 하라고 시험지에 적혀있으니, 반드시 감독관이 지정한 테이프로 끝단 처리를 하도록 합니다(테이프는 감독관만 가지고 있어요). 더 상세히 알고 싶으면 나합격 카페의 동영상을 참고하시면 좋아요.

승강기기능사 필기+실기 무료특강

무료특강 신청방법

신규 무료특강은 교재 출간 후 순차적으로 촬영 및 편집되어 업로드 됩니다.

▲ 카페 바로가기

1 나합격 카페 가입
cafe.naver.com/napass1

2 사진 촬영
하단 공란에 닉네임 기입

3 카페 게시물 작성
등업 후 영상 시청 가능

카페 닉네임

- 가입한 카페 닉네임과 동일하게 기입
- 지워지지 않는 펜으로 크게 기입
- 화이트 및 수정테이프 사용 금지
- 중복기입 및 중고도서는 등업 불가능

처음이신가요?

자세한 등업방법은 아래의 QR 코드 참고해 주세요.

모바일 등업방법

PC 등업방법

카카오톡 오픈채팅방

나합격 승강기기능사 필기 + 실기 + 무료특강

2019년 1월 10일 초판 발행 | 2020년 1월 5일 2판 발행 | 2021년 1월 5일 3판 발행 | 2022년 1월 5일 4판 발행 | 2023년 1월 5일 5판 발행 | 2024년 1월 5일 6판 발행 | 2025년 1월 5일 7판 발행 | 2026년 1월 5일 8판 발행

지은이 박환용 | 발행인 오정자 | 발행처 삼원북스 | 팩스 02-6280-2650
등록 제2017-000048호 | 홈페이지 www.samwonbooks.com | ISBN 979-11-94997-34-4 13500 | 정가 28,000원
Copyright ⓒ samwonbooks.Co.,Ltd.

· 낙장 및 파손된 책은 구입한 서점에서 바꿔드립니다.
· 이 책에 실린 모든 내용, 디자인, 이미지, 편집 형태에 대한 저작권은 삼원북스와 저자에게 있습니다. 허락없이 복제 및 게재는 법에 저촉을 받습니다.